ALGORITMOS PARA VIVER

BRIAN CHRISTIAN E TOM GRIFFITHS

Algoritmos para viver

A ciência exata das decisões humanas

Tradução
Paulo Geiger

2ª reimpressão

Companhia Das Letras

Grafia atualizada segundo o Acordo Ortográfico da Língua Portuguesa de 1990, que entrou em vigor no Brasil em 2009.

Título original
Algorithms to Live By: The Computer Science of Human Decisions

Capa
Rodrigo Maroja

Preparação
Osvaldo Tagliavini Filho

Índice remissivo
Luciano Marchiori

Revisão
Renata Lopes Del Nero
Carmen T. S. Costa

Dados Internacionais de Catalogação na Publicação (CIP)
(Câmara Brasileira do Livro, SP, Brasil)

Christian, Brian
Algoritmos para viver : a ciência exata das decisões humanas / Brian Christian e Tom Griffiths ; tradução Paulo Geiger. — 1ª ed. — São Paulo : Companhia das Letras, 2017.

Título original: Algorithms to Live By : The Computer Science of Human Decisions
ISBN 978-85-359-2930-0

1. Algoritmos de computadores 2. Decisões 3. Comportamento humano 4. Matemática - Aspectos psicológicos 5. Resolução de problemas 6. Tomada de decisões I. Griffiths, Tom. II. Título.

17-03901 CDD-150

Índice para catálogo sistemático:
1. Comportamento humano : Psicologia 150

EDITORA SCHWARCZ S.A.
Rua Bandeira Paulista, 702, cj. 32
04532-002 — São Paulo — SP
Telefone (11) 3707-3500
www.companhiadasletras.com.br
www.blogdacompanhia.com.br
facebook.com/companhiadasletras
instagram.com/companhiadasletras
twitter.com/cialetras

Para nossas famílias

Sumário

Introdução
Algoritmos para viver

Imagine que você está procurando um apartamento em San Francisco — indiscutivelmente a cidade americana em que isso é mais penoso. O florescente ramo da tecnologia e as rígidas leis de zoneamento que restringem novas construções têm conspirado para fazer a cidade tão cara quanto Nova York, e em muitos aspectos mais competitiva. Opções novas de imóveis aparecem e desaparecem em minutos, residências disponíveis são assediadas por multidões, e muitas vezes as chaves acabam nas mãos de quem tem condição de, fisicamente, ser o primeiro a depositar um cheque em favor do senhorio.

Um mercado tão selvagem deixa pouco espaço para o tipo de pesquisa e deliberação que em teoria deveria caracterizar as ações de um consumidor racional. Não é o caso, digamos, de um cliente num shopping center ou de um comprador on-line, que podem comparar suas opções antes de tomar uma decisão, o aspirante a ser um morador de San Francisco tem de decidir instantaneamente entre uma coisa e outra: pode ficar com o apartamento que está olhando agora, abandonando todos os outros, ou pode ir embora para nunca mais voltar.

Suponhamos, por um momento, em nome da simplicidade, que a única coisa que lhe importa seja maximizar sua chance de conseguir o melhor apartamento disponível. Seu objetivo é reduzir ao mínimo os arrependimentos gêmeos do tipo Cila e Caríbdis — o de quem "foi embora" e o de quem "não desvirou a pedra".* Cai-se num dilema logo de saída: como é que se vai saber se um apartamento é realmente o melhor antes de se ter uma base de comparação para avaliá-lo? E como estabelecer essa base a menos que se visite (e se *perca*) um certo número de apartamentos? Quanto mais informação se reunir, será mais fácil identificar a oportunidade certa quando ela aparecer — mas aumenta a probabilidade de já se ter passado por ela.

Então, o que fazer? Como tomar uma decisão informada quando o próprio ato de se informar prejudica o resultado? É uma situação cruel, que beira o paradoxo.

Ao deparar com esse tipo de problema, a maioria das pessoas dirá de modo intuitivo algo no sentido de que isso requer alguma forma de equilíbrio entre o olhar e o salto — que se devem olhar apartamentos o bastante para estabelecer um padrão, e depois ficar com qualquer um que satisfaça o padrão estabelecido. A noção de equilíbrio é, de fato, perfeitamente acertada. O que a maioria das pessoas *não* diz com alguma certeza é onde está esse meio-termo. A boa notícia é que há uma resposta para isso.

Trinta e sete por cento.

* Referência à lenda da mitologia grega de Cila, um monstro marinho, uma mulher com seis cabeças que devorava tripulantes dos barcos que passavam por ela, e Caríbdis, outro monstro, em forma de redemoinho, que afugentava os barcos para que fossem apanhados por Cila. Ou seja, um dilema sem saída para quem dele quer fugir. E "não desvirar a pedra" é uma expressão que significa não explorar todas as possibilidades. (N. T.)

Se você quer ter as maiores probabilidades de conseguir o melhor apartamento, empregue 37% de sua busca a um apartamento (onze dias, se você se concedeu um mês para isso) explorando opções sem se comprometer. Deixe o talão de cheques em casa; você está apenas calibrando. Mas uma vez atingido esse ponto, prepare-se para se comprometer de imediato — com depósito e tudo — com o primeiro lugar visitado que for melhor do que qualquer um dos outros que já foi. Isso não é apenas um compromisso intuitivamente satisfatório entre o olhar e o salto. É a solução *provavelmente ótima*.

Sabemos disso porque o problema de encontrar um apartamento pertence à classe de problemas matemáticos conhecidos como problemas de "parada ótima". A Regra dos 37% define uma série simples de passos — que os cientistas da computação chamam de "algoritmo" — para resolver esses problemas. Como acaba se demonstrando, a procura por apartamento é apenas um dos modos pelos quais essa parada ótima se manifesta na vida cotidiana. Comprometer-se com uma opção ou deixar passar uma sucessão de opções constitui uma estrutura que surge na vida repetidas vezes, em encarnações ligeiramente diferentes. Quantas voltas dar no quarteirão antes de se decidir onde estacionar? Até que ponto arriscar a sorte num negócio incerto antes de pegar a sua parte e cair fora? Quanto tempo aguardar por uma oferta melhor por uma casa ou um carro?

O mesmo desafio aparece também num contexto ainda mais incidente: o namoro. A parada ótima é a ciência de uma monogamia em série.

Algoritmos simples oferecem solução não apenas na procura de apartamento, mas em todas as situações na vida nas quais enfrentamos questões de parada ótima. Pessoas lidam com essas questões todos os dias — embora, com certeza, os poetas tenham gastado mais tinta com as tribulações do namoro do que com as do estacionamento —, e elas fazem isso, em alguns casos, com considerável angústia. Mas a angústia é desnecessária. Matematicamente, ao menos, são problemas resolvidos.

Todo atormentado inquilino, motorista e enamorado que você encontra à sua volta durante a semana está essencialmente reinventando a roda. Eles não precisam de um terapeuta; precisam de um algoritmo. O terapeuta lhes diz que encontrem o equilíbrio certo e confortável entre a impulsividade e a reflexão.

O algoritmo lhes diz que esse equilíbrio é 37%.

Existe um conjunto específico de problemas que todas as pessoas enfrentam, problemas que resultam diretamente do fato de que nossas vidas são vividas em espaço e tempo finitos. O que devemos fazer, e o que deixar de fazer, num dia ou numa década? Que grau de desordem devemos aceitar e em que ponto a ordem se torna excessiva? Que medida de equilíbrio entre experiências *novas* e experiências *preferidas* contribui para uma vida mais gratificante?

Esses problemas podem parecer exclusivos dos humanos, mas não são. Por mais de meio século, cientistas da computação têm enfrentado, e em muitos casos resolvido, os equivalentes desses dilemas cotidianos. Como deve um processador distribuir sua "atenção" para realizar tudo que o usuário está querendo dele, com um mínimo de desperdício com seu próprio funcionamento e no menor tempo possível? Como deve ficar se dividindo entre tarefas diferentes, e quantas tarefas deve assumir, para começar? Qual a melhor maneira de ele empregar seus recursos de memória, que são limitados? Deve coletar mais dados ou agir com base nos dados dos quais já dispõe? Aproveitar melhor o dia pode ser um desafio para humanos, mas computadores, em toda a nossa volta, estão aproveitando milissegundos, com facilidade. E há muita coisa que podemos aprender com a forma como eles fazem isso.

Falar de algoritmos para nossas vidas pode parecer uma estranha justaposição. Para muita gente, a palavra "algoritmo" evoca as misteriosas e inescrutáveis maquinações de grandes dados, grandes governos e grandes negócios — cada vez mais uma parte da infraestrutura do mundo moderno, mas dificilmente uma fonte de sabedoria prática ou um guia para as questões humanas. Mas um algoritmo é apenas uma sequência finita de passos que se usa para resolver um problema, e algoritmos são muito mais amplos — e muito mais antigos — do que o computador. Muito antes de serem usados por máquinas, os algoritmos eram usados por pessoas.

A palavra "algoritmo"* vem do nome do matemático persa al-Khwārizmī, autor de um livro do século IX sobre técnicas para fazer matemática à mão. (Seu livro intitulou-se *al-Jabr wa'l-Muqābala — Livro compêndio sobre cálculo por restauração e balanceamento* —, e o "al-Jabr" do título é, por sua vez, a fonte de nossa palavra "álgebra".)[1] No entanto, os primeiros algoritmos matemáticos conhecidos precedem até mesmo a obra de al-Khwārizmī: um tablete de barro sumério com 4 mil anos encontrado perto de Bagdá descreve um esquema para uma longa operação de divisão.[2]

Mas algoritmos não estão restritos apenas à matemática. Quando se está assando um pão a partir de uma receita, está-se seguindo um algoritmo. Quando se tricota um suéter a partir de um modelo, está-se seguindo um algoritmo. Quando se cria um gume afiado numa lasca de pedra executando uma sequência precisa de golpes com a extremidade de uma galhada[3] — processo-chave na feitura de boas ferramentas de pedra —, está-se se-

* E também, em português, "algarismo". (N. T.)

guindo um algoritmo. Algoritmos têm sido parte da tecnologia humana desde a Idade da Pedra.

Neste livro, vamos explorar a ideia de um *sistema de algoritmos humano* que busca as melhores soluções para desafios com que as pessoas se deparam todos os dias. Ver as questões da vida cotidiana a partir da lente da ciência da computação tem consequências em escalas variadas. De modo mais imediato, isso nos oferece sugestões práticas, concretas, de como resolver problemas específicos. O conceito da parada ótima nos diz quando olhar e quando dar o salto. A negociação explorar (prospectar)/explorar (obter resultados)* nos diz como encontrar o equilíbrio entre tentar coisas novas e aproveitar as que são nossas favoritas. A teoria da arrumação nos diz como (e se) arrumar nossos escritórios. A teoria do armazenamento nos diz como preencher nossos armários. A teoria do agendamento nos diz como ocupar nosso tempo.

No nível seguinte, a ciência da computação nos oferece um vocabulário para compreender os princípios mais profundos que estão em jogo em cada um desses domínios. Como disse Carl Sagan, "ciência é muito mais um modo de pensar do que um corpo de conhecimentos".[4] Mesmo em casos nos quais a vida é confusa demais para que possamos contar com uma análise estritamente numérica ou uma pronta resposta, o uso de intuições e conceitos que se aprimoraram nas formas mais simples desses problemas nos proporciona uma maneira de compreender as questões-chave e fazer progressos.

Numa visão mais ampla, olhar através da lente da ciência da computação pode nos ensinar muita coisa sobre a natureza da

* Em inglês, *explore/exploit*. (N. T.)

mente humana, o sentido da racionalidade e a questão mais antiga de todas: a de como viver. O exame da cognição como um meio de resolver os problemas em sua origem computacionais que nosso entorno nos apresenta pode mudar completamente o modo como pensamos sobre a racionalidade humana.[5]

A noção de que o estudo do funcionamento interno de computadores pode revelar como pensar e como decidir, em que acreditar e como se comportar pode chocar muita gente por parecer não apenas desabridamente reducionista, mas de fato equivocada. Mesmo que a ciência da computação tenha algo a dizer sobre como devemos pensar e agir, estaremos dispostos a ouvir? Olhamos para a inteligência artificial e os robôs da ficção científica e nos parece que a vida deles não é uma vida que qualquer um de nós gostaria de viver.

Em parte, isso se dá porque quando pensamos em computadores estamos pensando em sistemas friamente mecânicos, determinísticos: máquinas que aplicam uma rígida lógica dedutiva, tomando decisões mediante uma enumeração exaustiva de opções e triturando-as até obter a resposta precisa e correta, não importa quão longa e duramente tenham de pensar. De fato, a pessoa que primeiro imaginou um computador devia ter imaginado algo assim. Alan Turing definiu a própria noção da computação com uma analogia com um matemático humano que trabalha percorrendo de forma cuidadosa as etapas de cálculos prolongados, para colher uma resposta inequivocamente correta.[6]

Assim, poderia ser uma surpresa constatar que não é isso que os computadores modernos estão de fato fazendo quando se deparam com um problema difícil. O emprego direto da aritmética, é claro, não é particularmente desafiador para um computador moderno. Em vez disso, são tarefas como conversar com pessoas, reparar um arquivo corrompido ou ganhar um jogo de tabuleiro — problemas nos quais as regras não são claras, algumas informações necessárias estão faltando, ou para os quais encontrar as respostas exatas requer que se considere um número astronômico de possibilidades — que hoje se constituem nos maiores desafios à ciência da computação. E os algoritmos que os pesquisadores desenvolveram para resolver as classes mais difíceis de problemas têm afastado os computadores de uma extrema confiabilidade de seus cálculos exaustivos. Em vez disso, atacar as tarefas do mundo real requer que se esteja confortável com probabilidades, trocar a exatidão por tempo livre e usar aproximações.

À medida que ficavam mais sintonizados com o mundo real, os computadores forneciam não só algoritmos que as pessoas podiam tomar emprestado para suas próprias vidas, mas um padrão melhor pelo qual balizar a própria condição humana. Na última década, ou duas, a economia comportamental tem contado uma história muito particular sobre os seres humanos: a de que somos irracionais e propensos ao erro, o que é devido em grande parte ao defeituoso e idiossincrático hardware do cérebro.[7] Essa história autodepreciativa foi se tornando cada vez mais familiar, mas certas questões continuam a incomodar. Por que crianças com quatro anos de idade, por exemplo, ainda são melhores que supercomputadores de milhões de dólares em incontáveis tarefas, inclusive a visão, a linguagem e o raciocínio causal?

As soluções de problemas do dia a dia que vêm da ciência da computação contam uma história diferente sobre a mente humana. A vida é cheia de problemas que são, dizendo isso simplesmente, *difíceis*. E os erros cometidos por pessoas muitas vezes dizem mais das dificuldades intrínsecas do problema do que da falibilidade do cérebro humano. Pensar com algoritmos sobre o mundo, aprender sobre as principais estruturas dos problemas que enfrentamos e sobre as propriedades de suas soluções pode nos ajudar a enxergar quão bons nós realmente somos e a compreender melhor os erros que cometemos.

Na verdade, seres humanos estão sendo consistentemente confrontados com alguns dos problemas mais difíceis estudados pelos cientistas da computação. Muitas vezes, pessoas têm de tomar decisões enquanto lidam com incertezas, limitações de tempo, informações incompletas e um mundo em rápida mutação. Em alguns desses casos, mesmo a mais avançada ciência da computação ainda não chegou a algoritmos eficazes e sempre corretos. Para determinadas situações, parece que esses algoritmos sequer existem.

Mas até mesmo onde não se acharam algoritmos perfeitos, a batalha entre gerações de cientistas da computação e os mais intratáveis problemas do mundo real resultou numa série de insights. Esses preceitos obtidos a duras penas estão em desacordo com nossas intuições sobre racionalidade, e em nada se parecem com as estreitas prescrições de um matemático que tenta enquadrar à força o mundo em linhas claras e formais. Eles dizem: não leve em conta sempre todas as suas opções. Não vá atrás todas as vezes necessariamente do resultado que lhe pareça ser o melhor. Faça uma bagunça de vez em quando. Vá com calma. Deixe as coisas esperarem. Confie em seus instintos e não fique pensando por muito tempo. Relaxe. Tire cara ou coroa. Perdoe, mas não esqueça. Seja fiel a seu próprio *eu*.

Viver segundo a sabedoria da ciência da computação não parece ser tão ruim, afinal. E seus conselhos, diferentemente da maioria dos outros, são confirmados por provas.

Assim como a atividade de projetar algoritmos para computadores ficava originalmente nos interstícios entre as disciplinas — um estranho híbrido de matemática e engenharia —, da mesma forma projetar algoritmos para humanos é um tópico que não tem uma disciplina natural na qual se encaixar. Hoje em dia, o projeto de algoritmos envolve não só ciência da computação, matemática e engenharia, mas também campos correlatos como estatística e pesquisa operacional. E ao considerar que algoritmos projetados para máquinas podem ter relação com mentes humanas, também precisamos dar uma olhada em ciência cognitiva, psicologia, economia e muito mais.

Nós, seus autores, estamos familiarizados com o território interdisciplinar. Brian estudou ciência da computação e filosofia antes de ir para sua pós-graduação em inglês e para uma carreira na interseção dessas três. Tom estudou psicologia e estatística antes de ser professor em Berkeley, onde passa a maior parte de seu tempo pensando na relação entre a cognição humana e a computação. Mas ninguém pode ser um especialista em todos os campos que são relevantes para que se projetem algoritmos melhores para os humanos. Assim, como parte de nossa busca de algoritmos para viver, conversamos com pessoas que criaram os algoritmos mais famosos dos últimos cinquenta anos. E nós perguntamos a elas, algumas das pessoas mais inteligentes no mundo, como sua pesquisa influenciou o modo com que levavam a própria vida — desde escolher os cônjuges até organizar as meias.

As próximas páginas começam com nossa jornada através de alguns dos maiores desafios enfrentados tanto por computadores como por mentes humanas: como administrar um espaço finito, um tempo finito, uma atenção limitada, desconhecimentos desconhecidos, informação incompleta e um futuro imprevisível; como fazer isso com graça e confiança; e como fazer isso numa comunidade com outros que estão todos tentando, ao mesmo tempo, fazer a mesma coisa. Vamos aprender sobre a estrutura matemática fundamental desses desafios e sobre como a engenharia dos computadores é concebida — às vezes ao contrário do que imaginamos — para criar a maioria deles. E vamos aprender como funciona a mente, sobre as maneiras distintas mas profundamente relacionadas com que aborda o mesmo conjunto de questões e lida com as mesmas restrições. No final, o que podemos ganhar com isso não é apenas um conjunto de soluções prontas para os problemas que nos cercam, não apenas uma nova maneira de ver as elegantes estruturas que estão por trás até mesmo dos mais cabeludos dilemas humanos, não apenas um reconhecimento das labutas de humanos e computadores como fortemente conjugadas, mas algo ainda mais profundo: um novo vocabulário para o mundo que nos cerca e uma oportunidade para estudar algo realmente novo sobre nós mesmos.

1. Parada ótima
Quando parar de procurar

Embora todos os cristãos comecem um convite para uma cerimônia de casamento declarando que seu matrimônio se deve a uma especial providência divina, eu, como filósofo, gostaria de falar mais detalhadamente sobre isso...[1]

Johannes Kepler

Se preferir o sr. Martin a qualquer outra pessoa, se acha que ele é o melhor homem em cuja companhia já esteve, por que haverá de hesitar?[2]

Jane Austen, *Emma*

Este é um fenômeno tão comum que os orientadores educacionais em faculdades têm até uma gíria para ele: "*turkey drop*".*[3] Namorados do tempo do ensino médio vão para casa para o Dia

* Algo como "a largada do peru" (peru como símbolo tradicional do Dia de Ação de Graças), sendo "largada" o ato de largar a namorada ou o namorado. (N. T.)

de Ação de Graças em seu primeiro ano na faculdade e, quatro dias depois, voltam para o campus solteiros.

Um angustiado Brian procurou a orientadora educacional em seu ano de calouro na faculdade. Sua namorada no ensino médio tinha ido para uma outra faculdade, em um estado distante, e eles lutavam com essa distância. Lutavam também com uma questão mais estranha e mais filosófica: até que ponto o relacionamento deles era bom? Não tinham uma medida de referência de outros namoros pela qual pudessem avaliar. A orientadora de Brian reconheceu em seu caso um típico dilema do ano de calouro, e havia uma surpreendente indiferença em seu conselho: "Reúna dados".

A natureza da monogamia serial, quando aumentada, é que seus praticantes se defrontam com um problema fundamental e inevitável. Quando é que você já conheceu pessoas em número suficiente para saber quem melhor combina com você? E se no processo de reunir esses dados você perder exatamente essa pessoa? Parece ser o Ardil-22* definitivo do coração.

Como vimos, esse Ardil-22, esse grito do coração de um calouro angustiado, é o que os matemáticos chamam de o problema da "parada ótima", e ele pode efetivamente ter uma solução: 37%.

Isso depende, é claro, das suposições que você está disposto a assumir sobre o amor.

O PROBLEMA DA SECRETÁRIA

Em todo problema que envolve parada ótima, o dilema crucial não é por qual opção *decidir*, mas quantas opções se devem

* Referência à pegadinha mencionada no livro de Joseph Heller: não adianta um piloto se fazer de louco para evitar ser escalado para uma missão, pois a guerra é coisa de loucos, e estar louco numa guerra é sinal de sanidade. (N. T.)

considerar.[4] Esses problemas acabam tendo implicações não apenas para amantes e inquilinos, mas também para motoristas, proprietários de imóveis, ladrões e muitos mais.

A **Regra dos 37*** provém do mais famoso quebra-cabeça de parada ótima, que veio a ser conhecido como o "problema da secretária".[5] Seu cenário é muito parecido com o dilema do inquilino que procura um apartamento, antes mencionado. Imagine que você está entrevistando uma quantidade de candidatas a um cargo de secretária, e seu objetivo é maximizar a probabilidade de contratar a melhor candidata do grupo. Embora não tenha ideia de como atribuir uma nota a cada candidata individual, você pode facilmente avaliar qual é a sua preferida. (Um matemático poderia dizer que você tem acesso apenas aos números *ordinais* — as gradações relativas das candidatas comparadas entre si —, não aos números *cardinais* — a qualificação delas em algum tipo de escala geral.) Você deve entrevistar as candidatas numa ordem aleatória, uma de cada vez. Pode decidir oferecer o emprego a uma candidata em qualquer momento do processo, e ela com certeza vai aceitar, encerrando a busca. Mas se você passar à candidata seguinte, decidindo não contratar a que está entrevistando, ela irá embora para sempre.

É amplamente considerado que o problema da secretária foi publicado pela primeira vez — sem menção explícita a secretárias — na edição de fevereiro de 1960 da *Scientific American*, como um dos vários quebra-cabeças apresentados na estimada coluna de Martin Gardner sobre matemática recreacional.[6] Mas as origens do problema, surpreendentemente, são misteriosas.[7] Nossa busca inicial resultou em pouco mais que especulação até se tornar um inesperado trabalho físico de detetive: uma viagem na estrada até

* Usamos negrito para indicar os algoritmos que aparecem em todo o livro. (N. A.)

o arquivo dos trabalhos de Gardner em Stanford, pondo para fora caixas de sua correspondência de meio século atrás. Ler correspondência em papel é um pouco como entreouvir a conversa que alguém está tendo ao telefone: você pode ouvir apenas um dos lados, e tem de inferir o outro. Em nosso caso, só dispúnhamos das respostas ao que aparentemente constituía a pesquisa do próprio Gardner cinquenta anos atrás. Quanto mais líamos, mais emaranhada e obscura se tornava a história.

Frederick Mosteller, matemático de Harvard, lembrava-se de ter ouvido falar do problema em 1955 de seu colega Andrew Gleason, que tinha ouvido sobre isso de um terceiro.[8] Leo Moser escrevera da Universidade de Alberta para dizer que tinha lido sobre o problema em "algumas anotações" de R. E. Gaskell, da Boeing, que por sua vez o creditava a um colega. Roger Pinkham, da Universidade Rutgers, escreveu que ouvira falar do problema pela primeira vez em 1955 do matemático J. Schoenfield, da Universidade Duke, "e creio que ele disse ter ouvido sobre o problema de alguém em Michigan".[9]

"Alguém em Michigan" era quase certamente alguém chamado Merrill Flood. Embora muito desconhecido fora da matemática, a influência de Flood na ciência da computação é quase impossível de ser ignorada.[10] A ele se atribui o crédito de ter popularizado o problema do caixeiro-viajante (que será discutido mais detalhadamente no capítulo 8), de ter concebido o dilema do prisioneiro (que discutiremos no capítulo 11) e até mesmo a possibilidade de ter cunhado o termo "software". Foi Flood quem fez a primeira descoberta conhecida da Regra dos 37%, em 1958, e ele alega ter considerado o problema desde 1949 — mas ele mesmo menciona vários outros matemáticos.[11]

Basta dizer que, de onde quer que tenha vindo, o problema da secretária provou ser um quebra-cabeça matemático quase perfeito: simples de explicar, diabólico de resolver, sucinto na resposta e intrigante em suas implicações. Em consequência, o problema se alastrou como um fogo incontrolável nos círculos matemáticos na década de 1950, difundindo-se de boca em boca, e, graças à coluna de Gardner em 1960, fisgou a atenção do grande público. Na década de 1980, o problema e suas variações já tinham suscitado tantas análises que começou a ser discutido em trabalhos como um subcampo em si mesmo.

Quanto às secretárias, é encantador ver como cada cultura introduz seu próprio viés antropológico em sistemas formais. Por exemplo, pensamos no jogo do xadrez como europeu medieval em seu imaginário, mas de fato suas origens estão no século VIII, na Índia; e foi pesadamente "europeizado" no século XV, quando suas peças mudaram: os xás viraram reis, os vizires, rainhas, e os elefantes tornaram-se bispos. Da mesma forma, problemas de parada ótima tiveram uma quantidade de encarnações, cada uma refletindo as preocupações predominantes de seu tempo. No século XIX, esses problemas eram simbolizados por loterias barrocas e por mulheres escolhendo seus cortejadores; no início do século XX, por motoristas em férias escolhendo seus hotéis e por homens escolhendo mulheres para cortejar; e em meados do século XX, burocratizados e dominados pelo homem, por patrões escolhendo suas assistentes femininas. A primeira menção explícita com o nome de "problema de secretária" parece ser num trabalho de 1964, e em algum momento ao longo do processo esse nome pegou.[12]

DE ONDE VÊM OS 37%?

Em sua busca por uma secretária, há duas maneiras de você falhar: parando de procurar cedo demais e parando tarde demais. Quando você para cedo demais, a melhor candidata acaba não sendo descoberta. Quando para tarde demais, você ficou esperando por uma melhor candidata, que não existe. A estratégia ótima requer, claramente, que se encontre o equilíbrio certo entre as duas atitudes, na corda bamba entre procurar demais e não procurar o bastante.

Se seu objetivo é achar a melhor candidata, sem se satisfazer com nada menos que isso, está claro que durante as entrevistas você sequer deve considerar contratar alguém que não seja a melhor candidata encontrada até aquele momento. No entanto, ser simplesmente a melhor até aquele momento não é suficiente para se fazer uma oferta de emprego — a primeira candidata, por exemplo, terá sido por definição a melhor até então. Mais genericamente, parece lógico que a incidência de encontrar "a melhor que você viu até agora" vai diminuir à medida que as entrevistas continuam.[13] Por exemplo, a segunda candidata tem uma probabilidade de 50/50 de ser a melhor que já vimos até então, mas a quinta entrevistada tem uma probabilidade de um para cinco de ser a melhor até então; a sexta, uma probabilidade de um para seis, e assim por diante. Como resultado, se a última entrevista revelou a melhor candidata até então, ela será a mais impressionante à medida que as entrevistas continuam (novamente, por definição, ela será melhor do que todas as que a antecederam) — mas a possibilidade de que isso aconteça será cada vez menos frequente.

Muito bem, sabemos então que ficar com a *primeira* candidata melhor até então que encontramos (o que se aplica à primeira candidata) é uma precipitação. Se houver cem candidatas, parece que também será apressado demais fazer uma oferta à melhor até então *seguinte*, só porque foi melhor do que a primeira. Então, como devemos proceder?

Intuitivamente, há algumas estratégias potenciais. Por exemplo, oferecer o emprego na terceira vez — ou talvez na quarta vez — em que uma candidata superar todas as que a antecederam até então. Ou, talvez, oferecê-lo à primeira candidata melhor até então que aparecer após uma longa “seca”, isto é, uma longa série de candidatas sem essa qualificação.

Mas acontece que nenhuma dessas estratégias relativamente intuitivas é a melhor. Em vez disso, a solução ótima se configura no que chamamos de **Regra de Olhar-e-Depois-Saltar**. Você preestabelece certo tempo para “olhar” — isto é, explorar suas opções, coletar dados —, durante o qual, categoricamente, não escolhe ninguém, não importa quão qualificada seja a candidata. Passado esse ponto, você entra na fase do “salto”, preparado para eleger de forma instantânea a primeira que supere a melhor candidata que encontrou na fase de “olhar”.

Você pode compreender como surge a Regra de Olhar-e-Depois-Saltar considerando como se processa o problema da secretária com grupos menores de candidatas. Com uma só candidata, o problema é fácil de resolver — contrate-a! Se houver duas candidatas, sua probabilidade de sucesso é de 50/50, não importa o que fizer. Pode contratar a primeira (que será a melhor em uma metade do tempo), ou dispensar a primeira e, por padrão, contratar a segunda (que é a melhor em outra metade do tempo).

Acrescente uma terceira candidata, e subitamente as coisas ficam interessantes. As chances de acerto, se nossa decisão for aleatória, são de um terço, ou 33%. Com duas candidatas, não poderíamos fazer melhor do que nos propiciam as probabilidades. E com três, poderíamos? Pelo visto, sim, e isso depende do que fizermos com a segunda entrevistada. Quando entrevistamos a primeira, não dispomos de *informação* — ela sempre parecerá ser a melhor até então. Ao entrevistarmos a terceira candidata, não temos *alternativa* — temos de lhe propor o emprego porque dispensamos as outras. Mas quando entrevistamos a segunda candidata, temos um pouco de ambos, sabemos se ela é melhor ou pior do que a primeira, e temos a alternativa de ou contratá-la ou dispensá-la. O que acontece quando a contratamos, se for melhor do que a primeira candidata, e quando a demitimos, se não for? Essa acaba sendo a melhor estratégia possível quando se trata de três candidatas. Usando esse método, é possível, surpreendentemente, sair-se tão bem no problema das três candidatas quanto no caso de duas, escolhendo a que foi a melhor candidata durante pelo menos metade do tempo.*

A aplicação desse cenário ao caso de quatro candidatas nos mostra que ainda devemos dar o salto na segunda candidata; com cinco candidatas no grupo, não se deve dar o salto antes da terceira.

À medida que cresce o número de candidatas, o lugar exato onde traçar a linha divisória entre olhar e saltar localiza-se no ponto que representa 37% do grupo, o que resulta na Regra dos 37%:[14] olhe os primeiros 37% de candidatas, sem escolher nenhuma, depois esteja pronto para saltar para qualquer uma que for melhor do que todas que viu até então.**

* Com essa estratégia temos um risco de 33% de dispensar a melhor candidata, e um risco de 16% de nunca chegar a entrevistá-la. Para elaborar essa afirmação, há exatamente seis possíveis ordenações quanto à qualificação das três candidatas: 1-2-3, 1-3-2, 2-1-3, 2-3-1, 3-1-2 e 3-2-1. A estratégia de olhar a primeira candidata e depois saltar para qualquer uma que a supere vai dar certo em três dos seis casos (2-1-3, 2-3-1, 3-1-2) e fracassará nos outros três — duas vezes por ter sido exigente demais (1-2-3, 1-3-2) e uma por não ter sido exigente o bastante (3-2-1). (N. A.)

** Na verdade, um pouquinho abaixo de 37%. Para ser exato, a proporção matemática ótima para o número de candidatas a serem entrevistadas é $1/e$ — a mesma constante matemática e (equivalente a 2,71828...) que aparece nos cálculos de juros compostos. Mas não é preciso se preocupar em saber e em doze casas decimais: qualquer valor entre 35% e 40% resulta num índice de sucesso muito próximo do máximo. Para mais detalhes matemáticos, veja as notas no final do livro. (N. A.)

NÚMERO DE CANDIDATAS	FIQUE COM A MELHOR CANDIDATA DEPOIS DE	PROBABILIDADE DE TER ESCOLHIDO A MELHOR
3	1 (33,33%)	50%
4	1 (25%)	45,83%
5	2 (40%)	43,33%
6	2 (33,33%)	42,78%
7	2 (28,57%)	41,43%
8	3 (37,5%)	40,98%
9	3 (33,33%)	40, 59%
10	3 (30%)	39,87%
20	7 (35%)	38,42%
30	11 (36,67%)	37,86%
40	15 (37,5%)	37,57%
50	18 (36%)	37,43%
100	37 (37%)	37,10%
1000	369 (36,9%)	36,81%

Como otimizar a escolha de uma secretária.

Como se pode observar, seguir essa estratégia ótima nos dará no final 37% de probabilidade de contratar a melhor candidata. Uma das curiosas simetrias matemáticas desse problema é que a estratégia em si mesma e suas probabilidades de sucesso trabalham com exatamente o mesmo número.[15] A tabela acima nos apresenta a estratégia ótima para o problema da secretária com diferentes números de candidatas, e demonstra como a probabilidade de sucesso — assim como o ponto em que se passa de olhar para o salto — converge em 37% à medida que cresce o número de candidatas.

Um índice de 63% de fracasso, quando se adota a *melhor estratégia possível*, é decepcionante. Mesmo quando atuamos da melhor maneira possível no problema da secretária, ainda vamos fracassar na maior parte do tempo — isto é, não vamos terminar com a melhor de todas as candidatas no grupo. É uma má notícia para todos nós que encaramos no aspecto romântico a busca de quem é "a tal". Mas isso tem seu lado positivo. A intuição sugere que nossas chances de escolher a candidata que é isoladamente a melhor decresçam cada vez mais à medida que aumenta o grupo de candidatas. Se nossa decisão de contratar fosse aleatória, por exemplo, então num grupo de cem candidatas teríamos 1% de probabilidade de sucesso, e num grupo de 1 milhão de candidatas teríamos 0,0001% de probabilidade. Mas, notavelmente, a matemática do problema da secretária é estável. Se você adotar a parada ótima, sua probabilidade de achar a candidata que é a melhor num grupo de cem é de 37%. E num grupo de 1 milhão, acredite ou não, sua probabilidade ainda é de 37%. Assim, quanto maior for o grupo de candidatas, mais valioso se torna o conhecimento do algoritmo ótimo. É verdade que não é provável que você ache a agulha na maior parte do tempo, mas a parada ótima é sua melhor defesa contra o palheiro, não importa quão grande ele seja.

O SALTO PARA O AMOR

A paixão entre os sexos tem demonstrado, em qualquer idade, ser tão semelhante a essas mesmas leis que pode ser sempre considerada, em linguagem algébrica, como uma quantidade dada.[16]

Thomas Malthus

Eu me casei com o primeiro homem que beijei. Quando conto isso para meus filhos, eles quase vomitam.[17]

Barbara Bush

Antes de se tornar professor de pesquisa operacional em Carnegie Mellon, Michael Trick era um estudante de pós-graduação em busca de amor.[18] "Ocorreu-me que esse problema já havia sido estudado: é o problema da secretária! Eu tinha de escolher alguém para uma posição [e] uma série de candidatas, e meu objetivo era escolher a melhor candidata para a posição." Ele então pôs os números para funcionar. Não sabia quantas mulheres iria conhecer em sua vida, e havia uma certa flexibilidade na Regra dos 37%: podia ser aplicada ou ao número de candidatas ou ao *tempo* que alguém leva procurando.[19] Supondo que essa procura se desse dos dezoito aos quarenta anos de idade, a Regra dos 37% apontaria a idade de 26,1 anos como o ponto em que se deve passar de olhar para o salto.[20] Um número que calhou de ser exatamente a idade de Trick na época. Assim, quando conheceu uma mulher que combinava com ele melhor do que todas as que tinha namorado até então, ele soube com exatidão o que fazer. Ele deu o salto. "Eu não sabia se ela era a Perfeita (as premissas do modelo não me permitem estabelecer isso), mas não havia dúvida de que preenchia as qualificações para esse passo no algoritmo. Assim, eu a pedi em casamento", ele escreve.

"E ela me rejeitou."

Os matemáticos têm tido problemas com o amor desde pelo menos o século XVII. O lendário astrônomo Johannes Kepler talvez seja mais lembrado hoje em dia por ter descoberto que as órbitas dos planetas são elípticas e por sua participação crucial na "Revolução Copernicana", que inclui Galileu e Newton e que subverteu a percepção da humanidade quanto a seu lugar nos céus. Mas Kepler tinha preocupações terrenas também. Após a morte de sua primeira mulher, em 1611, ele embarcou numa longa e árdua busca para se casar novamente, tendo cortejado no fim um total de onze mulheres.[21] Das quatro primeiras, ele gostou mais da quarta ("devido à sua alta estatura e ao seu corpo atlético"), mas não interrompeu sua busca. "Estaria resolvido", escreveu Kepler, "se o amor e a razão não me tivessem imposto uma quinta mulher. Essa me conquistou com seu amor, sua humilde lealdade, economia na administração doméstica, diligência e com o amor que dedicou a seus enteados."

"Apesar disso", escreveu, "eu continuei."

Os amigos e conhecidos de Kepler continuaram a lhe apresentar mulheres, e ele seguiu procurando, mas sem muito entusiasmo. Seus pensamentos continuavam com a número cinco. Após onze namoros no total, decidiu que não ia buscar mais. "Quando me preparava para viajar para Regensburg, tornei a procurar a quinta mulher, me declarei a ela e fui aceito." Kepler e Susanna Reuttinger se casaram e tiveram seis filhos juntos, além dos filhos do primeiro casamento de Kepler. Biógrafos descrevem o resto da vida doméstica de Kepler como uma época especialmente tranquila e alegre.

Mas Kepler e Trick — de maneiras opostas — experimentaram em primeira mão alguns dos modos com os quais o problema da secretária simplifica a busca pelo amor. No problema da secretária clássico, as candidatas sempre aceitam a posição, evitando a rejeição vivenciada por Trick. E uma vez dispensadas, não podem ser "reconvocadas", ao contrário da estratégia seguida por Kepler.

Nas décadas decorridas desde que se introduziu pela primeira vez o problema da secretária, foi estudado um grande número de variantes de cenário, adaptando-se a parada ótima a um sem-número de condições diferentes. A possibilidade de rejeição, por exemplo, tem uma clara solução matemática: proponha cedo e com frequência.[22] Se você tem, digamos, 50/50 de probabilidade de ser rejeitado, então o mesmo tipo de análise matemática que levou à Regra dos 37% diz que você deve começar a fazer propostas após somente *uma quarta parte* de sua busca. Se rejeitado, continue propondo a cada pessoa que encontrar que seja a melhor até aquele momento, até alguma delas aceitar. Com uma estratégia assim, sua probabilidade de sucesso total — isto é, fazer a proposta e ser aceito pela melhor candidata no grupo — também será de 25%. Não é uma perspectiva tão terrível, talvez, para um cenário que combina o obstáculo da rejeição com a dificuldade geral de estabelecer o padrão de alguém, para começar.

Kepler, por sua vez, execrou a "inquietação e a dúvida" que o impeliram a continuar procurando. "Não haveria outro meio de meu coração inquieto se satisfazer com sua sina", ele reclamou numa carta a um confidente, "do que se dando conta da impossibilidade de realizar tantos outros desejos?" Aqui, novamente, a teoria da parada ótima provê certa medida de consolo. A inquietação e a dúvida, em vez de serem consideradas um sinal de degeneração moral ou psicológica, tornam-se parte da melhor estratégia para cenários nos quais segundas oportunidades são possíveis. Se você puder reconvocar candidatas anteriores, o algoritmo ótimo cria uma mudança na familiar Regra de Olhar-e-Depois-Saltar: um período mais longo sem se comprometer e um plano para retroagir e reconsiderar.

Por exemplo, suponha que uma proposta imediata seguramente será aceita, mas propostas adiadas serão rejeitadas metade das vezes. Nesse caso, a matemática diz que você deve continuar a busca sem se comprometer até ter visto 61% das candidatas, e depois só dar o salto se uma das 39% restantes for a melhor até então.[23] Se ainda estiver solteiro após ter considerado todas as possibilidades — como aconteceu com Kepler —, retorne à melhor das que tenha dispensado. A simetria entre o percentual adotado na estratégia e o percentual no resultado se mantém nesse caso mais uma vez, já que suas probabilidades de acabar com a melhor candidata nesse cenário em que se permite uma segunda chance é também de 61%.

Para Kepler, a diferença entre a realidade e o problema da secretária clássico trouxe consigo um final feliz. Na verdade, a mudança feita em relação ao problema clássico funcionou bem para Trick também. Após a rejeição, ele completou sua pós-graduação e achou um emprego na Alemanha. Lá, ele "entrou num bar, se apaixonou por uma linda mulher, foram morar juntos três semanas depois e então a convidou para viver nos Estados Unidos 'por algum tempo'". Ela concordou — e seis anos depois estavam casados.

SABER QUE ALGO É BOM QUANDO VOCÊ O VÊ: INFORMAÇÃO TOTAL

O primeiro grupo de variantes que consideramos — rejeição e retroação e reconsideração — alterou a premissa do problema da secretária clássico, que presumia que propostas feitas no tempo certo são sempre aceitas, e propostas tardias, nunca. Para essas variantes, a melhor abordagem continua a mesma da variante original: procure sem comprometimento por um tempo, depois esteja pronto para o salto.

Mas há uma premissa ainda mais fundamental no problema da secretária que devemos discutir. Isto é, no problema da secretária não sabemos *nada* sobre as candidatas a não ser como se comparam umas com as outras. Não temos uma noção objetiva ou preexistente de o que faz uma candidata ser boa ou ruim; além disso, quando comparamos duas delas, sabemos qual das duas é melhor, mas não quanto melhor. É esse fato que dá ensejo à inevitável fase de "olhar", na qual corremos o risco de deixar passar no início uma excelente candidata enquanto estamos calibrando nossas expectativas e nossos padrões. Os matemáticos referem-se a esse tipo de problema de parada ótima como "jogos de não informação".

Essa configuração sem dúvida está muito distante da maioria das procuras por um apartamento, um sócio ou até mesmo uma secretária. Imagine, em vez disso, que dispomos de algum tipo de critério objetivo — que toda secretária, por exemplo, passou por um exame de digitação avaliado em percentil, à maneira dos testes para admissão em universidades SAT, ou GRE, ou LSAT. Isto é, a nota de cada candidata nos dirá onde ela fica entre todas as que fizeram o exame de digitação: um percentil de 51 está logo acima da média, uma digitadora com percentil de 75 é melhor do que as três outras em cada grupo de quatro, e assim por diante.

Suponha que nosso grupo de candidatas seja representativo da população em geral, e não está distorcido nem autosselecionado em nenhum aspecto. Além disso, suponha que nós decidimos que a velocidade da digitação é a única coisa que interessa em nossas candidatas. Temos então o que os matemáticos chamam de "informação total", e tudo muda. "Não é necessário qualquer acúmulo de experiência para se estabelecer um padrão", como afirma o seminal trabalho de 1966 sobre o problema, "e às vezes pode-se fazer imediatamente uma escolha vantajosa."[24] Em outras palavras, se acontecer de a primeira candidata que avaliamos ter um percentil de 95, saberemos isso de imediato e podemos, com confiança, contratá-la na mesma hora — presumindo, é claro, que não achemos que haja no grupo uma candidata com percentil de 96.

E aí é que está o problema. Se nosso objetivo, mais uma vez, é ter a pessoa mais qualificada para o emprego, ainda temos de levar em conta a possibilidade de haver uma candidata ainda mais forte. No entanto, o fato de termos informação total nos dá tudo de que precisamos para calcular diretamente essas possibilidades. A probabilidade de que nossa próxima candidata tenha um percentil de 96 ou superior sempre será de um para vinte, por exemplo. Assim, a decisão de parar ou não depende inteiramente de quantas candidatas ainda restam para ver. A informação total significa que não temos de olhar antes de saltar. Em vez disso, podemos usar a **Regra do Limiar**, segundo a qual aceitamos de imediato uma candidata se ela estiver acima de um determinado percentil.[25] Não precisamos examinar um grupo inicial de candidatas para estabelecer esse limiar — no entanto, precisamos estar bem a par de quantos exames ainda temos disponíveis pela frente.

A matemática mostra que quando restam muitas candidatas ainda não entrevistadas no grupo, você deve dispensar até mesmo uma boa candidata na esperança de encontrar alguma outra melhor do que aquela — mas se suas opções estão se reduzindo, você deve estar preparado para contratar qualquer uma que simplesmente seja melhor do que a média. É uma mensagem familiar, mesmo que não exatamente inspiradora: diante de poucas alternativas de escolha, reduza seus critérios. Isso também deixa claro o inverso: com mais peixes no mar, eleve seus padrões. Em ambos os casos, e de maneira crucial, a matemática lhe diz exatamente em quanto.

O modo mais fácil de compreender os números para esse cenário é começar do fim e raciocinar para trás. Se você chegou à última candidata, é claro que você está necessariamente obrigado a escolhê-la. Mas olhando para a penúltima candidata, a questão passa a ser: estará ela acima do 50º percentil? Se a resposta é sim, contrate-a; se não, vale a pena jogar os dados apostando na última em vez dela, já que a probabilidade de *ela* estar acima do 50º percentil é de 50/50, por definição. Da mesma forma, você poderia escolher a antepenúltima se ela estiver acima do 69º percentil, a anteantepenútima se estiver acima do 78º percentil e assim por diante, ficando tanto mais exigente quanto mais candidatas ainda restarem para ser avaliadas. Aconteça o que acontecer, nunca contrate alguém que esteja abaixo da média, a menos que não tenha qualquer outra opção. (E como você ainda está interessado apenas em achar a melhor no grupo de candidatas, nunca contrate uma que não for a melhor que você viu até aquele momento.)

A probabilidade de terminar com a melhor de todas as candidatas nessa versão com informação total do problema da secretária chega aos 58% — longe ainda de uma certeza, mas consideravelmente melhor do que o índice de sucesso de 37% oferecido pela Regra dos 37% quando se joga sem informação. Se você dispuser de todos os fatos, a frequência de ter sucesso é maior do que a de não ter, mesmo que o grupo de candidatas seja arbitrariamente grande.

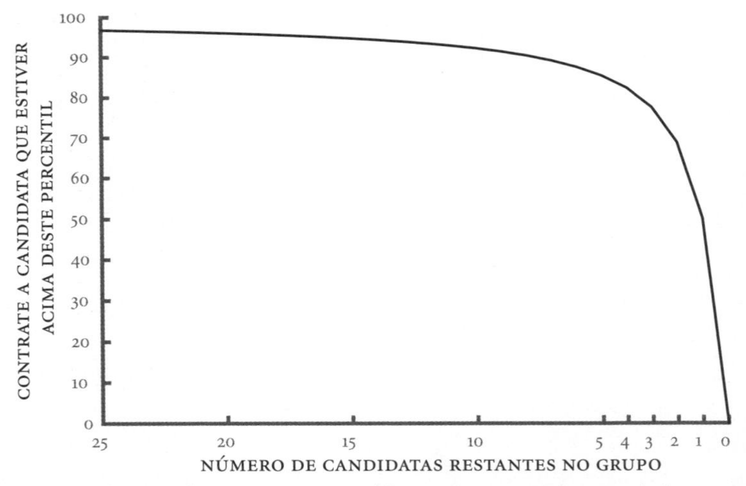

Limiares de parada ótima num problema da secretária com informação total.

O jogo com informação total oferece assim uma inesperada e um tanto bizarra vantagem. *A mineração à procura de ouro tem mais probabilidade de sucesso do que a busca pelo amor.* Se você está avaliando suas possíveis parceiras ou seus possíveis parceiros com base em qualquer tipo de critério objetivo — digamos, o percentil de sua renda —, você tem a seu dispor muito mais informação do que se estiver atrás de uma nebulosa resposta emocional ("amor") que, para ser calibrada, pode requerer tanto experiência quanto comparação.

É claro, não há razão para que aquilo que você está medindo seja uma qualificação específica — no caso, a velocidade de digitação. Qualquer parâmetro que forneça informação total quanto à posição de uma candidata em relação à população como um todo vai alterar a solução, passando-a da Regra de Olhar-e-Depois-Saltar para a Regra do Limiar, e vai aumentar drasticamente suas chances de encontrar a melhor de todas as candidatas no grupo.

Há muito mais variantes do problema da secretária que modificam suas outras premissas, talvez alinhando-o mais com os desafios do mundo real de achar um amor (ou uma secretária).[26] Mas as lições a serem aprendidas na parada ótima não estão limitadas a um namoro ou a uma contratação. Na verdade, a tentativa de fazer a melhor escolha quando as opções só vão se apresentando uma a uma é também a estrutura básica na ação de vender uma casa, estacionar um carro ou abandonar algo quando se está na frente. E são todos eles, numa ou noutra medida, problemas resolvidos.

QUANDO VENDER

Se alterarmos mais dois aspectos do problema da secretária, seremos catapultados do reino do namoro para o reino imobiliário. Já falamos antes sobre o processo de alugar um apartamento como um problema de parada ótima, mas tampouco faltam paradas ótimas ao fato de *ser proprietário* de um imóvel.

Imagine a venda de um imóvel, por exemplo. Depois de consultar vários corretores imobiliários, você põe sua propriedade no mercado: uma nova demão de tinta, algumas melhoras na aparência, e então é só esperar que cheguem ofertas. A cada oferta que aparece, você tem de decidir se aceita ou se recusa. Mas recusar uma oferta tem um custo — mais uma semana (ou um mês) de pagamento de hipoteca, impostos e taxas enquanto você espera pela próxima oferta, e nada garante que esta seja melhor que a recusada.

A venda de uma casa é similar ao jogo com informação total.[27] Sabemos o valor objetivo, em dinheiro, da oferta, que nos diz não só qual é melhor do que qual, mas também em quanto é melhor. Mais ainda, temos informação sobre a situação mais ampla do mercado, o que nos permite, ao menos em termos grosseiros, prever que ordem de grandeza esperar nas ofertas. (Isso nos fornece em cada oferta a mesma informação "em percentil" que tivemos no teste de digitação mencionado acima.) No entanto, a diferença aqui é que nosso objetivo não é chegar à melhor oferta de todas, mas ter a maior vantagem em dinheiro no processo como um todo. Dado que a espera tem um custo medido em dinheiro, uma boa oferta hoje pode ser ligeiramente melhor do que uma melhor dentro de vários meses.

Dispondo dessa informação, não temos de ficar olhando ofertas sem comprometimento para estabelecer um limiar. Em vez disso, podemos preestabelecer um limiar, ignorar todas as propostas que estejam abaixo dele e ficar com a primeira opção que o supere. É certo que, se dispomos de uma reserva limitada que se esgotará caso não vendamos o imóvel num certo prazo, ou se acharmos que haverá um número limitado de ofertas e nenhum interesse de compra depois delas, devemos então baixar nossos padrões quando nos aproximamos daquele limite. (Eis o motivo de os compradores de imóvel procurarem vendedores assim "motivados".) Mas se nenhuma dessas considerações nos leva a achar que estamos contra a parede, podemos simplesmente nos focar numa análise custo-benefício desse jogo de espera.

Vamos analisar aqui um dos casos mais simples, no qual sabemos com certeza o âmbito dos valores das ofertas que vão chegar e no qual todas as ofertas dentro desse âmbito são igualmente plausíveis. Se não tivermos de nos preocupar com o esgotamento das propostas (ou de nossas reservas), podemos pensar unicamente em termos do que podemos ganhar ou perder ao esperarmos uma negociação melhor. Se recusamos a oferta atual, será que a possibilidade de obter uma melhor, multiplicada por *quanto melhor* esperamos que ela seja, vai mais do que compensar o custo da espera? Como se pode notar, a matemática aqui é bem nítida, dando-nos uma função explícita para o preço de parada como uma função do custo da espera por uma oferta.[28]

O resultado matemático específico não leva em conta se você está vendendo uma mansão que vale milhões ou um barraco em ruínas. A única coisa que importa é a diferença entre a oferta mais elevada e a oferta mais baixa que você provavelmente receberá. Atribuindo alguns números concretos, podemos ver como esse algoritmo oferece uma medida considerável de orientação. Por exemplo, digamos que o âmbito das ofertas que estamos esperando se estenda dos 400 mil aos 500 mil dólares. Primeiro, se o custo da espera é trivial, podemos ser quase infinitamente seletivos. Se o custo por esperar outra oferta for de apenas um dólar, podemos maximizar nossa receita esperando por alguém que queira oferecer 499 552,79 dólares e nem um centavo menos. Se a espera custar 2 mil dólares por oferta, só deveríamos recusar abaixo de 480 mil dólares. Num mercado lento em que a espera custa 10 mil dólares por oferta, deveríamos aceitar qualquer coisa acima de 455 279 dólares. Finalmente, se a espera custa metade ou mais da diferença no âmbito das ofertas — nesse caso, 50 mil dólares —, então não há qualquer vantagem em segurar; o melhor a fazer é aceitar a primeira oferta que chegar e fechar o negócio. Mendigos não podem ser seletivos.

Limiares de parada ótima no problema de venda de imóvel.

O aspecto crítico a se observar nesse problema é que nosso limiar depende *apenas* do custo da procura de uma oferta ideal. Como as probabilidades de a próxima oferta ser boa — assim como o custo de se descobrir isso — nunca mudam, não há razão para que nosso preço de parada preestabelecido seja reduzido à medida que a busca continue, independentemente de termos sorte ou não. Nós o estabelecemos uma vez, antes de sequer começar a procurar, e depois simplesmente o mantemos com firmeza.

Laura Albert McLay, uma especialista em otimização da Universidade de Winconsin-Madison, lembra de ter recorrido a seu conhecimento de problemas de parada ótima quando chegou sua vez de vender a própria casa. "A primeira oferta que tivemos foi muito boa", ela explica, "mas haveria um custo enorme porque eles queriam que saíssemos um mês antes de estarmos prontos. Houve outra oferta competitiva [mas] nós nos seguramos até recebermos a que foi a melhor."[29] Para muitos vendedores, recusar uma ou duas boas ofertas pode ser uma atitude desgastante, sobretudo se as que se seguirem imediatamente não forem melhores. Mas McLay ficou firme e manteve-se calma. "Teria sido muito, muito difícil", ela admite, "se eu não soubesse que a matemática estava do meu lado."

Esse princípio se aplica a qualquer situação na qual você recebe uma série de ofertas e arca com um custo para esperar pela próxima. Em consequência, ele é relevante em casos que se situam bem além da venda de um imóvel. Por exemplo, economistas têm usado esse algoritmo para criar um modelo de como pessoas procuram emprego, no qual se explica facilmente o fato (que, não fosse isso, seria aparentemente paradoxal) de que trabalhadores desempregados e vagas de trabalho não preenchidas existem ao mesmo tempo.[30]

De fato, essas variações do problema de parada ótima têm outra propriedade, e ainda mais surpreendente. Como vimos, a capacidade de "recriar" uma oportunidade que fora perdida foi vital na busca de Kepler pelo amor. Mas na venda de imóveis e na procura de emprego, mesmo se for possível reconsiderar uma oferta já passada, e mesmo que essa oferta seja mantida, você, assim mesmo, *nunca* deveria fazer isso. Se naquele momento não estava acima de seu limiar, não estará acima de seu limiar agora.[31] O que você pagou para continuar procurando é fundo perdido. Não faça concessões, não tente adivinhar novamente. E não olhe para trás.

QUANDO ESTACIONAR

> *Acho que os três maiores problemas administrativos num campus são, para os estudantes, o sexo, para os graduados, o atletismo, para os professores, o estacionamento.*[32]
>
> Clark Kerr, reitor da Universidade da Califórnia em Berkeley, 1958-1967

Outro domínio no qual abundam os problemas de parada ótima — e onde olhar para trás é geralmente uma má ideia — é o do automóvel. Motoristas caracterizam algumas das primeiras manifestações do problema da secretária, e o contexto de movimento constante para a frente faz de quase toda decisão numa viagem de automóvel um problema de parada ótima: a procura de um restaurante, a procura de um banheiro; e mais agudamente para motoristas urbanos, a procura de um lugar para estacionar. Quem melhor para falar dos macetes para estacionar do que o homem que o *Los Angeles Times* descreve como "o astro do rock do estacionamento", o eminente professor de planejamento urbano da Universidade da Califórnia em Los Angeles (UCLA), Donald Shoup? Descemos de carro do norte da Califórnia para visitá-lo, garantindo a Shoup que calcularíamos o tempo de viagem com folga suficiente para o caso de um tráfego inesperado. "Quanto a se planejar para um 'tráfego inesperado', creio que vocês deveriam se planejar para um tráfego esperado",[33] ele respondeu. Shoup talvez seja mais conhecido por seu livro *The High Cost of Free Parking* [O alto custo de estacionar de graça], e ele muito fez para fazer avançar a discussão e a compreensão do que realmente acontece quando alguém vai dirigindo para sua destinação.

Deveríamos ter pena do pobre motorista. O lugar ideal para estacionar, como Shoup o configura, é o que otimiza um equilíbrio exato entre o "preço do adesivo" para estacionamento, o tempo e o inconveniente da caminhada, o tempo que se perde procurando uma vaga (que varia enormemente com o lugar, a hora do dia etc.) e o combustível queimado para fazer isso. A equação muda de acordo com o número de passageiros no carro, que podem dividir o custo monetário da vaga, mas não o tempo da procura e da caminhada. Ao mesmo tempo, o motorista precisa considerar que a área com mais oferta de vagas pode ser também a área com mais procura: o ato de estacionar tem um componente da teoria do jogo, já que você está tentando ser mais esperto que outros motoristas na rua, enquanto eles estão tentando ser mais espertos que você.* Dito isso, muitos dos desafios inerentes ao ato de estacionar se resumem num único número: a taxa de ocupação, que é a proporção de todas as vagas para estacionamento que estão ocupadas no momento. Se a taxa de ocupação está baixa, é fácil achar um bom lugar para estacionar. Se está alta, achar qualquer lugar para estacionar é um desafio.

Shoup alega que muitas das dores de cabeça do estacionamento são consequência da adoção, pelas municipalidades, de políticas que resultam em taxas de ocupação extremamente altas. Se o custo de estacionar num determinado lugar é baixo demais (ou — que horror! — o estacionamento é gratuito), cria-se um grande incentivo para se estacionar ali, em vez de se estacionar um pouco mais adiante e ter de caminhar. Então todo mundo tenta estacionar ali, mas a maioria vai encontrar as vagas já preenchidas, e as pessoas acabarão desperdiçando tempo e combustível fóssil enquanto dirigem à procura de um lugar.

A solução de Shoup envolve a instalação de medidores de estacionamento digitais capazes de ajustar o preço segundo a demanda. (Isso está sendo implementado atualmente no centro de San Francisco.)[34] Os preços são estipulados levando em conta uma certa taxa de ocupação, e Shoup alega que essa taxa deveria ser em torno de 85% — uma redução radical dos quase 100% de vagas no meio-fio ocupadas nas grandes cidades. Ele observa que quando a ocupação cresce de 90% para 95%, ela está acomodando só mais 5% de carros, mas isso *dobra* a distância percorrida por cada um em busca de vagas.[35]

O impacto mais importante que a taxa de ocupação tem na estratégia de estacionar torna-se claro quando se percebe que o estacionamento é um problema de parada ótima. Quando você está dirigindo ao longo da rua, toda vez que vê um eventual espaço

* Mais sobre os perigos computacionais na teoria dos jogos no capítulo 11. (N. A.)

vazio, tem de tomar uma decisão: ocupar essa vaga ou ir para um pouco mais perto de sua destinação e tentar a sorte?

Suponha que você está numa estrada infinitamente longa, com vagas de estacionamento distribuídas de maneira uniforme, e seu objetivo é minimizar a distância que vai ter de caminhar entre o estacionamento e sua destinação.[36] A solução, então, é a Regra de Olhar-e-Depois-Saltar. O motorista de parada ótima deveria deixar passar todas as vagas desocupadas que estivessem além de uma predeterminada distância da destinação e ocupar a primeira que surja logo depois. E a distância predeterminada a partir da qual se passa do olhar para o saltar depende da proporção de lugares disponíveis para serem ocupados — a taxa de ocupação. A tabela a seguir sugere distâncias predeterminadas para algumas taxas de ocupação representativas.

COM ESTA TAXA DE OCUPAÇÃO (%)	PASSE PELAS VAGAS MAIS DISTANTES (DE SUA DESTINAÇÃO) E ENTÃO OCUPE A PRÓXIMA QUE SURGIR
0	0
50	1
75	3
80	4
85	5
90	7
95	14
96	17
97	23
98	35
99	69
99,9	693

Método ótimo para encontrar vaga de estacionamento.

Se essa rua infinita tiver uma taxa de ocupação de cidade grande (99%), com apenas 1% de lugares vagos, então você deveria ocupar a primeira vaga que encontrar a partir de quase setenta lugares — mais de quatrocentos metros — antes de sua destinação. Mas se Shoup conseguir o que quer e a taxa de ocupação cair para apenas 85%, você não precisa começar a procurar seriamente[37] uma vaga enquanto não estiver a meio quarteirão de distância.

A maioria de nós não dirige em estradas perfeitamente retas e infinitamente longas. Assim como no caso de outros problemas de parada ótima, pesquisadores consideraram uma variedade de adaptações a esse cenário básico.[38] Por exemplo, eles estudaram a estratégia para otimizar o estacionamento em casos como os seguintes: quando o motorista pode dar a volta em 180 graus; quando há cada vez menos vagas quanto mais perto se chega da destinação; e quando o motorista está competindo por vagas com rivais que também se destinam ao mesmo lugar. Mas sejam quais forem os parâmetros exatos do problema, mais vagas disponíveis para se estacionar sempre tornarão a vida mais fácil. E como lembrete às prefeituras de como abordar a questão: estacionamento não é simplesmente ter um recurso (vagas) e maximizar sua utilização (sua ocupação). Estacionar é também um *processo* — um problema de parada ótima —, e um processo que exige atenção, tempo e combustível, e gera poluição e congestionamento. Uma abordagem correta considera o problema como um todo. E, contrariamente ao que diria a intuição, vagas vazias em quarteirões de grande procura podem sinalizar que as coisas estão funcionando de forma correta.

Perguntamos a Shoup se essa pesquisa lhe permite otimizar sua própria locomoção atravessando o trânsito de Los Angeles para chegar a seu escritório na UCLA. Será que, indiscutivelmente, o maior especialista em estacionamento no mundo tem algum tipo de arma secreta?

Ele tem: "Eu vou de bicicleta".[39]

Em 1997, a revista *Forbes* identificou Boris Berezovsky como o homem mais rico da Rússia, com uma fortuna de aproximadamente 3 bilhões de dólares.[40] Apenas dez anos antes ele vivia com um salário de matemático da Academia de Ciências da União Soviética. Acumulou bilhões aproveitando relações industriais que fizera por meio de sua pesquisa para fundar uma companhia que facilitasse a interação entre fabricantes de automóveis estrangeiros e a fábrica de automóveis AvtoVAZ, da União Soviética. A companhia de Berezovsky tornou-se depois um agente em grande escala para os carros produzidos na AvtoVAZ, usando um esquema de pagamento a prestação para tirar vantagem da hiperinflação do rublo. Usando os fundos dessa sociedade, ele comprou parte do capital da própria AvtoVAZ, depois a rede ORT de televisão e, finalmente, a companhia petrolífera Sibneft. Tornando-se membro de uma nova classe de oligarcas, ele participou da política do país, apoiando a reeleição de Boris Yeltsin em 1996 e a escolha de Vladimir Putin como seu sucessor em 1999.[41]

Mas foi aí que a sorte de Berezovsky virou. Pouco após a eleição de Putin, Berezovsky opôs-se publicamente às reformas constitucionais propostas, que ampliariam o poder do presidente. Sua crítica pública contínua a Putin levou à deterioração da relação entre eles. Em outubro de 2000, quando perguntaram a Putin sobre as críticas de Berezovsky, ele respondeu: "O Estado tem nas mãos um porrete que se pode usar para bater uma só vez, mas na cabeça. Ainda não fizemos uso desse porrete. [...] No dia em que ficarmos realmente com raiva, não vamos hesitar".[42] No mês seguinte, Berezovsky deixou a Rússia em definitivo, exilando-se na Inglaterra, onde continuou a criticar o regime de Putin.

Como Berezovsky decidiu que chegara a hora de abandonar a Rússia? Existirá um modo, talvez, de pensar em termos matemáticos na advertência "abandone enquanto ainda estiver à frente"? Berezovsky, especificamente, pode ter considerado ele mesmo essa questão, já que o tópico em que havia trabalhado todos aqueles anos como matemático não fora outro senão o da parada ótima: ele foi o autor do primeiro (e, até agora, único) livro totalmente dedicado ao problema da secretária.[43]

O problema de abandonar quando se está à frente tem sido analisado sob as diversas formas com que se apresenta, mas talvez a mais apropriada para o caso de Berezovsky — com desculpas aos oligarcas russos — é conhecida como o "problema do ladrão".[44] Nesse problema, um ladrão tem a oportunidade de realizar uma sequência de roubos. Cada roubo lhe rende uma recompensa, e a cada vez ele tem probabilidades de escapar. Mas se for pego, será preso e perderá todos os seus ganhos acumulados. Que algoritmo deverá seguir para maximizar o resultado esperado?

O fato de esse problema ter uma solução é má notícia para os roteiristas de filmes de roubo e assalto: quando a quadrilha está tentando seduzir o velho assaltante a sair da aposentadoria para um último golpe, o astuto ladrão só precisa operar os números. Além disso, os resultados são bem intuitivos: o número de roubos que se podem efetuar é aproximadamente igual às probabilidades de escapar divididas pelas probabilidades de ser pego. Se você for um ladrão talentoso e tiver 90% de probabilidade de se sair bem em todo roubo (e 10% de probabilidade de perder tudo), então pare depois de 90/10 = nove roubos. E se você for um amador desajeitado com 50/50 de probabilidade de sucesso? Na primeira vez, você não tem nada a perder, mas não arrisque sua sorte mais de uma vez.

Apesar de sua especialização em parada ótima, a história de Berezovsky tem um final triste. Ele morreu em março de 2013, e foi encontrado por um guarda-costas no banheiro de sua casa em Berkshire com uma corda em torno do pescoço.[45] A conclusão oficial de um exame post mortem foi de que cometera suicídio, enforcando-se depois de perder muito de sua fortuna numa série de casos legais de valor elevado que envolviam seus inimigos na Rússia.[46] Talvez devesse ter parado antes — juntando apenas, digamos, algumas dezenas de milhões de dólares, e não entrando na política. Mas, ai dele, não era seu estilo. Um dos seus amigos matemáticos, Leonid Boguslavsky, conta uma história de Berezovsky de quando ambos eram pesquisadores: numa excursão para praticar esqui aquático num lago perto de Moscou, o barco que tinham planejado usar quebrou. Eis como David Hoffman conta o caso em seu livro *The Oligarchs*:

> Enquanto seus amigos iam para a praia e acendiam uma fogueira, Boguslavsky e Berezovsky foram até o cais para tentar consertar o motor. [...] Três horas depois, tinham desmontado e remontado o motor. Continuava morto. Tinham perdido a maior parte da festa, mas Berezovsky insistiu em que *tinham* de continuar tentando. "Tentamos de tudo", lembrou Boguslavsky. Berezovsky não ia desistir.[47]

Surpreendentemente, não desistir — jamais — também aparece na literatura de parada ótima. Pode parecer que não, considerando a ampla gama de problemas que já discutimos, mas há problemas que envolvem sequências de tomadas de decisão para os quais *não há* uma regra de parada ótima.[48] Um exemplo simples é o jogo de "o triplo ou nada". Imagine que você tem um dólar e que pode jogar o jogo que se segue quantas vezes quiser: aposte seu dinheiro, e terá 50% de probabilidade de receber o triplo do valor e 50% de probabilidade de perder tudo que acumulou. Quantas rodadas deve jogar? Apesar de sua simplicidade, não há uma regra de parada ótima para esse problema, e a cada vez que se joga, a média de seus ganhos aumenta um pouco. Começando com um dólar, você ficaria com três dólares em metade das vezes e nada na outra metade — assim, na média, você espera terminar com 1,5 dólar em seu bolso. Depois, se teve sorte na primeira rodada, as duas possibilidades a partir dos três dólares que você ganhou são nove dólares e zero — um retorno médio de 4,5 dólares na segunda aposta. A matemática mostra que você deveria *sempre* continuar jogando. Mas se seguir essa estratégia, em algum momento vai perder tudo. É melhor evitar alguns problemas do que resolvê-los.

ESTAR SEMPRE PARANDO

> *Espero passar apenas uma vez por este mundo. Portanto, qualquer bem que eu possa fazer, ou qualquer gentileza que possa demonstrar para qualquer criatura amiga, que eu faça agora. Que não a adie nem a negligencie, pois não passarei por este caminho novamente.*[49]
>
> Stephen Grellet

> *Aproveite a tarde. Você não pode levá-la consigo.*[50]
>
> Annie Dillard

Examinamos casos específicos de pessoas que se deparam com problemas de parada ótima em suas vidas, e está claro que a maioria de nós se defronta todos os dias com esses tipos de problemas, de uma forma ou de outra. Seja envolvendo secretárias, noivas ou noivos ou apartamentos, a vida está cheia de paradas ótimas. Então, a questão irresistível é se — por evolução, educação ou intuição — efetivamente seguimos as melhores estratégias.

À primeira vista, a resposta é não. Cerca de uma dúzia de estudos produziram o mesmo resultado: as pessoas tendem a parar muito cedo, nem chegam a ver os melhores candidatos. Para ter uma noção melhor dessas conclusões, conversamos com Amnon Rapoport, da Universidade da Califórnia em Riverside, que tem conduzido experimentos de parada ótima no laboratório durante mais de quarenta anos.

O estudo que segue mais de perto o problema da secretária clássico foi realizado na década de 1990 por Rapoport e seu colaborador Darryl Seale.[51] Nesse estudo, as pessoas passavam por numerosas repetições do problema da secretária, com quarenta ou oitenta candidatas a cada vez. O percentual total de vezes em que se encontrou o melhor candidato possível foi bastante bom: cerca de 31%, não muito distante do ótimo, 37%. A maioria das pessoas atuou de modo consistente com a Regra de Olhar-e-Depois-Saltar, mas saltaram antes do que deveriam mais de quatro quintos das vezes.[52]

Rapoport nos contou que tem isso sempre em mente quando resolve problemas de parada ótima em sua própria vida. Na procura de um apartamento, por exemplo, ele luta contra seu próprio impulso de decidir rapidamente. "Embora eu seja por natureza muito impaciente e queira ficar com o primeiro apartamento, tento me controlar!"[53]

Mas essa impaciência suscita outra consideração que não é levada em conta no problema da secretária clássico: o papel do tempo. Afinal, durante todo o tempo em que está procurando uma secretária, você está sem secretária. Mais ainda, está passando o dia fazendo entrevistas em vez de realizar o seu próprio trabalho.

Esse tipo de custo oferece uma potencial explicação de por que as pessoas param cedo quando estão resolvendo um problema da secretária no laboratório. Seale e Rapoport demonstraram que se o custo de entrevistar cada candidata é tido, por exemplo, como 1% do valor que representa encontrar a melhor secretária possível, então a estratégia ótima estaria perfeitamente alinhada com o ponto em que as pessoas, em seu experimento, de fato mudaram de "olhar" para "saltar".[54]

O mistério é que, no estudo de Seale e Rapoport, a pesquisa não envolvia despesas. Então por que as pessoas no laboratório estavam agindo como se houvesse um custo?

Porque para as pessoas *sempre* existe um custo em tempo. Isso não vem do formato da pesquisa. Vem da vida das pessoas.

Os custos em tempo "endógenos" da pesquisa, que não são comumente captados nos modelos de parada ótima, podem assim nos explicar por que a tomada de decisão humana não raro diverge das prescrições desses modelos. Como explica o pesquisador de parada ótima Neil Bearden: "Depois de pesquisar por algum tempo, nós, humanos, tendemos a ficar entediados. Ficar entediado não é algo irracional, mas é difícil criar um modelo rigoroso disso".[55]

Mas isso não faz com que os problemas de parada ótima sejam menos importantes. Na verdade, isso os torna mais importantes, porque o fluir do tempo faz de *toda* tomada de decisão uma parada ótima.[56]

"A teoria da parada ótima diz respeito ao problema de escolher o momento para exercer uma determinada ação": assim começa o compêndio definitivo sobre parada ótima, e é difícil imaginar uma descrição mais concisa da condição humana.[57] Certamente, decidimos qual é o melhor momento para comprar meias e qual o melhor momento para vendê-las; mas decidimos também o momento certo para abrir aquela garrafa de vinho que guardamos para uma ocasião especial, o momento certo para interromper uma fala, o momento certo para beijar alguém.

Vista dessa maneira, a suposição mais fundamental, embora mais inacreditável quanto ao problema da secretária — sua estrita serialidade, sua inexorável marcha numa só direção —, acaba se revelando ser a natureza do próprio tempo. É isso que nos obriga a decidir com base em possibilidades que ainda não vimos; é isso que nos obriga a abraçar altas taxas de fracasso mesmo quando agimos otimamente. Nenhuma escolha se repete. Podemos vir a ter escolhas *similares* de novo, mas nunca a mesma. Hesitação — inação — é tão irrevogável quanto a ação. O que o motorista confinado numa estrada de mão única é para o espaço, nós somos para a quarta dimensão: realmente passamos por ela, mas não mais de uma vez.

De modo intuitivo, pensamos que uma tomada de decisão racional tem a ver com enumerar de forma exaustiva nossas opções, avaliar cada uma com cuidado, e depois escolher a que for melhor. Mas na prática, quando o relógio — ou o cronômetro — está tiquetaqueando, poucos aspectos da tomada de decisão (ou, mais genericamente, do processo de pensar) são tão importantes quanto este: quando parar.

2. Explorar (prospectar)/ explorar (obter resultados)

Os mais recentes vs. os melhores

Seu estômago está roncando. Você vai ao restaurante italiano que conhece e aprecia ou ao novo tailandês, que acabou de abrir? Leva consigo seu melhor amigo ou uma pessoa nova, que gostaria de conhecer melhor? Difícil demais; melhor ficar em casa. Cozinha seguindo uma receita que sabe que vai funcionar ou vasculha a internet em busca de uma nova inspiração? Deixa pra lá. Que tal apenas encomendar uma pizza? Pede a "de sempre" ou pergunta quais são as especiais? Você já está exausto antes de dar a primeira mordida. E a ideia de ouvir um CD, assistir a um filme ou ler um livro — *qual?* — já não parece ser tão relaxante.

Todo dia somos forçados a tomar decisões entre opções que diferem numa medida muito específica: tentamos coisas novas ou ficamos com as nossas favoritas? Intuitivamente compreendemos que a vida é um equilíbrio entre novidade e tradição, entre o mais recente e o melhor, entre assumir riscos e saborear o que conhecemos e amamos. Mas assim como no caso do dilema de "olhar" ou "saltar" na busca do apartamento, a questão não respondida aqui é: onde está o equilíbrio?

No clássico *Zen e a arte da manutenção de motocicletas*, de 1974, Robert Pirsig deprecia a abertura de conversa "O que há de novo?" — argumentando que a pergunta, "se entendida estritamente, resulta somente num infindável desfile de trivialidades e modismos, que será lodo amanhã". Ele recomenda uma alternativa como amplamente superior: "O que há de melhor?".

Mas a realidade não é tão simples. Pensar que toda "melhor" canção e todo "melhor" restaurante entre seus favoritos começam humildemente como uma coisa "nova" para você é um lembrete de que pode haver melhores ainda desconhecidos por aí — e, assim, de que vale a pena dar pelo menos um pouco de nossa atenção ao que é novo.

Aforismos já desgastados pelo tempo reconhecem essa tensão, mas não a resolvem. "Faça novos amigos, mas preserve os antigos/ Prata são aqueles, ouro são estes"[1] e "Não há vida tão rica e rara de se levar/ Em que um novo amigo não possa entrar"[2] são aforismos bem verdadeiros e até têm rima. Mas não conseguem nos dizer nada de útil quanto à gradação entre, digamos, a "prata" e o "ouro" que compõem a melhor liga de uma vida bem vivida.

Cientistas da computação têm trabalhado há mais de cinquenta anos para encontrar esse equilíbrio. Têm até mesmo um nome para ele: a relação *explore/ exploit* [explorar (prospectar)/ explorar (obter resultados)].

EXPLORE/EXPLOIT

Em inglês, as palavras *explore* e *exploit* trazem consigo conotações completamente opostas. Mas para um cientista da computação, essas palavras têm significados muito mais específicos e neutros. Em termos simples, *exploration* é o ato de explorar no sentido de prospectar e *reunir* informação, e *exploitation* é o ato de explorar no sentido de *usar* a informação de que se dispõe para obter um bom e conhecido resultado.

É bem intuitivo que nunca explorar (prospectar) não pode ser um modo de viver. Mas vale a pena mencionar também que nunca explorar (obter resultados) pode ser, em cada detalhe, tão ruim quanto. Na definição da ciência da computação, a exploração (*exploit*) como obtenção de resultados caracteriza muito daquilo que consideramos os melhores momentos da vida. Uma família reunida num feriado é uma *exploitation*. Assim como um ávido leitor mergulhado numa poltrona com uma xícara de café quente e um livro favorito na mão, ou uma banda tocando seus grandes sucessos para uma multidão de fãs ardorosos, ou um casal que resistiu ao teste do tempo dançando ao som de "sua canção".

Além do mais, a exploração como prospecção (*exploration*) pode ser uma praga.

Parte do que é bom na música, por exemplo, é que sempre há coisas novas para se ouvir. Ou, se você for um jornalista especializado em música, parte do que é terrível na música é que há *constantemente* novas coisas para se ouvir. Ser jornalista especializado em música significa sintonizar a faixa de prospecção na extremidade das frequências, onde não existe nada além de coisas novas o tempo todo. Os amantes de música devem imaginar que trabalhar cobrindo música como jornalista deva ser um paraíso, mas quando se tem de explorar constantemente o novo, não se pode usufruir dos frutos de ser um *connoisseur* — o que é um tipo particular de inferno. Poucas pessoas conhecem essa experiência tão profundamente quanto Scott Plagenhoef, ex-editor-chefe da revista *Pitchfork*. "Enquanto está trabalhando, você tenta achar espaço para ouvir alguma coisa que quer mesmo ouvir",[3] diz ele sobre a vida de um crítico musical. O anseio profundo de parar de ficar vagando entre músicas desconhecidas de qualidade duvidosa para ouvir aquelas de que realmente gostava era tão forte que

Plagenhoef punha somente músicas novas em seu iPod, para impossibilitá-lo fisicamente de abandonar seus deveres naqueles momentos em que ele realmente, realmente, realmente só queria ouvir os Smiths. Jornalistas são mártires, prospectando para que outros possam explorar (no sentido de obter resultados).

Na ciência da computação, o embate entre prospecção e exploração (obtenção de resultados) adquire sua forma mais concreta num cenário chamado "problema do bandido de muitos braços". Esse nome estranho advém do termo coloquial para a máquina caça-níqueis dos cassinos, "bandido de um braço só".[4] Imagine-se andando por um cassino cheio de diferentes máquinas caça-níqueis, cada uma com seu próprio índice de retorno em prêmios. O problema, claro, é que você não é previamente informado desses índices: até começar a jogar, você não tem a menor ideia de quais são as máquinas mais lucrativas ("frouxas", como as chamam os aficionados por caça-níqueis) e quais as que são só escoadouros de dinheiro.

Naturalmente, você está interessado em maximizar seus ganhos totais. E é claro que isso vai envolver algumas combinações no ato de puxar a alavanca ("um braço só") de diferentes máquinas para testá-las ("explorá-las", no sentido de "prospectá-las"), o que vai indicar as máquinas mais promissoras para que você as "explore" (no sentido de "obter resultados").

Para ter noção das sutilezas do problema, imagine-se diante de apenas duas máquinas. Em uma delas, você jogou quinze vezes: nove vezes você ganhou, seis vezes você perdeu. Na outra, você só jogou duas vezes, ganhando uma e perdendo a outra. Qual delas é a mais promissora?

Dividir simplesmente o número de ganhos pelo número total de tentativas vai lhe dar o "valor esperado" da máquina, e por esse método a primeira máquina claramente sai vencedora. Seu resultado de 9 - 6 resulta num valor esperado de 60%, enquanto o resultado de 1 - 1 da outra máquina aponta para um valor esperado de apenas 50%. Contudo, há mais coisas a considerar. Afinal, puxar só duas vezes a alavanca não é muito. E assim há uma sensação de que nós ainda não *sabemos* quão boa a segunda máquina poderia de fato ser.[5]

Escolher um restaurante ou um disco é, na verdade, como decidir qual alavanca puxar no cassino da vida. Mas compreender a relação entre prospectar e explorar (obter resultados) é uma maneira de aprimorar as decisões quanto a onde comer ou que música ouvir. Também provê insights fundamentais sobre como nossos objetivos podem mudar à medida que envelhecemos, e por que a mais racional forma de agir nem sempre está nos levando a escolher o que é melhor. E acaba se revelando que isso está no cerne, entre outras coisas, do webdesign e de experimentos clínicos — dois tópicos que normalmente não se mencionam na mesma frase.

As pessoas tendem a refletir e a tomar decisões independentes, preocupando-se em achar a cada vez um resultado que corresponda ao maior valor esperado. Mas decisões quase nunca são isoladas, e o valor esperado não é o fim da história. Se você está pensando não apenas na *próxima* decisão, mas em *todas* as decisões que vai tomar no futuro sobre as mesmas opções, a relação *explore/ exploit* [explorar (prospectar)/ explorar (obter resultados)] é crucial para o processo. Desse modo, escreve o matemático Peter Whittle, o problema do bandido "incorpora de forma essencial um conflito evidente em toda ação humana".[6]

Então, qual das duas alavancas você vai puxar? É uma pergunta capciosa. Depende totalmente de algo que ainda não discutimos: quanto tempo você planeja ficar no cassino.

"*Carpe diem*", brada Robin Williams numa das cenas mais memoráveis do filme *Sociedade dos poetas mortos*, de 1989. "Aproveitem o dia, meninos. Façam suas vidas serem extraordinárias."

É um conselho de suma importância. É também algo um tanto contraditório. Aproveitar um dia e aproveitar uma vida são duas tarefas totalmente diferentes. Temos a expressão "Coma, beba e seja feliz, pois amanhã vamos morrer", mas talvez devêssemos ter também a oposta: "Comece a aprender uma nova língua ou um novo instrumento, e tenha uma conversa com um estranho, porque a vida é longa, e quem sabe quanta alegria pode florescer nesses anos todos".[7] Quando se equilibram experiências favoritas com experiências novas, nada é tão importante quanto o intervalo de tempo no qual planejamos usufruí-las.

"Estou mais a fim de experimentar um novo restaurante quando me mudo para uma cidade do que quando a estou deixando", explica o cientista de dados e blogueiro Chris Stucchio, um veterano em lidar com a relação *explore/ exploit* tanto no trabalho quanto na vida.

> Na maior parte das vezes, vou a restaurantes que conheço e dos quais estou gostando agora, porque sei que muito em breve vou sair de Nova York. Ao passo que alguns anos atrás, quando me mudei para Pune, na Índia, eu só comia nos raios de lugares que aparentemente não iam me matar. E quando estava deixando a cidade, voltei a meus velhos favoritos, em vez de tentar coisa nova. [...] Mesmo se eu achasse um lugar um pouquinho melhor, eu só iria lá uma ou duas vezes. Então por que correr o risco?[8]

A opção por coisas novas tem uma propriedade que dá o que pensar: a de que o valor da exploração como prospecção (*explore*), ou de achar novos favoritos, só pode decair com o tempo, à medida que diminuem as oportunidades restantes de saboreá-los. Descobrir um café encantador em sua última noite na cidade não lhe dá oportunidade de voltar.

O outro lado da moeda é que o valor da exploração como fruição (*exploit*) só pode *aumentar* com o tempo. O café mais aprazível que você conhece hoje é, por definição, pelo menos tão aprazível quanto o mais aprazível café que você conheceu no último mês. (E se você encontrou outro favorito desde então, este pode ser ainda mais.) Assim, explore/ prospecte quando tiver tempo para se valer do conhecimento resultante, e explore/ usufrua quando estiver pronto para tirar proveito disso. A estratégia está no intervalo.

Curiosamente, como é o intervalo que faz a estratégia, então ao observar a estratégia podemos também inferir o intervalo. Considere-se, por exemplo, Hollywood: entre os dez filmes de maior bilheteria de 1981, só dois eram continuações. Em 1991, três. Em 2001, cinco. E em 2011, *oito* dos dez filmes de maior bilheteria eram continuações. De fato, 2011 estabeleceu um percentual recorde de continuações nos lançamentos de grandes estúdios. Em seguida, 2012 imediatamente quebrou esse recorde, que no próximo ano era quebrado novamente. Em dezembro de 2012, o jornalista Nick Allen previa, com palpável cansaço, o que seria o ano seguinte:

> As plateias vão ganhar uma sexta rodada de *X-Men*, mais *Velozes e furiosos 6*, *Duro de matar 5*, *Todo mundo em pânico 5* e *Atividade paranormal 5*. Também *Homem de Ferro 3*, *Se beber, não case 3* e segundas edições de *Muppets*, *Smurfs*, *G.I. Joe* e *Papai Noel às avessas*.[9]

Do ponto de vista de um estúdio, uma continuação é um filme com uma base de fãs já assegurada: lucro certo, coisa garantida, exploração de resultados, *exploit*. E uma sobrecarga de coisas garantidas sinaliza uma abordagem de curto prazo, como a de Stucchio quando está saindo de uma cidade. As continuações têm mais probabilidade de serem sucesso de bilheteria do que os filmes novos lançados este ano, mas de onde virão as tão apreciadas franquias no futuro? Um tal dilúvio de continuações não só é lamentável (certamente assim acham os críticos); é também um tanto pungente. Ao entrar numa fase em que se foca quase exclusivamente em explorar resultados (*exploit*), a indústria do cinema parece estar sinalizando a crença de que o fim do intervalo está próximo.

Um olhar na economia de Hollywood confirma esse pressentimento. Os lucros dos maiores estúdios caíram 40% entre 2007 e 2011,[10] e a venda de ingressos declinou em sete dos últimos dez anos.[11] Como diz a revista *The Economist*, "espremidos entre os custos em ascensão e as receitas em declínio, os grandes estúdios têm respondido tentando fazer mais filmes que acham que possam ter sucesso: geralmente continuações, *prequels*[*] ou qualquer coisa em que figurem personagens conhecidos".[12] Em outras palavras, estão puxando as alavancas dos melhores caça-níqueis de que dispõem antes que o cassino os ponha para fora.

GANHOU-FIQUE

Descobrir os algoritmos ótimos que nos digam exatamente como lidar com esse problema do bandido de muitos braços tem-

* Filmes e seriados ambientados no mesmo universo ficcional de franquias de sucesso, mas que antecedem as produções originais na linha cronológica. (N. E.)

-se demonstrado incrivelmente desafiador. De fato, como relata Peter Whittle, os esforços feitos durante a Segunda Guerra Mundial para resolver a questão "exauriram tanto as energias e as mentes de analistas aliados [...] que sugeriu-se que o problema fosse lançado sobre a Alemanha, como o mais avançado instrumento de sabotagem intelectual".[13]

Os primeiros passos em direção a uma solução foram dados nos anos que se seguiram à guerra, quando o matemático Herbert Robbins, da Universidade Columbia, demonstrou haver uma estratégia simples que, embora não fosse perfeita, vinha com boas garantias.

Robbins considerou especificamente o caso em que existem apenas dois caça-níqueis, e propôs uma solução chamada de algoritmo **Ganhou-Fique, Perdeu-Mude**: escolha uma alavanca de máquina caça-níqueis ao acaso e fique acionando-a enquanto estiver ganhando. Na primeira vez que não ganhar nada ao acioná-la, passe para a outra máquina. Embora essa estratégia simples esteja longe de ser um solução completa, Robbins provou em 1952 que ela tem um desempenho confiavelmente melhor do que o da pura sorte.[14]

Em seguida a Robbins, uma série de trabalhos levou adiante o estudo do princípio "fique com o que está ganhando", ou "não se mexe em time que está ganhando".[15] Intuitivamente, se você já estava querendo puxar uma das alavancas e, ao fazê-lo, acabou ganhando, isso só vai fazer com que aumente sua estimativa quanto ao valor dela, e vai querer mais ainda acioná-la novamente. E assim, de fato, o ganhou-fique demonstra ser um elemento da estratégia ótima para equilibrar prospecção com exploração (obtenção de resultados) num amplo espectro de condições.

Mas o perdeu-mude é outra história. Mudar de alavanca toda vez que ela falha é uma ação bem precipitada. Imagine que você vá a um restaurante cem vezes, e a cada vez tem um jantar maravilhoso. Será que uma decepção deveria ser suficiente para fazer você desistir do restaurante? Boas opções não deveriam ser penalizadas com muito rigor por serem imperfeitas.

O que é mais significativo, o algoritmo Ganhou-Fique, Perdeu-Mude não tem qualquer noção do intervalo de tempo no qual você está tentando otimizar suas opções. Se seu restaurante favorito o decepcionou na última vez que comeu lá, esse algoritmo sempre lhe dirá para procurar outro lugar — mesmo se for sua última noite na cidade.

Mais ainda, o trabalho inicial de Robbins sobre o problema do bandido de muitos braços fez deslanchar uma literatura substancial sobre o tema, e pesquisadores fizeram um progresso significativo ao longo dos anos seguintes. Richard Bellman, matemático na Rand Corporation, descobriu uma solução exata para o problema, em casos nos quais sabemos com antecedência e com exatidão quantas opções e oportunidades teremos no total.[16] Assim como no problema da secretária com informação total, o truque de Bellman foi essencialmente agir de trás para a frente, começando por imaginar o movimento final e considerando qual caça-níqueis escolher levando em conta todos os resultados possíveis de decisões anteriores. Tendo imaginado isso, passa-se à penúltima oportunidade, depois para a antepenúltima, e depois a anterior, percorrendo todo o caminho de volta até o início.

As respostas que surgem pelo método de Bellman são rígidas. Mas com muitas opções e uma longa estada no cassino, isso pode requerer uma estonteante — ou impossível — quantidade de trabalho. Além disso, mesmo se formos capazes de calcular todos os futuros possíveis, é claro que nem sempre saberemos exatamente de quantas oportunidades (ou mesmo de quantas opções) vamos dispor. Por esses motivos, o problema do bandido de muitos braços permanece não resolvido. Nas palavras de Whittle, "ele não demorou a se tornar um clássico, e um sinônimo de intransigência".[17]

Como ocorre com tanta frequência na matemática, o particular é a porta de entrada para o universal. Na década de 1970, a companhia Unilever pediu a um jovem matemático chamado John Gittins que a ajudasse a otimizar alguns de seus experimentos com drogas. Inesperadamente, o que daí se obteve foi a resposta a um enigma matemático que tinha permanecido insolúvel durante uma geração.

Gittins, que hoje é professor de estatística em Oxford, refletiu sobre a questão apresentada pela Unilever. Dados diferentes compostos químicos, qual é a maneira mais rápida de determinar qual composto é provavelmente o mais eficiente no combate a uma doença? Gittins tentou enquadrar o problema da forma mais genérica de que foi capaz: múltiplas opções a serem consideradas, possibilidades diferentes de bom resultado para cada opção e uma certa quantidade de esforço (ou dinheiro, ou tempo) a ser aplicada entre elas. Isso era, é claro, outra encarnação do problema do bandido de muitos braços.

Tanto as companhias farmacêuticas que visam ao lucro quanto a profissão médica à qual elas servem estão constantemente deparando com as demandas competitivas da relação *explore/exploit* [explorar (prospectar)/ explorar (obter resultados)]. Companhias querem investir dinheiro de pesquisa e desenvolvimento na descoberta de drogas novas, mas querem também garantir que sua atual e lucrativa linha de produtos continue florescendo. Os médicos querem prescrever o melhor tratamento existente para que os pacientes tenham o cuidado do qual necessitam, mas também querem incentivar estudos experimentais que podem se tornar tratamentos ainda melhores.

Em ambos os casos, é de se notar, não está totalmente claro qual deveria ser o intervalo de tempo relevante. Em certo sentido, as companhias farmacêuticas e os médicos estão interessados em um futuro *indefinido*. Teoricamente, as companhias querem existir para sempre, e no aspecto médico uma descoberta poderia vir a ajudar pessoas que sequer ainda nasceram. Não obstante, o presente tem uma prioridade mais alta: um paciente que se cura hoje é tido como mais valioso do que um a ser curado dentro de uma semana ou um ano, e certamente o mesmo acontece com os lucros. Os economistas referem-se a essa ideia, de valorizar o presente mais do que o futuro, como "desconto".

Diferentemente de pesquisadores que o antecederam, Gittins abordou o problema do bandido de muitos braços nesses termos. Concebeu o objetivo como maximizar as recompensas não num intervalo fixo de tempo, mas num futuro que não tem fim, conquanto descontado.

Esse desconto nos é familiar, como parte de nossa própria vida. Afinal, se você visitar uma cidade durante dez dias de suas férias, deveria tomar suas decisões quanto a restaurantes considerando esse intervalo de tempo; mas se você mora na cidade, isso não faria muito sentido. Em vez disso, deveria imaginar que o valor das recompensas, ou seja, de jantar bem, decresce quanto mais no futuro elas estão: você se importa mais com a refeição que vai fazer esta noite do que com a que vai fazer amanhã, e mais com a que vai fazer amanhã do que com a que terá daqui a um ano, e a proporção de "quanto mais" depende de sua "função de desconto" particular. Gittins, por sua vez, pressupõe que o valor assinalado das recompensas decresce geometricamente: isto é, cada visita que você faz a um restaurante vale uma fração constante da visita anterior. Se, digamos, você acha que há 1% de probabilidade de ser atropelado por um ônibus algum dia, então deveria atribuir ao jantar de amanhã 99% do valor do jantar desta noite, nem que seja pela possibilidade de jamais chegar a comê-lo.

Trabalhando com essa suposição de desconto em escala geométrica, Gittins pesquisou uma estratégia que "seria ao menos uma aproximação bem boa":[18] pensar em cada braço do bandido de muitos braços como separado dos outros, e tentar trabalhar com o valor intrínseco daquele braço. Ele fez isso imaginando algo bem engenhoso: um suborno.

No popular *game show* televisivo *Deal or No Deal*,[19] um competidor escolhe uma entre 26 maletas, que contêm prêmios que vão de um centavo a 1 milhão de dólares. À medida que o jogo avança, um personagem misterioso chamado Banqueiro entra periodicamente em contato e oferece ao competidor várias somas de dinheiro para *não* abrir a maleta escolhida. Cabe ao competidor decidir qual o preço que o fará optar pelo prêmio certo em lugar do prêmio incerto que está na maleta.

Gittins (embora muitos anos antes de ser transmitido o primeiro episódio de *Deal or No Deal*) percebeu que o problema do bandido de muitos braços não é diferente.[20] Para cada caça-níqueis sobre o qual pouco ou nada conhecemos, há algum índice de recompensa garantida que, se nos fosse oferecida em lugar da chance oferecida pela máquina, nos deixaria satisfeitos o bastante para nunca mais puxar sua alavanca. Esse número — que Gittins chamou de "índice de alocação dinâmica" e que o mundo agora conhece como **índice de Gittins** — sugere uma estratégia óbvia dentro do cassino: sempre acione a alavanca do caça-níqueis que tem o índice mais alto.*

De fato, a estratégia do índice revelou ser mais do que uma boa aproximação. Ela resolve completamente o problema do bandido de muitos braços com recompensas descontadas em

* Uma síntese para esta seção poderia ser "Git while the Gittin's good". (N. A.) [O jogo de palavras "Git/ Gittin's" é intraduzível, e a frase significa "Aproveite enquanto o índice de Gittins o favorece".]

razão geométrica. A tensão entre *exploration* (exploração como prospecção) e *exploitation* (exploração como obtenção de resultados) se resolve na tarefa mais simples de maximizar uma única quantidade que vale para ambos.[21] Gittins é modesto quanto a sua conquista — "não é bem o Último Teorema de Fermat", ele diz com um sorrisinho —, mas é um teorema que acaba com um significativo conjunto de perguntas sobre o dilema *explore/exploit.*

Agora, isso ainda envolve calcular o índice de Gittins em uma determinada máquina, considerando a taxa de sua atuação, ou seja, ganhos × perdas, e nossa taxa de desconto. Mas uma vez conhecendo o índice de Gittins para um conjunto particular de suposições, ele pode ser usado para qualquer problema que tenha esse formato. Crucialmente, o número de braços envolvidos não tem a menor importância, já que o índice para cada braço é calculado de forma separada.

Na tabela a seguir, fornecemos os valores do índice de Gittins[22] para até nove sucessos e fracassos, supondo que uma recompensa em nossa próxima ação de acionar o braço valha 90% da recompensa de agora. Esses valores podem ser empregados para resolver uma variedade de problemas do bandido de muitos braços no dia a dia. Por exemplo, segundo essas suposições, você deveria preferir o caça-níqueis que tem uma taxa prévia de ganhos de 1-1 (e um valor esperado de 50%) ao que tem uma taxa prévia de ganhos de 9-6 (e um valor esperado de 60%). O exame das coordenadas relevante na tabela demonstra que a máquina menos conhecida tem um índice de 0,6346, enquanto aquela em que se jogou mais só tem 0,6300. Problema resolvido: tente sua sorte desta vez e explore (prospecte).

Examinando os valores do índice de Gittins na tabela, chega-se a algumas outras observações interessantes. Primeiro, pode-se ver o princípio ganhou-fique em ação: indo da esquerda para a direita em qualquer linha, o índice sempre indica aumento. Assim, se um braço for sempre o braço correto a acionar e se, ao acioná-lo, ele dá uma recompensa, então (seguindo a tabela para a direita) só pode fazer o maior sentido acionar esse braço de novo. Segundo, dá para ver onde o princípio perdeu-mude o deixaria em apuros. Ter nove ganhos em sequência seguidos por uma perda devolve um índice de 0,8695, que ainda é mais alto do que a maior parte dos outros valores na tabela — assim você provavelmente deveria ficar com esse braço para ao menos mais um acionamento.

		GANHOS									
		0	1	2	3	4	5	6	7	8	9
	0	0,7029	0,8001	0,8452	0,8723	0,8905	0,9039	0,9141	0,9221	0,9287	0,9342
	1	0,5001	0,6346	0,7072	0,7539	0,7869	0,8115	0,8307	0,8461	0,8588	0,8695
	2	0,3796	0,5163	0,6010	0,6579	0,6996	0,7318	0,7573	0,7782	0,7956	0,8103
	3	0,3021	0,4342	0,5184	0,5809	0,6276	0,6642	0,6940	0,7187	0,7396	0,7573
PERDAS	4	0,2488	0,3720	0,4561	0,5179	0,5676	0,6071	0,6395	0,6666	0,6899	0,7101
	5	0,2103	0,3245	0,4058	0,4677	0,5168	0,5581	0,5923	0,6212	0,6461	0,6677
	6	0,1815	0,2871	0,3647	0,4257	0,4748	0,5156	0,5510	0,5811	0,6071	0,6300
	7	0,1591	0,2569	0,3308	0,3900	0,4387	0,4795	0,5144	0,5454	0,5723	0,5960
	8	0,1413	0,2323	0,3025	0,3595	0,4073	0,4479	0,4828	0,5134	0,5409	0,5652
	9	0,1269	0,2116	0,2784	0,3332	0,3799	0,4200	0,4548	0,4853	0,5125	0,5373

Valores do índice de Gittins como função de ganhos e perdas, presumindo que um ganho na próxima vez valha 90% de um ganho agora.

Mas talvez a parte mais interessante da tabela seja a entrada no topo à esquerda. Uma taxa de 0-0 — que indica um braço totalmente desconhecido — tem um valor esperado de 0,5000 mas um índice de Gittins de 0,7029. Em outras palavras, uma coisa com a qual você não tem experiência é assim mesmo mais atraente do que uma máquina que você sabe que paga sete vezes em cada dez! E ao descer pela diagonal, note que uma taxa de 1-1 resulta num índice de 0,6346, uma taxa de 2-2 resulta em 0,6010, e assim por diante. Se esse desempenho com sucesso de 50% persiste, o índice no fim converge para 0,5000, e a experiência confirma que a máquina realmente não tem nada de especial e vai removendo os "bônus" que incentivam a novas explorações. Mas a convergência acontece de forma muito lenta; o bônus da exploração é uma força poderosa. Note que mesmo uma falha no primeiro acionamento, criando uma taxa de 0-1, resulta num índice de Gittins acima dos 50%.

Podemos ver também como a relação *explore/ exploit* muda quando mudamos a maneira de descontar ganhos no futuro. A tabela seguinte apresenta exatamente a mesma informação da antecedente, mas pressupõe que o ganho na próxima vez valha 99% de um ganho agora, e não 90%. Com o futuro tendo um peso quase igual ao do presente, o valor de se fazer uma descoberta casual, em relação ao de uma coisa assegurada, se eleva ainda mais. Aqui, uma máquina nunca antes testada, com uma taxa de 0-0, tem garantidos 86,99% de probabilidades de ganho!

		GANHOS									
		0	1	2	3	4	5	6	7	8	9
	0	0,8699	0,9102	0,9285	0,9395	0,9470	0,9525	0,9568	0,9603	0,9631	0,9655
	1	0,7005	0,7844	0,8268	0,8533	0,8719	0,8857	0,8964	0,9051	0,9122	0,9183
	2	0,5671	0,6726	0,7308	0,7696	0,7973	0,8184	0,8350	0,8485	0,8598	0,8693
	3	0,4701	0,5806	0,6490	0,6952	0,7295	0,7561	0,7773	0,7949	0,8097	0,8222
PERDAS	4	0,3969	0,5093	0,5798	0,6311	0,6697	0,6998	0,7249	0,7456	0,7631	0,7781
	5	0,3415	0,4509	0,5225	0,5756	0,6172	0,6504	0,6776	0,7004	0,7203	0,7373
	6	0,2979	0,4029	0,4747	0,5277	0,5710	0,6061	0,6352	0,6599	0,6811	0,6997
	7	0,2632	0,3633	0,4337	0,4876	0,5300	0,5665	0,5970	0,6230	0,6456	0,6653

8	0,2350	0,3303	0,3986	0,4520	0,4952	0,5308	0,5625	0,5895	0,6130	0,6337
9	0,2117	0,3020	0,3679	0,4208	0,4640	0,5002	0,5310	0,5589	0,5831	0,6045

Valores do índice de Gittins como função de ganhos e perdas presumindo que um ganho na próxima vez valha 99,99% de um ganho agora.

O índice de Gittins, então, provê uma justificativa formal, rigorosa, para se preferir o desconhecido, contanto que tenhamos a oportunidade de explorar (*exploit*) os resultados que obtivermos da prospecção (*explore*). O velho ditado nos diz que "a grama é sempre mais verde do outro lado da cerca", mas a matemática nos explica por quê: o desconhecido encerra uma probabilidade de algo melhor, ainda que na realidade não esperemos que seja diferente, ou que possa até mesmo ser pior. O calouro não testado vale mais (ao menos no início da temporada) do que o veterano de qualidade aparentemente igual, exatamente porque sabemos menos sobre ele. A exploração (prospecção) tem um valor em si mesma, uma vez que tentar coisas novas aumenta nossas chances de encontrar o melhor. Assim, levar o futuro em consideração, em vez de se focar apenas no presente, leva-nos a coisas novas.[23]

O índice de Gittins provê assim uma solução espantosamente direta ao problema do bandido de muitos braços. Mas não necessariamente fecha a questão desse quebra-cabeça, ou nos ajuda a navegar em *todas* as relações *explore/ exploit* da vida cotidiana. Isso porque o índice de Gittins só é ideal no caso de prevalecerem fortemente algumas premissas. Ele se baseia num desconto à razão geométrica no valor de um ganho futuro, atribuindo a cada resultado de tentativa uma fração constante do valor da anterior, o que é algo que uma variedade de experimentos em economia comportamental e psicologia sugere que não se faça.[24] E se houver um custo para o ato de mudar de opção, a estratégia de Gittins tampouco é a ótima nesse caso.[25] (A grama do outro lado da cerca pode parecer um pouco mais verde, mas isso não necessariamente justifica pular a cerca — muito menos assumir uma segunda hipoteca.) Talvez ainda mais importante que isso, é difícil computar o índice de Gittins em pleno processo de decisão. Se você carregar consigo a tabela com os valores do índice, poderá otimizar suas opções de onde jantar, mas o tempo e o esforço envolvidos não vão valer a pena. ("Espere, posso resolver essa discussão. Aquele restaurante foi bom 29 vezes em 35, mas este aqui foi bom treze vezes em dezesseis, assim os índices de Gittins são... Ei, para onde foi todo mundo?")

Desde o desenvolvimento do índice de Gittins, essas preocupações têm levado cientistas da computação e estatísticos a buscar estratégias mais simples e mais flexíveis para lidar com bandidos de muitos braços. Para humanos (e máquinas), é mais fácil aplicar essas estratégias numa série de situações do que ficar triturando o índice de Gittins ótimo, e elas ainda proporcionam um desempenho relativamente bom. Também levam em conta um dos maiores temores humanos em relação a decisões quanto a que sorte tentar e que riscos assumir.

ARREPENDIMENTO E OTIMISMO

Arrependimentos, tive alguns./ Mas, novamente, muito poucos para mencionar. *[26]

Frank Sinatra

Quanto a mim, sou um otimista. Não parece que seja muito útil ser qualquer outra coisa.[27]

Winston Churchill

* Em inglês: "*Regrets, I've had a few./ But then again, too few to mention*". (N. T.)

Se o índice de Gittins for complicado demais, ou se você não estiver numa situação bem caracterizada de desconto geométrico, terá então outra opção: focar-se em *arrependimento*. Quando optamos pelo que vamos comer, com quem passar o tempo ou em que cidade morar, o arrependimento nos espreita — quando se nos apresenta todo um conjunto de boas opções, é fácil ficarmos nos torturando com as consequências de termos feito a opção errada. São frequentes esses arrependimentos pelas coisas em que falhamos, pelas opções que nunca tentamos. Nas palavras memoráveis do teórico em gerenciamento Chester Barnard, "tentar e falhar pelo menos é aprender; falhar por não tentar é sofrer a perda inestimável do que poderia ter sido".[28]

O arrependimento também pode ser altamente motivador. Antes de decidir fundar a Amazon.com., Jeff Bezos tinha um emprego seguro e bem remunerado na companhia de investimentos D. E. Shaw & Co., em Nova York. Começar uma livraria on-line em Seattle seria um grande salto — algo sobre o qual seu chefe (isto é, D. E. Shaw) aconselhou-o a pensar cuidadosamente. Diz Bezos:

> O quadro que imaginei, e que tornou a decisão incrivelmente fácil, foi o que chamei — e que só um nerd chamaria — de "quadro de minimização de arrependimento". Eu quis me visualizar lá na frente, com a idade de oitenta anos, dizendo: "Muito bem, agora estou fazendo um retrospecto de minha vida. Quero minimizar o número de arrependimentos que tenho". Eu sabia que, quando tivesse oitenta anos, não ia me arrepender de ter tentado isso. Não ia me arrepender por tentar participar dessa coisa chamada internet, que eu achava que seria realmente um grande negócio. Eu sabia que, se falhasse, não me arrependeria disso, mas sabia que a única coisa da qual poderia me arrepender é de nunca ter sequer tentado. Eu sabia que isso me assombraria todos os dias, e então, quando pensava nisso dessa maneira, a decisão foi incrivelmente fácil.[29]

A ciência da computação não pode lhe oferecer uma vida sem arrependimentos. Mas tem potencial de oferecer-lhe exatamente aquilo que Bezos estava buscando: uma vida com um *mínimo* de arrependimento.

Arrependimento é o resultado de se comparar o que realmente fizemos com o que, em retrospecto, poderia ter sido melhor. No caso de um bandido de muitos braços, a "perda inestimável" de Barnard pode ser medida com exatidão, e pode-se atribuir um número ao arrependimento: será o da diferença entre o total de resultados positivos obtidos ao se seguir determinada estratégia e o número total de resultados positivos que teoricamente poderiam ter sido obtidos acionando a melhor alavanca (ou o melhor braço) a cada vez (se ao menos soubermos antes que alavanca é essa). Podemos calcular o número de arrependimentos para diferentes estratégias e buscar aquela que o minimiza.

Em 1985, Herbert Robbins abordou pela segunda vez o problema do bandido de muitos braços, uns trinta anos após seu trabalho inicial com o algoritmo Ganhou-Fique, Perdeu-Mude. Ele e o matemático Tze Leung Lai, seu colega na Universidade Columbia, conseguiram provar vários pontos-chave quanto a arrependimento.[30] Primeiro, pressupondo que você não seja onisciente, sua quantidade total de arrependimentos provavelmente nunca vai parar de crescer, mesmo se você adotar a melhor estratégia possível — pois mesmo a melhor estratégia não é perfeita o tempo todo. Segundo, se você adotar a melhor estratégia, o arrependimento crescerá num ritmo mais lento do que se adotasse outras; além disso, com uma boa estratégia, a taxa de crescimento do arrependimento diminuirá com o passar do tempo, à medida que você aprende mais sobre o problema e fica mais apto para fazer melhores escolhas. Terceiro, e mais especificamente, o mínimo possível de arrependimento — presumindo mais uma vez que você não seja onisciente — é o arrependimento que aumenta numa escala *logarítmica* a cada vez que se puxa a alavanca (ou o braço).

Um arrependimento que aumenta logaritmicamente significa que cometeremos tantos erros em nossos primeiros dez acionamentos do braço quanto nos noventa seguintes, e tantos em nosso primeiro ano quanto em todo o restante da década. (Os erros da primeira década, por sua vez, serão tantos quanto os que cometeremos em todo o restante do século.) Em certa medida, isso é um consolo. Em geral, sendo realistas, não podemos esperar que nunca mais tenhamos qualquer arrependimento. Mas se seguirmos um algoritmo minimizador de arrependimentos, poderemos esperar ter a cada ano menos arrependimentos do que tivemos no ano anterior.

A partir de Lai e Robbins, pesquisadores se dispuseram em décadas recentes a buscar algoritmos que ofereçam uma garantia de arrependimento mínimo.[31] Dentre os que eles descobriram, os mais populares são conhecidos como algoritmos de **Limite Superior de Confiança.**

A apresentação visual de estatísticas inclui frequentemente as assim chamadas barras de erro, que se estendem acima e abaixo de todo ponto que representa um dado, indicando incerteza quanto à medida. As barras de erro mostram o âmbito de possíveis valores que a quantidade que está sendo medida pode efetivamente ter. Esse âmbito é conhecido como "intervalo de confiança",[32] e à medida que obtemos mais dados sobre algo, o intervalo de confiança vai encolhendo, refletindo uma avaliação cada vez mais acurada. (Por exemplo, uma máquina caça-níqueis que retribuiu um ganho em dois acionamentos terá um intervalo de confiança mais extenso, conquanto seu valor esperado seja o mesmo, em relação a uma máquina que pagou cinco vezes em dez acionamentos.) Num problema de bandido de muitos braços, um algoritmo de Limite Superior de Confiança diz, de forma muito simples, que se adote a opção para a qual o topo do intervalo de confiança seja o mais elevado.

Portanto, assim como o índice de Gittins, os algoritmos de Limite Superior de Confiança atribuem um único número a cada braço do bandido de muitos braços. E esse número corresponde ao valor mais alto que cada braço racionalmente pode ter, com base na informação disponível até então. Assim, a um algoritmo de Limite Superior de Confiança não importa qual braço *teve* o melhor desempenho até agora; em vez disso, ele escolhe o braço que *poderia* racionalmente ter o melhor desempenho no futuro. Por exemplo, se você nunca foi a certo restaurante, então, com base em tudo que você sabe, ele pode ser ótimo. Mesmo que você tenha ido lá uma ou duas vezes e experimentado alguns de seus pratos, pode não ter ainda informação suficiente para descartar a possibilidade de que ele ainda se revele melhor do que seu favorito de sempre. Como no índice de Gittins, o Limite Superior de Confiança é sempre maior do que o valor esperado, mas com uma diferença cada vez menor à medida que obtemos mais experiência com uma determinada opção. (Um restaurante com uma única crítica que o considera medíocre ainda mantém um *potencial* de grandeza que não existe para um restaurante com centenas de críticas assim.) As recomendações feitas pelos algoritmos de Limite Superior de Confiança serão similares às providas pelo índice de Gittins, mas são significativamente mais fáceis de computar e não requerem a pressuposição de um desconto geométrico.

Os algoritmos de Limite Superior de Confiança implementam um princípio que foi apelidado de "otimismo diante da incerteza".[33] O otimismo, eles demonstram, pode ser perfeitamente racional. Ao se focar no que de melhor uma opção *poderia* ser, dada a evidência obtida até então, esses algoritmos dão ímpeto a possibilidades das quais pouco sabemos. Em consequência, eles injetam uma dose de exploração (prospecção) de modo natural no processo de tomada de decisão, saltando com entusiasmo para novas opções, porque qualquer uma delas pode ser o próximo grande resultado. O mesmo princípio foi usado, por exemplo, por Leslie Kaelbling, do Instituto de Tecnologia de Massachusetts (MIT), que constrói "robôs otimistas"[34] que exploram o espaço em volta deles incrementando o valor de terrenos não mapeados. E isso tem claras implicações nas vidas humanas também.

O sucesso dos algoritmos de Limite Superior de Confiança oferece uma justificativa formal para o benefício da dúvida. Seguindo o conselho desses algoritmos, você deveria se sentir animado para conhecer novas pessoas e tentar coisas novas — presumindo o melhor sobre elas, na ausência de qualquer evidência do contrário. No longo prazo, o otimismo é a melhor prevenção contra o arrependimento.

BANDIDOS ON-LINE

Em 2007, o gerente de produto do Google, Dan Siroker, tirou uma licença para se juntar à campanha presidencial do então senador Barack Obama em Chicago. Liderando a equipe da "New Media Analytics" (o *analytics* da nova mídia), Siroker trouxe uma das práticas do Google na web para a adoção, no site da campanha, do botão vermelho-claro com o dístico DONATE ("doe"). O resultado foi nada menos do que assombrosos 57 milhões de dólares de doações adicionais levantados como resultado direto de seu trabalho.[35]

O que exatamente ele fez com esse botão?

Ele o submeteu ao teste A/B.

O teste A/B funciona da seguinte maneira:[36] uma companhia esboça várias versões de uma determinada página na web. Podem tentar diferentes cores, ou imagens, ou cabeçalhos diferentes para um artigo noticioso, ou uma disposição diferente dos itens na tela. Depois distribuem de forma aleatória essas páginas entre usuários, geralmente o mesmo número de usuários para cada tipo. Um usuário pode estar vendo um botão vermelho, enquanto outro vê um azul; um pode estar lendo DONATE, enquanto outro lê CONTRIBUTE ("contribua"). As métricas relevantes (por exemplo, o número de cliques ou a média de retornos por visitante) são então monitoradas. Após certo período, caso se observem efeitos estatísticos significativos, a versão "vencedora" é comumente adotada — ou se torna referência para mais uma rodada de experimentos.

No caso da página de doação para a campanha de Obama, os testes A/B de Siroker foram reveladores.[37] Para os que visitavam o site da campanha pela primeira vez, o botão DONATE AND GET A GIFT ("doe e ganhe um presente") foi o que teve melhor desempenho, mesmo levando em conta o custo de enviar o presente. Para assinantes de longa data que nunca tinham doado dinheiro, PLEASE DONATE ("doe, por favor") funcionou melhor, talvez como um apelo a seu sentimento de culpa. Para visitantes que já tinham doado no passado, CONTRIBUTE funcionou melhor para conseguir mais doações — com a lógica, talvez, de que a pessoa já tinha "doado" uma vez, mas sempre poderia "contribuir" mais. E em todos os casos, para o espanto de todos, um simples retrato em preto e branco da família Obama sobrepujou qualquer outra foto ou outro vídeo trazido pela equipe responsável pela campanha. O efeito líquido de todas as otimizações independentes foi gigantesco.

Se você já estava usando a internet em suas funções mais básicas durante toda a década passada, então participou do problema *explore/ exploit* de outrem. As companhias querem descobrir o que as faz ganhar mais dinheiro enquanto, ao mesmo tempo, estão ganhando tanto quanto possam — explorar (prospectar), explorar (obter resultados). Grandes empresas de tecnologia como

Amazon e Google começaram a realizar testes A/B ao vivo com seus usuários aproximadamente a partir de 2000, e nos anos seguintes a internet tornou-se o maior experimento controlado do mundo.[38] O que essas companhias estão prospectando e explorando? Em uma palavra, *você*: o que faz você movimentar seu mouse e abrir sua carteira.

As companhias realizam o teste A/B com a navegação em seu site, suas linhas temáticas e o timing de seus e-mails de marketing, e às vezes até mesmo de seus atuais atributos e preços.[39] Em vez "do" algoritmo de pesquisa do Google e "do" fluxo de caixa da Amazon, agora existem permutações não reveladas e inescrutavelmente sutis. (O Google, acintosamente, testou 41 tons de azul para uma de suas barras de ferramenta em 2009.)[40] Em alguns casos, é improvável que qualquer par de usuários tenha exatamente a mesma experiência.

O cientista de dados Jeff Hammerbacher, ex-gerente do grupo de dados do Facebook, disse uma vez ao *Bloomberg Businessweek* que "as melhores mentes de minha geração estão pensando em como fazer as pessoas clicarem em anúncios".[41] Considere isso o "Uivo" do milênio — aquilo que o imortal "Eu vi os expoentes da minha geração destruídos pela loucura" do Allen Ginsberg foi para a geração beat.[*42] A conclusão que Hammerbacher tirou da situação foi que esse estado de coisas "é uma droga". Porém, independentemente do que se faz com ela, a web está propiciando uma ciência experimental dos cliques jamais sonhada pelos marqueteiros do passado.

Sabemos o que aconteceu com Obama na eleição de 2008, é claro. Mas o que aconteceu com esse diretor de *analytics*, Dan Siroker? Depois da posse, Siroker voltou para o oeste, para a Califórnia, e junto com Pete Koomen, seu colega no Google, fundou a

* Título do poema de Allen Ginsberg. (N. T.)

empresa de otimização de websites Optimizely. No ciclo da eleição presidencial de 2012, sua companhia tinha entre seus clientes a campanha de reeleição de Obama *e também* a do concorrente republicano Mitt Romney.

Uma década depois — se tanto — de sua primeira utilização experimental, o teste A/B não era mais uma arma secreta. Tinha se tornado uma parte tão profundamente integrada na maneira como negócios e política são conduzidos on-line que seu uso é efetivamente tido como certo. Na próxima vez que você abrir seu navegador, pode ter certeza de que cores, imagens, texto e talvez até mesmo os preços que está vendo — e sem dúvida os anúncios — vieram de um algoritmo *explore/ exploit* sintonizado com seus cliques. Nesse problema específico do bandido de muitos braços, você não é o apostador; você é o prêmio.

O processo do teste A/B em si mesmo tornou-se cada vez mais refinado com o tempo. A configuração mais canônica do A/B — dividindo o tráfego de forma equitativa entre duas opções, realizando o teste durante um tempo predeterminado e depois dirigindo todo o tráfego para a opção vencedora — não precisa ser necessariamente o melhor algoritmo para resolver o problema, uma vez que metade dos usuários está emperrada com a opção inferior durante a execução do teste. E as recompensas por se encontrar uma abordagem melhor são potencialmente muito altas. Mais de 90% dos cerca de 50 bilhões de dólares da receita anual do Google vêm hoje em dia de publicidade paga,[43] e o comércio on-line abrange centenas de bilhões de dólares por ano.[44] Isso significa que os algoritmos *explore/ exploit* movimentam, tanto econômica como tecnologicamente, uma fração significativa da própria internet. Ainda há debates calorosos sobre qual o melhor algoritmo a ser usado, com estatísticos, engenheiros e blogueiros rivais se digladiando quanto à melhor maneira de equilibrar *explore* (exploração como prospecção) com *exploit* (exploração como obtenção de resultados) em cada cenário possível de negócios.[45]

Debater qual a distinção exata entre vários aspectos do problema *explore/ exploit* poderia parecer extremamente enigmático. Na verdade, essas distinções acabam sendo de grande importância — e não são apenas eleições presidenciais e a economia da internet que estão em jogo.

Vidas humanas também estão.

EXPERIMENTOS CLÍNICOS EM EXPERIMENTAÇÃO

Entre 1932 e 1972, várias centenas de homens afro-americanos com sífilis, no condado de Macon, Alabama, foram deliberadamente deixados sem tratamento por profissionais da medicina, como parte de um experimento de quarenta anos realizado pelo Serviço de Saúde Pública dos Estados Unidos e conhecido como Estudo de Sífilis de Tuskegee. Em 1966, Peter Buxtun, empregado do Serviço de Saúde Pública, apresentou uma queixa. Ele apresentou uma segunda queixa em 1968. Mas só depois que ele levou a história para a imprensa — foi publicada no *Washington Star* em 25 de julho de 1972,[46] e foi matéria de primeira página no *New York Times* no dia seguinte —, o governo dos Estados Unidos finalmente suspendeu o estudo.

O que se seguiu ao clamor público, e subsequente inquérito no Congresso, foi uma iniciativa para formalizar os princípios e os padrões da ética médica. A atuação de uma comissão na pastoral do Belmont Conference Center em Maryland resultou, em 1979, num documento conhecido como Relatório Belmont.[47] O Relatório Belmont estabelece o fundamento para a prática ética de experimentos médicos, a fim de que o experimento Tuskegee — uma odiosa e indubitavelmente inapropriada violação dos deveres dos profissionais da saúde para com seus pacientes — jamais se repita. Mas ele também assinala, em muitos outros casos, a dificuldade de se determinar com exatidão onde traçar a linha divisória dessa prática.

Assim diz o relatório:

> A máxima hipocrática "não causar dano" tem sido há muito tempo um princípio fundamental da ética médica. [O fisiologista] Claude Bernard a estendeu ao campo da pesquisa, dizendo que não se deve lesar uma pessoa independentemente do benefício que isso possa trazer a outras. No entanto, mesmo evitar danos requer um estudo do que é danoso; e, no processo de se obter essa informação, pessoas podem ficar expostas ao risco do dano.

Desse modo, o Relatório Belmont reconhece, mas não resolve, a tensão que existe entre o ato de agir de acordo com o melhor conhecimento que se tem e o ato de acumular mais conhecimento. Isso também deixa claro que a obtenção de mais conhecimento pode ser tão valiosa que alguns aspectos de uma ética médica normal podem ser suspensos. O teste clínico de novas drogas e novos tratamentos, observa o relatório, requer frequentemente que se arrisque causar danos a alguns pacientes, mesmo que se adotem medidas para minimizar esse risco.

> O princípio da beneficência nem sempre é tão inequívoco. Um problema ético difícil permanece, por exemplo, no que tange à pesquisa [no caso de doenças infantis] que apresenta um risco maior do que o mínimo sem uma perspectiva imediata de um benefício direto às crianças envolvidas. Alguns alegam que tal pesquisa é inadmissível, enquanto outros ressaltam que esse limite excluiria muitas pesquisas que prometem trazer grande benefício às crianças no futuro. Aqui novamente, como em todos os casos difí-

ceis, as diferentes alegações quanto ao princípio da beneficência podem entrar em conflito e obrigar a que se façam escolhas difíceis.

Uma das questões fundamentais que surgiram nas décadas que se seguiram ao Relatório Belmont é se a abordagem-padrão na condução de experimentos clínicos realmente minimiza o risco aos pacientes. Num experimento clínico convencional, os pacientes são divididos em grupos, e cada grupo é designado para receber um tratamento diferente durante o estudo. (Somente em casos excepcionais um experimento é interrompido antes do tempo.) O foco desse procedimento é decidir qual é o melhor tratamento, e não prover o melhor tratamento a cada paciente durante o próprio experimento. Desse modo, ele opera exatamente como o teste de website A/B, no qual uma determinada fração de pessoas tem uma experiência durante o experimento que posteriormente se demonstrará ter sido inferior. Mas os médicos, como as empresas de tecnologia, estão adquirindo alguma informação sobre qual opção é melhor *enquanto* o experimento prossegue — informação que poderia ser usada para melhorar resultados não só de futuros pacientes no experimento, mas dos pacientes que participam dele.

Milhões de dólares estão em jogo em experimentos que visam encontrar a configuração ótima para um website, mas em experimentos clínicos, a tentativa de encontrar o tratamento ótimo tem consequências diretas de vida ou morte. E uma comunidade cada vez maior de médicos e estatísticos acha que estamos procedendo de forma errada: que deveríamos considerar a escolha dos tratamentos como um problema do bandido de muitos braços, e tentar obter os melhores tratamentos para as pessoas mesmo com o experimento em andamento.

Em 1969, Marvin Zelen, um bioestatístico hoje em Harvard, propôs que se conduzissem experimentos "adaptativos".[48] Uma das ideias sugeridas por ele era um algoritmo randomizado "jogue para vencer" — uma versão do Ganhou-Fique, Perdeu-Mude, no qual a probabilidade de usar um certo tratamento aumenta a cada ganho e diminui a cada perda. No procedimento de Zelen, você começa com um chapéu que contém uma bola para cada uma das duas opções de tratamento que estão sendo estudadas. O tratamento do primeiro paciente é selecionado ao se tirar aleatoriamente uma bola do chapéu (depois a bola é colocada de volta). Se o tratamento assim escolhido for um sucesso, põe-se no chapéu mais uma bola que corresponde àquele tratamento — agora têm-se três bolas, duas das quais correspondem ao tratamento bem-sucedido. Se não der certo, põe-se no chapéu mais uma bola que corresponde ao *outro* tratamento, o que aumenta a probabilidade de que se escolha essa alternativa.

O algoritmo de Zelen foi usado pela primeira vez num experimento clínico dezesseis anos depois, num estudo de oxigenação por membrana extracorpórea, ou "ECMO" — um audacioso método de tratar a falência respiratória em criancinhas. Desenvolvido na década de 1970 por Robert Bartlett, da Universidade de Michigan, o ECMO recebe o sangue que está seguindo para os pulmões e o direciona em vez disso para fora do corpo, onde é oxigenado por uma máquina e devolvido ao coração. É uma medida drástica, com seus riscos próprios (inclusive a possibilidade de uma embolia), mas ofereceu uma abordagem possível em situações nas quais não restavam outras opções. Em 1975, o ECMO salvou a vida de uma recém-nascida em Orange County, Califórnia, para a qual nem mesmo a ventilação artificial estava provendo oxigênio suficiente.[49] Essa menina comemorou agora seu quadragésimo aniversário, é casada e tem filhos.[50] Mas em seus primeiros tempos, a tecnologia e o procedimento ECMO eram considerados altamente experimentais, e estudos anteriores feitos com adultos não apresentaram benefícios em comparação com tratamentos convencionais.[51]

De 1982 a 1984, Bartlett e seus colegas na Universidade de Michigan realizaram um estudo com neonatos com falência respiratória.[52] A equipe deixou claro que eles queriam abordar, como disseram, "a questão ética de não aplicar um tratamento que não foi provado mas que tem potencial de salvar vidas", e que estavam "relutantes em não confirmar um tratamento capaz de salvar vidas de pacientes alternativos simplesmente para se ater à designada técnica aleatória convencional". Daí, partiram para o algoritmo de Zelen. A estratégia resultou em que a um bebê se indicou o tratamento "convencional" e ele morreu, e a onze bebês, em sequência, se indicou o tratamento experimental ECMO, e todos sobreviveram. Entre abril e novembro de 1984, terminado o estudo oficial, mais dez bebês passaram por esse critério para receber o tratamento ECMO. Oito foram tratados com ECMO, e todos os oito sobreviveram. Dois foram tratados de forma convencional, e ambos morreram.

São números chamativos, mas pouco depois de se completar o estudo do ECMO pela Universidade de Michigan, ele se viu cercado de controvérsias. O fato de tão poucos pacientes no experimento terem recebido o tratamento convencional é um desvio significativo da metodologia-padrão, e o procedimento em si mesmo era bastante invasivo e potencialmente arriscado. Após a publicação do trabalho, Jim Ware, professor de bioestatística na Escola de Saúde Pública de Harvard, e seus colegas médicos examinaram cuidadosamente os dados e concluíram que "não justificariam o uso rotineiro do ECMO sem estudos suplementares".[53] Assim, Ware e seus colegas determinaram um segundo experimento clínico, ainda tentando equilibrar a aquisição de conhecimento com o efetivo tratamento de pacientes, mas empregando um modelo menos radical. Iriam designar aleatoriamente pacientes que receberiam ou o tratamento ECMO ou o convencional, até que um número previamente especificado de mortes acontecesse em um dos grupos. Então passariam todos os pacientes participantes do estudo para o tratamento que, entre os dois, se tivesse mostrado o mais efetivo.

Na primeira fase do estudo de Ware, quatro dos dez bebês que receberam tratamento convencional morreram, e todos os nove que receberam tratamento ECMO sobreviveram. As quatro mortes foram suficientes para provocar a transição para a segunda fase, na qual todos os vinte pacientes foram tratados com ECMO e dezenove sobreviveram. Ware e seus colegas ficaram convencidos, concluindo que "fica difícil, eticamente, defender depois disso a randomização".[54]

Mas já havia quem tinha chegado a essa conclusão — e falado explicitamente sobre isso — *antes* do estudo de Ware. Entre os críticos estava Don Berry, um dos principais especialistas mundiais em bandidos de muitos braços.[55] Num comentário publicado na revista *Statistical Science* durante o estudo de Ware, Berry escreveu: "Designar aleatoriamente pacientes para uma terapia não ECMO, como no estudo de Ware, foi antiético. [...] Em minha opinião, o estudo de Ware não deveria ter sido feito".[56]

E mesmo assim o estudo de Ware não foi conclusivo para toda a comunidade médica. Na década de 1990 foi realizado mais um estudo sobre o ECMO, envolvendo cerca de duzentos bebês no Reino Unido.[57] Em vez de usar algoritmos adaptativos, esse estudo seguiu os métodos tradicionais, dividindo os bebês de forma aleatória em dois grupos iguais. Os pesquisadores justificaram o experimento dizendo que a utilidade do ECMO "é controversa devido às variadas interpretações da evidência disponível". Como se revelou, a diferença entre os tratamentos não foi tão pronunciada no Reino Unido quanto havia sido nos estudos americanos, mas assim mesmo os resultados foram declarados "de acordo com os achados preliminares anteriores, que indicam que a política de recorrer ao ECMO reduz o risco de morte". O custo desse conhecimento? No grupo "convencional" morreram 24 bebês a mais do que no grupo que recebeu tratamento ECMO.

A já conhecida dificuldade de aceitar resultados de experimentos clínicos adaptativos pode parecer incompreensível. Mas considere-se que parte do que o advento da estatística fez pela medicina, no início do século XX, foi transformá-la de um campo no qual os médicos, para cada novo tratamento, tinham de persuadir uns os outros usando métodos ad hoc, em um campo no qual dispunham de uma orientação clara quanto a que tipos de evidência eram ou não eram persuasivos. Mudanças para padrões aceitos de prática estatística têm o potencial de alterar esse equilíbrio, ao menos de forma temporária.

Depois da controvérsia quanto ao ECMO, Don Berry transferiu-se do departamento de estatística da Universidade de Minnesota para o MD Anderson Cancer Center em Houston, onde empregou métodos desenvolvidos com o estudo de bandidos de muitos braços para projetar experimentos clínicos a uma variedade de tratamentos do câncer.[58] Embora continue a ser um dos mais veementes críticos dos experimentos clínicos randomizados, ele não é de forma alguma o único. Em anos recentes, as ideias pelas quais tem lutado estão finalmente começando a ser as dominantes. Em fevereiro de 2010, a Food and Drug Administration (FDA) publicou um documento de "orientação" chamado "Projeto Adaptativo de Experimentos Clínicos para Drogas e Biológicos",[59] o que sugere — malgrado uma longa história de se agarrar a uma opção na qual se confia — que finalmente pode estar querendo explorar alternativas.

O MUNDO INQUIETO

Uma vez se familiarizando com eles, fica fácil enxergar bandidos de muitos braços para onde quer que olhemos. É raro tomarmos uma decisão isolada cujo resultado não nos forneça uma informação que usaremos para tomar outras decisões no futuro. Assim, é natural que se pergunte, como fizemos no caso da parada ótima, quão bem as pessoas tendem, geralmente, a resolver esses problemas — uma questão que tem sido extensamente explorada em laboratório por psicólogos e economistas comportamentais.

Em geral, parece que as pessoas tendem a uma superprospecção — priorizando desproporcionalmente o que é novo ao que é melhor. Numa demonstração simples desse fenômeno, publicada em 1966, Amos Tversky e Ward Edwards realizaram experimentos nos quais mostrava-se a pessoas uma caixa com duas luzes, e se dizia que cada luz se acenderia durante um percentual fixo (mas desconhecido) do tempo.[60] Então eram dadas mil oportunidades ou para observar que luz se acendia, ou para apostar no que aconteceria sem observar. (Diferentemente de um modelo mais tradicional do problema do bandido, aqui não se podia dar um "puxão" na alavanca que fosse ao mesmo tempo uma aposta e uma observação; os participantes não saberiam, até o fim, se suas apostas tinham dado certo.) Isso era puro confronto entre prospecção e exploração, jogando a opção de aquisição de informação diretamente contra a opção de fazer uso dela. Na maior parte dos casos, as pessoas adotaram uma sensível estratégia de observar por um tempo, depois apostar no que parecia ser a melhor possibilidade — mas consistentemente ficavam observando por mais tempo do que deveriam. Quanto tempo mais? Num experimento, uma luz ficava acesa 60% do tempo e a outra, 40%, diferença nem particularmente gritante nem particularmente sutil. Nesse caso, as pessoas tinham preferido, em média, observar 505 vezes e apostar as outras 495 vezes. Mas a matemática diz que deveriam começar a apostar após 38 observações apenas — ficando com 962 chances de acertar.

Outros estudos levaram a conclusões similares. Na década de 1990, Robert Meyer e Yong Shi, pesquisadores em Wharton, conduziram um estudo no qual pessoas tinham de escolher entre duas opções: em uma delas, a probabilidade de sucesso era conhecida; na outra, desconhecida — especificamente, escolher entre duas companhias aéreas:[61] uma bem estabelecida, com uma taxa de pontualidade conhecida, enquanto a outra era uma companhia nova, ainda sem um histórico registrado. Dado o objetivo de maximizar o número de chegadas na hora durante determinado período, a estratégia matemática ótima inicial é só voar pela companhia nova, enquanto a companhia já estabelecida não comprovar ser melhor. Se em qualquer momento se tornar aparente que a companhia conhecida é melhor — isto é, se o índice de Gittins para a nova opção ficar abaixo da taxa de pontualidade da transportadora conhecida —, você deveria então mudar logo para a companhia que lhe é familiar e nunca olhar para trás. (Uma vez que nessa configuração você não mais poderá ter informação sobre a companhia nova quando parar de voar com ela, não haverá para ela oportunidade de se redimir.) No experimento, porém, as pessoas tenderam a usar a companhia nova muito pouco quando ela se mostrava boa, e demais quando se mostrava ruim. Tampouco deixaram completamente de usá-la, continuando a alternar entre as duas com frequência, particularmente quando nenhuma delas estava partindo na hora marcada. Tudo isso é consistente com a tendência de superexplorar, no sentido de prospectar.

Finalmente, os psicólogos Mark Steyvers, Michael Lee e Eric-Jan Wagenmakers realizaram uma experiência com bandido de quatro braços,[62] pedindo a um grupo de pessoas que escolhesse com que braço jogar numa sequência de quinze oportunidades. Depois classificaram as estratégias que aparentemente tinham sido usadas pelos participantes. Os resultados sugeriam que 30% estiveram mais próximos da estratégia ótima, 47% assemelhavam-se mais com Ganhou-Fique, Perdeu-Mude, e 22% pareciam optar de forma aleatória entre escolher um braço novo ou jogar com o braço com melhor resultado até então. Mais uma vez, isso é consistente com superexploração (superprospecção), já que optar por Ganhou-Fique, Perdeu-Mude e às vezes tentar um braço aleatoriamente são estratégias que levam as pessoas a tentar outra coisa (*explore*) que não a melhor opção já com o jogo adiantado, quando deveriam estar voltadas para a pura obtenção de resultados (*exploit*).

Assim, enquanto tendemos a decidir por uma nova secretária cedo demais, parece que tendemos a parar de tentar novas companhias aéreas tarde demais. Mas assim como há um custo para não se ter uma secretária, há um custo para se comprometer cedo demais com uma determinada companhia aérea: o mundo pode mudar.

O problema do bandido de muitos braços padrão supõe que as probabilidades de os braços devolverem ganhos são fixas no decorrer do tempo. Mas isso não é necessariamente verdade no que concerne a companhias aéreas, restaurantes ou outros contextos nos quais as pessoas têm de fazer escolhas de forma constante. Se as probabilidades de sucesso de diferentes braços mudarem com o tempo — a que se deu o termo "bandido inquieto"[63] —, o problema torna-se muito mais difícil. (Tão mais difícil, de fato, que não há qualquer algoritmo que se possa manejar para resolvê-lo completamente, e acredita-se que nunca haverá.) Parte dessa dificuldade é que não se trata mais de uma simples questão de prospectar por algum tempo e depois explorar: quando o mundo pode mudar, continuar a prospecção pode ser a escolha certa.[64] Pode valer a pena voltar àquele restaurante que o decepcionou e que você não frequentou durante alguns anos, caso esteja agora sob nova direção.

Em seu célebre ensaio "Caminhada", Henry David Thoreau reflete sobre como preferia fazer seus percursos perto de casa, e como nunca se cansava de seu entorno e sempre achava algo novo ou surpreendente na paisagem de Massachusetts. "Existe na verdade uma espécie de harmonia a ser descoberta nas potencialidades da paisagem dentro de um círculo com um raio de dez milhas, ou nos limites da caminhada vespertina, e nos sessenta anos mais dez da vida humana", ele escreveu. "Isso nunca se tornará familiar o bastante para você."[65]

Viver num mundo inquieto requer uma certa inquietude em si mesmo. Enquanto as coisas continuarem a mudar, você nunca deve deixar completamente de explorar.

Reiterando, as técnicas algorítmicas apuradas para a versão-padrão do problema do bandido de muitos braços são úteis até mesmo num mundo inquieto. Estratégias como a do índice de Gittins e do Limite Superior de Confiança proveem soluções aproximadas e princípios básicos razoavelmente bons, em especial se as recompensas não mudam muito ao longo do tempo. E muitas das recompensas do mundo são indiscutivelmente mais estáticas hoje do que jamais foram. Um canteiro de frutinhas pode estar maduro numa semana e podre na seguinte, mas, como disse Andy Warhol, "uma coca-cola é uma coca-cola".[66] Ter os instintos sintonizados pela evolução num mundo em fluxo constante não é necessariamente útil numa era de padronização industrial.

Talvez mais importante que isso, pensar em versões do problema do bandido de muitos braços que tenham soluções ótimas não propicia apenas algoritmos, propicia insights. O vocabulário conceitual que deriva do formato clássico do problema — a tensão entre *explore* [explorar (prospectar)] e *exploit* [explorar (obter resultados)], a importância do intervalo, o valor elevado da opção 0-0, a minimização do arrependimento — nos oferece uma nova maneira de dar sentido não só a problemas específicos que enfrentamos, mas a todo o arco da vida humana.

EXPLORE (PROSPECTE)...

Embora estudos de laboratório possam ser esclarecedores, o âmbito de muitos dos problemas mais importantes que as pessoas enfrentam é amplo demais para ser estudado em ambientes fechados. O aprendizado da estrutura do mundo à nossa volta e a formação de relações sociais duradouras são tarefas de uma vida inteira. Assim, é instrutivo observar como o padrão geral de primeiro explorar no sentido de prospectar e depois explorar no sentido de obter resultados se manifesta no decurso de uma vida.

Uma das coisas curiosas a respeito dos seres humanos, e que qualquer psicólogo do desenvolvimento aspira a entender e explicar, é que levamos anos para nos tornarmos competentes e autônomos. Caribus e gazelas precisam estar preparados para correr e fugir de predadores a partir do dia em que nascem, mas humanos levam mais de um ano para dar os primeiros passos. Alison Gopnik, professora de psicologia do desenvolvimento em Berkeley e coautora de *The Scientist in the Crib* [O cientista no berço], tem uma explicação de por que temos um período tão extenso de dependência: "Isso nos dá uma forma de desenvolvimento de resolver a relação *exploration/ exploitation*".[67] Como vimos, bons algoritmos para jogar com bandidos de muitos braços tendem à prospecção no início e à exploração do conhecimento obtido mais tarde. Mas como ressalta Gopnik, "a desvantagem disso é que não se obtêm bons resultados quando se está na fase de prospecção". Daí a infância: "A infância propicia um período em que se pode apenas prospectar possibilidades, e não é preciso se preocupar com recompensas, porque as recompensas estão sendo providenciadas pelas mamães e papais e vovós e babás".

Imaginar que os filhos simplesmente estão no estágio transitório de prospecção num algoritmo de uma vida inteira pode oferecer algum consolo aos pais de crianças em idade pré-escolar. (Tom tem duas filhas em idade pré-escolar que são muito exploratórias, e espera que estejam seguindo um algoritmo de arrependimento mínimo.) Mas isso também oferece novos insights sobre a racionalidade das crianças. "Se você olhar o modo como as pessoas historicamente pensavam sobre crianças, verá que elas alegavam, de forma geral, que as crianças são cognitivamente deficientes de várias maneiras — porque se considerarmos suas capacidades de explorar resultados, elas parecem terríveis", ressalta Gopnik. "Não são capazes de amarrar seus sapatos, não são boas em fazer planos a longo prazo, não são boas em focar sua atenção. Tudo isso são coisas em que as crianças são realmente horríveis." Mas apertar botões ao acaso, ficar muito interessadas em brinquedos novos e pular depressa de uma coisa a outra, tudo isso são coisas nas quais as crianças são de fato ótimas. E são exatamente as que elas deveriam estar fazendo se seu objetivo é prospecção. Se você é um bebê, levar à boca todo objeto da casa é como acionar estudiosamente todas as alavancas no cassino.

De forma mais genérica, nossas intuições sobre racionalidade são muitas vezes informadas mais pela exploração de resultados do que pela prospecção de possibilidades. Quando falamos sobre tomada de decisão, em geral nos focamos apenas na recompensa imediata de uma única decisão — e se você tratar toda decisão sua como se fosse a última, então realmente só a exploração de resultados (*exploitation*) faz sentido. Mas no decurso de uma vida inteira, você vai tomar muitas decisões. E é efetivamente racional enfatizar a prospecção (*exploration*) — o novo em vez do melhor, o excitante em vez do seguro, o aleatório em vez do já considerado — em várias dessas escolhas, em particular no início da vida.

O que achamos ser capricho de crianças pode ser mais sábio do que pensamos.

Cheguei a uma encruzilhada em minha vida de leitora que é familiar aos que estiveram lá: no tempo que me resta na terra, deveria ler mais e mais livros novos ou deveria parar com esse consumo vão — vão por ser infindável — e começar a reler os livros que me causaram o prazer mais intenso em meu passado.[68]

Lydia Davis

Na extremidade oposta à das crianças, temos os idosos. E pensar no envelhecimento a partir da perspectiva do dilema explorar (prospectar)/ explorar (resultados) também suscita insights surpreendentes sobre como devemos esperar que nossas vidas mudem com o passar do tempo.

Laura Carstensen, professora de psicologia em Stanford, passou sua carreira desafiando nossas pressuposições sobre o processo de envelhecimento.[69] Em particular, ela investigou exatamente como, e por que, as relações sociais das pessoas mudam quando ficam mais velhas. O padrão clássico está claro: o tamanho da rede social da pessoa (isto é, o número de relações sociais com as quais está envolvida) quase invariavelmente diminui com o decorrer do tempo. Mas a pesquisa de Carstensen transformou o modo como pensamos sobre esse fenômeno.

A explicação tradicional para o fato de os idosos terem redes sociais menores é que isso é só um exemplo da diminuição da qualidade de vida que vem com o envelhecimento — resultado da diminuição da capacidade de contribuir para um relacionamento social, maior fragilidade e desligamento geral da sociedade. Mas Carstensen argumentou que, na verdade, os idosos têm menos relações sociais por opção. Como ela afirma, essas diminuições são "resultado de processos de seleção durante a vida inteira pelos quais as pessoas, estratégica e adaptativamente, cultivam suas redes sociais para maximizar ganhos sociais e emocionais e minimizar riscos sociais e emocionais".[70]

O que Carstensen e seus colegas descobriram foi que o encolhimento das redes sociais com o envelhecimento deve-se primordialmente ao ato de "podar" relacionamentos periféricos e, em vez deles, focar a atenção num núcleo de familiares e amigos mais próximos. Esse processo parece advir de uma opção consciente: à medida que as pessoas se aproximam do fim de sua vida, querem se focar mais nas conexões que lhe são mais significativas.

Num experimento de teste dessa hipótese, Carstensen e sua colaboradora Barbara Fredrickson pediram a pessoas que escolhessem com quem gostariam de passar trinta minutos: um membro próximo da família, o autor de um livro que tivessem lido recentemente ou algum recém-conhecido que parecia compartilhar dos mesmos interesses. Pessoas mais velhas preferiam membros da família; pessoas jovens ficavam igualmente excitadas com a ideia de conhecer o autor ou fazer um novo amigo. Mas numa mudança crítica, se se pedia aos jovens que imaginassem que estavam prestes a viajar pelo país, eles também preferiam um membro da família.[71] Em outro estudo, Carstensen e seus colegas chegaram ao mesmo resultado na outra direção também: se se pedia a pessoas mais velhas que imaginassem que uma descoberta médica lhes permitira viver mais vinte anos, suas preferências tornaram-se indistinguíveis das dos jovens.[72] A questão é que essas diferenças em preferência social não têm a ver com a idade como tal — têm a ver com onde as pessoas acham que estão no *intervalo* que é relevante para sua decisão.

Ser sensível quanto ao tempo que lhe resta é exatamente o que sugere a ciência da computação no dilema *explore/ exploit*. Pensamos nos jovens como estereotipicamente instáveis; nos idosos, como estereotipicamente inflexíveis em seus hábitos. Na verdade, ambos comportam-se de modo totalmente apropriado a seus intervalos. A deliberada depuração de uma rede social reduzindo-a aos relacionamentos mais significativos é a resposta racional de ter menos tempo para usufruir deles.

O reconhecimento de que a velhice é uma época de exploração de resultados (*exploitation*) abre novas perspectivas em alguns dos fenômenos clássicos do envelhecimento. Por exemplo, enquanto a ida para uma faculdade — um novo ambiente social cheio de gente que você não conhece — é um momento tipicamente positivo e excitante, a ida para um lar de idosos — um novo ambiente social cheio de gente que você não conhece — pode ser penosa. E essa diferença é em parte o resultado do ponto em que estamos no continuum do dilema *explore/ exploit* nessas fases de nossas vidas.

A negociação *explore/ exploit* também nos diz como considerar os conselhos dos mais velhos. Quando seu avô lhe diz quais são os bons restaurantes, você deveria prestar atenção — essas são pérolas colhidas em décadas de procura. Mas quando ele só vai ao mesmo restaurante todo dia às cinco horas da tarde, você deveria se sentir livre para explorar outras opções, mesmo que pareçam ser piores.

Talvez o insight mais profundo que ocorre ao se pensar na fase mais avançada da vida como uma oportunidade de explorar e usufruir do conhecimento adquirido durante décadas seja este: a vida deveria ficar melhor com o decorrer do tempo. O que um explorador (prospector) obtém em troca do conhecimento é o prazer. O índice de Gittins e o Limite Superior de Confiança, como vimos, inflam a atratividade de opções menos conhecidas para além do que efetivamente esperamos, já que surpresas agradáveis podem nos recompensar muitas vezes mais. Mas ao mesmo tempo isso quer dizer que a prospecção *necessariamente* nos leva a decepções na maioria das vezes. Desviar o grosso da atenção de alguém para suas coisas favoritas deveria aumentar a qualidade de vida. E parece que o faz: Carstensen descobriu que as pessoas mais velhas estão geralmente mais satisfeitas com suas redes sociais, e frequentemente relatam níveis de bem-estar emocional mais elevados que o de jovens adultos.[73]

Assim, há muito pelo que esperar quando se é um frequentador assíduo desse restaurante de fim de tarde, saboreando os frutos das prospecções da vida.

3. Ordenação
Pondo ordem nas coisas

Agora, se a palavra que você deseja encontrar começa com "a", então procure no começo desta tabela, mas se com "v", procure no fim. Novamente, se sua palavra começa com "ca", procure no começo da letra "c", mas se com "cu", então procure no fim dessa letra. E assim por diante em todo o restante.[1]

Robert Cawdrey, *A Table Alphabeticall* [Uma tabela alfabética] (1604)

Antes de Danny Hillis ter fundado a Thinking Machines Corporation, antes de ter inventado o famoso supercomputador paralelo Connection Machine, ele era um estudante universitário no Instituto de Tecnologia de Massachusetts (MIT), vivia no dormitório dos estudantes e ficava horrorizado com as meias de seu colega de quarto.

O que horrorizava Hillis, diferentemente do que acontece com muitos universitários na faculdade, não era a higiene de seu colega de quarto. Não era o fato de seu colega não *lavar* as meias; ele lavava. O problema era o que vinha depois.

O colega de quarto tirava uma meia do cesto de roupa limpa.[2] Depois ele tirava outra meia aleatoriamente. Se esta não casava com a primeira, ele a jogava de volta no cesto. Depois continuava esse processo, tirando meias uma a uma e jogando de volta até achar o par da primeira.

Com apenas dez pares diferentes de meias, seguir esse processo vai exigir uma média de dezenove tentativas só para completar o primeiro par, e mais dezessete tentativas para completar o segundo. No total, o colega de quarto pode ter de ir pescar 110 vezes no cesto para emparelhar vinte meias.

Era o bastante para fazer qualquer embrião de cientista da computação solicitar uma transferência de quarto.

Agora, o tema de como meias *deveriam* ser classificadas e ordenadas é um bom motivo para uma surpreendentemente longa peroração de um cientista da computação. A questão das meias, postada no site de programação Stack Overflow em 2013, deslanchou um debate com cerca de 12 mil palavras.[3]

"As meias me confundem!",[4] confessou a nós dois o lendário criptógrafo e vencedor do prêmio Turing, o cientista da computação Ron Rivest, quando abordamos o tópico.

Ele calçava sandálias na ocasião.

O ÊXTASE DA ORDENAÇÃO*

Ordenar segundo certos critérios é a própria essência do que fazem os computadores. Na verdade, em muitos aspectos foi a

* As palavras *sort* e *sorting*, do original em inglês, que não têm um correspondente exato em português, foram traduzidas geralmente como ordenar e ordenação (eventualmente, classificar), no sentido de classificar algo por determinado(s) critério(s) ou tipo(s), estabelecer uma certa ordem, e com isso organizar, separar, ou reunir itens congêneres por esse critério. (N. T.)

necessidade de ordenar por critérios que fez os computadores existirem.

No final do século XIX, a população dos Estados Unidos estava crescendo 30% por década, e o número de tópicos no formulário de pesquisa demográfica no censo americano tinha aumentado de apenas cinco em 1870 para mais de duzentos em 1880. A tabulação do censo de 1880 levou oito anos — terminando quase quando começava o censo de 1890. Como expressou na ocasião um escritor, foi um milagre que "os funcionários que labutavam com irritantes tiras de papel cheias de cálculos [...] não tenham ficado cegos ou loucos".[5] Todo o empreendimento ameaçava desmoronar sob seu próprio peso. Algo tinha de ser feito.

Inspirado nos bilhetes de trem da época, que eram perfurados, um inventor chamado Herman Hollerith concebeu um sistema de cartões perfurados para armazenar informação, e também uma máquina, que ele chamou de máquina Hollerith, para contá-los e separá-los e distribuí-los segundo os critérios de classificação. Hollerith obteve a patente em 1889, e o governo adotou a máquina Hollerith para o censo de 1890. Ninguém jamais tinha visto algo assim. Um atônito observador escreveu: "O aparelho trabalha tão infalivelmente quanto os moinhos dos deuses, mas ganha deles longe em velocidade".[6] Outro, no entanto, afirmou que a invenção tinha uso limitado: "Como ninguém jamais vai usá-la a não ser os governos, não é provável que o inventor fique muito rico".[7] Essa previsão, que Hollerith recortou e guardou, não se mostraria de todo correta. A firma de Hollerith fundiu-se com várias outras em 1911 para se tornar a Computing-Tabulating-Recording Company. Alguns anos depois foi rebatizada com o nome de International Business Machines, ou IBM.[8]

A ordenação continuou a impulsionar o desenvolvimento do computador no decorrer do século seguinte. O primeiro código escrito para um computador com "programa armazenado"[9] foi um programa para uma ordenação eficiente. Na verdade, a capacidade que teria o computador de superar as dedicadas máquinas de classificação e seleção por cartões da IBM foi que convenceu o governo dos Estados Unidos de que o enorme investimento financeiro numa máquina de escopo mais geral seria justificado.[10] Na década de 1960, um estudo estimou que mais de 25% dos recursos de computação no mundo estavam sendo gastos em ordenação e recuperação.[11] E não era de admirar — a ordenação é essencial para se trabalhar com quase todo tipo de informação. Seja para achar o maior ou o menor, o mais comum ou o mais raro, calcular, indexar, marcar duplicações ou ir buscar diretamente aquilo que se quer, tudo isso geralmente começa com uma ordenação subjacente.

Mas ordenar é algo até mesmo mais pervasivo do que isso. Afinal, uma das principais razões para que se ponha ordem nas coisas é que elas sejam apresentadas de maneira útil aos olhos humanos, o que quer dizer que a ordenação é também a chave para a experiência humana da informação. Listas ordenadas são tão onipresentes que — assim como um peixe que pergunta "O que é água?" — temos de agir conscientemente para percebê-las. Depois disso, as percebemos em toda parte.

Nossa caixa de entrada de e-mails exibe geralmente as primeiras cinquenta mensagens de um total que pode chegar a milhares, ordenando-as pela hora do recebimento. Quando procuramos um restaurante num programa de busca especializado, nos é mostrada a primeira dúzia, ou algo assim, entre centenas de restaurantes, ordenados por um critério de proximidade ou de qualificação. Um blog exibe uma lista recortada de artigos, ordenados por data. O *feed* de notícias do Facebook, o *stream* do Twitter, a home page do Reddit, todos se apresentam na forma de listas, ordenadas segundo algum critério próprio. Referimo-nos a coisas como Google e Bing como "mecanismos de busca", mas é um termo um tanto errôneo: eles são na realidade mecanismos de ordenação e recuperação por determinados critérios. O que faz o Google ser tão dominante como meio de acessar a informação no mundo não é tanto ele *achar* nosso texto em centenas de milhões de webpages — seus concorrentes da década de 1990 podiam fazer essa parte bastante bem —, mas o fato de ele *ordenar* essas webpages tão bem, e só nos mostrar as dez mais relevantes.

O topo truncado de uma imensa lista ordenada é, de muitas maneiras, a interface do usuário universal.

A ciência da computação nos possibilita um modo de compreender o que está acontecendo nos bastidores de todos esses casos, o que, por sua vez, pode nos oferecer alguma visão daqueles momentos em que somos *nós* quem estamos pondo ordem nas coisas — com nossas contas, nossos documentos, nossos livros, nossas meias, provavelmente mais vezes por dia do que nos damos conta. Ao quantificar o vício (e a virtude) da desordem, isso também nos mostra os casos em que, na verdade, não deveríamos estar pondo ordem em coisa alguma.

Mais do que isso, quando começamos a olhar, vemos que a ordenação não é algo que fazemos apenas com a informação. É algo que fazemos com pessoas. Possivelmente, a área na qual a ciência computacional de classificar por critérios de gradação é mais (e inesperadamente) útil é no campo esportivo e no ringue do boxe — e é por isso que conhecer um pouco sobre ordenação pode ajudar a explicar como seres humanos são capazes de viver juntos e só de vez em quando sair no tapa. Vale dizer, a ordenação oferece algumas pistas surpreendentes quanto à natureza da sociedade — esse outro tipo de ordem, maior e mais importante, de que fazemos parte.

"Para baixar os custos por unidade de qualquer operação, as pessoas usualmente aumentam o tamanho de suas operações", escreveu J. C. Hosken em 1955, no primeiro artigo científico publicado sobre ordenação. É a economia de escala, familiar a qualquer estudante de economia e negócios. Mas com ordenação, o tamanho é uma receita para o desastre; de modo perverso, quando a ordenação cresce, "o custo unitário da ordenação, ao invés de cair, aumenta".[12] A ordenação (isto é, pôr em ordem por tipos) envolve acentuada *des*economia de escala, violando nossas intuições comuns sobre a virtude de fazer coisas em grandes levas. Num exemplo típico, cozinhar para dois não é mais difícil do que cozinhar para um, e é certamente mais fácil do que cozinhar para uma pessoa duas vezes. Mas ordenar, digamos, uma estante com cem livros vai lhe tomar mais tempo do que ordenar duas estantes com cinquenta livros cada uma: você tem duas vezes mais coisas para ordenar (duas estantes e não uma) e duas vezes mais opções de para onde cada livro pode ir. E quanto mais você acrescenta a esse quadro, pior fica.

Este é o primeiro e mais fundamental insight da teoria da ordenação: a escala machuca.

Daí podemos inferir que minimizar nossa dor e nosso sofrimento quando se tem de ordenar coisas só tem a ver com minimizar a quantidade de coisas que temos de ordenar. É verdade: uma das melhores maneiras de prevenir a dificuldade computacional de ordenar meias é exatamente lavá-las com mais frequência. Lavar com o triplo da frequência, digamos, poderia reduzir sua necessidade de ordená-las num fator igual a nove. De fato, se o colega de quarto de Hillis continuasse agarrado a seu método peculiar de formar um par mas lavasse as meias a cada treze dias em vez de cartorze, só isso lhe economizaria 28 tentativas de tirar a meia certa do cesto. (E deixar passar só mais um dia entre as lavagens lhe custaria mais trinta tentativas.)

Mesmo nesse modelo tão modestamente quinzenal, podemos ver como a escala de ordenação começa a aumentar e ficar insustentável. Computadores, no entanto, têm de ordenar, como rotina, milhões de itens de uma só vez. Para isso, como se diz no filme *Tubarão*, vamos precisar de um barco maior — e de um algoritmo melhor.

Mas para responder à pergunta de como deveríamos ordenar e que métodos serão preferíveis, primeiro temos de descobrir outra coisa: como vamos ficar de olho e manter o controle.

BIG-O: UM PARÂMETRO PARA O PIOR DOS CASOS

O *Guinness World Records* atribui o recorde de ordenação de um baralho de cartas ao mágico tcheco Zdeněk Bradáč.[13] Em 15 de maio de 2008, Bradáč ordenou um baralho de 52 cartas em exatamente 36,16 segundos.* Como ele fez isso? Que técnica de ordenação lhe valeu o título? Conquanto a resposta pudesse ser interessante para lançar uma luz na teoria da ordenação, Bradáč recusou-se a comentar.

Embora só possamos ter o maior respeito pelo talento e pela destreza de Bradáč, temos 100% de certeza do seguinte: podemos, pessoalmente, quebrar esse recorde. Na verdade, temos 100% de certeza de que podemos alcançar um recorde *inquebrável*. Tudo do que precisamos é de 80658175170943878571660636856403 766975289505440883277824000000000000 tentativas. Esse nú-

* Isso está longe de ser o único recorde de Bradáč — ele é capaz de se livrar de três pares de algemas, estando debaixo d'água, em aproximadamente o mesmo tempo. (N. A.)

mero, um pouco acima de 80 vintilhões, corresponde ao fatorial de 52, ou "52!" na notação matemática — o número de arranjos possíveis em que um baralho de 52 cartas pode ser ordenado. Fazendo aproximadamente esse número de tentativas de embaralhar, mais cedo ou mais tarde podemos estar com um baralho que foi completamente ordenado pelo acaso.[14] A essa altura, poderemos orgulhosamente registrar Christian-Griffiths no *Guinness* junto a um nada desprezível tempo de ordenação de 00min00s.

Para ser honesto, é quase certo que teríamos de ficar tentando até o universo sucumbir ao calor antes de acertarmos nossa tentativa recordista. Não obstante, isso faz destacar a maior e fundamental diferença entre recordistas e cientistas da computação. A gente fina do *Guinness* só se importa com o *melhor* caso de desempenho (e de cerveja). Dificilmente pode-se culpá-los por isso, é claro: todos os recordes no esporte refletem um único e melhor desempenho. Contudo, a ciência da computação quase nunca se importa com o melhor caso. Os cientistas da computação querem saber a *média* do tempo de ordenação de alguém como Bradáč: que ele faça os 80 vintilhões de ordenações possíveis, ou uma amostragem com um número razoável de ordenações, e que se registre a velocidade média de todas essas tentativas. (Dá para ver por que eles não deixam que cientistas da computação cuidem dessas coisas.)

Além disso, um cientista da computação ia querer saber qual o *pior* tempo de ordenação. A análise dos piores casos permite-nos assegurar coisas difíceis: a de que um processo crítico vai terminar em tempo, a de que prazos não serão estourados. Assim, no restante deste capítulo — na verdade, no restante deste livro —, só vamos discutir algoritmos de pior caso de desempenho, a menos que explicitamente se mencione outra coisa.

A ciência da computação desenvolveu uma taquigrafia específica para algoritmos de medição de cenários de pior caso possível: chama-se notação "Big-O".[15] A notação Big-O tem uma peculiaridade particular, que é a de ser projetada para ser inexata. Isto é, em vez de expressar o desempenho do algoritmo em minutos e segundos, a notação Big-O provê um meio de considerar o tipo de *relação* que existe entre o tamanho do problema e o tempo de execução do programa. Como a notação Big-O deliberadamente rejeita detalhes minuciosos, o que emerge é um esquema para dividir problemas em amplas e diferentes classes.

Imagine que você é o anfitrião num jantar com n convidados. O tempo necessário para limpar a casa antes da chegada deles não depende em nada do número de convidados. Essa é a classe mais amena de problemas que existe: chama-se "Big-O de um", e escreve-se $O(1)$, também conhecido como "tempo constante". De maneira notável, a notação Big-O não dá a mínima para quanto tempo dura de fato a limpeza — só lhe interessa que ele é sempre o mesmo, totalmente independente do número de convidados. O trabalho a fazer é o mesmo, quer seja um só convidado, quer sejam dez, cem ou qualquer outro n.

Agora, o tempo que vai levar para passar o assado em torno da mesa será "Big-O de n", que se escreve $O(n)$, também conhecido como "tempo linear" — com o dobro de convidados, será preciso esperar o dobro do tempo para que o assado dê a volta toda. E, mais uma vez, a notação Big-O não dá a mínima para o número de pratos a serem servidos, ou se um prato está circulando para um segundo serviço. Em cada caso, o tempo ainda depende linearmente do tamanho da lista de convidados — se você desenhar um gráfico no qual um eixo de variáveis é para o número de convidados e o outro para o tempo de servir, o resultado seria uma linha reta. Mais ainda, a existência de *quaisquer* fatores de tempo linear vão, na notação Big-O, fazer submergir *todos* os fatores de tempo constante. Vale dizer, passar o assado uma vez em torno da mesa ou reformar toda a sua sala de jantar durante três meses e *então* passar o assado uma vez em torno da mesa são, ambos os casos, para um cientista da computação, efetivamente equivalentes. Se isso parecer loucura, lembre-se de que os computadores lidam com valores de *n* que podem facilmente estar na casa dos milhares, dos milhões ou dos bilhões. Em outras palavras, os cientistas da computação estão pensando em festas muito, muito grandes. Com uma lista de convidados na casa dos milhões, passar o assado uma vez em torno da mesa ia realmente fazer a reforma da casa ser reduzida à insignificância.

E se, à medida que os convidados fossem chegando, cada um abraçasse os outros como forma de cumprimento? Seu primeiro convidado abraça você; seu segundo convidado tem de dar dois abraços: seu terceiro convidado, três. Quantos abraços haverá no total? Isso vem a ser "Big-O de *n* elevado ao quadrado", que se escreve $O(n^2)$, também conhecido como "tempo quadrático". Aqui, mais uma vez, só nos importa os contornos básicos da relação entre *n* e o tempo. Não há $O(2n^2)$ para dois abraços de cada vez, ou $O(n^2 + n)$ para abraços mais o tempo de passar a comida em torno da mesa, ou $O(n^2 + 1)$ para abraços mais a limpeza da casa. Tudo é tempo quadrático, então $O(n^2)$ cobre tudo.

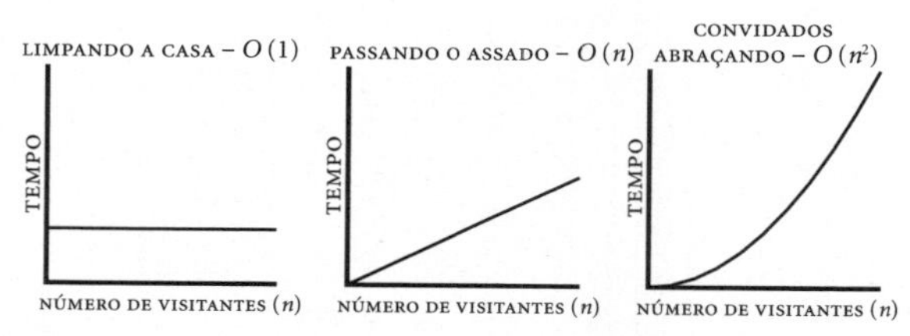

Tempo constante, escreve-se $O(1)$*; tempo linear, escreve-se* $O(n)$*; e tempo quadrático, escreve-se* $O(n^2)$*.*

A partir daí, fica pior. Há o "tempo exponencial", $O(2^n)$, onde cada convidado adicional *duplica* o trabalho. Pior ainda é o "tempo fatorial", $O(n!)$, classe de problemas tão verdadeiramente infernais que os cientistas da computação só falam sobre isso quando estão fazendo piada — como nós fizemos, ao embaralhar vezes seguidas um baralho de cartas até acontecer de elas ficarem perfeitamente ordenadas —, ou quando eles gostariam realmente de só estarem fazendo piada.

OS QUADRADOS: ORDENAÇÃO POR BOLHA E ORDENAÇÃO POR INSERÇÃO

Quando o então senador Obama visitou o Google em 2007, o CEO Eric Schmidt, de brincadeira, fez uma série de perguntas e respostas como se fosse uma entrevista de emprego, perguntando: "Qual a melhor maneira de ordenar números inteiros de 1 milhão e 32 bits?". Sem hesitar, Obama, com um sorriso irônico, respondeu: "Creio que uma **Ordenação por Bolha** seria o modo errado de proceder". A multidão de engenheiros do Google irrompeu em aplausos. "Ele me conquistou com essa da Ordenação por Bolha",[16] relembrou um deles mais tarde.

Obama tinha razão ao evitar a Ordenação por Bolha, um algoritmo que se tornou algo parecido com um saco de pancadas para estudantes de ciência da computação: é simples, intuitivo e extremamente ineficiente.

Imagine que você quer pôr em ordem alfabética sua coleção de livros, que está fora de ordem. Uma abordagem natural seria percorrer a estante procurando pares de livros fora de ordem — um Pynchon depois de um Wallace, por exemplo — e trocá-los de posição. Ponha Pynchon antes de Wallace e continue sua varredura, voltando ao ponto inicial na estante cada vez que chegar ao fim. Quando fizer uma passagem completa sem encontrar qualquer par fora de ordem em toda a estante, saberá que completou a tarefa.

Essa é a Ordenação por Bolha, e ela nos faz cair num tempo quadrático. Há *n* livros fora de ordem, e em cada varredura em toda a estante pode-se mover cada um no máximo uma posição. (Localizamos um pequeno problema, façamos uma pequena correção.) Assim, no pior dos casos, quando a estante está numa ordem inversa perfeita, pelo menos um livro terá de ser movido *n* posições. Portanto, um máximo de *n* passagens por *n* livros, o que dá $O(n^2)$ no pior dos casos.* Não é terrível — por um lado, é mundos de vezes melhor do que a ideia antes aventada de nosso embaralhamento de possíveis $O(n!)$ vezes até se ter uma ordenação (caso você precise da ciência da computação para confirmar isso). Apesar disso, o termo ao quadrado pode rapidamente ficar assustador. Por exemplo, significa que ordenar cinco prateleiras de livros não vai levar cinco vezes mais tempo do que ordenar uma única prateleira, mas *vinte e cinco* vezes mais.

Você pode adotar um método diferente — tirar todos os livros da estante e colocá-los de volta em ordenação, um a um. Põe o primeiro livro no meio da estante, pega o segundo e compara com o primeiro, inserindo-o ou à direita ou à esquerda dele. Ao pegar o terceiro, você percorre todos os livros da estante da esquerda para a direita até encontrar o lugar certo para colocá-lo. Repetindo esse processo até o fim, gradualmente todos os livros estarão ordenados na estante e a tarefa estará terminada.

Cientistas da computação chamam isso, bastante apropriadamente, de **Ordenação por Inserção**. A boa notícia é que ela é indubitavelmente mais intuitiva do que a Ordenação por Bolha e não tem toda a sua má reputação. A má notícia é que na verda-

* Na verdade, o tempo médio na realização da Ordenação por Bolha não é melhor, pois os livros estarão, em média, $n/2$ posições afastados de onde supostamente deveriam estar no fim. Um cientista da computação ainda terá de fazer $n/2$ passagens de *n* livros até chegar a $O(n^2)$. (N. A.)

de não é muito mais rápida. Você ainda terá de fazer uma inserção para cada livro. E cada inserção ainda envolve passar, em média, por metade dos livros que já estão na estante para encontrar o lugar correto. Embora na prática a Ordenação por Inserção seja um pouco mais rápida do que a Ordenação por Bolha, ainda vamos cair diretamente em tempo quadrático.* Ordenar qualquer coisa a mais do que uma só estante de livros ainda é uma perspectiva incômoda.

ROMPENDO A BARREIRA QUADRÁTICA: DIVIDIR PARA CONQUISTAR

A esta altura, tendo visto como duas abordagens totalmente sensatas redundam num insustentável tempo quadrático, é natural que nos perguntemos se uma ordenação mais rápida é realmente possível.

A questão parece ter a ver com produtividade. Mas converse com um cientista da computação, e verá que ela parece estar mais próxima da metafísica — parecida com considerações sobre a velocidade da luz, viagens no tempo, supercondutores ou entropia termodinâmica. Quais são as leis fundamentais e os limites do universo? O que está no âmbito do possível? O que é permitido? Dessa maneira, cientistas da computação, assim como físicos de partículas e cosmólogos, esquadrinham os esquemas de Deus em cada detalhe. Qual é o esforço mínimo requerido para se pôr ordem nas coisas?

* Aqui os autores fazem um jogo de palavras no inglês que fica intraduzível para o português: "*we land squarely, if you will, in quadratic time*" (*square* é "quadrado" e *quadratic time* é "tempo quadrático"). (N. T.)

Será possível encontrar uma ordenação de tempo constante $O(1)$ que (assim como no caso da arrumação da casa antes que chegue o bando de convidados) ordene uma lista de convidados, de qualquer tamanho, na mesma duração de tempo? Bem, só para *confirmar*, uma ordenação de n livros numa estante ou prateleira não pode ser feita em tempo constante, já que isso requer que cada um dos n livros seja checado. Assim, efetivamente, ordenar os livros em tempo constante parece estar fora de questão.

E quanto a uma ordenação em tempo linear, $O(n)$, tão eficiente quanto o passar de um prato em torno da mesa, onde a duplicação dos itens a ordenar apenas duplica o trabalho? Pensando nos exemplos acima, é difícil imaginar como isso, por sua vez, poderia funcionar. Em cada caso, o n^2 vem do fato de que você tem de mover n livros, e o trabalho que cada movimento exige também tem uma escala de n. Como poderíamos reduzir n movimentos de tamanho n cada um a somente n em si mesmo? Na Ordenação por Bolha, nosso tempo de execução $O(n^2)$ vem do fato de se ter de manusear cada um dos n livros e mover cada um para até n lugares. Na Ordenação por Inserção, o tempo quadrático de execução vem de manusear cada um dos n livros e comparar cada um com até n outros antes de inseri-lo na estante. Uma ordenação em tempo linear significa manusear cada livro num tempo constante independentemente da quantidade dos outros livros entre os quais ele tem de encontrar seu lugar. Não parece plausível.

Sabemos então que podemos nos sair bem pelo menos dentro do limite do tempo quadrático, mas provavelmente não tão bem a ponto de o tempo ser linear. Talvez nosso limite esteja em algum lugar *entre* o tempo linear e o tempo quadrático. Será que existem algoritmos entre o linear e o quadrático, entre n e $n \times n$?

Eles existem — e estavam se escondendo embaixo de nosso nariz.

Como mencionamos antes, o processamento de informação começou nos censos demográficos dos Estados Unidos no século XIX, com o desenvolvimento, por Herman Hollerith e depois pela IBM, dos dispositivos de ordenação de cartões físicos perfurados.[17] Em 1936, a IBM começou a produzir uma linha de máquinas chamadas "cotejadoras", que eram capazes de mesclar dois maços de cartas com ordenações diferentes em um só. Se cada um dos dois maços estivesse ordenado, o processo de mesclá-los num único maço ordenado era incrivelmente direto e tomava um tempo linear: era apenas comparar entre si as duas cartas do topo de cada maço, levar a menor das duas para o topo de um novo maço que estava sendo criado, e repetir o processo até terminar.

O programa que John von Neumann escreveu em 1945 para demonstrar o poder do computador com programa armazenado levou a ideia do cotejo à sua bela e definitiva conclusão.[18] Ordenar duas cartas é simples: é só pôr a menor no topo. E fornecido *um par* de maços com duas cartas cada um, ambos ordenados, pode-se facilmente cotejá-los e dispô-los num único maço ordenado com quatro cartas. Repetindo esse truque algumas vezes, constroem-se maços cada vez maiores, cada um deles já ordenado. E logo ter-se-á montado por cotejo um maço inteiro perfeitamente ordenado, com o clímax de uma mesclagem final, como naquele caso gêmeo de ordenação com um embaralhar fortuito, produzindo o resultado desejado.

Esse método é conhecido hoje como **Mergesort**, ou **Ordenação por Mesclagem**, um dos algoritmos lendários da ciência da computação. Como afirma um trabalho de 1997, "o Mergesort é tão importante na história da ordenação quanto a ordenação é importante na história da computação".[19]

O poder da Ordenação por Mesclagem vem do fato de que ela realmente acaba com uma complexidade existente entre tempo quadrático e tempo linear — especificamente, $O(n \log n)$, conhecido como "tempo linearítmico". Cada passagem pelas cartas duplica o tamanho dos maços ordenados, de modo que para ordenar completamente *n* cartas é preciso fazer tantas passagens quanto o número de vezes que se precisa multiplicar o número 2 por ele mesmo para perfazer *n*: em outras palavras, o logaritmo de *n* na base 2. Pode-se ordenar até quatro cartas em duas passagens, até oito com uma terceira passagem, e até dezesseis com uma quarta. A abordagem "dividir para conquistar" do Mergesort inspirou uma plêiade de outros algoritmos de ordenação linearítmica que rapidamente lhe seguiram nos calcanhares. E dizer que a complexidade linearítmica é um aprimoramento da complexidade quadrática é uma tremenda e incorreta subavaliação. No caso de uma ordenação de, digamos, um número de itens de um censo, é a diferença entre fazer 29 passagens pelos seus dados e... 300 milhões.* Não é de admirar que seja o método escolhido para problemas de ordenação industrial em grande escala.[20]

A Ordenação por Mesclagem também tem aplicações reais em problemas de ordenação domésticos em pequena escala. Parte dos motivos pelos quais é tão amplamente usada é o fato de ser paralelizada de forma simples. Se você ainda está armando uma estratégia para ordenar a estante, a solução de Ordenação por Mesclagem seria pedir uma pizza e convidar alguns amigos. Divida os livros equitativamente entre eles, cada um ordenando seu próprio conjunto. Depois divida o grupo em pares, e cada par mescla os seus conjuntos. Repita o processo até haver somente dois conjuntos mesclados, e os mescle pela última vez indo direto para a estante. Apenas tente evitar que haja manchas de pizza nos livros.

* População dos Estados Unidos. (N. T.)

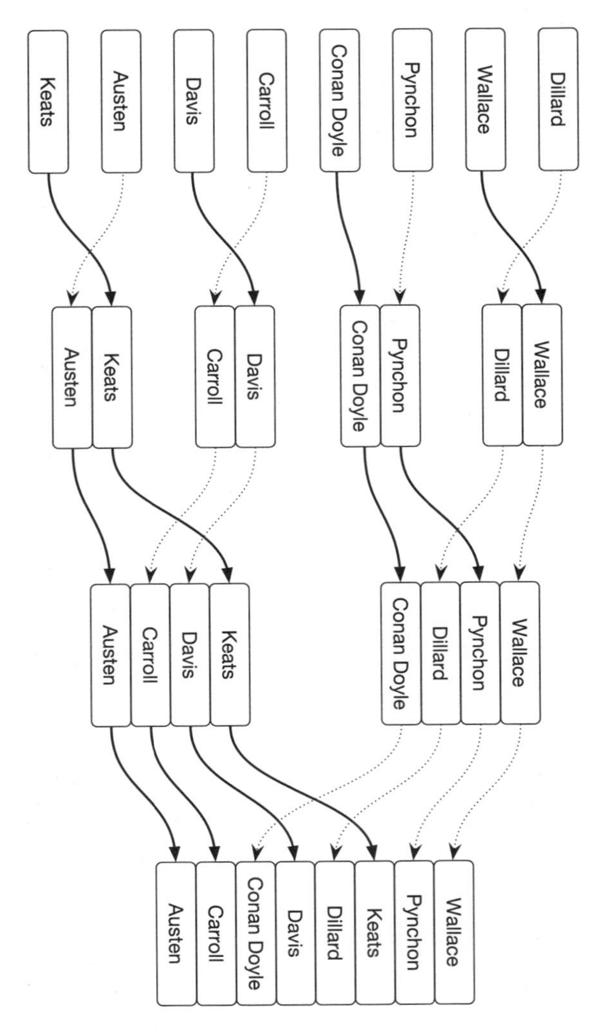

Uma Ordenação por Mesclagem em ação. Considerando uma prateleira com oito livros não ordenados, comece dispondo pares ordenados de livros. Depois coteje e mescle os pares em conjuntos ordenados de quatro, e finalmente coteje e mescle para ter uma prateleira totalmente ordenada.

ALÉM DE TODA COMPARAÇÃO: SER MAIS ESPERTO QUE O LOGARITMO

Num discreto parque industrial nas proximidades da cidade de Preston, Washington, enfiada atrás de uma desinteressante entrada cinzenta, entre muitas outras, fica a Biblioteca Nacional Campeã de Ordenação de 2011 e 2013. Uma longa e segmentada correia transportadora movimenta 167 livros por minuto,[21] 85 mil por dia,[22] atravessando um escâner de código de barras, onde eles são distribuídos por portas de abertura automática que os depositam em um de 96 repositórios.

O Centro de Ordenação Preston é uma das maiores e mais eficientes instalações para ordenação de livros no mundo. É operado pelo Sistema Bibliotecário de King County, que começou a competir de forma saudável com a Biblioteca Pública de Nova York, que tem equipamento semelhante, com o título indo e vindo entre as duas instituições durante quatro anos de competição acirrada. "A Biblioteca de King County está nos vencendo este ano?", diz o vice-diretor do BookOps, da Biblioteca Pública de Nova York, Salvatore Magaddino, antes da competição de 2014. "Nem pensar."[23]

Existe algo particularmente impressionante no que tange ao Centro de Ordenação Preston também de um ponto de vista teórico. Os livros que passam por seu sistema são ordenados em $O(n)$ — tempo linear.

Num importante sentido, o $O(n \log n)$, tempo linearítmico oferecido pela Ordenação por Mesclagem, é o melhor que podemos esperar obter.[24] Foi provado que, se quisermos ordenar completamente n itens por uma série de comparações um a um, não há como compará-los menos de $O(n \log n)$ vezes. É uma lei fundamental do universo, e não há caminhos alternativos a ela.

Mas isso, em termos estritos, não fecha o livro da ordenação. Porque às vezes não se necessita de um conjunto *completamente* ordenado — e às vezes a ordenação pode ser feita sem uma comparação item a item. Esses dois princípios, tomados em conjunto, permitem ordenações menos precisas em tempos mais rápidos que o linearítmico. Isso é lindamente demonstrado por um algoritmo conhecido como **Ordenação por Balde** — do qual o Centro de Ordenação Preston é um exemplo perfeito.

Na Ordenação por Balde, os itens são agrupados em um número de categorias ordenadas, sem levar em conta uma ordenação mais minuciosa entre as categorias — isso pode vir mais tarde. (Na ciência da computação, o termo "balde" refere-se simplesmente a um bloco de dados não ordenados, mas alguns dos mais poderosos usos da Ordenação por Balde do mundo real, como o Sistema Bibliotecário de King County, interpreta o termo com literalidade total.) E eis o lance: se você quer agrupar n itens em m baldes, o agrupamento pode ser feito em tempo $O(nm)$, isto é, o tempo é simplesmente proporcional ao número de itens vezes o número de baldes. Enquanto o número de baldes for relativamente pequeno comparado com o de itens, a notação Big-O vai arredondar para $O(n)$, ou tempo linear.

A chave para romper a barreira linearítmica com eficácia é conhecer a origem de distribuição da qual provêm os itens que você está ordenando. Baldes mal escolhidos podem deixar você numa situação não muito melhor daquela em que começou; se todos os livros acabarem no mesmo repositório, por exemplo, você não terá feito muito progresso em geral. Baldes bem escolhidos, no entanto, vão dividir seus itens em grupos mais ou menos equalizados, os quais — dada a natureza das "dores de escala" fundamentais da ordenação — representam um enorme passo em direção a uma ordenação completa. No Centro de Ordenação Preston, cuja tarefa é ordenar livros pelas áreas de assuntos às quais se destinam, e não por ordem alfabética, a escolha dos baldes é guiada por estatísticas de circulação. Algumas áreas têm um volume de circulação maior que o de outras, e assim podem ter dois repositórios alocados para elas, ou até mesmo três.

Um conhecimento semelhante do material é útil para ordenadores humanos também. Para ver especialistas em ordenação em ação, fizemos um trabalho de campo nas bibliotecas Doe e Moffitt, em Berkeley, onde há nada menos que 83,7 quilômetros de prateleiras de livros a ser mantidas ordenadas — e tudo isso é feito à mão. Livros que são devolvidos à biblioteca são primeiro colocados numa área nos bastidores, dispostos em estantes designadas por números de referência da Biblioteca do Congresso. Por exemplo, um conjunto de estantes contém um monte de livros com números de referência PS3000-PS9999. Depois, estudantes que trabalham como assistentes carregam esses livros em carrinhos, pondo até 150 livros na ordem apropriada para que possam ser devolvidos às estantes da biblioteca. Os estudantes tiveram algum treinamento básico em ordenação, mas com o tempo desenvolvem suas próprias estratégias. Depois de adquirir alguma experiência, são capazes de ordenar um carrinho inteiro com 150 livros em menos de quarenta minutos. E grande parte dessa experiência envolve ter conhecimento daquilo que se pode esperar.

O estudante Jordan Ho, de Berkeley, especializado em química e um talento na ordenação, conversou conosco enquanto lidava com uma impressionante pilha de livros nas estantes PS3000-PS9999:

> Sei, por experiência, que há um lote [com números de referência] na casa dos 3500, e vou buscar quaisquer livros que estejam abaixo de 3500 e os vou tirando enquanto os ordeno mais ou menos. Depois de fazer isso, os ordeno com mais exatidão. Depois de ordenar os que estão abaixo de 3500, sei que a casa dos 3500 é em si mesma

uma grande seção — de 3500 a 3599 —, então faço disso uma seção em si mesma. E se houver muitos desses, posso dividir em seções ainda mais finas: os 3510, os 3520, os 3530.[25]

O método de Jordan é pôr grupos de mais ou menos 25 livros em seu carrinho antes de pô-los na ordem final, o que ele faz usando a Ordenação por Inserção. E sua estratégia, cuidadosamente desenvolvida, é exatamente a maneira correta de fazer isso: uma Ordenação por Balde, com sua previsão bem informada de quantos livros ele vai ter e com os vários números de referência lhe dizendo como deveriam ser os seus baldes.

A ORDENAÇÃO É A PROFILAXIA DA BUSCA

Conhecer todos esses algoritmos de ordenação deveria ser muito útil na próxima vez que você quiser pôr em ordem alfabética sua estante de livros. Assim como o ex-presidente Obama, você sabe que não deve usar a Ordenação por Bolha. Em vez disso, uma boa estratégia — ratificada tanto por bibliotecários humanos quanto por máquinas — é a Ordenação por Baldes, até que você tenha reduzido tudo a pilhas de livros pequenas o bastante para que a Ordenação por Inserção seja razoável, ou para organizar uma festa com pizza e Ordenação por Mesclagem.

Mas se você pedir a um cientista da computação que ajude a implementar esse processo, a primeira pergunta que ele faria é se você deve mesmo fazer essa ordenação.

A ciência da computação, como se ensina a seus estudantes, refere-se, toda ela, a *tradeoffs* — negociações entre alternativas. Já vimos isso nas tensões entre "olhar" e "saltar", entre prospectar (*explore*) e explorar (*exploit*). E um dos *tradeoffs* mais centrais é entre *ordenação* e *busca*. O princípio básico é: o esforço despendido em ordenar coisas é apenas uma medida preventiva contra o esforço que seria exigido para fazer nelas uma busca mais tarde. Qual deve ser o equilíbrio preciso, isso depende dos parâmetros exatos da situação, mas pensar que o valor da ordenação é *apenas* o de dar suporte a uma futura busca nos leva a algo surpreendente:

A errar, prefira a desordem.

Ordenar alguma coisa que nunca será objeto de uma busca é um desperdício total; fazer uma busca num universo que você nunca ordenou é meramente ineficaz.

A questão, é claro, torna-se a de como estimar antecipadamente qual será seu uso no futuro.

O arquétipo das vantagens da ordenação seria um mecanismo de pesquisa como o Google. Parece assombroso quando pensamos que o Google pega a expressão que você digita para ser pesquisada e esquadrinha toda a internet para achá-la em menos de meio segundo. Bem, ele não é capaz de fazer isso — e não precisa fazê-lo. Se você é o Google, terá quase certeza de que: a) os dados serão buscados; b) serão buscados não apenas uma vez, mas repetidamente; c) o tempo necessário para ordenar é de certa maneira "menos valioso" que o tempo necessário para buscar. (Aqui, a ordenação foi feita antecipadamente por máquinas, antes de os resultados da busca se tornarem necessários, e a busca é feita por usuários para quem o tempo é o essencial.) Todos esses fatores apontam favoravelmente para uma tremenda ordenação prévia, que na realidade é o que fazem o Google e seus colegas (seus mecanismos de busca).

Sendo assim, deveria *você* pôr seus livros na estante em ordem alfabética? Para a maioria das estantes domésticas, nenhuma das condições que fazem a ordenação valer a pena é verdadeira. É razoavelmente raro que um dia tenhamos de buscar um determinado título. Os custos de uma busca nesse conjunto não ordenado são bem baixos: se soubermos mais ou menos onde está o livro, podemos chegar a ele rapidamente. E a diferença entre os dois segundos que levaríamos para encontrar o livro numa estante ordenada e os dez segundos que levaríamos para chegar até ele numa estante não ordenada dificilmente será um fator preponderante de desequilíbrio nessa situação. Raramente precisamos chegar a um título com tal urgência a ponto de valer a pena dedicar horas de preparação antes para economizar alguns segundos depois. Mais ainda, nós fazemos a busca com rápidos olhos e ordenamos com lentas mãos.

O veredicto é claro: ordenar sua estante vai exigir mais tempo e energia do que jamais exigirá o ato de percorrê-la numa varredura.

Sua estante não ordenada pode não ser sua preocupação no dia a dia, mas sua caixa de entrada de e-mails certamente o é — e esse é outro domínio no qual a busca ganha facilmente da ordenação. Arquivar as mensagens eletrônicas uma a uma em pastas leva mais ou menos o mesmo tempo que o de preencher papéis físicos no mundo real, mas os e-mails podem ser pesquisados com muito mais eficiência do que suas contrapartidas físicas. Quando o custo da busca diminui, a ordenação torna-se menos valiosa.

Steve Whittaker é um dos especialistas mundiais em como pessoas manejam seus e-mails. Cientista de pesquisa na IBM e professor na Universidade da Califórnia em Santa Cruz, Whittaker, durante mais de duas décadas, tem estudado como as pessoas gerenciam informação pessoal. (Ele escreveu um trabalho sobre "sobrecarregamento de e-mails" em 1996, antes que muita gente sequer *tivesse* e-mail.)[26] Em 2011, Whittaker liderou um estudo sobre hábitos de busca e de ordenação de usuários de e-mail, que resultou num trabalho intitulado "Estarei desperdiçando meu tempo organizando e-mails?". Um alerta desmancha-prazeres: a conclusão foi um enfático *sim*. "É empírico, mas também experiencial", ressalta Whittaker. "Quando entrevisto pessoas sobre esse tipo de problema organizacional, se há algo característico sobre o qual elas falam, é que elas desperdiçaram uma parte de sua vida."[27]

A ciência da computação demonstra que os riscos de se deixar em desordem e os riscos de pôr uma ordem são quantificáveis, e seus custos podem ser medidos na mesma moeda: o tempo. O ato de deixar alguma coisa sem ordenação pode ser pensado como um ato de procrastinação — passar a conta para o *eu* no futuro, que terá de pagar com juros o que decidimos não pagar adiantado. Mas toda essa história é mais sutil do que isso. Às vezes a desordem é mais do que somente a opção mais fácil. É a opção ótima.

ORDENAÇÃO E ESPORTE

A negociação entre busca e ordenação sugere que deixar em desordem é frequentemente mais eficaz. Contudo, economizar tempo não é a única razão pela qual ordenamos as coisas. Às vezes, deixar algo ordenado de forma definitiva é um objetivo em si mesmo. E em nenhum campo isso é mais claro do que no campo do esporte.

Em 1883, Charles Lutwidge Dodgson elaborou conceitos incrivelmente fortes a respeito das condições prevalentes no tênis britânico. Como ele explica:

> No torneio de tênis ao qual tive, algum tempo atrás, a oportunidade de assistir, o método vigente de atribuir os prêmios chamou minha atenção devido às lamentações de um dos jogadores, que tinha sido derrotado (e com isso perdido toda chance de obter um prêmio) no início da competição, e ficou mortificado ao ver o segundo prêmio ser concedido a um jogador que ele sabia ser bem inferior a ele.[28]

Espectadores comuns poderiam atribuir essas "lamentações" a pouco mais do que a ferroada da derrota, mas Dodgson não era um ouvinte comum e complacente. Ele era um professor de matemática em Oxford, e as reclamações do esportista o levaram a uma investigação profunda sobre a natureza dos torneios esportivos.

Dodgson era mais do que apenas um matemático de Oxford — na verdade, ele quase não é lembrado como tendo sido um. Hoje em dia é mais conhecido pelo pseudônimo Lewis Carroll, sob o qual escreveu *Aventuras de Alice no País das Maravilhas* e muitas outras obras das mais apreciadas na literatura do século XIX. Juntando seus talentos matemático e literário, Dodgson produziu uma de suas obras menos conhecidas: "Torneios de tênis: o verdadeiro método de concessão de prêmios com uma prova da falácia do método atual".

A reclamação de Dodgson era dirigida à estrutura do torneio, de **eliminação simples**, na qual os jogadores vão se enfrentando aos pares, um contra o outro, e são eliminados da competição quando perdem um único jogo. Como alegou veementemente Dodgson, o segundo melhor jogador poderia ser *qualquer um* dos que foram eliminados pelo melhor — e não somente o que foi derrotado por último. Ironicamente, nas Olimpíadas realizam-se competições pela medalha de bronze, com o que se parece reconhecer que o formato de eliminação simples não provê informação suficiente para se determinar o terceiro lugar.* Mas, na verdade, esse formato não nos conta o bastante para determinar o segundo lugar tampouco — de fato, lugar algum, exceto o vencedor. Como define Dodgson, "o método atual de atribuir prêmios é, exceto no caso do primeiro prê-

* Em raras ocasiões, como no boxe — no qual é, sob o ponto de vista médico, inseguro que um boxeador lute de novo após ter sido nocauteado recentemente —, são concedidas duas medalhas de bronze. (N. A.)

mio, totalmente sem sentido". Dizendo isso com todas as letras, a medalha de prata é uma mentira.

"Como fato matemático", ele continua, "a probabilidade de que o segundo melhor jogador receba o prêmio que merece é de apenas 16/31, enquanto a de que os quatro melhores tenham seus merecidos prêmios é muito pequena, a uma razão de doze para um de que isso não vai acontecer!"

A despeito da força de sua pena, parece que Dodgson teve pouco impacto no mundo do tênis. Sua solução, um canhestro sistema de eliminação tripla no qual a derrota de quem tivesse derrotado você também poderia eliminar você, nunca pegou.[29] Mas se a solução de Dodgson era complicada, sua crítica do problema estava, não obstante, bem colocada. (Infelizmente, as medalhas de prata ainda são entregues até hoje nos torneios por eliminação simples.)

Mas há ainda um conceito mais profundo na lógica de Dodgson. Nós, humanos, ordenamos mais do que nossos dados, mais do que nossas posses. Nós ordenamos *nós mesmos.*

A Copa do Mundo, as Olimpíadas, as ligas nacionais como NCAA [National Collegiate Athletic Association, principal liga de esporte universitário nos Estados Unidos], NFL [futebol americano], NHL [hóquei no gelo], NBA [basquete] e MLB [beisebol], todas essas implementam implicitamente procedimentos de ordenação. Suas temporadas, a escada e as finais mata-mata são algoritmos para produzir uma ordem de classificação.

Um dos algoritmos mais familiares nos esportes é o formato de **pontos corridos**, no qual cada um dos n times joga com cada um dos outros $n-1$ times. Embora seja sem dúvida o mais abrangente, é também um dos mais laboriosos. Cada time ter de enfrentar cada um dos outros é como fazer os convidados trocarem abraços entre todos em nosso jantar: o terrível $O(n^2)$, o tempo quadrático.

Os torneios de **escada** — populares em esportes como badminton, squash e raquetebol — dispõem os jogadores numa classificação linear em que cada jogador pode desafiar diretamente o jogador logo acima dele, trocando de posições se o vencer. O método de escada é a Ordenação por Bolha do mundo do esporte, sendo portanto quadrático também, requerendo $O(n^2)$ jogos para se chegar a uma classificação estável.

No entanto, talvez o formato de torneio mais dominante seja o de mata-mata — como no famoso "March Madness", ou "Loucura de Março", torneio de basquete universitário norte-americano, entre muitos outros. O torneio March Madness progride da "Rodada de 64" e da "Rodada de 32" para a "Doce Dezesseis" [oitavas de final], "Elite Oito" [quartas de final], "Final Quatro" [semifinais] e para a final.* A cada rodada, a quantidade de times e de jogos é reduzida e dividida pela metade: isso não soa como familiarmente logarítmico? Esses torneios são na verdade de Ordenação por Mesclagem, começando com pares desordenados de times e os combinando, combinando e combinando em sequência.

Sabemos que a Ordenação por Mesclagem opera em tempo linearítmico — $O(n \log n)$ —, e assim, dado que são 64 times, podemos esperar que só sejam necessárias seis rodadas (192 jogos) em vez das colossais 63 rodadas (2016 jogos) necessárias ao formato de escada ou de pontos corridos. Este é um imenso aprimoramento: o método algorítmico em ação.

Seis rodadas do March Madness parecem soar bem, mas espere um pouco: 192 jogos? O torneio da NCAA só tem 63 jogos.

Na verdade, o March Madness não é totalmente uma Ordenação por Mesclagem — não produz uma ordenação total dos 64 times.[30] Para realmente criar uma classificação de todos os times,

* Os números que dão nome a cada rodada referem-se à quantidade de times, não de jogos. (N. E.)

precisaríamos de um conjunto extra de jogos para determinar o segundo lugar, outro para o terceiro, e assim por diante — com um número linearítmico de jogos no total. Mas o March Madness não faz isso. Em vez disso, assim como o torneio de tênis do qual Dodgson reclamou, ele utiliza um formato de eliminação simples no qual os times eliminados ficam sem ordenação. Sua vantagem é que ele decorre em tempo linear: como cada jogo elimina exatamente um time, então, para deixar apenas um time de pé, só são necessários $n - 1$ jogos, um número linear. A desvantagem é que, bem, você nunca chega a saber realmente qual foi a classificação, a não ser o primeiro lugar.

Ironicamente, no caso da eliminação simples, nenhuma estrutura de torneio é de fato totalmente necessária. *Quaisquer* 63 jogos vão levar a um único e invicto campeão. Por exemplo, poderia haver um único time "rei do pedaço" desafiando e vencendo os outros um a um até que fosse destronado, e então o time que o derrotou, qualquer que seja ele, tomaria seu lugar, continuando o processo. Contudo, esse formato teria a desvantagem de exigir 63 jogos em rodadas separadas, já que os jogos não podem se realizar paralelamente; além disso, um time poderia ter de jogar todos os 63 jogos em série, o que não seria ideal sob o ponto de vista do desgaste físico.

Embora tenha nascido mais de cem anos depois de Dodgson, talvez ninguém no século XX tenha levado adiante sua visão matemática do esporte de forma tão veemente quanto Michael Trick. Já nos deparamos com Trick lá atrás em nossa discussão sobre parada ótima, mas nas décadas que decorreram desde sua infeliz aplicação da Regra dos 37% a sua vida amorosa, ele tornou-se não apenas um marido e um professor de pesquisa operacional, mas também um dos principais programadores para a liga de beisebol e para as conferências da NCAA — como a Big Ten e a Atlantic Coast Conference (ACC) —, usando a ciência da computação para decidir as tabelas de jogos do ano.[31]

Como destaca Trick, as ligas esportivas não estão preocupadas em determinar as classificações tão prontamente quanto possível. Em vez disso, e de forma explícita, os calendários esportivos são projetados para manter a tensão ao longo da temporada, algo que raramente tem sido considerado pela teoria da ordenação.

> Por exemplo, na liga de beisebol frequentemente há competições acirradas para ver quem vai sair vencedor em sua divisão. Agora, se ignorássemos essa configuração por divisão, algumas dessas competições seriam resolvidas bem antes na temporada. Mas, em vez disso, o que se faz é assegurar que, nas últimas cinco semanas, todos joguem contra todos dentro de sua divisão. O propósito disso é que não importa quem esteja no páreo dentro da divisão: ele terá de jogar contra seu oponente mais próximo pelo menos seis jogos nas cinco semanas finais da temporada. Isso faz com que haja maior interesse na programação ou na temporada porque, nesse caso, a incerteza é postergada em sua resolução.[32]

Além disso, está claro que os esportes não são sempre projetados estritamente para minimizar tanto quanto possível o número de jogos. Sem lembrar-se disso, alguns aspectos da programação esportiva pareceriam, a um cientista da computação, misteriosos. Como disse Trick referindo-se à temporada normal de beisebol com 2430 jogos: "Sabemos que $n \log n$ é o número correto de comparações para se ter um ordenamento completo. Isso é capaz de abranger *todo mundo*. Por que eles não usam n^2 para ter apenas, em certo sentido, o *top*, se isso é tudo que lhes importa?". Em outras palavras, por que fazer um $O(n^2)$ total em pontos corridos e depois somar, se sabemos que se pode fazer uma ordenação total em tempo linearítmico e coroar um campeão invicto no sistema de eliminação simples em menos de n jogos? Bem, minimizar o número de jogos não é efetivamente um interesse da liga. Na ciência da computação, comparações desnecessárias são sempre ruins, um desperdício de tempo e esforço. Mas nos esportes, o caso está longe disso. Em muitos aspectos, afinal de contas, são os jogos por si mesmos que importam.

DIREITO DE LAMENTAR: RUÍDO E ROBUSTEZ

Outra maneira, talvez mais importante, de aplicar uma lente algorítmica nos esportes é perguntar não que confiança devemos ter na entrega de uma medalha de prata, mas que confiança podemos ter na entrega de uma de *ouro*.

Como explica Michael Trick, em alguns esportes, "o beisebol, por exemplo, um time vai perder 30% de seus jogos e um time vai ganhar 30% de seus jogos, não importando, na prática, quais sejam eles".[33] Isso tem implicações perturbadoras no formato da eliminação simples. Se, digamos, os jogos de basquete da NCAA forem vencidos pelo time mais forte 70% das vezes, e se ganhar o torneio implica vencer seis jogos seguidos, então o melhor time só tem 0,70 à sexta potência — menos de 12% — de probabilidades de conquistar o torneio! Dito de outra maneira, o torneio só vai coroar o time que é realmente o melhor da liga uma vez em cada década.

Pode ser que, em alguns esportes, ter até mesmo 70% de confiança num resultado positivo de um jogo pode significar dar muita importância à contagem final. O físico Tom Murphy, da Universidade da Califórnia em San Diego, aplicou técnicas de modelação numérica ao futebol e concluiu que contagens baixas tornam os resultados dos jogos muito mais próximos do aleatório do que a maioria dos fãs ia preferir imaginar. "Uma contagem de 3 a 2 confere ao time vencedor uma probabilidade de apenas cinco em oito de ser efetivamente um time melhor. [...] Pessoalmente, não acho isso muito impressionante. Até mesmo uma goleada de 6 a 1 deixa 7% de probabilidade de ter sido um acaso estatístico."[34]

Cientistas da computação chamam esse fenômeno de *ruído*. Todos os algoritmos de ordenação que consideramos até aqui pressupõem comparações perfeitas, sem falhas, infalíveis, que nunca se confundem avaliando erroneamente que a menor de duas quantidades seja a maior delas. Uma vez admitindo um "comparador com ruído", alguns dos mais consagrados algoritmos da ciência da computação caem por terra — e alguns dos mais difamados têm seu dia de redenção.

Dave Ackley, professor de ciência da computação na Universidade do Novo México, trabalha na interseção da ciência da computação com a "vida artificial" — ele acredita que os computadores devem se dispor a aprender algumas coisas da biologia. Para começar, os organismos vivem num mundo em que poucos processos sequer chegam perto do nível de confiabilidade do qual os computadores dependem, e assim eles são construídos desde o início para o que os pesquisadores chamam de *robustez*. É tempo de começarmos a reconhecer as virtudes da robustez nos algoritmos também, alega Ackley.[35]

Assim, enquanto o tomo sobre programação de ordenação e busca declara acintosamente que "a Ordenação por Bolha não tem características compensatórias aparentes",[36] a pesquisa de Ackley e seus colaboradores sugere que, afinal de contas, pode haver lugar para algoritmos do tipo Ordenação por Bolha. Sua grande ineficiência — movimentando itens apenas uma posição de cada vez — o torna bastante robusto contra o ruído, muito mais robusto que algoritmos mais rápidos como o Mergesort, da Ordenação por Mesclagem, no qual cada comparação movimenta potencialmente um item num longo percurso. A própria eficiência do Mergesort o torna frágil. Um erro inicial no Mergesort é como uma derrota casual na primeira rodada de um torneio de eliminação simples, que não só pode acabar com as esperanças de campeonato de um time favorito mas também relegá-lo permanentemente à metade de baixo dos resultados.* Num torneio tipo escada (ou pontos corridos), por outro lado, assim como na Ordenação por Bolha, uma derrota acidental só faria o jogador retroceder uma única posição na classificação.

Mas na realidade não é a Ordenação por Bolha que vem a ser o melhor dos algoritmos ante um comparador com ruído. O detentor dessa proeza específica é um algoritmo chamado **Ordenação por Contagem Comparativa.**[37] Com esse algoritmo, cada item é comparado com todos os outros, gerando um cálculo que aponta de quantos itens ele é maior. Esse número pode então ser usado diretamente como o que representa a classificação do item. Uma vez que compara todos os pares, a Ordenação por Contagem Comparativa é um algoritmo de tempo quadrático, como o da Ordenação por Bolha. Não é uma opção popular nas aplicações tradicionais da ciência da computação, mas é excepcionalmente tolerante a falhas.

O funcionamento desse algoritmo deveria parecer familiar. A Ordenação por Contagem Comparativa funciona *exatamente* como um torneio de pontos corridos. Em outras palavras, esse algoritmo se parece muito com uma temporada regular de uma

* É interessante observar que o torneio March Madness, da NCAA, é conscientemente projetado para atenuar essa falha no algoritmo. O maior problema da eliminação simples, como já dissemos, parece ser o de um cenário no qual o primeiro time que é eliminado pelo que virá a ser o time vencedor é, na verdade, o segundo melhor time de todos, e vai parar na metade de baixo (não ordenada). A NCAA está trabalhando nisso, direcionando a tabela de modo que os times mais bem avaliados não se enfrentem nas rodadas iniciais. Esse processo parece ser confiável pelo menos em relação à possibilidade mais extrema, já que nenhum time pré-avaliado como 16º jamais venceu um pré-avaliado como primeiro em toda a história da March Madness. (N. A.)

equipe esportiva — jogando com cada um dos outros times da divisão e formando um registro de vitórias e derrotas pelo qual é classificada.

O fato de a Ordenação por Contagem Comparativa ser isoladamente o mais robusto algoritmo de ordenação conhecido, quadrático ou melhor, deveria oferecer algo muito específico aos adeptos do esporte: se seu time não chegar às finais, não se queixe. O Mergesort (Ordenação por Mesclagem) na pós-temporada é arriscado, mas a Ordenação por Contagem Comparativa na temporada regular não o é; campeonatos no âmbito de todos os times não são robustos, mas classificações na divisão são literalmente tão robustas quanto é possível ser. Dito de outra maneira, se seu time for eliminado no início da pós-temporada, isso é um baita azar. Mas se seu time não conseguir *chegar* à pós-temporada, isso é a dura verdade. No bar em que assiste aos jogos, você pode contar com a simpatia de seus colegas torcedores desapontados, mas não terá qualquer simpatia de um cientista da computação.

ORDENAÇÃO SANGRENTA: ESTRUTURAS DE PODER* E HIERARQUIAS DE DOMINÂNCIA

Em todos os exemplos que consideramos até agora, o processo de ordenação em cada caso foi imposto de cima para baixo: um bibliotecário pondo livros nas estantes, a NCAA dizendo às equipes com quem e quando vão jogar. Mas e se as comparações cabeça com cabeça só ocorressem de forma voluntária? Qual seria o aspecto de uma ordenação que emergisse organicamente, de baixo para cima?

* O termo "pecking orders", do original em inglês, refere-se, de forma irônica, às relações de poder numa sociedade hierárquica. (N. T.)

Poderia ser algo parecido com o pôquer on-line.

Diferentemente da maioria dos esportes, que são governados por um corpo de regras de algum tipo, o pôquer continua sendo um tanto anárquico, apesar de sua explosão em popularidade durante a década passada. Embora alguns torneios de alto nível façam a ordenação de seus concorrentes de modo explícito (e os remunerem de acordo com isso), um substancial segmento do pôquer ainda é jogado no que se conhece como "jogos a dinheiro", quando dois ou mais jogadores concordam espontaneamente em jogar com dinheiro real, que se aposta em cada mão.

Quase ninguém conhece esse mundo de forma mais profunda do que Isaac Haxton, um dos melhores jogadores do mundo de pôquer a dinheiro. Na maioria dos esportes, é suficiente ser tão bom quanto possível, e quanto menos desconfortável alguém for de seus próprios talentos, melhor. Mas explica Haxton: "De várias maneiras, a qualidade mais importante de um jogador de pôquer profissional é ser capaz de avaliar quão bom ele é. Se em qualquer medida você estiver aquém do melhor jogador de pôquer no mundo, pode ter certeza de que vai quebrar se quiser jogar o tempo todo com quem for melhor do que você".[38]

Haxton é um especialista no pôquer *heads-up* e sem limite: "*heads-up*" significando pôquer de um contra um, e "sem limite" significando exatamente isso — as mais altas apostas, limitadas apenas pelas quantias que se podem rolar nos bancos e aguentar no estômago. Nos jogos de pôquer a dinheiro com muitas mãos, frequentemente existe um jogador fraco — um amador rico, por exemplo — alimentando uma mesa cheia de profissionais, que nesse caso não se importam muito com quem deles é melhor do que quem. No mundo do *heads-up* é diferente. "Tem de haver uma disputa entre você e o outro sobre quem é melhor — ou alguém estará perdendo de bom grado."

Assim, o que ocorre quando existe um consenso bem estabelecido e nenhum deles está disposto a jogar com alguém melhor do que eles mesmos? Você tem aí algo muito parecido com jogadores simplesmente competindo por uma cadeira. A maioria dos sites de pôquer on-line tem um número finito de mesas disponíveis. "Portanto, se você quiser jogar *heads-up* sem limite, com *blinds* [apostas cegas] de cinquenta e de cem dólares, só há dez mesas disponíveis para isso", diz Haxton, "e então, somente os que são consensualmente os dez melhores jogadores é que estão lá agora [...] sentados e esperando que apareça alguém que queira jogar." E se um jogador melhor chegar e se sentar em uma das mesas? Se a pessoa lá sentada não quiser aumentar a aposta, eles caem fora.

"Imagine dois macacos", diz Christof Neumann. "Um está sentado e se alimentando em seu canto, muito pacificamente, e outro vem subindo até o lugar em que o primeiro indivíduo está sentado. E este indivíduo então se levanta e vai embora."[39]

Neumann não está fazendo nenhuma metáfora do pôquer. Ele é um biólogo comportamental na Universidade de Neuchâtel que estuda dominância entre macacos. O que ele descreve aqui é conhecido como *deslocamento.*

O deslocamento acontece quando um animal usa seu conhecimento da hierarquia para estabelecer que uma determinada confrontação simplesmente não vale a pena. Em muitas sociedades animais, recursos e oportunidades — alimento, parceiros, espaços prediletos e assim por diante — são escassos, e é preciso decidir de algum modo quem vai ficar com o quê. Estabelecer uma ordenação antecipada é menos violento do que sair no tapa cada vez que aparece uma oportunidade de ficar com uma parceira ou um parceiro ou com a melhor área de pasto. Embora às vezes possamos nos encolher quando vemos criaturas cravando unhas e dentes umas nas outras, os biólogos tendem a ver as estruturas de poder como uma violência que impede a violência.

Isso lhe soa familiar? É a negociação entre busca e ordenação.

A criação de uma estrutura de poder é uma solução pugilística para um fundamental problema *computacional*. Por esse motivo, cortar os bicos das galinhas nas granjas pode ser uma abordagem bem-intencionada, mas contraproducente: isso retira o fator autoridade de lutas individuais para resolver a questão da ordem, e faz com que seja muito mais difícil para o bando conduzir qualquer procedimento de ordenação em geral. Com isso, o volume de antagonismo dentro do bando em muitos casos realmente aumenta.

Observar o comportamento animal da perspectiva da ciência da computação sugere várias coisas. Por exemplo, implica que o número de confrontos hostis com que se depara cada indivíduo crescerá de maneira substancial — pelo menos logaritmicamente, e talvez quadraticamente — à medida que o grupo fica maior. De fato, estudos do "comportamento agonístico" nas galinhas descobriram que "as ações agressivas por galinha aumentavam quando o tamanho do grupo aumentava".[40] A teoria da ordenação sugere que uma criação mais ética de animais deva incluir a limitação do tamanho do bando ou do rebanho. (Em condições selvagens, galinhas não domesticadas andam em grupos de dez a vinte, muito menos que o tamanho do bando em granjas comerciais.) Os estudos demonstram também que a agressão tende a desaparecer após um período de algumas semanas, a menos que se acrescentem novos membros ao bando — o que corrobora a ideia de que o grupo se ordena por si mesmo.

A chave para se pensar numa ordenação descentralizada na natureza, alega Jessica Flack, codiretora do Centro de Complexidade e Computação Coletiva na Universidade de Wisconsin-Madison, é que as hierarquias de dominância são, em última análise, hierarquias de *informação*. Há uma significativa carga computacional nesses sistemas de ordenação descentralizados, salienta

Flack.[41] O número de brigas em um grupo de macacos, por exemplo, só é minimizado na medida em que cada macaco tiver um entendimento detalhado — e similar — da hierarquia. Se não for assim, resulta em violência.

Se a questão se reduz a quão bem os protagonistas conhecem e seguem a ordenação atual, é de se esperar que haja menos confrontos quanto mais os animais forem capazes de raciocinar e lembrar. E talvez sejam os humanos que chegam mais perto de uma ordenação ótima e eficiente. Como diz Haxton referindo-se ao mundo do pôquer: "Sou um dos principais jogadores *heads-up* sem limite no mundo, e tenho em minha cabeça uma classificação razoavelmente específica de quem são, em minha opinião, os vinte, ou algo assim, melhores jogadores, e acho que cada um deles tem na cabeça uma classificação semelhante. Creio haver aí um grau bem elevado de consenso quanto ao teor dessa lista". Somente quando essas classificações forem diferentes umas das outras é que haverá jogos a dinheiro.

UMA CORRIDA EM VEZ DE UMA LUTA

Vimos agora duas distintas desvantagens do desejo de qualquer grupo de ordenar a si mesmo. Você tem, no mínimo, um número linearítmico de confrontações, tornando a vida de cada um mais combativa à medida que o grupo cresce — e isso também obriga cada competidor a acompanhar o status, sempre em mudança, de cada um dos outros, caso contrário vão se ver travando combates dos quais não precisavam. Isso onera não somente o corpo, mas também a mente.

Mas não tem de ser assim. Há maneiras de se estabelecer a ordem sem arcar com os custos.

Há uma competição esportiva, por exemplo, na qual dezenas de milhares de competidores são completamente ordenados no tempo que se leva para realizar um único evento. (Um torneio de pontos corridos com 10 mil jogadores, por outro lado, ia requerer 100 milhões de confrontos.) O único inconveniente é que o tempo requerido para o evento é determinado pelos competidores mais lentos. Essa competição esportiva é a maratona,[42] e ela sugere algo crítico: uma corrida é fundamentalmente diferente de uma luta.

Considere a diferença que há entre boxeadores e esquiadores, entre esgrimistas e corredores. Um boxeador olímpico corre o risco de sofrer uma concussão $O(\log n)$ vezes — comumente entre quatro e seis — para chegar ao pódio. Assim, permitir um número maior de atletas nos jogos colocaria em perigo a saúde de todos. Mas um corredor de *bobsleigh* ou um saltador de esqui ou um especialista em *halfpipe* só tem de fazer um número constante de desafios à gravidade, não importa a quantidade de concorrentes. Uma esgrimista se põe à mercê da adversária $O(\log n)$ vezes, mas um maratonista só tem de enfrentar uma corrida. Ser capaz de obter uma simples medida numérica para o desempenho resulta num algoritmo de tempo constante para se atingir um status.

Essa mudança de números "ordinais" (que expressam apenas uma *ordem na classificação*) para números "cardinais" (que atribuem diretamente uma *medida* ao calibre de algo) ordena naturalmente um conjunto sem exigir comparações dois a dois. Por conseguinte, torna possíveis hierarquias dominantes que não requerem pareamento direto. A lista anual das quinhentas maiores empresas do mundo feita pela revista *Fortune*, no sentido de que cria uma espécie de hierarquia corporativa, é uma delas. Para determinar qual é a mais valiosa companhia nos Estados Unidos, os analistas não precisam se esforçar muito comparando a Microsoft com a General Motors, depois a General Motors com a Chevron, a Chevron com a Walmart e assim por diante. Essas competições aparentemente de maçãs com laranjas (quantas instalações de software empresarial equivalem a tantas prospecções de petróleo?) tornam-se comparações de maçãs com maçãs quando a medida são dólares. Ter um padrão de referência — qualquer um — resolve o problema computacional de escalonar uma ordenação.

No Vale do Silício, por exemplo, há um adágio sobre encontros: "Você é quem vai ao encontro do dinheiro, não é o dinheiro que vem ao seu encontro".[43] Vendedores vão até financiadores, financiadores vão até capitalistas de risco, capitalistas de risco vão até suas sociedades limitadas. É possível que os indivíduos se ressintam do fundamento dessa hierarquia, mas realmente não contestarão seu veredicto. Como resultado, as interações individuais aos pares acontecem com um mínimo de manobras em busca de status. Em geral, qualquer par de pessoas pode dizer, sem precisar negociar, quem supostamente deve demonstrar qual grau de respeito por quem. Todos sabem onde se encontrar.

Da mesma forma, enquanto em teoria o direito de passagem marítima é regido por um conjunto de convenções extremamente elaborado, na prática é um princípio simples e direto que determina qual navio deve abrir passagem a qual: a "Lei da Tonelagem Bruta". Muito simplesmente, o navio menor abre caminho para o maior. Alguns animais também têm a felicidade de ter uma dominância hierárquica tão claramente delineada. Como observa Neumann: "Veja os peixes, por exemplo: o maior deles é o dominante. É muito simples".[44] E por ser tão simples, é *pacífico*. Diferentemente de galinhas e primatas, os peixes estabelecem a ordem sem derramar sangue.

Quando pensamos nos fatores que fazem com que a sociedade humana em grande escala seja possível, é fácil nos focarmos em tecnologias: agricultura, metais, maquinaria. Mas a prática cultural de medir status com métricas quantificáveis pode ter a mesma importância. O critério não precisa ser o dinheiro, é claro. Uma regra como "respeite os mais velhos", por exemplo, resolve da mesma forma questões de status pessoal tomando como referência um quantitativo comum. E o mesmo princípio funciona tanto entre nações como dentro delas. Frequentemente se observa que um parâmetro tal como o PIB nacional — que fundamenta a lista dos convidados para cúpulas diplomáticas tais como o G20 — é uma medida grosseira e imperfeita. Mas a própria existência de um parâmetro transforma a questão do status nacional de algo que exige pelo menos um número linearítmico de disputas e resoluções em algo com um único ponto de referência que classifica tudo. Dado o fato de que disputas entre nações assumem geralmente um formato militar, isso economiza não apenas tempo, mas também vidas.

Um número linearítmico de confrontos pode funcionar bem em grupos de pequena escala. Funcionam na natureza. Mas num mundo em que o status é estabelecido por meio de comparações dois a dois — quer envolvam troca de retóricas ou de tiros —, a quantidade de confrontos rapidamente cresce em espiral e fica fora de controle à medida que a sociedade cresce. A operação em escala industrial, com muitos milhares ou milhões de indivíduos compartilhando o mesmo espaço, exige um salto para mais além. Um salto do ordinal para o cardinal.

Por mais que deploremos a corrida de ratos* que ocorre diariamente, o fato de ser uma *corrida* e não uma *luta* é elemento-chave daquilo que nos diferencia dos macacos, das galinhas — e, nesse caso, dos ratos.

* "*Rat race*", do original em inglês, é uma expressão que denota uma rotina de atividade frenética, competitiva, exaustiva. (N. T.)

4. Armazenamento em cache
Esqueça isso

> *No uso prático de nosso intelecto, esquecer é uma função tão importante quanto lembrar.*[1]
>
> William James

Você tem um problema. Seu guarda-roupa está transbordando, derramando sapatos, camisas e roupas íntimas pelo chão. Você pensa: "Já é hora de me organizar". Agora você tem dois problemas.[2]

Especificamente, você precisa decidir primeiro com o que vai ficar, e depois como vai arrumar isso. Por sorte, existe uma pequena indústria de pessoas que ganham a vida pensando nesses dois problemas gêmeos, e elas ficarão mais do que felizes em oferecer seus conselhos.

Sobre decidir com o que ficar, Martha Stewart sugere que você faça a si mesmo algumas perguntas: "Há quanto tempo eu tenho isso? Ainda funciona? É uma duplicata de algo que eu já tenho? Quando foi a última vez que vesti ou usei isso?".[3] Sobre organizar aquilo com o que decidiu ficar, ela recomenda que você "junte e agrupe coisas afins", e seus colegas especialistas concordam. Francine Jay, no livro *Menos é mais*, estipula: "Pendure todas as suas saias juntas, as calças juntas, os vestidos juntos, os casacos juntos".[4] Andrew Mellen, que se intitula "O Homem Mais Organizado da América", prescreve: "Itens devem ser ordenados por tipo — todas as calças juntas, camisas juntas, casacos etc. Dentro de cada tipo, ordenados por cor e estilo — mangas compridas ou mangas curtas, tipo de decote etc.".[5] Fora o problema de ordenação que isso possa acarretar, parece ser um bom conselho; certamente, parece ser unânime.

Só que existe outra — e maior — indústria de profissionais que também pensam obsessivamente em armazenamento, e eles têm suas ideias próprias.

Em muitos aspectos, seu guarda-roupa apresenta o mesmo desafio que um computador enfrenta quando gerencia sua memória: o espaço é limitado, e o objetivo é economizar tempo e dinheiro. Pois desde que existem computadores, os cientistas da computação têm enfrentado o duplo problema de o que guardar e como arrumar isso. Os resultados dessas décadas de esforço revelam que, em seus conselhos, Martha Stewart faz na verdade várias recomendações diferentes, e não totalmente compatíveis entre si — uma das quais sendo muito mais crítica do que as outras.

A ciência computacional do gerenciamento de memória também revela exatamente como seu guarda-roupa (e seu escritório) deve ser arrumado. À primeira vista, os computadores parecem seguir a máxima de Martha Stewart de "juntar e agrupar coisas afins". Sistemas operacionais nos estimulam a guardar nossos arquivos em pastas, afim com afim, formando hierarquias que se ramificam à medida que seus conteúdos tornam-se mais específicos. Mas assim como a arrumação impecável da escrivaninha do erudito pode estar escondendo a desordem de sua mente, da mesma forma a aparente arrumação de um sistema de arquivos num computador pode obscurecer o altamente estruturado caos no qual os dados estão efetivamente sendo armazenados, sob o verniz da pasta ali aninhada.

O que de fato está acontecendo chama-se, na linguagem da computação, *caching*, ou "provisionamento", armazenamento na memória de dados úteis ao processamento imediato ou mais frequente.

O *caching* desempenha um papel crítico na arquitetura da memória e subjaz a tudo, desde o layout dos chips de processamento em sua escala milimétrica até a geografia da internet global. Ele oferece uma nova perspectiva para todos os vários sistemas de armazenamento e bancos de memória da vida humana — não apenas nossas máquinas, mas também nossos guarda-roupas, nossos escritórios, nossas bibliotecas. E nossas cabeças.

A HIERARQUIA DA MEMÓRIA

> *Uma certa mulher tinha uma conscientização muito aguda, mas quase nenhuma memória.* [...] *O que lembrava era suficiente para trabalhar, e ela trabalhava duro.*[6]
>
> Lydia Davis

Mais ou menos a partir de 2008, quem estivesse procurando um novo computador no mercado deparava com um particular dilema na escolha do sistema de armazenamento. Tinha de fazer uma negociação entre *tamanho* e *velocidade*. A indústria de computadores está atualmente numa transição de unidades de disco rígido para unidades de estado sólido; na mesma base de preço, um disco rígido oferece uma capacidade de armazenamento drasticamente maior, mas uma unidade de estado sólido oferecerá um desempenho drasticamente melhor — algo que todo consumidor sabe hoje em dia, ou logo descobrirá quando for fazer a compra.

O que consumidores eventuais podem não estar sabendo é que exatamente essa negociação é feita dentro da própria máquina em diversas escalas — a ponto de ser considerada um dos princípios fundamentais da computação.[7]

Em 1946, Arthur Burks, Herman Goldstine e John von Neumann, trabalhando no Instituto de Estudos Avançados em Princeton, apresentaram uma proposta de projeto para o que chamaram de "órgão de memória" elétrico.[8] Num mundo ideal, eles escreveram, é claro que a máquina teria quantidades ilimitadas de armazenamento com a rapidez de um raio, mas na prática isso não era possível. (Ainda não é.) Em vez disso, o trio propôs o que acreditava ser a segunda melhor coisa, "uma hierarquia de memórias, cada uma das quais com uma capacidade maior que a predecessora mas menos rapidamente acessível". Se dispuséssemos efetivamente de uma pirâmide de formas diferentes de memória — uma memória pequena e rápida *e* uma grande e lenta —, talvez pudéssemos de algum modo obter o melhor de cada.

A ideia básica que existe por trás de uma hierarquia de memória será intuitiva para qualquer um que já tenha usado uma biblioteca. Se você está pesquisando um tópico para um trabalho, digamos, há alguns livros aos quais poderá ter de se referir em diversas ocasiões. Em vez de voltar à biblioteca a cada vez, é claro que você verifica quais são os livros relevantes e os leva para sua mesa, onde pode acessá-los mais facilmente.

Na computação, a ideia de uma "hierarquia de memória" continuou sendo apenas uma teoria até 1962, quando foi desenvolvido um supercomputador em Manchester, Inglaterra, chamado Atlas.[9] Sua memória principal consistia num grande tambor que podia ser girado para ler e escrever informação, não muito diferente de um cilindro de cera de um fonógrafo. Mas o Atlas tinha também uma memória "funcional", menor, mais rápida, feita de ímãs polarizados. Os dados podiam ser lidos do tambor para os ímãs, manipulados ali com facilidade, e os resultados depois eram escritos de volta no tambor.

Pouco depois do desenvolvimento do Atlas, o matemático Maurice Wilkes, de Cambridge, percebeu que essa memória menor e mais rápida não era apenas um lugar conveniente para trabalhar com dados antes de salvá-los de novo. Poderia ser usada para deliberadamente manter disponíveis elementos de informação que provavelmente seriam necessários mais tarde, *antecipando* futuras requisições similares — e agilizando de maneira dramática a operação da máquina. Se aquilo de que você precisava ainda estivesse na memória funcional, não teria de carregá-lo do tambor. Como descreveu Wilkes, a memória menor "automaticamente acumula dentro dela palavras que vêm de uma memória principal mais lenta, e as mantêm disponíveis para uso subsequente sem que seja necessário incorrer novamente no penoso acesso à memória principal".[10]

A chave, é claro, seria conseguir manejar aquela preciosa memória pequena e rápida de modo que contivesse, o mais frequentemente possível, aquilo que se está procurando. Continuando com a analogia da biblioteca, se você puder ir só uma vez às estantes para obter todos os livros dos quais precisa, e depois passar o resto da semana trabalhando em casa, isso é quase tão bom quanto se cada livro na biblioteca já estivesse disponível em cima de sua mesa. Quanto mais idas você fizer à biblioteca, mais lentamente vão andar as coisas, e menos sua mesa estará fazendo por você.

A proposta de Wilkes foi implementada no supercomputador IBM 360/85 no final da década de 1960, que foi quando ganhou o nome de "cache".[11] Desde então, os caches têm aparecido por toda parte na ciência da computação. A ideia de manter disponíveis segmentos de informação aos quais você se refere constantemente é tão poderosa que é usada em cada aspecto da computação. Processadores têm caches. Discos rígidos têm caches. Sistemas operacionais têm caches. Navegadores na web têm caches. E os servidores que entregam conteúdo a esses navegadores também têm caches, o que os habilita a mostrar a você *instantaneamente* o mesmo vídeo de um gato montado num aspirador de pó que milhões de... Mas estamos nos adiantando um pouco.

A história do computador nos últimos cinquenta e tantos anos tem sido descrita como uma história de crescimento exponencial ano após ano — numa referência, em parte, à célebre acurada previsão da "Lei de Moore", feita por Gordon Moore, da Intel, em 1975, de que o número de transistores numa CPU iria dobrar a cada dois anos.[12] O que não se aprimorou nesse ritmo foi o desempenho da memória, o que quer dizer que, em relação ao tempo de processamento, o custo do acesso à memória também está crescendo exponencialmente. Quanto mais rápido você for capaz de escrever seus trabalhos, por exemplo, maior a perda de produtividade decorrente de cada ida à biblioteca. Da mesma forma, uma fábrica que duplique a cada ano a velocidade de sua fabricação — mas continue recebendo do exterior o mesmo número de componentes que lhe são enviados no mesmo ritmo lento — não será muito melhor do que uma fábrica duas vezes mais ociosa. Por algum tempo, pareceu que a Lei de Moore estava rendendo pouco mais do que processadores que paravam de trabalhar cada vez mais depressa, e ficavam assim cada vez mais tempo. Na década de 1990, isso começou a ser conhecido como "barreira da memória".

A melhor defesa dos cientistas da computação contra ir de encontro a essa barreira tem sido uma hierarquia cada vez mais elaborada: caches dentro de caches dentro de caches, ao longo de toda a linha. Os laptops, tablets e smartphones do consumidor moderno têm uma hierarquia na ordem de seis camadas de memória, e gerenciar inteligentemente a memória nunca foi tão importante para a ciência da computação quanto o é hoje em dia.[13]

Então, comecemos com a primeira pergunta que vem à mente a respeito de caches (ou de guarda-roupas, nesse caso): o que fazer quando ficam cheios?

EVICÇÃO E CLARIVIDÊNCIA

> *Acredite que chega uma hora em que, para cada novo conhecimento, você esquece alguma coisa que sabia antes. É da maior importância, portanto, não ter fatos inúteis expulsando os úteis.*[14]
>
> Sherlock Holmes

Quando um cache fica cheio, você obviamente vai precisar abrir nele um espaço se quiser armazenar qualquer outra coisa, e na ciência da computação essa abertura de espaço chama-se "substituição de cache". Como escreveu Wilkes: "Como o cache só pode ter uma fração do tamanho da memória principal, as palavras que ele contém não podem ser preservadas nele de forma indefinida, e deve-se transferir para o sistema um algoritmo por meio do qual elas são progressivamente sobrescritas".[15] Esses algoritmos são conhecidos como "políticas de substituição", ou "políticas de evicção", ou simplesmente como algoritmos de inclusão em cache.

A IBM, como vimos, desempenhou um papel inicial na implementação de sistemas de cache na década de 1960. Não é de surpreender que também tenha sido o berço da primeira e seminal pesquisa de algoritmos para armazenamento em cache — nenhum, talvez, tão importante quanto o de László "Les" Bélády. Bélády nasceu em 1928 na Hungria, onde estudou engenharia mecânica antes de fugir para a Alemanha durante a Revolução Húngara de 1956, levando consigo nada mais do que uma mochila com "uma muda de roupas de baixo e meu diploma de graduação".[16] Da Alemanha ele foi para a França, e em 1961 migrou para os Estados Unidos, levando sua mulher, "um filho ainda criança e mil dólares no bolso, e nada mais". Aparentemente tinha adquirido um senso muito bem calibrado de o que manter consigo e o que deixar para trás, quando se viu na IBM, trabalhando em substituição de cache.

O trabalho de Bélády de 1966 sobre algoritmos de armazenamento em cache tornou-se o mais citado item da ciência da computação durante quinze anos.[17] Como ele explica, o objetivo do gerenciamento de cache é reduzir ao mínimo o número de vezes em que você não consegue encontrar o que está buscando no cache e é obrigado, para achá-lo, a ir para a memória principal, mais lenta; essas ocorrências são conhecidas como "páginas falhas", ou "faltas de cache". A política ótima de substituição de cache — essencialmente e por definição, escreveu Bélády — é, quando o cache está cheio, descartar o item do qual iremos precisar novamente *o mais tarde possível, a partir de agora.*

É claro que saber exatamente quando você vai precisar de determinada coisa outra vez é algo mais fácil de ser dito do que feito.

Esse hipotético algoritmo onisciente e presciente que iria olhar lá na frente e executar a política ótima é hoje conhecido como **Algoritmo de Bélády**. O algoritmo de Bélády é uma instância do que os cientistas da computação chamam de algoritmo "clarividente": que é informado por dados do futuro. Isso não é necessariamente tão louco quanto parece ser — há casos em que um sistema pode saber o que esperar —, mas em geral a clarividência é difícil de ocorrer, e os engenheiros de software fazem piadas sobre o fato de encontrarem "dificuldades de implementação" quando tentam aplicar na prática o algoritmo de Bélády. Assim, o desafio é achar um algoritmo que se aproxime o máximo possível da clarividência, para todas essas vezes em que estamos presos firmemente no presente e só podemos adivinhar o que jaz mais à frente.

Poderíamos só tentar uma **Substituição Randômica**, acrescentando dados ao cache que se sobrepõem de forma aleatória a dados antigos. Um dos surpreendentes resultados iniciais na teoria do cache é que, embora longe de ser perfeita, essa abordagem não é de todo ruim. Acontece que o simples fato de haver um cache faz o sistema ser mais eficiente, independentemente de como você o mantém. Itens que você usa com frequência logo acabarão voltando para o cache de qualquer maneira. Outra estratégia simples é o algoritmo do **Primeiro a Entrar, Primeiro a Sair** [em inglês, **First-In, First-Out (Fifo)**], em que você descarta ou sobrescreve o que tem estado há mais tempo no cache (como na pergunta de Martha Stewart: "Há quanto tempo eu tenho isso?"). Uma terceira abordagem é o algoritmo do **Menos Recentemente Usado** [**Least Recently Used** (LRU)]: descartar o item que ficou por mais tempo sem uso (pergunta de Stewart: "Quando foi a última vez que vesti ou usei isso?").

O que se verifica é que esses dois mantras de Stewart não só sugerem políticas muito diferentes, mas também que uma de suas sugestões supera claramente a outra. Bélády comparou a Substituição Randômica, Fifo e variantes do LRU em inúmeros cenários e descobriu que o desempenho do LRU foi constantemente o que esteve mais próximo da clarividência.[18] O princípio do LRU é eficaz devido a algo que os cientistas chamam de "localidade temporal": se um programa requisitou uma vez um determinado item de informação, é provável que o faça novamente num futuro próximo. A localidade temporal resulta em parte do modo pelo qual computadores resolvem problemas (por exemplo, executando um loop que realiza uma rápida série de leituras e escritas relacionadas), mas emerge também na maneira pela qual pessoas resolvem problemas. Se você está escrevendo um trabalho em seu computador, pode estar indo e vindo entre um e-mail, um navegador na web e um processador de texto. O fato de você ter acessado um deles há pouco tempo é um sinal de que provavelmente o fará outra vez, e, como todas as coisas são consideradas como equivalentes, o programa que você não tem usado por mais tempo é provavelmente aquele que *não será* usado por algum tempo no futuro.

Na verdade, esse princípio está implícito até mesmo na interface que o computador apresenta a seus usuários. As janelas na tela de seu computador têm o que se chama de "ordem-Z", uma simulação de profundidade que determina qual programa deve se sobrepor a outro. O usado menos recentemente fica atrás. Como diz o ex-líder de criação do Firefox, Aza Raskin, "grande parte de seu tempo quando você usa (no computador) um navegador moderno é gasto no equivalente digital de folhear papéis".[19] Esse "folhear" é espelhado exatamente nas tarefas do Windows e do Mac OS X de trocar de tarefa: quando se pressiona Alt + Tab ou Command + Tab, você vê suas aplicações listadas numa ordem que vai da mais recentemente para a menos recentemente usada.

A literatura sobre o tema das políticas de substituição vai tão fundo quanto se possa imaginar — incluindo algoritmos que levam em conta tanto a frequência de uso quanto quão recente foi o uso, algoritmos que rastreiam o tempo do penúltimo e não do último acesso, e assim por diante.[20] Mas apesar da abundância de esquemas inovadores no armazenamento de cache — alguns dos quais, em determinadas condições, sendo capazes de superar o LRU —, o próprio LRU (e alguns ajustes a partir daí) é esmagadoramente o favorito dos cientistas da computação, e é usado numa ampla variedade de aplicações implementadas numa variedade de escalas.[21] O LRU nos ensina que a próxima coisa da qual provavelmente vamos precisar é aquela da qual mais recentemente precisamos, e aquela da qual vamos precisar em seguida é provavelmente a segunda mais recente. E a última coisa da qual se pode esperar que precisemos é aquela da qual não temos precisado há muito tempo.

A menos que tenhamos boas razões para pensar de outra forma, parece que nosso melhor guia para o futuro é uma imagem espelhada do passado. A coisa mais próxima da clarividência é supor que a história se repete — de trás para a frente.

VIRANDO A BIBLIOTECA PELO AVESSO

Bem no fundo do subterrâneo Gardner Stacks na Universidade da Califórnia em Berkeley, atrás de uma porta trancada e de um proeminente aviso "Somente funcionários", com acesso totalmente proibido para os usuários, fica uma das joias do sistema bibliotecário da Universidade da Califórnia. Cormac McCarthy, Thomas Pynchon, Elizabeth Bishop e J. D. Salinger; Anaïs Nin, Susan Sontag, Junot Díaz e Michael Chabon; Annie Proulx, Mark Strand e Philip K. Dick; William Carlos Williams, Chuck Palahniuk e Toni Morrison; Denis Johnson, Juliana Spahr, Jorie Graham e David Sedaris; Sylvia Plath, David Mamet, David Foster Wallace e Neil Gaiman... Não é a coleção de livros raros da biblioteca; é seu cache.[22]

Como já comentamos, as bibliotecas constituem um exemplo natural de uma hierarquia de memória quando usadas de acordo com o espaço em nossa própria escrivaninha. Na verdade, as bibliotecas em si mesmas, com suas várias seções e instalações de armazenamento, são um grande exemplo de uma hierarquia de memória com níveis múltiplos. Consequentemente, enfrentam todos os tipos de problemas de cache. Têm de decidir quais livros colocar nos limitados espaços de exposição na parte frontal da biblioteca, quais guardar nas estantes e quais consignar num armazenamento externo. A política para determinar quais livros desviar para armazenamento externo varia de biblioteca para biblioteca, mas quase todas usam uma versão do LRU. "Para as estantes principais, por exemplo", diz Beth Dupuis, que supervisiona o processo nas bibliotecas de Berkeley, "se um item não foi usado em doze anos, essa é a linha de corte."[23]

Na outra extremidade do espectro dos livros que permaneceram intactos durante doze anos fica a área de "ordenação bruta", que visitamos no capítulo anterior. É para lá que vão os livros depois que são devolvidos, antes de serem totalmente ordenados e colocados novamente em suas estantes. A ironia é que os assistentes que trabalham duro pondo-os de volta em suas prateleiras podem estar, em certo sentido, fazendo-os ficar *menos* ordenados.

E eis aqui o porquê: se a localidade temporal estiver valendo, então as prateleiras da ordenação bruta contêm os livros mais importantes de todo o prédio. São os livros que foram usados mais recentemente, e assim são os que os usuários mais provavelmente irão procurar. Parece ser uma afronta que as prateleiras sem dúvidas mais suculentas e mais valorizadas para procura nas milhares de estantes das bibliotecas estejam escondidas e sendo constantemente desmanchadas por uma equipe séria da biblioteca que só está fazendo o seu trabalho.

Enquanto isso, o saguão da Biblioteca Moffitt — onde ficam as estantes mais proeminentes e acessíveis — exibe os livros que foram mais recentemente *adquiridos*. Isso é a exemplificação de um tipo de cache Fifo, que privilegia os itens mais recentemente acrescentados à biblioteca, e não os mais recentemente lidos.

O desempenho dominante do algoritmo LRU na maioria dos testes que os cientistas da computação fizeram com ele leva a uma sugestão simples: *vire a biblioteca pelo avesso*. Ponha as novas aquisições atrás, para aqueles que quiserem encontrá-las. E ponha os livros mais recentemente *devolvidos* no saguão, onde estarão mais acessíveis para a busca dos usuários.

Humanos são criaturas sociais, e é presumível que o corpo de universitários ache interessante rever os próprios hábitos de leitura. Isso faria o campus tender para uma versão mais orgânica e de formato mais livre daquilo pelo qual as faculdades se empenham quando atribuem a qualificação de "livros comuns": a facilitação de pontos comuns de referência intelectual. Com isso, os livros que estão sendo lidos no campus, quaisquer que sejam eles, podem se tornar os livros mais prováveis de serem, por serendipidade, encontrados por outros estudantes. Uma espécie básica, de baixo para cima, de um análogo do programa do livro comum.

Mas um sistema como esse não seria apenas mais socialmente positivo. Como os itens devolvidos mais recentemente são os que mais provavelmente serão procurados em seguida, esse sistema seria também mais eficiente. É verdade que os estudantes podem ficar espantados com o fato de que livros populares às vezes são encontrados nas estantes e às vezes no saguão. No entanto, os livros recentemente devolvidos que aguardam serem colocados de volta estão faltando de um jeito ou de outro. Estão fora do alcance durante esse breve limbo. Em vez disso, permitir que os livros devolvidos adornem o saguão daria aos estudantes uma oportunidade para provocar um curto-circuito em todo o processo de retorno às prateleiras. Não seria preciso que funcionários se aventurassem nas estantes para lá depositar os volumes, nem os estudantes teriam de se aventurar ali para tirá-los de volta. É exatamente assim que se pretende que funcione o cache.

> *"Construímos o mapa do país na escala de uma milha para milha!"*
> *"E vocês o utilizaram muito?", eu perguntei.*
> *"Ele nunca foi aberto, até hoje", disse Mein Herr. "Os fazendeiros se opuseram, dizendo que o mapa cobriria todo o nosso território e impediria a recepção da luz do sol! Por isso, atualmente, usamos o nosso próprio território como mapa do país, e eu lhe asseguro que ele funciona muito bem."*[24]
>
> Lewis Carroll

Muitas vezes pensamos na internet como sendo uma rede plana, independente e frouxamente conectada. Na verdade, não é nada disso. Uma quarta parte do tráfego na internet é manejado hoje por uma única corporação, que consegue ficar quase totalmente fora dos holofotes. A companhia, baseada em Massachusetts, chama-se Akamai, e está no ramo do cache.[25]

Também pensamos na internet como algo abstrato, imaterial, pós-geográfico. Dizem-nos que nossos dados estão "na nuvem", o que se entende que sugira um lugar difuso e distante. Mais uma vez, nada disso é verdade. A realidade é que a internet constitui-se em emaranhados de fios físicos e armações de metal. E é muito mais intimamente ligada à geografia do que se poderia esperar.

Engenheiros pensam numa geografia em escala minúscula quando projetam o hardware do computador: a memória mais rápida geralmente é colocada junto ao processador, reduzindo ao mínimo o comprimento dos fios pelos quais a informação terá de trafegar. Os ciclos dos processadores atuais são medidos em gigahertz, o que vale dizer que estão realizando operações em frações de nanossegundos. Como referência, esse é o tempo que a luz leva para viajar uns poucos *centímetros* — e assim o layout físico do interior de um computador é motivo de muita preocupação. E aplicando o mesmo princípio numa escala drasticamente maior, a geografia factual torna-se crítica para o funcionamento da rede, na qual os fios não se estendem em centímetros mas, potencialmente, em milhares de quilômetros.

Se você puder criar um cache de conteúdo de páginas da web que seja fisicamente — geograficamente — mais próximo das pessoas que o querem, você poderá servir essas páginas de modo mais rápido. Muito do tráfego na internet é agora manejado pelas "redes de distribuição de conteúdo" (CDNs, na sigla em inglês de "*content distribution networks*"), que têm computadores em todo o mundo, os quais mantêm cópias dos sites populares. Isso permite que os usuários que acessam essas páginas obtenham seus dados de um computador próximo deles, sem que tenham de fazer o longo percurso através de continentes até o servidor original.

A maior dessas CDNs é gerenciada pela Akamai: provedores de conteúdo pagam para que seus websites sejam "akamaizados" para terem um desempenho melhor. Um australiano que acessa um *stream* de vídeo da BBC, por exemplo, está provavelmente conectado a servidores locais da Akamai em Sydney; o pedido de acesso nunca chega a Londres. Nem precisa. Assim diz o desenvolvedor-chefe da Akamai, Stephen Ludin: "Acreditamos — e construímos a companhia em torno desse fato — que distância importa".[26]

Em nossas discussões anteriores, observamos que certos tipos de memória de computador têm um desempenho mais rápido mas um custo maior por unidade de armazenamento, levando a uma "hierarquia de memória" que tenta obter o melhor de ambas as funções. Mas não é realmente necessário que a memória seja feita de materiais diferentes para que o armazenamento em cache faça sentido. O cache é assim tão útil quando a proximidade — não o desempenho — é que é o recurso escasso.

Esse insight fundamental — que arquivos em demanda deveriam ser armazenados nas proximidades do local em que são usados — também se traduz em ambientações puramente físicas. Por exemplo, os enormes centros de atendimento da Amazon geralmente dispensam qualquer tipo de organização que um humano possa compreender, do tipo que se encontra numa biblioteca ou numa loja de departamentos.[27] Em vez disso, os funcionários são instruídos a colocar os itens que chegam onde quer que encontrem espaço no depósito — baterias lado a lado com apontadores de lápis, fraldas, grelhas de churrasqueira e DVDs que ensinam a tocar dobro* —, marcando a localização de cada item num banco de dados central, usando códigos de barra. Mas esse sistema de armazenamento de aparência deliberadamente desorganizada ainda escancara uma exceção: itens de alta demanda são colocados numa área diferente, de acesso mais fácil e mais rápido do que o restante. Essa área é o cache da Amazon.

Recentemente, a Amazon obteve uma patente para uma inovação que impulsiona esse princípio um passo adiante.[28] A patente se refere a "envio antecipado de pacote", o que, na interpretação da imprensa, era como se a Amazon pudesse, de algum modo, lhe enviar algo antes de você o ter comprado.[29] A Amazon, como toda companhia de tecnologia, ia adorar ter esse tipo de clarividência à la Bélády — mas, como segunda melhor coisa, trata-se de armazenar em cache. Sua patente, na verdade, é o envio de itens que recentemente se tornaram populares em determinada região para um depósito existente naquela região — é como ter sua própria CDN para bens físicos. Então, quando alguém faz uma encomenda, o item está logo ali no fim da rua. Antecipar quais serão as compras feitas por indivíduos é desafiador, mas quando se trata de prever as aquisições de alguns mi-

* "Dobro", no caso, é um tipo de guitarra. (N. T.)

lhares de pessoas, a lei dos grandes números entra em ação. *Alguém* em Berkeley, num determinado dia, vai encomendar, digamos, papel higiênico reciclado, e quando fazem isso, o item já percorreu a maior parte do caminho até lá.

Quando as coisas que são populares numa área são também *daquela* área, surge uma geografia da nuvem ainda mais interessante. Em 2011, o crítico de cinema Micah Mertes criou um mapa dos Estados Unidos usando os filmes "favoritos locais" da Netflix em cada estado — destacando os filmes excepcionalmente populares em cada uma dessas localizações.[30] Ficou evidente, de modo incontestável, que as pessoas gostavam de assistir a filmes que se passam onde elas moram. As do estado de Washington preferiam *Vida de solteiro*, que se passa em Seattle; em Louisiana assistiam a *Acerto de contas*, que se passa em New Orleans; moradores de Los Angeles, sem surpresa alguma, curtiam *L.A. Story*; no Alasca gostavam de *Braving Alaska*; e em Montana, de *Montana Sky*.* E como nada se beneficia mais de cache local do que os enormes arquivos em que consistem vídeos em HD de longa-metragens, é certo que a Netflix providenciou para que os arquivos de *L.A. Story*, por exemplo, morem em Los Angeles, assim como seus personagens — e, o que é mais importante, seus fãs.[31]

CACHE NA FRENTE DOMÉSTICA

Embora o armazenamento em cache tenha começado como um esquema para organização de informação digital nos computadores, é claro que ele é também aplicável na organização de objetos físicos em ambientes humanos. Quando conversamos com

* Por alguma razão desconhecida, *Garotos de programa* é o de que mais gostam no Maine. (N. A.)

John Hennessy — reitor da Universidade Stanford, um pioneiro na arquitetura de computadores que ajudou a desenvolver sistemas modernos de armazenamento em cache —, ele imediatamente viu a conexão:

> O armazenamento em cache é uma coisa tão óbvia porque fazemos isso o tempo todo. Quero dizer, a quantidade de informação que obtenho [...]. Há certas coisas que eu tenho de localizar agora mesmo, uma porção de coisas está sobre minha mesa, outras coisas são arquivadas, e posteriormente enviadas para serem arquivadas no sistema de arquivos da universidade, de onde se levaria um *dia inteiro* para tirar alguma coisa, se eu quisesse. Mas usamos essa técnica o tempo todo para tentar organizar nossa vida.[32]

O paralelo direto que existe entre esses problemas significa que há potencial para aplicar em casa, conscientemente, as soluções do computador.

Primeiro, quando você está decidindo o que guardar e o que jogar fora, o LRU é um bom princípio a ser utilizado — muito melhor do que Fifo. Você não precisa necessariamente jogar fora a camiseta da faculdade se ainda a usa de vez em quando. Mas e aquela calça xadrez que já não usa há séculos? Essa pode vir a ser a felicidade de outra pessoa num brechó.

Segundo, aproveite a geografia. Assegure-se de que as coisas estejam no cache mais próximo do lugar em que tipicamente elas serão usadas. Essa não é uma recomendação concreta na maioria dos livros de organização doméstica, mas aparece consistentemente nos esquemas que as pessoas descrevem como tendo funcionado bem para elas. "Guardo meu equipamento de corrida e de ginástica num caixote no chão de meu armário de casacos na entrada", diz, por exemplo, uma pessoa citada no livro *Organizing from the Inside Out* [Organização de dentro para fora], de Julie Morgenstern. "Gosto de ter isso perto da porta da frente."[33]

Um exemplo um pouco mais extremo aparece no livro *Keeping Found Things Found* [Deixando encontradas as coisas encontradas], de William Jones:

> Uma médica me falou sobre seu método de guardar coisas. "Meus filhos pensam que sou meio doida, mas eu ponho as coisas onde acho que vou precisar delas mais tarde, mesmo se isso não fizer muito sentido." Como exemplo de seu sistema, ela me contou que guarda sacos reservas do aspirador de pó atrás do sofá na sala de estar. Atrás do sofá na sala de estar? Isso faz algum sentido? [...] Acontece que quando se usa o aspirador de pó, em geral é no tapete da sala de estar. [...] Quando um saco do aspirador fica cheio e se precisa de outro, isso em geral ocorre na sala de estar. E é exatamente lá que estão os sacos reservas.[34]

Um insight final, e que ainda não entrou nos guias de organização de armários, é o de uma hierarquia de memória em múltiplos níveis. Ter um cache é eficaz, mas ter múltiplos níveis de cache — de menores e mais rápidos a maiores e mais lentos — pode ser ainda melhor. No que tange a seus pertences, seu armário é um nível de cache, seu porão é outro e um guarda-móveis é um terceiro. (Estão aqui em ordem decrescente de velocidade de acesso, é claro, e assim você deve usar o princípio do LRU como base para decidir o que deve ser transferido de um nível para outro.) Mas você também poderia agilizar as coisas acrescentando mais um nível de cache: um que seja ainda menor, mais rápido, mais próximo do que seu armário.

A mulher de Tom, que em relação a outras coisas é extremamente tolerante, não aceita uma pilha de roupas junto à cama, apesar da insistência dele em que isso é de fato um esquema de armazenamento em cache altamente eficiente. Por sorte, nossa conversa com cientistas da computação trouxe uma solução para esse problema também. Rik Belew, da Universidade da Califórnia em San Diego, que estuda ferramentas de busca de um ponto de vista cognitivo,[35] recomendou o uso de um cabideiro masculino.[36] Embora não se encontrem muitos desses hoje em dia, o cabideiro masculino é em essência um guarda-roupa de uma roupa só, um cabide composto para paletó, gravata e calças — a peça perfeita de hardware para suas necessidades domésticas de cache. Isso demonstra que os cientistas da computação não vão apenas poupar o seu tempo; eles também podem salvar o seu casamento.

ARQUIVANDO E EMPILHANDO

Depois de decidir o que guardar e para onde isso deve ir, o desafio final é saber como organizá-lo. Já falamos sobre o que vai para o armário e onde deve ficar o armário, mas como arrumar as coisas dentro dele?

Entre todos os exemplos de dicas de organização doméstica que vimos até agora, uma das mais constantes é a ideia de agrupar "coisa com coisa" — e talvez ninguém conteste mais diretamente esse conselho do que Yukio Noguchi. "Devo enfatizar", diz Noguchi, "que um princípio muito fundamental em meu método é o de não agrupar arquivos de acordo com o conteúdo."[37] Noguchi é economista da Universidade de Tóquio e autor de uma série de livros que oferecem "supertruques" para a ordenação de seu escritório e de sua vida. Os títulos de seus livros são mais ou menos traduzíveis para *Método de superpersuasão*, *Método de supertrabalho*, *Método de superestudo* — e, mais relevante em nosso caso, *Método superorganizado*.

No início de sua carreira como economista, Noguchi via-se constantemente inundado por informação — correspondência, dados, manuscritos — e perdendo uma parte significativa de cada dia só na tentativa de organizar tudo isso. Assim, buscou uma alternativa. Começou simplesmente colocando cada documento numa pasta etiquetada com o título e a data do documento e pondo todas as pastas numa grande caixa. Isso economizou tempo — ele não tinha de ficar pensando no lugar certo para colocar cada documento —, mas não resultou em qualquer forma de organização. Então, em algum momento no início da década de 1990, ele fez uma descoberta: começou a inserir as pastas sempre na extremidade mais à esquerda da caixa. E assim nascia o sistema de "superarquivamento".[38]

A regra da inserção no lado esquerdo, especifica Noguchi, tem de ser seguida tanto para as pastas antigas quanto para as velhas: toda vez que se tira uma pasta para usar seu conteúdo, deve-se pô-la de volta como a pasta mais à esquerda na caixa. E quando se procura uma pasta, deve-se começar a procurar sempre a partir da esquerda também. As pastas acessadas mais recentemente serão, portanto, as mais rapidamente encontradas.

Noguchi explica que começou essa prática porque devolver cada pasta para o lado esquerdo era bem mais fácil do que tentar reinseri-la no mesmo lugar de onde tinha saído. Só aos poucos ele se deu conta de que esse procedimento era não apenas mais simples, mas também surpreendentemente eficaz.

O Sistema Noguchi de Arquivamento sem dúvidas economiza tempo quando se está repondo alguma coisa depois de terminar de usá-la. No entanto, resta ainda a questão de saber se essa seria uma boa maneira para se achar os documentos de que se precisa, em primeiro lugar. Afinal, isso certamente vai contra as recomendações de outros gurus da eficiência, que nos dizem que devemos agrupar coisas por sua similaridade. De fato, até mesmo a etimologia da palavra "organizado" evoca um corpo formado por órgãos — que não são outra coisa senão células agrupadas "coisa com coisa", ou seja, "similar com similar", em que o critério do agrupamento é o de forma e função similares.

Mas a ciência da computação nos oferece algo que até os mais eficientes gurus não oferecem: garantias.

Embora Noguchi não o soubesse naquela época, seu sistema de arquivamento representa uma extensão do princípio do LRU. O LRU nos diz que quando acrescentamos algo a nosso cache, devemos descartar o item mais antigo — mas não nos diz onde deveríamos colocar o item *novo*. A resposta a essa pergunta vem de uma linha de pesquisa realizada por cientistas da computação nas décadas de 1970 e 1980. Sua versão do problema é chamada de "listas de auto-organização", e sua configuração imita quase exatamente o dilema de arquivamento de Noguchi. Imagine que você tenha uma coleção de itens em sequência, e que periodicamente precise percorrê-la em busca de um item específico. A busca em si mesma tem de ser linear — você precisa checar os itens um a um, a partir do início —, mas uma vez tendo encontrado o item que está procurando, você pode pô-lo de volta em qualquer lugar da sequência. Onde deveria repor os itens para tornar a busca o mais eficaz possível?

O trabalho definitivo sobre listas de auto-organização, publicado por Daniel Sleator e Robert Tarjan em 1985,[39] examinou (à maneira da ciência da computação clássica) os piores casos de desempenho de vários métodos de organizar a lista, dadas todas as possíveis sequências de solicitação. De forma intuitiva, como a busca começa pela parte da frente, você quer arrumar a sequência de modo que lá fiquem os itens que provavelmente serão os mais procurados. Mais quais serão esses itens? Estamos querendo novamente a clarividência. Tarjan, que divide seu tempo entre Princeton e o Vale do Silício, diz: "Se você souber a sequência antecipadamente, poderá customizar a estrutura de dados para minimizar o tempo total de busca na sequência toda. É o algoritmo off-line ótimo: algoritmo de Deus, se quiser chamá-lo assim, ou o algoritmo no céu. É claro, ninguém conhece o futuro, então a questão é: se você não conhece o futuro, quão *perto* você pode chegar desse algoritmo ótimo no céu?".[40] Os resultados de Sleator e Tarjan demonstraram que alguns "esquemas muito simples de autoajuste vêm, surpreendentemente, com um fator constante" de clarividência. Ou seja, se você seguir o princípio do LRU[41] — pelo qual você simplesmente põe um item de volta no início da lista —, então a quantidade total de tempo que utilizará para a busca nunca será maior do que duas vezes o tempo que gastaria se pudesse conhecer o futuro. Essa é uma garantia que nenhum outro algoritmo é capaz de oferecer.

A identificação do Sistema Noguchi de Arquivamento como uma instância do princípio do LRU em ação nos diz que ele não é apenas eficaz. Ele é na verdade o melhor possível.[42]

Os resultados de Sleator e Tarjan também nos oferecem mais uma peculiaridade, e nós chegamos a ela virando de lado o Sistema Noguchi de Arquivamento. Muito simplesmente, uma caixa de arquivos virada sobre um de seus lados torna-se uma pilha. E é da própria natureza das pilhas que você faça nelas uma busca de cima para baixo, e que cada vez que tira dela um documento, ele não volta para o lugar de onde você o tirou, mas para o topo.*

Em resumo, a matemática das listas auto-organizadas sugere algo radical: a grande pilha de papéis em sua mesa, longe de ser

* Você também pode forçar seu computador a exibir seus documentos eletrônicos numa pilha. A interface de navegação por documentos padrão num computador faz com que você clique nas pastas por ordem alfabética — mas o poder do LRU lhe sugere que passe por cima disso e disponha seus arquivos pela ordem dos "últimos que foram abertos" e não pela ordem de "nome". O que você está procurando estará quase sempre perto do topo. (N. A.)

um culposo indutor do caos, é na realidade uma das mais bem projetadas e eficientes estruturas disponíveis. O que pode parecer aos outros uma confusão desordenada é, de fato, uma confusão auto-organizada. Jogar coisas de volta no topo de uma pilha é o melhor que você pode fazer, na falta de poder prever o futuro. No capítulo anterior examinamos casos em que deixar algo não ordenado era mais eficaz do que tomar tempo para ordenar tudo: aqui, no entanto, há um motivo muito diferente para você não precisar organizá-lo.

Você já fez isso.

A CURVA DO ESQUECIMENTO

É claro que nenhuma discussão sobre memória poderá ser completa sem uma menção do "órgão de memória" mais perto de casa: o cérebro humano. Durante as últimas décadas, a influência da ciência da computação trouxe como que uma revolução ao modo com que os psicólogos pensam sobre a memória.

Diz-se que a ciência da memória humana começou em 1879, com um jovem psicólogo da Universidade de Berlim chamado Hermann Ebbinghaus. Ebbinghaus quis ir a fundo para entender como a memória humana funcionava, demonstrando que era possível estudar a mente com todo o rigor matemático das ciências exatas. Assim, começou a fazer experiências consigo mesmo.

Todo dia, Ebbinghaus se sentava e memorizava uma lista de sílabas que não tinha qualquer sentido. Depois testava a si mesmo com as listas de dias anteriores. Mantendo esse hábito no decurso de um ano, ele estabeleceu muitos dos mais básicos resultados na pesquisa da memória humana. Confirmou, por exemplo, que praticar com uma lista muitas vezes faz com que ela permaneça mais tempo na memória, e que o número de itens que se podem lembrar com exatidão decresce com o passar do tempo. Seus resultados mapearam um gráfico de como a memória se esvaece com o tempo, conhecido hoje por psicólogos como "a curva do esquecimento".

Os resultados obtidos por Ebbinghaus firmaram a credibilidade de uma ciência quantitativa da memória humana, mas deixaram em aberto algo um tanto misterioso. Por que essa curva em particular? Ela sugere que a memória é boa ou ruim? Qual é a história subjacente a isso? Essas perguntas estimularam a especulação e a pesquisa dos psicólogos durante mais de cem anos.

Em 1987, o psicólogo e cientista da computação John Anderson, de Carnegie Mellon, estava lendo sobre sistemas de recuperação de informação nas bibliotecas universitárias.[43] O objetivo de Anderson — ou assim pensava ele — era escrever sobre como o projeto desses sistemas poderia ser informado pelo estudo da memória humana. Em vez disso, ocorreu o contrário: ele se deu conta de que a ciência da informação poderia prover a peça que faltava no estudo da mente.[44]

> Por muito tempo, senti que alguma coisa estava faltando nas teorias existentes sobre a memória humana, inclusive na minha. Basicamente, todas essas teorias caracterizam a memória como uma configuração arbitrária e não ótima. [...] Já fazia muito tempo que eu achava que os processos básicos da memória eram bem adaptativos, e talvez até mesmo ótimos; contudo, nunca fui capaz de conceber uma estrutura na qual firmar esse ponto. No trabalho com a recuperação de informação na ciência da computação, vi essa estrutura esboçada diante de mim.[45]

Um modo natural de se pensar no esquecimento é que nossa mente simplesmente fica sem espaço livre. A ideia-chave por trás da nova explicação de Anderson sobre a memória humana é que o problema poderia ser não de *armazenamento*, mas de *organização*. De acordo com essa teoria, a mente tem uma capacidade essencialmente infinita para memórias, mas só dispomos de uma quantidade finita de tempo para ir buscá-las. Anderson fez uma analogia com uma biblioteca com uma única estante de comprimento arbitrário — um Sistema Noguchi de Arquivamento na escala da Biblioteca do Congresso. Você pode encaixar quantos itens quiser nessa estante, mas quanto mais perto algo estiver da parte mais frontal, mais rapidamente será encontrado.

A chave para uma boa memória humana torna-se então a mesma chave de um bom cache de computação: a previsão de quais itens serão provavelmente os mais procurados no futuro.

Descartando a clarividência, a melhor abordagem para se fazerem essas previsões no mundo humano exige que se compreenda o próprio mundo. Com seu colaborador Lael Schooler, Anderson dispôs-se a fazer estudos semelhantes aos de Ebbinghaus — não das mentes humanas, mas da sociedade humana. Era uma questão direta: que padrões caracterizam o modo pelo qual o próprio mundo "esquece" — o modo pelo qual eventos e referências esvaem-se com o tempo? Anderson e Schooler analisaram três ambientes humanos: manchetes do *New York Times*, gravações de pais falando com filhos e a própria caixa de entrada de e-mails de Anderson.[46] Em todos esses domínios, eles descobriram que uma palavra tem mais probabilidade de reaparecer logo após ter sido empregada, e que a probabilidade de reencontrá-la se esvaece à medida que o tempo passa.

Em outras palavras, a própria realidade tem uma estrutura estatística que imita a curva de Ebbinghaus.[47]

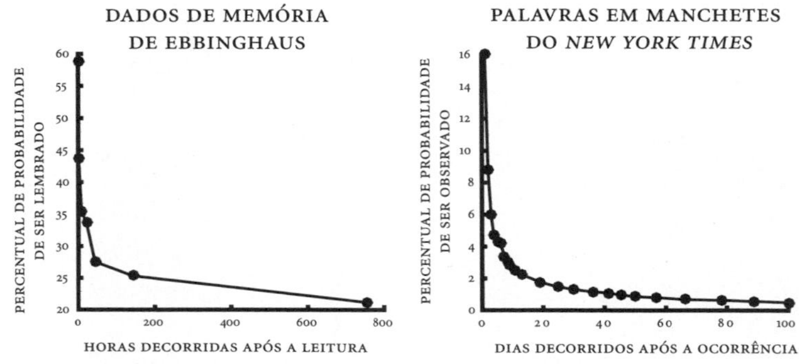

A memória humana e o ambiente humano. O gráfico à esquerda mostra o percentual relativo às sílabas sem sentido numa lista das quais Ebbinghaus se lembrava corretamente, como função do número de horas que ele esperou após ter memorizado a lista. O gráfico da direita mostra a probabilidade de que uma palavra apareça nas manchetes do New York Times *num determinado dia, como função do tempo decorrido após ter aparecido pela primeira vez.*

Isso sugere algo notável. Se o padrão pelo qual as coisas esvaecem de nossa mente é o mesmo padrão pelo qual as coisas vão deixando de ser usadas à nossa volta, então pode haver uma explicação realmente muito boa para a curva do esquecimento de Ebbinghaus — a saber, que existe uma perfeita sintonia do cérebro com o mundo, deixando disponíveis exatamente as coisas das quais mais provavelmente se vai precisar.

Ao enfatizar o tempo, o armazenamento em cache nos demonstra que a memória envolve inevitáveis negociações e uma certa soma zero. Você não pode ter todos os livros de uma biblioteca em cima de sua mesa, todos os itens de uma loja expostos na vitrine, cada manchete impressa acima da dobra, cada papel no topo da pilha. E, da mesma forma, não pode ter cada fato ou rosto ou nome na parte frontal de sua mente.

Assim escrevem Anderson e Schooler:

> Muita gente tem a visão distorcida de que a memória humana está longe de ser ótima. Apontam para muitas e frustrantes falhas da memória. No entanto, essas críticas erram ao não considerar a tarefa enfrentada pela memória humana, que é tentar gerenciar uma imensa pilha de memórias. Em todo sistema responsável por gerenciar uma vasta base de dados deve haver falhas na recuperação dos dados. Seria dispendioso demais manter acesso a um número ilimitado de itens.[48]

Esse modo de ver a questão levou, por sua vez, a uma segunda revelação sobre a memória humana. Se essas negociações são realmente inevitáveis, e se o cérebro parece estar otimamente sintonizado com o mundo à nossa volta, então aquilo a que nos referimos como o inevitável "declínio cognitivo" que vem com a idade deve na verdade ser alguma outra coisa.

A TIRANIA DA EXPERIÊNCIA

> *Um livro grande é uma grande chateação.*[49]
>
> Calímaco (c. 310-240 a.C.), bibliotecário em Alexandria

> *Por que eles não fazem o avião inteiro a partir desse negócio de caixa-preta?*
>
> Steven Wright

A necessidade de uma hierarquia na memória do computador, na forma de caches em cascata, resulta em grande parte de nossa incapacidade de ter a memória inteira até mesmo do tipo mais caro de hardware. O cache mais rápido dos computadores atuais, por exemplo, é feito com o que é chamado de SRAM, que custa cerca de mil vezes mais por byte do que a memória flash em drives de estado sólido. Mas o verdadeiro motivo para o armazenamento em cache vai mais fundo que isso. De fato, mesmo se pudéssemos ter uma máquina sob medida que usasse exclusivamente o tipo mais rápido possível de memória, ainda precisaríamos de caches.

Como explica John Hennessy, o tamanho *por si só* é suficiente para comprometer a velocidade:

> Quando você faz alguma coisa maior, ela é inerentemente mais lenta, certo? Se você faz uma cidade ficar maior, leva mais tempo ir do ponto A ao ponto B. Se você faz uma biblioteca ficar maior, leva mais tempo encontrar um livro na biblioteca. Se você tem uma pilha maior de papéis em sua mesa, leva mais tempo achar o papel que está procurando, certo? Os caches são na verdade a solução para esse problema. [...] Por exemplo, se você for comprar um processador agora, o que você recebe no chip é um cache de nível 1 e um cache de nível 2. A razão de estarem lá — até mesmo no chip há dois caches! — é que, para poder acompanhar o ritmo de ciclos do processador, o cache de nível 1 tem tamanho limitado.[50]

Inevitavelmente, quanto maior a memória, mais tempo ela leva para buscar e extrair dela mesma um item de informação.

Brian e Tom, com trinta e tantos anos de idade, cada vez mais frequentemente interrompem uma conversa quando, por exemplo, esperam que venha à mente o nome de alguém que está "na ponta da língua". Só que Brian, aos dez anos de idade, tinha duas dúzias de colegas de escola; vinte anos depois ele tem centenas de contatos em seu telefone e milhares no Facebook, e já morou em quatro cidades, cada uma com sua própria comunidade de amigos, conhecidos e colegas. Tom, a esta altura de sua carreira acadêmica, trabalhou com centenas de colaboradores e deu aulas a milhares de estudantes. (Na verdade, este mesmo livro exigiu encontros com cerca de cem pessoas e a menção de mil.) Os efeitos disso não se limitam, é claro, a conexões sociais: um típico menino de dois anos de idade conhece duzentas palavras; um adulto típico conhece 30 mil. E quando se trata da memória episódica, bem, cada ano acrescenta mais de 330 mil minutos — despertos — à experiência de vida total de alguém.

Considerando as coisas desse ângulo, é de espantar que nós dois — ou qualquer um — possamos acompanhar isso mentalmente. O que surpreende não é a desaceleração da memória, mas o fato de a memória conseguir se manter à tona e responsiva com tantos dados acumulados.

Se o desafio fundamental da memória é na verdade o da organização e não o do armazenamento, talvez isso devesse mudar o modo com que pensamos sobre o impacto do envelhecimento em nossas capacidades mentais. Um trabalho recente de uma equipe de psicólogos e linguistas liderada por Michael Ramscar, na Universidade de Tübingen, sugeriu que aquilo que chamamos de "declínio cognitivo" — demoras e falhas na recuperação de dados — pode não ter a ver com a lentidão ou a deterioração do processo de busca, mas ser (ao menos em parte) uma consequência inevitável de a quantidade de informação na qual temos de navegar se tornar cada vez maior.[51] Independentemente de quaisquer outros desafios que o envelhecimento traz, cérebros mais velhos — que têm de gerenciar um armazenamento maior de memórias — estão literalmente resolvendo problemas computacionais mais difíceis a cada dia que passa. Os velhos podem zombar dos jovens pela velocidade deles: "É porque vocês ainda não sabem nada!".

O grupo de Ramscar demonstrou o impacto que a informação extra tem na memória humana focando-se no caso da linguagem. Numa série de simulações, os pesquisadores mostraram que o simples fato de se saber mais torna as coisas mais difíceis quando se trata de reconhecer palavras, nomes e até mesmo letras. Não importa quão bom seja seu sistema de organização, ter de fazer busca num âmbito maior inevitavelmente levará mais tempo. Não é que estamos esquecendo; é que estamos lembrando. Estamos nos tornando arquivos.

Uma compreensão das inevitáveis demandas computacionais da memória, diz Ramscar, deveria ajudar as pessoas a contemporizar com os efeitos do envelhecimento sobre a cognição. "Creio que a coisa mais importante e tangível que os idosos podem fazer é tentar assimilar a ideia de que suas mentes são dispositivos naturais de processamento de informação", ele escreve. "Algumas coisas que podem parecer frustrantes quando envelhecemos (como se lembrar de nomes!) são uma função da quantidade de material que temos de peneirar [...] e não necessariamente um sinal de que a mente está falhando." E como ele diz: "Muito do que hoje se está chamando de declínio é apenas aprendizado".[52]

O armazenamento em cache nos fornece a linguagem para entender o que está acontecendo. Dizemos "apagão" quando na verdade deveríamos dizer "falta de cache". As ocasionais e desproporcionais demoras na recuperação de informação são um lembrete de o quanto nos beneficiamos o resto do tempo de encontrar aquilo de que precisamos na parte frontal de nossa mente.

Assim, quando você envelhecer e começar a experimentar essas latências esporádicas, anime-se: a duração dessa demora é em parte um indicador da medida de sua experiência. O esforço de uma recuperação de informação é um atestado de o quanto você sabe. E a raridade dessas demoras é um atestado de quão bem você organizou esse saber: mantendo as coisas importantes mais à mão.

5. Programação e agendamento
As primeiras coisas em primeiro lugar

O modo como passamos nossos dias é, certamente, o modo como passamos nossa vida.[1]

Annie Dillard

"Por que não escrevemos um livro sobre a teoria da programação?", perguntei. [...] "Não levaria muito tempo!" Escrever livros, como fazer uma guerra, frequentemente implica graves erros de cálculo. Quinze anos depois, Programação ainda está por terminar.[2]

Eugene Lawler

É segunda-feira de manhã, sua agenda ainda está em branco e você tem uma extensa lista de tarefas a cumprir. Algumas só podem ser iniciadas depois de terminar outras (você não pode carregar o lava-louças antes de primeiro descarregá-lo), e algumas só podem ser iniciadas depois de decorrido um certo tempo (os vizinhos vão reclamar se você puser o lixo para fora antes da noite de terça-feira). Algumas têm uma hora certa, outras podem ser feitas a qualquer momento, e muitas ficam no meio-termo. Algumas são urgentes, mas não importantes. Outras são importantes, mas não urgentes. "Somos aquilo que fazemos repetidamente":[3] parece que você está citando Aristóteles — seja passar o pano de chão, passar mais tempo com a família, declarar o imposto de renda, estudar francês.

Então, o que fazer, e quando, e em que ordem? Sua vida está esperando.

Embora sempre consigamos encontrar *algum* modo de ordenar as coisas que fazemos em nossos dias, em geral não nos consideramos particularmente bons nisso — daí o constante status de best-seller de que usufruem os manuais de gerenciamento de tempo. Infelizmente, a orientação que neles encontramos é muitas vezes divergente e inconsistente. *A arte de fazer acontecer* (ou *Getting Things Done*, no original em inglês) defende uma política de fazer imediatamente toda tarefa que dure dois minutos ou menos, assim que ela vem à mente.[4] O best-seller rival *Eat That Frog!* [Engula este sapo!] aconselha que se comece com a tarefa mais difícil e depois passe para tarefas cada vez mais fáceis.[5] *The Now Habit* [O hábito do agora] sugere agendar primeiro os compromissos sociais e o tempo de lazer, preenchendo as lacunas com trabalho — em vez do método inverso, que tão frequentemente utilizamos.[6] William James, o "pai da psicologia americana", afirma que "não existe nada tão cansativo quanto a eterna pendência de tarefas não cumpridas",[7] mas Frank Partnoy, em *Como fazer a escolha certa na hora certa* (no original em inglês, simplesmente *Wait*), defende a ideia de deliberadamente *não* fazer coisas de imediato.[8]

Cada guru tem um sistema diferente, e é difícil saber quem se deve ouvir.

O MODO DE USAR O TEMPO TORNA-SE UMA CIÊNCIA

Embora o gerenciamento do tempo pareça ser um problema tão antigo quanto o próprio tempo, a ciência da programação começou nas oficinas de máquinas da Revolução Industrial. Em 1874, Frederick Taylor, filho de um rico advogado, recusou sua aceitação em Harvard para se tornar um aprendiz de operador de máquina na Enterprise Hydraulic Works, na Filadélfia. Quatro anos depois, completou seu aprendizado e começou a trabalhar na Midvale Steel Works, onde escalou todos os níveis, desde o de torneiro mecânico ao de chefe de máquinas, e finalmente ao de engenheiro-chefe. Durante o processo, ele chegou à convicção de que o tempo das máquinas (e das pessoas) que ele supervisionava não estava sendo bem administrado, o que o levou a desenvolver uma disciplina que chamou de "Gerenciamento Científico".

Taylor criou um escritório de planejamento, em cujo coração havia um quadro de avisos que exibia a programação da oficina para quem quisesse ver. O quadro descrevia cada máquina da oficina, mostrando a tarefa que estava sendo realizada a cada momento por ela e todas as tarefas que ainda a aguardavam. Essa prática serviria de base para que Henry Gantt, colega de Taylor, desenvolvesse na década de 1910 os gráficos de Gantt, que ajudariam na organização dos mais ambiciosos projetos de construção do século XX, desde a represa Hoover até o Sistema de Autoestradas Interestaduais.[9] Um século depois, os gráficos de Gantt ainda adornam as paredes e as telas de gerentes de projeto em firmas tais como Amazon, IKEA e SpaceX.[10]

Taylor e Gantt fizeram da programação um objeto de estudo, e lhe deram um formato visual e conceitual. Mas não resolveram o problema fundamental de determinar quais eram os melhores programas. O primeiro indício de que esse problema *poderia* ser resolvido não surgiria senão décadas depois, num trabalho de

1954 publicado pelo matemático Selmer Johnson, da Rand Corporation.[11]

O cenário que Johnson estudou foi o da encadernação, no qual cada livro tinha de ser impresso numa máquina e depois ser encadernado em outra. Mas a instância mais comum desse sistema de duas máquinas ficava muito mais perto de casa: a lavanderia. Quando as roupas são lavadas, elas passam em sequência pela lavadora e pela secadora, e cada leva de roupa tem um tempo diferente em cada um desses processos. Uma leva de roupa muito encardida pode gastar mais tempo para lavar, mas o tempo normal para secar; uma leva maior pode gastar mais tempo para secar mas o tempo normal para lavar. Assim, perguntou Johnson, se há muitas levas de roupa para lavar num mesmo dia, qual a melhor maneira de fazer isso?

Sua resposta foi que se deve começar descobrindo qual o processo que isoladamente toma menos tempo — qual leva de roupa vai se lavar *ou* secar mais rapidamente. Se o processo mais rápido de todos envolve a lavadora, planeje processar a leva correspondente *primeiro*. Se envolve a secadora, planeje processar essa leva *por último*. Repita esse processo com as demais levas de roupa, trabalhando das duas extremidades da programação para o meio.

Intuitivamente, o algoritmo de Johnson funciona porque, independentemente de como você sequencia as levas de roupa, vai haver algum tempo no início em que a lavadora estará trabalhando mas a secadora não, e algum tempo no final em que a secadora estará trabalhando mas a lavadora não. Tendo a leva com menor tempo de lavagem no início e a leva com menor tempo de secagem no final, você está maximizando o tempo em que os processos se superpõem — quando lavadora e secadora estão trabalhando simultaneamente. Com isso, mantém-se o tempo total despendido na lavanderia no mínimo possível. A análise de Johnson rendeu à programação seu primeiro algoritmo ótimo: comece com a lavagem mais fácil, termine com o menor cesto de roupa.

Além de sua aplicação imediata, o trabalho de Johnson revelou dois aspectos profundos: primeiro, que a programação poderia ser expressa em algoritmos, e segundo, que existiam soluções de programação ótimas. Isso fez deslanchar o que veio a se tornar uma literatura em expansão, explorando estratégias para uma ampla variedade de fábricas hipotéticas com todo número e tipo concebível de máquinas.

Vamos nos concentrar agora num pequeno subitem dessa literatura: a parte que, diferentemente de uma encadernadora ou uma lavanderia, tem a ver com a programação de uma única máquina. Porque o problema de programação que mais importa envolve apenas uma máquina: nós mesmos.

MANEJANDO PRAZOS

No que tange à programação de uma única máquina, enfrentamos logo de cara um certo problema. O trabalho de Johnson sobre encadernação se baseou em minimizar o tempo total necessário para que as duas máquinas completassem suas tarefas. No entanto, no caso de uma única máquina, se formos realizar todas as tarefas que lhe são designadas, a programação inteira vai levar o mesmo tempo para ser completada. A ordem entre elas é irrelevante.

Esse é um ponto suficientemente fundamental e contraintuitivo que vale a pena repetir. Se você tem uma única máquina e vai fazê-la realizar todas as tarefas, então qualquer ordem de realização das tarefas resultará na mesma quantidade de tempo.

Assim, antes mesmo de começar, deparamos com a primeira lição na literatura de programação para uma única máquina: *faça seus objetivos serem explícitos.* Não podemos considerar uma programação vencedora até sabermos como se desempenha. Isso é como que um tema na ciência da computação: antes de ter um plano, você tem de primeiro escolher uma métrica. E como se verá, a métrica escolhida afetará diretamente qual método de programação se sairá melhor.

Os primeiros trabalhos em programação para uma única máquina que vieram rapidamente em sequência ao trabalho de Johnson sobre encadernação e ofereceram diversas métricas plausíveis a ser consideradas. Para cada métrica, descobriu-se uma estratégia simples e ótima.

Obviamente, é muito comum que as tarefas tenham uma data de vencimento, sendo o atraso da tarefa medido por quanto essa data foi ultrapassada. Assim podemos pensar no "máximo atraso" de um conjunto de tarefas como o atraso de qualquer tarefa que tenha ultrapassado a data de vencimento — o tipo de coisa com que seu empregador pode se importar numa análise de desempenho. (Ou com que podem se importar seus clientes num âmbito de varejo ou de serviços, onde a tarefa de "máximo atraso" corresponde ao cliente submetido ao maior tempo de espera.)

Se o que o preocupa é minimizar o atraso máximo, então a melhor estratégia é começar com a tarefa que vence mais cedo e avançar com o trabalho até a tarefa que vence por último.[12] Essa estratégia, conhecida como **Data de Vencimento Mais Próxima**, é bastante intuitiva. (Por exemplo, num contexto de setor de serviços, no qual a "data de vencimento" de cada cliente que chega é efetivamente o momento em que ele entra pela porta, isso só quer dizer que se deve atender aos clientes pela ordem de chegada.) Mas algumas de suas implicações são surpreendentes. Nesse caso, o tempo que cada tarefa leva para ser concluída é totalmente irrelevante: não altera o plano, e assim, na verdade, você nem precisa saber qual é. Tudo o que interessa é o vencimento das tarefas.

Você pode já estar utilizando a Data de Vencimento Mais Próxima para programar sua carga de trabalho, caso em que provavelmente não precisa da ciência da computação para lhe dizer que é uma estratégia sensata. O que talvez você não saiba, contudo, é que essa é a estratégia *ótima*. Mais exatamente, é ótima pressupondo que você só está interessado numa métrica em particular: reduzir seu atraso máximo. Se não for esse seu objetivo, no entanto, outra estratégia deveria ser aplicada.

Considere uma geladeira, por exemplo. Se você é uma das muitas pessoas que colaboram com a Community-Supported Agriculture (CSA) [Agricultura Apoiada pela Comunidade], toda semana você terá uma quantidade de produtos frescos chegando à sua porta de uma só vez. Cada unidade desses produtos tem uma data de validade diferente — e assim, consumi-los na Data de Vencimento Mais Próxima, na ordem de seus prazos de validade, parece ser um razoável ponto de partida. No entanto, não é o fim da história. A Data de Vencimento Mais Próxima é ótima para reduzir o atraso máximo, o que significa que vai minimizar a deterioração do *item individual mais deteriorado* que você terá de comer. Essa pode não ser a métrica mais apetitosa para aquilo que se vai comer.

Em vez disso, talvez queiramos minimizar a *quantidade* de alimentos perecíveis. Aqui, uma estratégia chamada **Algoritmo de Moore** vai-nos dar o melhor plano.[13] O Algoritmo de Moore diz que devemos começar exatamente como na Data de Vencimento Mais Próxima, programando nosso consumo na ordem das datas de validade, a mais próxima primeiro, um item de cada vez. No entanto, assim que parecer que não vamos conseguir comer o próximo item a tempo, devemos fazer uma pausa, reexaminar as refeições que já planejamos e *excluir* o maior item (isto é, aquele que levaria mais dias para ser consumido). Por exemplo, isso pode significar abster-se da melancia que seria comida em meia dúzia de porções. Sem sequer tentar, isso quer dizer que se vai chegar muito antes a cada item que se segue. Depois repetimos esse padrão, dispondo os alimentos na ordem da data de validade e descartando o item que leva mais tempo para consumir já programado toda vez que isso acontecer. Assim que tudo que restar puder ser comido na ordem das datas de validade sem que nada se estrague, temos nosso planejamento.

O Algoritmo de Moore reduz ao mínimo o número de itens que você terá de descartar. É claro que você fará bem em usar o alimento como adubo, doá-lo ao banco de alimentos local ou dá-lo a seu vizinho. Num contexto industrial ou burocrático no qual você não pode simplesmente descartar um projeto, mas no qual o *número* — e não a severidade — de projetos que se atrasam ainda é sua maior preocupação, o Algoritmo de Moore é indiferente quanto a como essas tarefas atrasadas são manipuladas. Tudo que é excluído da parte principal de sua programação pode ser feito mais para o final, em qualquer ordem. Isso não importa, uma vez que já estão atrasados.

FAZER COM QUE AS COISAS SEJAM FEITAS

> *Faça as coisas difíceis enquanto ainda são fáceis, e faça as coisas grandes enquanto ainda são pequenas.*
>
> Lao Tzu

Às vezes, as datas de vencimento não são nosso principal problema, e tudo que queremos é que a coisa seja feita, e o mais rápido possível. E aí se constata que traduzir uma vontade aparentemente simples numa métrica de programação explícita é mais difícil do que parece.

Uma abordagem para isso é adotar um ponto de vista externo. Observamos que na programação de uma única máquina, nada do que fazemos pode modificar o tempo que vamos levar para terminar todas as nossas tarefas — mas se cada tarefa significa, por exemplo, clientes à espera, então há um modo de tomar o mínimo possível do tempo de espera coletivo *deles.* Imagine começar na manhã de segunda-feira tendo na sua agenda um projeto para quatro dias e outro de um dia só. Se entregar o projeto maior na tarde de quinta-feira (passados quatro dias) e o menor na tarde de sexta-feira (passados cinco dias), os clientes terão esperado um total de 4 + 5 = 9 dias. Se inverter a ordem, no entanto, poderá terminar o projeto pequeno na própria segunda-feira e o grande na sexta-feira, com os clientes esperando um total de apenas 1 + 5 = 6 dias. Para você, de um jeito ou de outro, é uma semana de trabalho, mas agora você economizou para seus clientes três dias de seus tempos combinados. Teóricos da programação chamam essa métrica de "soma de tempos de conclusão".

Minimizar a soma de tempos de conclusão leva a um algoritmo ótimo muito simples chamado **Menor Tempo de Processamento**: sempre faça em primeiro lugar e de imediato a tarefa mais rápida que puder.[14]

Mesmo se você não tiver clientes impacientes pendurados em cada trabalho, o Menor Tempo de Processamento faz com que as coisas sejam *feitas.* (Talvez não seja surpresa que isso é compatível com a recomendação em *A arte de fazer acontecer* de realizar imediatamente toda tarefa que leve menos de dois minutos.) Mais uma vez, não há como mudar a quantidade total de tempo que vai lhe tomar seu trabalho, mas o Menor Tempo de Processamento pode aliviar sua mente fazendo encolher o número de tarefas pendentes o mais rápido possível. Sua métrica de soma de tempos de conclusão pode ser expressa de outra maneira: é como se focar acima de tudo na redução do tamanho de sua lista de coisas a fazer.

Se cada peça de tarefa inacabada for como um espinho cravado em você, então correr com os itens mais fáceis pode lhe trazer certa medida de alívio.

Claro que nem todas as coisas por terminar são iguais. Provavelmente você deve apagar um incêndio de verdade na cozinha antes de "apagar um incêndio" enviando um e-mail rápido a um cliente, mesmo se o primeiro levar um pouco mais de tempo. Na programação, essa diferença de importância é capturada numa variável conhecida como *peso*. Quando você está avaliando sua lista de coisas por fazer, esse peso pode ser percebido como literal — o ônus que você tira dos ombros quando termina cada tarefa. O tempo que leva a conclusão de uma tarefa mostra quão longamente você carregou esse ônus, e assim, minimizar a soma de tempos de conclusão *ponderados* (ou seja, a duração de cada tarefa multiplicada por seu peso) significa minimizar a opressão total das tarefas não concluídas à medida que você vai cumprindo toda a sua agenda.

E a estratégia ótima para atingir esse objetivo é uma modificação simples do Menor Tempo de Processamento: divida o peso de cada tarefa pelo tempo necessário para que seja concluída, e depois trabalhe na ordem que vai do maior resultado de importância por unidade de tempo (se quiser, chame isso de "densidade", para continuar com a metáfora do peso) para o menor. E embora possa ser difícil atribuir um determinado grau de importância a cada uma de suas tarefas diárias, essa estratégia, não obstante, oferece uma boa regra de ouro: só priorize uma tarefa que leve o dobro do tempo se ela tiver o dobro da importância.

Em contextos de negócios, "peso" pode ser facilmente traduzido para a quantidade de dinheiro que cada tarefa vai render. A noção de dividir o resultado pela duração se traduz, portanto, em atribuir a cada tarefa uma taxa horária. (Se você é um consultor ou um freelance, isso na verdade já poderia ter sido feito para você: simplesmente divida o valor total de cada projeto por seu tempo de realização e trabalhe neles da mais alta taxa horária para a mais baixa.) É interessante que essa estratégia de ponderação também aparece em estudos de forrageamento de animais, em que nozes e grãos substituem dólares e centavos.[15] Os animais, em busca de maximizar a taxa de obtenção e acúmulo de energia a partir do alimento, deveriam procurar alimentos na ordem da razão entre sua energia calórica e o tempo necessário para obtê-los e comê-los, e realmente parecem agir assim.

Quando aplicado a dívidas e não a receitas, o mesmo princípio leva a uma estratégia para voltar para o azul, estratégia essa que é chamada de "avalancha de dívidas". Essa estratégia de redução de dívidas lhe diz que ignore completamente o número e o tamanho de suas dívidas e simplesmente afunile seu dinheiro para saldar a dívida com a mais alta taxa de juros. Isso corresponde, e de forma muito clara, a percorrer suas tarefas na ordem da importância por unidade de tempo. E essa é a estratégia que irá reduzir a carga total de suas dívidas o mais rápido possível.

Se, por outro lado, você estiver mais preocupado com a redução do *número* de dívidas do que do *montante* da dívida — se, por exemplo, o estorvo causado por numerosas faturas e telefonemas de cobrança pesa mais do que a diferença nas taxas de juros —, então você está de volta ao sabor não ponderado do "acabe logo com isso" do Menor Tempo de Processamento, pagando primeiro as dívidas menores para tirá-las do caminho. Nos círculos de redução de dívidas, essa abordagem é conhecida como "bola de neve da dívida".[16] Continua havendo uma ativa controvérsia, tanto em âmbito popular como em pesquisas científicas, quanto a se as pessoas, na prática, devem priorizar a redução do montante em dinheiro ou a redução da quantidade de suas dívidas.

Isso nos traz de volta ao ponto em que começamos a discutir a programação de uma única máquina. Diz-se que "um homem com um relógio sabe que horas são; um homem com dois relógios nunca tem certeza". A ciência da computação pode nos oferecer os algoritmos ótimos para várias métricas disponíveis na programação de uma única máquina, mas a escolha da métrica que queremos seguir é opção nossa. Em muitos casos, consiste em decidir qual é o problema que queremos resolver.

Isso oferece um modo radical de repensar a procrastinação, a clássica patologia do gerenciamento. É comum pensarmos nisso como sendo um algoritmo defeituoso. Qual é exatamente o oposto? E se for uma solução ótima *para o problema errado*?

Há um episódio da série *Arquivo X* em que o protagonista Mulder, acamado e prestes a ser consumido por um vampiro obsessivo-compulsivo, espalha pelo chão um saco de sementes de girassol para se defender.[17] O vampiro, impotente para enfrentar sua compulsão, se detém para colhê-las uma por uma, e finalmente o sol nasce antes que ele possa fazer de Mulder sua refeição. Os cientistas da computação chamariam isso de "ataque *ping*",* ou ataque de "negação de serviço": insira num sistema um número imenso de coisas triviais a fazer, e as coisas importantes se perdem no caos.

É comum associarmos a procrastinação com preguiça ou comportamento evasivo, mas ela pode, com a mesma facilidade, se manifestar em pessoas (ou computadores, ou vampiros) que estão tentando séria e entusiasticamente fazer e concluir coisas com a maior rapidez possível. Em um estudo de 2014 feito por

* Termo que se refere a um teste de conectividade na internet, enviando um sinal a um receptor e esperando resposta como confirmação de que a conexão existe. (N. T.)

David Rosenbaum, da Universidade Estadual da Pensilvânia, pediu-se aos participantes que levassem um de dois baldes pesados para a extremidade oposta de um corredor. Um dos baldes estava bem ao lado do participante; o outro estava no meio do corredor. Para surpresa dos pesquisadores, as pessoas pegavam imediatamente o balde que estava a seu lado e o carregavam no percurso inteiro — passando no caminho pelo outro balde, que poderiam ter escolhido carregar ao longo de uma fração da distância. Como escreveram os pesquisadores, "essa escolha aparentemente irracional reflete uma tendência a 'precrastinar', termo que estamos criando para se referir ao ato de apressar a conclusão de um subobjetivo, mesmo à custa de um esforço físico adicional".[18] Deixar de lado o trabalho num projeto maior para em vez disso atender a questões triviais pode ser encarado, da mesma forma, como "apressar a conclusão de um subobjetivo" — que é outra maneira de dizer que procrastinadores estão agindo (otimamente!) para reduzir em suas mentes, tão rápido quanto possível, o número de tarefas pendentes. Não é que tenham uma estratégia ruim para terminar as coisas; eles têm uma grande estratégia para a métrica errada.

O trabalho com um computador traz consigo um risco adicional quando ele se torna consciente e deliberado no tocante a nossas métricas de programação: a interface do usuário pode sutilmente (ou não tão sutilmente) nos obrigar a adotar sua própria métrica. Um usuário de um moderno smartphone, por exemplo, está acostumado a ver "distintivos" pairando sobre ícones de aplicativos, números sinistros em branco sobre vermelho sinalizando exatamente quantas tarefas cada determinado aplicativo espera que completemos. Se é uma caixa de entrada de e-mails apregoando o número de mensagens não lidas, então, implicitamente, a todas as mensagens se atribui o mesmo peso. Podemos então ser responsabilizados por aplicar o não ponderado algoritmo de Melhor Tempo de Processamento ao problema — indo primeiro aos e-mails mais fáceis e adiando os mais difíceis para o fim — para ir reduzindo sua quantidade o mais rápido possível?

Viva com a métrica, morra com a métrica. Se todas as tarefas tiverem realmente peso igual, é exatamente isso que deveríamos estar fazendo. Mas se não quisermos nos tornar escravos de minúcias, teremos de tomar medidas para esse fim. Isso começa com a certeza de que o problema da máquina única que estamos resolvendo é aquele que *queremos* estar resolvendo. (No caso dos distintivos dos ícones de aplicativos, se não conseguirmos que eles reflitam nossas efetivas prioridades e não superarmos o impulso de reduzir otimamente todo dado numérico que eles nos jogam na cara, então talvez a segunda melhor coisa a fazer seja simplesmente desligar os distintivos.)

Manter-se focado não só em fazer e terminar as coisas mas em fazer e terminar as coisas mais *pesadas* — fazer o trabalho mais importante que puder a cada momento — parece constituir-se em cura certa para a procrastinação. Mas resulta que nem mesmo isso é suficiente. E um grupo de especialistas em programação de computadores iria aprender essa lição do modo mais dramático imaginável: na superfície de Marte, com o mundo inteiro observando.

INVERSÃO DE PRIORIDADE E RESTRIÇÕES DE PRECEDÊNCIA

Era o verão de 1997, e a humanidade tinha muito que comemorar. Pela primeira vez em todos os tempos, um veículo trafegava na superfície de Marte. A espaçonave Mars Pathfinder, de 150 milhões de dólares, tinha acelerado até atingir a velocidade de quase 26 mil quilômetros por hora, atravessado quase 500 milhões de quilômetros de espaço vazio e pousado em seus airbags de escala espacial sobre a rochosa e vermelha superfície marciana.

E agora ela estava procrastinando.

Aqui na Terra, os engenheiros do Jet Propulsion Laboratory (JPS) [Laboratório de Propulsão a Jato] estavam preocupados e aturdidos. A tarefa de mais alta prioridade da Pathfinder (movimentar dados para dentro e para fora de seu "módulo de informação") estava sendo misteriosamente negligenciada enquanto o robô espairecia em tarefas de importância mediana. O que estava acontecendo? O robô não seria capaz de fazer mais do que aquilo?

De repente, a Pathfinder registrou que o módulo de informação não tinha sido tratado para funcionar por um tempo inaceitavelmente longo e, na falta de um recurso mais sutil, fizera um completo *restart*, o que custou à missão a maior parte de um dia de trabalho. Um dia depois, aconteceu de novo.

Trabalhando de modo febril, a equipe do JPL finalmente conseguiu reproduzir e depois diagnosticar aquele comportamento. A culpa era de um clássico risco de programação chamado *inversão de prioridade*. O que acontece numa inversão de prioridade é que uma tarefa de baixa prioridade se apodera de um recurso do sistema (acesso a uma base de dados, digamos) para fazer um determinado trabalho, mas é então interrompida no meio do caminho por um temporizador, que a põe em pausa e invoca o programador do sistema. O programador instala uma tarefa de alta prioridade, mas não pode executá-la porque a base de dados está ocupada. E assim o programador vai baixando na lista de prioridades, executando alternativamente várias tarefas de prioridade média não bloqueadas — em vez da de alta prioridade (que está bloqueada) ou da de baixa prioridade que está bloqueando (emperrada na fila atrás de todos os trabalhos de prioridade média). Nesses cenários de pesadelo, as mais altas prioridades do sistema podem às vezes ser negligenciadas durante períodos de tempo arbitrariamente longos.*

Assim que os engenheiros da Pathfinder identificaram o problema como um caso de inversão de prioridade, eles escreveram uma correção e fizeram o novo código percorrer milhões de quilômetros até a Pathfinder. Qual foi a solução que eles enviaram num voo através do sistema solar? Uma *herança* de prioridade. Se uma tarefa de baixa prioridade estiver bloqueando um recurso de alta prioridade, bem, então, de repente, a tarefa de baixa prioridade deve momentaneamente se tornar a mais alta prioridade no sistema, "herdando" a prioridade daquilo que ela está bloqueando.

O comediante Mitch Hedberg conta de uma ocasião que houve com ele: "Eu estava num cassino, cuidando da minha vida, quando chegou esse sujeito e disse: 'Você vai ter de sair daí, está bloqueando a saída de incêndio'. Como se, caso houvesse um incêndio, eu não fosse sair correndo de lá". O argumento do leão de chácara foi de inversão de prioridade; a refutação de Hedberg foi de herança de prioridade. A presença incidental de Hedberg na frente de uma multidão em fuga punha sua vadiagem de baixa prioridade à frente da alta prioridade da multidão correndo para salvar suas vidas — mas não se ele mesmo herdar essa prioridade. E uma multidão correndo em fuga tem como fazer alguém herdar sua prioridade muito rapidamente. Como explica Hedberg: "Se você é inflamável e tem pernas, nunca vai bloquear uma saída de incêndio".[20]

* Muito ironicamente, o líder da equipe de software da Pathfinder, Glenn Reeves, atribuiria a culpa pelo bug a "pressões de prazo"[19] e ao fato de que a correção dessa questão específica durante o desenvolvimento parecera ter uma "prioridade mais baixa". Assim, a causa raiz do problema, em certo sentido, espelhava o próprio problema. (N. A.)

A moral da história aqui é que um amor por fazer com que as coisas sejam feitas e concluídas não é suficiente para evitar as armadilhas da programação, nem é um amor por ter feitas e concluídas as coisas *importantes.* Um comprometimento de fazer fastidiosamente as coisas mais importantes que você possa fazer, se adotado de modo obstinado e míope, pode levar a algo que, aos olhos do mundo inteiro, vai parecer procrastinação. Como um carro cujos pneus giram sem sair do lugar, é com o simples desejo de fazer progresso imediato que se pode ficar empacado. "As coisas que mais importam nunca devem ficar à mercê das coisas que menos importam",[21] proclamou, supostamente, Goethe. Mas isso, conquanto ornado com o anel da sabedoria, às vezes apenas não é verdade. Às vezes aquilo que mais importa não pode ser feito até que aquilo que menos importa seja terminado, de modo a não haver outra opção senão a de tratar as coisas não importantes como sendo exatamente tão importantes quanto aquelas que estão bloqueando.

Quando uma determinada tarefa não pode ser iniciada antes que outra seja concluída, os teóricos da programação chamam isso de "restrição de precedência". Para a especialista em pesquisa operacional Laura Albert McLay, lembrar-se explicitamente desse princípio fez toda a diferença em mais de uma ocasião em sua própria casa.

> Ser capaz de ver isso pode ser realmente de grande ajuda. É claro que passar o dia inteiro com três filhos exige um bocado de programação. [...] Não se pode cruzar a porta antes que eles tomem seu café da manhã primeiro, e eles não vão ter seu café da manhã primeiro se eu não me lembrar de lhes dar uma colher. Às vezes você se esquece de algo muito simples que vai atrasar tudo. Em termos de algoritmos de programação, só o fato de saber o que é isso, e manter as coisas em andamento, é incrivelmente útil. É assim que eu faço para que as coisas sejam feitas todos os dias.[22]

Em 1978, o pesquisador de programação Jan Karel Lenstra conseguiu se valer do mesmo princípio ao ajudar seu amigo Gene a mudar para sua nova casa em Berkeley. "Gene estava protelando algo que tinha de ser concluído antes de podermos iniciar outra coisa, que era urgente."[23] Como relembra Lenstra, eles precisavam devolver uma van, mas precisavam da van para devolver um equipamento, mas precisavam do equipamento para consertar alguma coisa no apartamento. O conserto no apartamento não parecia ser urgente (daí a protelação), mas a devolução da van era. Diz Lenstra: "Expliquei a ele que a tarefa anterior deveria ser considerada ainda mais urgente". Embora Lenstra seja uma figura central na teoria da programação, e portanto em posição privilegiada para aconselhar seu amigo, havia nisso uma ironia particularmente deliciosa. Aquele era um caso didático de inversão de prioridade causado por restrições de precedência. E, sem dúvidas, o maior especialista em restrições de precedência no século XX era ninguém menos que seu amigo, Eugene "Gene" Lawler.

O SOLAVANCO DA VELOCIDADE

Considerando que ele passou grande parte de sua vida pensando como completar da forma mais eficiente possível uma sequência de tarefas, Lawler seguiu uma rota intrigantemente tortuosa em sua própria carreira.[24] Ele estudou matemática na Universidade Estadual da Flórida antes de iniciar seu trabalho de pós-graduação em Harvard, em 1954, embora o tenha abandonado antes de terminar o doutorado. Após um período na faculdade de direito, no Exército e (bem tematicamente) trabalhando numa oficina mecânica, ele voltou para Harvard em 1958, concluindo seu doutorado e assumindo um posto na Universidade de Michigan. Visitando Berkeley no ano sabático de 1969, foi preso num famoso protesto contra a

Guerra do Vietnã. Tornou-se membro da faculdade em Berkeley no ano seguinte, e lá adquiriu a reputação de ser a "consciência social" do Departamento de Ciência da Computação.[25] Após sua morte, em 1994, a Associação de Maquinaria de Computação instituiu um prêmio em seu nome para homenagear pessoas que demonstrassem o potencial humanitário da ciência da computação.[26]

A primeira investigação de Lawler sobre restrições de precedência sugeria que elas poderiam ser facilmente manejadas. Por exemplo, tome-se o algoritmo de Data de Vencimento Mais Próxima, que reduz ao mínimo possível o atraso máximo de uma série de tarefas. Se suas tarefas têm restrições de precedência, isso torna as coisas mais complicadas — você não poderá simplesmente avançar na ordem da data de vencimento se algumas tarefas não puderem ser iniciadas antes que outras sejam concluídas. Mas em 1968 Lawler provou que isso não seria um problema se se montasse a agenda de trás para a frente: considere apenas as tarefas das quais outras não dependam e ponha aquela com a data de vencimento *mais tardia* no *fim* da programação.[27] Depois simplesmente repita esse processo, considerando em cada passo, como pré-requisito, somente as tarefas das quais nenhuma das outras (ainda não programadas) dependa.

Mas quando Lawler observou com mais profundidade as restrições de precedência, ele descobriu algo curioso. O algoritmo do Menor Tempo de Processamento, como vimos, constitui a política ótima se você quiser eliminar de sua lista de tarefas a maior quantidade de itens o mais rápido possível. Mas se algumas de suas tarefas têm restrições de precedência, não existe um modo simples ou óbvio de o Menor Tempo de Processamento se ajustar a isso. Embora fosse aparentemente um problema elementar de programação, nem Lawler nem qualquer outro pesquisador pareceu ser capaz de encontrar uma maneira eficaz de resolvê-lo.

Na verdade, era muito pior do que isso. O próprio Lawler iria logo descobrir que esse problema pertence a uma classe de problemas para a qual a maioria dos cientistas da computação acredita *não haver* solução eficaz — é o que o pessoal da área chama de "intratável".*[28] O primeiro solavanco da teoria da programação acabou se tornando um muro de tijolos.

Como vimos no cenário de "o triplo ou nada", sobre o qual a teoria da parada ótima não tem coisas sábias a dizer, nem todo problema que possa ser formalmente articulado tem uma solução. Em programação, está claro por definição que todo conjunto de tarefas e restrições tem *algum* programa que é o melhor, e assim os problemas de programação não são, em si mesmos, insolucionáveis — mas poderia simplesmente ser o caso de não existir um algoritmo direto que possa encontrar para você o programa ótimo num tempo razoável.

Isso levou pesquisadores como Lawler e Lenstra a uma questão irresistível. Afinal, qual era exatamente a proporção de problemas de programação que seriam intratáveis? Vinte anos após a teoria da programação ter tido seu pontapé inicial com o trabalho de Selmer Johnson sobre encadernação, a pesquisa por soluções individuais estava prestes a se tornar algo muito maior e, de longe, mais ambicioso: a busca por mapear tudo que estava no alcance da teoria da programação.[29]

O que os pesquisadores descobriram foi que mesmo a mais sutil mudança num problema de programação frequentemente o joga na linha fina e irregular que separa o tratável do intratável. Por exemplo, o Algoritmo de Moore reduz ao mínimo o número de tarefas atrasadas (ou de frutas apodrecidas) quando são todas de igual valor — mas se algumas são mais importantes do que outras, o problema torna-se intratável, e nenhum algoritmo pode

* Vamos discutir problemas "intratáveis" com mais detalhes no capítulo 8. (N. A.)

prover de imediato o programa ótimo.[30] Da mesma forma, ter de esperar até certo momento para iniciar algumas de suas tarefas torna intratáveis quase todos os problemas de programação (para os quais, não fosse isso, haveria soluções eficazes).[31] Não poder levar o lixo para fora antes da noite da coleta poderia ser um razoável estatuto municipal, mas viraria seu calendário de cabeça para baixo e o levaria à intratabilidade.

A delimitação das fronteiras da teoria da programação continua até hoje. Uma pesquisa recente demonstrou que o status de cerca de 7% de todos os problemas ainda é desconhecido, a *terra incognita* da programação.[32] Dos 93% de problemas que conhecemos, no entanto, as notícias não são boas: somente 9% podem ser resolvidos de forma eficaz, e os outros 84% revelaram-se intratáveis.* Em outras palavras, a maior parte dos problemas de programação não admite uma solução pronta. Se a tentativa de gerenciar com perfeição seu calendário parecer esmagadora, talvez seja porque ela realmente é. Não obstante, os algoritmos que discutimos são frequentemente o ponto de partida para atacar esses problemas difíceis — se não com perfeição, pelo menos tão bem quanto se possa esperar.

LARGUE TUDO: PREEMPÇÃO E INCERTEZA

O melhor momento para plantar uma árvore é vinte anos atrás.
O segundo melhor momento é agora.

Provérbio

* No entanto, as coisas não são tão ruins quanto esse número possa fazê-las parecer, uma vez que ele inclui problemas de programação que envolvem máquinas múltiplas — o que se assemelha mais a gerenciar um grupo de empregados do que gerenciar um calendário. (N. A.)

Até agora consideramos apenas fatores que tornam a programação mais difícil. Mas há uma virada que pode torná-la mais fácil: ser capaz de parar uma tarefa no meio e passar para outra. Essa propriedade, "preempção", pode mudar o jogo dramaticamente.

Minimizar o atraso máximo (no atendimento aos clientes num café, por exemplo) ou a soma de tempos de conclusão (para reduzir rapidamente sua lista de coisas por fazer) é algo que cruza a linha da intratabilidade se algumas tarefas não puderem ser iniciadas antes de um determinado momento, mas volta a ter soluções eficazes quando se admite a preempção. Nesses casos, as estratégias clássicas — Data de Vencimento Mais Próxima e Menor Tempo de Processamento, respectivamente — continuam sendo as melhores, com uma modificação razoavelmente singela.[33] Quando chega o momento de iniciar uma tarefa, compare essa tarefa com a que está sendo realizada. Se você estiver seguindo a Data de Vencimento Mais Próxima e a nova tarefa tiver o prazo de vencimento ainda anterior ao da atual, mude a marcha; se não, mantenha o curso. Da mesma forma, se você estiver seguindo o Menor Tempo de Processamento e a nova tarefa puder ser concluída mais rapidamente que a atual, interrompa esta e cuide da outra; se não, continue com o que estava fazendo.

Então, numa boa semana, uma oficina de máquinas pode saber tudo que se espera dela nos próximos dias, mas a maioria de nós geralmente está num voo cego, ao menos em parte. Podemos até mesmo não ter certeza, por exemplo, de quando vamos poder iniciar um determinado projeto (quando é que fulano vai me dar uma resposta firme sobre tal e tal coisa?). E a qualquer momento nosso telefone pode tocar ou pode aparecer um e-mail com novidades quanto a uma tarefa totalmente nova a ser acrescentada em nossa agenda.

No entanto, acontece que mesmo que você não saiba quando quais tarefas terão início, a Data de Vencimento Mais Próxima e o

Melhor Tempo de Processamento são *ainda* as estratégias ótimas, capazes de lhe garantir (na média) o melhor desempenho possível diante da incerteza. Se atribuições são jogadas em nossa mesa em momentos imprevisíveis, a estratégia ótima para reduzir ao mínimo o atraso máximo é ainda a versão preemptiva da Data de Vencimento Mais Próxima — mudando para a tarefa que acabou de chegar se seu prazo vence antes do prazo daquela que você está realizando no momento; se não, ignorando-a.[34] Da mesma forma, a versão preemptiva do Menor Tempo de Processamento — comparando o tempo que vai levar para concluir a tarefa atual com o que levaria para completar a nova — é ainda a estratégia ótima para reduzir ao mínimo os tempos de conclusão de tarefas.[35]

Na verdade, a versão ponderada do Menor Tempo de Processamento é um candidato bem bom a ser a melhor estratégia de programação de propósito genérico diante da incerteza. Oferece uma receita simples para gerenciamento de tempo: cada vez que chegar uma nova unidade de trabalho, divida sua importância pelo montante de tempo que levará para ser concluída. Se esse número for mais elevado do que o da tarefa que você estiver realizando no momento, mude para a nova; se não, fique com a atual. Esse algoritmo é a coisa mais próxima que a teoria da programação tem de uma chave mestra ou de um canivete suíço, a estratégia ótima não apenas para um tipo de problema, mas para muitos. Sob certas pressuposições, ele minimiza não só a soma dos tempos ponderados de conclusão, como se poderia esperar, mas também a soma dos pesos das tarefas atrasadas e a soma do atraso ponderado dessas tarefas.[36]

Curiosamente, a otimização de todas essas outras métricas será intratável se soubermos com antecedência os momentos de início das tarefas e a duração delas. Assim, considerar o impacto da incerteza na programação revela algo contraintuitivo: há casos em que a clarividência é um ônus. Mesmo com um total conhecimento prévio, encontrar a programação perfeita pode ser praticamente impossível. Em contraste, pensar e reagir com rapidez à medida que as tarefas chegam não lhe vai dar uma programação *tão* perfeita quanto seria se você pudesse prever o futuro — mas o melhor que você *pode* fazer é muito mais fácil de computar. Serve de algum consolo. Como diz o codificador e autor de livros sobre negócios Jason Fried: "Está sentindo que não pode prosseguir até que tenha um plano infalível funcionando? Substitua 'plano' por 'palpite' e relaxe".[37] A teoria da programação confirma isso.

Quando o futuro é nebuloso, você não precisa de um calendário — só de uma lista de coisas a fazer.

A PREEMPÇÃO NÃO É LIVRE: TROCA DE CONTEXTO

> *Quanto mais me apresso, mais para trás eu fico.*
>
> Bordado visto em Boonville, Califórnia

> *Programadores não falam porque não podem ser interrompidos. [...] Sincronizar com outras pessoas (ou sua representação em telefones, interfones ou campainhas de porta) só poderia significar a interrupção do trem de seu raciocínio. Interrupções significam certos bugs. Não se pode sair do trem.*[38]
>
> Ellen Ullman

A teoria da programação nos conta uma história razoavelmente encorajadora. Existem algoritmos simples e ótimos para resolver muitos problemas de programação, e esses problemas são tentadoramente próximos a situações que encontramos todos os dias nas vidas humanas. Mas quando se trata de efetivamente fazer a programação de uma única máquina no mundo real, as coisas se complicam.

Primeiro de tudo, pessoas e sistemas operacionais de computador enfrentam de modo semelhante um curioso desafio: a máquina que está fazendo a programação e a máquina que está sendo programada são uma única e mesma máquina. E isso faz com que corrigir sua lista de coisas a fazer seja um item *em* sua lista de coisas a fazer — que precisa, ela mesma, ser priorizada e programada.

Segundo, a preempção não é livre. Cada vez que troca de tarefa, você paga um preço, conhecido na ciência da computação como *troca de contexto*. Quando um processador de computador desvia sua atenção de um dado programa, sempre há uma certa medida de sobrecarga necessária. Ele precisa efetivamente marcar seu lugar e pôr de lado todas as informações relativas a esse programa. Depois tem de calcular qual programa executar em seguida. Finalmente, tem de trazer toda informação relevante para esse programa, encontrar seu lugar no código e engrenar em sua execução.

Nenhuma dessas trocas com idas e vindas é "trabalho real" — isto é, nada disso efetivamente faz avançar o status de qualquer dos vários programas entre os quais o computador realiza suas trocas. É *metatrabalho*. Toda troca de contexto é tempo perdido.

Claramente, humanos também arcam com custos de troca de contexto. Percebemos isso quando trazemos e tiramos papéis de nossas mesas, abrimos e fechamos documentos em nosso computador, entramos num recinto e não nos lembramos de o que nos levou até lá, ou quando simplesmente dizemos em voz alta: "Agora, onde estava eu?", ou "O que eu estava dizendo?". Psicólogos já demonstraram que, para nós, os efeitos de trocar de tarefa podem incluir tanto atrasos quanto erros — numa escala mais de minutos do que de microssegundos.[39] Para pôr o quadro em perspectiva, todo aquele que for interrompido mais do que umas poucas vezes por hora corre o risco de não fazer de todo o seu trabalho.

Pessoalmente, achamos que tanto programar quanto escrever exige que se tenha em mente o estado do sistema inteiro, e isso traz consigo os custos de grandes e desordenadas trocas de contexto. Um amigo nosso que desenvolve softwares diz que a semana normal de trabalho não se adapta bem ao fluxo de seu trabalho, já que, para ele, um dia de dezesseis horas tem mais do dobro da produtividade do que um dia de oito horas. Brian, por sua vez, pensa no ato de escrever como uma espécie de trabalho de ferreiro, no qual leva algum tempo para aquecer o metal até que fique maleável. Ele acha que seria inútil bloquear qualquer outra coisa por menos de noventa minutos para escrever, uma vez que não acontece muita coisa na primeira meia hora, exceto descarregar em sua cabeça um bloco gigantesco de "Agora, onde estava eu?". O especialista em programação Kirk Pruhs, da Universidade de Pittsburgh, teve a mesma experiência. "Se for menos de uma hora, eu só vou fazer pequenas incumbências, porque levo 35 minutos para realmente conceber o que quero fazer e depois posso não ter tempo para fazê-lo."[40]

O célebre poema "Se", de Rudyard Kipling, de 1910, termina com um exuberante chamado ao gerenciamento do tempo: "E se és capaz de dar, segundo por segundo,/ Ao minuto fatal todo o valor e brilho [...]".*

Apenas "se". Na verdade, sempre há uma perda genérica — tempo perdido em metatrabalho, em logística de contabilidade e gerenciamento de tarefas. Essa é uma das negociações fundamentais da programação. E quanto mais você assumir, mais perdas desse tipo haverá. Em seu pesadelo mais extremado, isso se torna um fenômeno chamado *thrashing*.**

* Trad. de Guilherme de Almeida. Em inglês: "*If you can fill the unforgiving minute/ With sixty seconds' worth of distance run* [...]". (N. T.)

** *Thrash* em inglês significa "lixo". (N. T.)

THRASHING

Gage: Sr. Zuckerberg, posso contar com toda a sua atenção?

Zuckerberg: Você tem parte de minha atenção — tem a quantidade mínima.[41]

Do filme *A rede social*

Computadores realizam multitarefas mediante um processo chamado *threading*, que pode ser imaginado como fazer malabarismo com um conjunto de bolas. Assim como o malabarista só atira uma bola de cada vez mas mantém três no ar, uma CPU só trabalha com um programa de cada vez, mas faz a troca de um para outro com tamanha velocidade (na escala de dez milésimos de segundo) que *parece* que o computador está passando um filme, navegando na web e avisando da chegada de um e-mail tudo ao mesmo tempo.

Na década de 1960, cientistas da computação começaram a pensar em como automatizar o processo de compartilhar os recursos do computador entre diferentes tarefas e usuários. Era uma época excitante, conta Peter Denning, que então trabalhava em seu doutorado no Instituto de Tecnologia de Massachusetts (MIT) e hoje é um dos maiores especialistas em multitarefas do computador. Excitante e cheia de incertezas: "Como partilhar uma memória principal entre um monte de tarefas que lá estão, quando algumas delas querem crescer e algumas podem querer encolher e vão interagir entre si, tentando roubar [memória] e todo esse tipo de coisas? [...] Como gerenciar todas essas interações? Ninguém sabia nada quanto a isso".[42]

Dado que os pesquisadores realmente não sabiam ainda o que estavam fazendo, não é de surpreender que esse esforço se deparasse com dificuldades. E havia uma em especial que chamou a atenção deles. Sob certas condições, como Denning explica, um problema dramático "se apresenta à medida que você acrescenta mais tarefas ao mix da multiprogramação. A certa altura você transpõe um limiar crítico — cuja localização exata é imprevisível, mas que você vai reconhecer quando chegar lá — e de repente o sistema parece que vai morrer".

Pense novamente em nossa imagem de um malabarista. Com uma só bola no ar, há bastante tempo disponível enquanto essa bola está no ar para que o malabarista jogue outras no ar também. Mas e se o malabarista usar uma bola a mais do que é capaz de controlar? Ele não deixa cair *aquela* bola; ele deixa cair *todas*. O sistema inteiro, bem literalmente, desmorona. Como expressa Denning, "a presença de um programa adicional causa um colapso total do serviço. [...] A diferença marcante entre os dois casos primeiramente desafia a intuição, que nos poderia levar a esperar uma degradação gradual do serviço à medida que programas novos são introduzidos numa memória principal supercarregada".[43] Em vez disso, catástrofe. E embora possamos entender que um malabarista humano fique sobrecarregado, o que pode fazer com que algo assim aconteça com uma *máquina*?

Aqui a teoria da programação intercepta a teoria do armazenamento em cache. Toda a ideia dos caches é manter o "conjunto funcional" de itens necessários disponível para um acesso rápido. Um modo de fazer isso é manter a informação que o computador está usando naquele momento numa memória rápida e não no lento disco rígido. Mas se uma tarefa exigir que se mantenham rastreadas tantas coisas a ponto de elas não caberem todas numa memória, então você vai acabar gastando mais tempo em ficar trocando informação para dentro e para fora da memória do que fazendo efetivamente seu trabalho. Além disso, quando você troca de tarefa, a tarefa recentemente ativada poderá ter de abrir espaço para seu conjunto funcional desapropriando da memória porções de *outros* conjuntos funcionais. A próxima tarefa, quando reativada, teria de readquirir do disco rígido partes de *seu* conjunto funcional e empurrá-los de volta para a memória, mais uma vez deslocando outros. Esse problema — tarefas roubando espaço umas das outras — pode ficar ainda pior em sistemas com hierarquias de caches entre o processador e a memória. Como diz Peter Zijlstra, um dos principais desenvolvedores do sistema operacional Linux, "os caches ficam aquecidos para a carga de trabalho em curso, e quando você troca de contexto, você praticamente invalida todos os caches. E isso dói".[44] Em condições extremas, um programa pode ficar em execução *apenas* o tempo suficiente para jogar os itens de que precisa na memória, antes de abrir caminho para outro programa que vai estar em execução apenas o tempo suficiente para, por sua vez, substituí-los.

Isto é *thrashing*: um sistema funcionando a toda e realizando absolutamente nada. Denning diagnosticou primeiro esse problema num contexto de gerenciamento de memória, mas cientistas da computação usam agora o termo *thrashing* para se referir a quase toda situação na qual o sistema trava completamente porque está todo voltado para metatrabalhos.[45] O desempenho de um computador em *thrashing* não despenca gradualmente. Ele cai de um penhasco. O "trabalho real" caiu efetivamente para zero, o que significa que será quase impossível sair disso.

O *thrashing* é um estado humano muito identificável. Se você alguma vez passou por um momento no qual quis parar de fazer tudo só para ter a oportunidade de anotar tudo que supostamente estava fazendo, mas não conseguiu arranjar tempo para isso, você estava em *thrashing*. E a causa é quase a mesma para pessoas e para computadores: cada tarefa é uma retirada em nossos limitados recursos cognitivos. Quando meramente lembrar tudo que precisamos fazer ocupa toda a nossa atenção, ou quando a priorização de cada tarefa consome todo o tempo de que dispomos para realizá-las, ou quando nossa linha de pensamento é continuamente interrompida antes que esses pensamentos possam se traduzir em ação, então a sensação é de pânico, como que uma paralisia por hiperatividade. É *thrashing*, e os computadores conhecem isso muito bem.

Se você alguma vez lutou com um sistema que estava em estado de *thrashing* — e se alguma vez *esteve* nesse estado —, então pode estar curioso quanto a como a ciência da computação vai sair disso. Em seu marcante trabalho sobre o tema na década de 1960, Denning observou que é melhor prevenir do que remediar. A coisa mais fácil a fazer é simplesmente obter mais memória: bastante RAM, por exemplo, para encaixar de uma vez todos os conjuntos funcionais de todos os programas em execução na memória e reduzir o tempo despendido em troca de contexto. Mas o conselho de ser preventivo quanto ao *thrashing* não ajuda quando você se vê dentro dele. Além disso, no que concerne à atenção humana, ficamos empacados com aquilo a que chegamos.

Outro modo de evitar o *thrashing* antes que ele comece é aprender a arte de dizer "não". Denning defendia a ideia de que um sistema deveria simplesmente recusar acrescentar um programa em sua carga de trabalho se não dispusesse de memória livre o bastante para conter seu conjunto funcional. Isso impede o *thrashing* em máquinas, e é um conselho sensato para qualquer um que esteja sobrecarregado. Mas mesmo isso pode parecer um luxo inatingível para aqueles de nós que *já* nos vemos sobrecarregados — ou incapazes de atender às demandas que nos estão sendo apresentadas.

Nesses casos, é claro, não há como trabalhar mais duro, mas você pode trabalhar... *mais obtusamente*. Junto com as considerações relativas à memória, uma das maiores causas de metatrabalho é a troca de contextos no mero ato de escolher o que se vai fazer em seguida. Isso, também, pode às vezes fazer atolar a efetiva execução do trabalho. Quando deparamos com uma caixa de entrada de e-mails transbordando com *n* mensagens, sabemos, pela teoria da ordenação, que as repetidas varreduras da lista em busca da mensagem mais importante a ser respondida em seguida representarão $O(n^2)$ operações – *n* varreduras por cada *n* mensagens. Isso significa que deparar com uma caixa de entrada que ficou três vezes mais cheia do que o usual pode lhe tomar *nove* vezes mais tempo para processar. Além disso, fazer a varredura de todos esses e-mails significa trazer cada mensagem para dentro de sua mente, uma após outra, antes de responder a qualquer uma delas: receita certa para um *thrashing* de memória.

Em um estado de *thrashing*, você não faz essencialmente progresso algum, e assim até mesmo realizar tarefas na ordem errada é melhor do que não fazer absolutamente nada. Em vez de responder primeiro aos e-mails mais importantes — o que exige uma avaliação do conjunto inteiro, o que pode levar mais tempo do que o trabalho em si mesmo —, talvez você devesse passar ao largo das areias movediças do tempo quadrático e simplesmente responder aos e-mails numa ordem *aleatória*, ou em qualquer ordem com que apareçam na tela. Nessa mesma linha de pensamento, a equipe nuclear do Linux, vários anos atrás, substituiu seu algoritmo programador por um que fosse menos "inteligente" no cálculo das prioridades de processamento mas que se destacasse em fazer esse cálculo em menos tempo.[46]

Se você ainda quiser manter suas prioridades, no entanto, há uma barganha diferente e mais interessante da qual pode lançar mão para ter sua produtividade de volta.

COALESCÊNCIA DE INTERRUPÇÃO

Em parte, o que faz a programação em tempo real tão complexa e interessante é o fato de ser fundamentalmente uma negociação entre dois princípios que não são de todo compatíveis. Esses dois princípios são chamados *responsividade* e *rendimento*: quão rápido você é capaz de reagir a coisas e quanto você é capaz de fazer no geral. Todo aquele que alguma vez tenha trabalhado num ambiente de escritório saberá prontamente avaliar a tensão que existe entre essas duas métricas. Essa é, em parte, a razão pela qual há pessoas cujo trabalho é atender o telefone: elas são responsivas, para que outras possam apresentar rendimento.

Reiterando, a vida é mais dura quando — como um computador — você tem de fazer consigo mesmo a negociação entre responsividade e rendimento. E a melhor estratégia para fazer e terminar as coisas pode ser, paradoxalmente, desacelerar.

Programadores de sistemas operacionais definem um "período" durante o qual é garantido que todo programa funcione pelo menos um pouco, com o sistema concedendo uma "fatia" desse período a cada programa. Quanto mais programas em execução, menores ficam as fatias, e mais trocas de contexto acontecem em cada período, mantendo a responsividade à custa de rendimento. Se não for controlada, contudo, essa política de garantir a cada processo ao menos *alguma* atenção em todo período pode levar à catástrofe. Com muitos programas em execução, uma fatia de tarefa iria encolher a um ponto em que o sistema ia gastar *toda* a fatia em trocas de contexto, antes de novamente trocar de contexto para a próxima tarefa.

A culpada é a garantia de alta responsividade. Por isso, os sistemas operacionais modernos atribuem de fato uma duração mínima a suas fatias, e se recusarão a subdividir o período ainda mais. (No Linux, por exemplo, essa fatia útil mínima resulta em algo como três quartos de um milissegundo, mas em humanos ela deve ter, realisticamente, ao menos vários minutos.)[47] Se mais projetos forem acrescentados além desse ponto, o período simplesmente ficará mais longo. Isso significa que os processos terão de esperar mais para que chegue sua vez, mas o tempo que eles terão será ao menos suficiente para fazer alguma coisa.

Estabelecer uma quantidade mínima de tempo disponível para cada tarefa individual ajuda a impedir que um comprometimento com a responsividade oblitere totalmente o rendimento: se a fatia mínima de tempo é mais longa que o tempo que leva uma troca de contexto, então o sistema nunca poderá entrar num estado em que a troca de contexto seja a única coisa que ele está fazendo. É também um princípio fácil de ser traduzido como uma recomendação para vidas humanas. Métodos como o de "caixas de tempo" ou "técnicas pomodoro", com os quais você literalmente ajusta um timer na cozinha e se compromete a realizar uma tarefa no decurso do tempo marcado, são a materialização dessa ideia.[48]

Mas qual é o tamanho da fatia que você deve ter como objetivo? Ante a pergunta de quanto tempo esperar nos intervalos entre execuções de tarefas recorrentes, como a de checar seus e-mails, a reposta do ponto de vista do rendimento é simples: o tempo mais longo possível. Mas isso não é o fim da história. Rendimento mais alto, afinal, também significa menos responsividade.

Para seu computador, a incômoda interrupção que ele tem de checar com regularidade não são os e-mails — é você. Você pode não movimentar o mouse por minutos, ou horas, mas quando o faz, você espera que o cursor na tela se movimente imediatamente, o que significa que a máquina despende um bocado de esforço checando você. Quanto mais frequentemente ela checar o mouse e o teclado, mais rápido poderá reagir quando houver um input, mas tanto mais trocas de contexto terá de fazer. Assim, a regra que os sistemas operacionais de computadores seguem quando decidem quanto tempo podem se dedicar a alguma tarefa é simples: o máximo de tempo possível sem que pareçam estar agitados ou morosos ao usuário.

Quando nós, humanos, saímos de casa para uma pequena e rápida tarefa, poderíamos dizer algo como: "Vou e volto, você nem vai notar". Quando nossas máquinas trocam de contexto para uma computação, elas têm literalmente de retornar a nós antes que percebamos que saíram. Para encontrar esse ponto de equilíbrio, os programadores de sistemas operacionais voltaram-se para a psicologia, garimpando trabalhos em psicofísica para saber o número exato de milissegundos de atraso com que o cérebro humano registra uma defasagem ou uma centelha.[49] Não é o caso de responder ao usuário com um intervalo de tempo maior do que esse.

Graças a esses esforços, quando sistemas operacionais estão funcionando bem, você nem notará quão duramente seu computador está se empenhando. Você continua sendo capaz de mover seu mouse pela tela fluentemente mesmo quando seu processador está sobrecarregado. A fluidez *está* lhe custando algum rendimento, mas essa é a negociação de projeto que foi conduzida explicitamente pelos engenheiros do sistema: seu sistema despende todo o tempo que puder sem interagir com você, depois dá a volta para retomar o mouse bem a tempo.

Mais uma vez, esse é um princípio que pode ser transferido para vidas humanas. A moral da história é que você deveria tentar permanecer numa única tarefa por mais tempo que puder, sem reduzir sua responsividade abaixo de um limite mínimo aceitável. Decida quão responsivo você precisa ser — e então, se quiser que as coisas sejam feitas e terminadas, não seja mais responsivo do que isso.

Se notar que está fazendo muitas trocas de contexto porque está atacando uma coleção heterogênea de tarefas curtas, você também poderá se valer de outra ideia da ciência da computação: "coalescência de interrupção". Se você tem cinco faturas de cartão de crédito, por exemplo, não pague à medida que chegam; cuide delas todas de uma vez quando chegar a quinta fatura. Tendo em vista que suas contas nunca vencem antes de 31 dias a partir de sua chegada, você pode designar, digamos, o primeiro dia de cada mês como "dia de pagamento de contas", e nesse dia processar toda conta que houver em sua mesa, não importando se chegou há três semanas ou três horas. Da mesma forma, se nenhum de seus correspondentes por e-mail lhe pediu que respondesse em menos de 24 horas, você pode se limitar a verificar suas mensagens uma vez por dia. Os próprios computadores fazem algo parecido:[50] eles esperam até um momento de intervalo prefixado e checam tudo, em vez de ficar trocando de contexto para manipular interrupções separadas e descoordenadas de seus vários subcomponentes.*

Ocasionalmente, cientistas da computação percebem a ausência de coalescência de interrupção em suas próprias vidas. Peter Norvig, diretor de pesquisa do Google, diz: "Hoje eu tive de ir ao centro da cidade três vezes para pequenas tarefas, e disse: 'Ora, vamos, é só um bug de uma linha em seu algoritmo. Você devia ter esperado, ou tê-las adicionado à fila das coisas por fazer, em vez de executá-las sequencialmente à medida que iam se acrescentando, uma de cada vez'".[51]

Na escala humana, obtemos a coalescência de interrupção gratuitamente do sistema postal, como consequência de seu ciclo de entrega. Como a correspondência é entregue somente uma vez por dia, algo que foi enviado com apenas alguns minutos de atraso poderá levar mais 24 horas para chegar a você. Considerando os custos da troca de contexto, o aspecto positivo disso deveria agora ser óbvio: você só vai ser interrompido por contas e cartas no

* Como muitos computadores tendem a impertinentemente espocar mensagens de erro e caixas de diálogo que escondem o cursor sempre que querem algo de nós, seu comportamento é um tanto hipócrita. A interface do usuário exige a atenção do usuário de um modo que a própria CPU dificilmente toleraria. (N. A.)

máximo uma vez por dia. Mais ainda, o ritmo postal de 24 horas exige de você uma responsividade mínima: não faz a menor diferença se você posta sua resposta cinco minutos ou cinco horas após receber uma carta.

Na universidade, manter um horário de atendimento é uma forma de coalescer interrupções de estudantes. E no setor privado, a coalescência de interrupção oferece um aspecto que redime um dos mais difamados rituais de escritório: a reunião semanal. Quaisquer que sejam suas desvantagens, reuniões agendadas regularmente constituem uma das melhores defesas contra interrupção espontânea e troca de contexto não planejada.

Talvez o santo padroeiro do estilo de vida com um mínimo de troca de contexto seja o lendário programador Donald Knuth. "Faço uma coisa de cada vez", ele diz. "Isso é o que os cientistas da computação chamam de processamento em série — e a alternativa a isso é ficar trocando o tempo todo. Eu não fico trocando o tempo todo."[52] Knuth não está brincando. Em 1º de janeiro de 2014, ele embarcou no "Ajuste do TeX de 2014", no qual corrigiu todos os bugs que tinham sido relatados em seu software de digitação TeX nos *seis anos* anteriores. Seu relatório termina com a animada convocação: "Fique sintonizado no Ajuste do TeX de 2021!". Knuth não tinha um endereço de e-mail desde 1990. "O e-mail é uma coisa maravilhosa para pessoas cujo papel na vida é estar no topo das coisas. Mas não para mim; meu papel é estar no fundo das coisas. O que eu faço exige horas de estudo e de concentração que não podem ser interrompidas."[53] Ele repassa toda sua caixa de e-mails a cada três meses, e todos os seus faxes a cada seis.

Mas não é necessário levar as coisas ao extremo de Knuth para querer que na maior parte de nossas vidas usemos a coalescência de interrupção como um princípio de projeto. A agência de correio nos dá isso quase acidentalmente; em outro lugar, temos de construir isso, ou requerer, para nós mesmos. Nossos dispositivos de alerta com bipes e toques dispõem de modos "não perturbe" que podemos ligar e desligar manualmente no decorrer do dia, mas esse é um recurso muito rudimentar. Em vez disso, poderíamos cogitar usar configurações que ofereçam uma opção explícita de coalescência de interrupção — a mesma coisa, em escala humana, que os dispositivos estão fazendo internamente. Alerte-me apenas uma vez a cada dez minutos, digamos; aí conte-me tudo.

6. Regra de Bayes
Prevendo o futuro

Todo conhecimento humano é incerto, inexato e parcial.[1]

Bertrand Russell

O sol vai nascer amanhã. Pode apostar seu último dólar que vai ter sol.

Do musical *Annie*

Em 1969, antes de embarcar num doutorado em astrofísica em Princeton, J. Richard Gott III fez uma viagem à Europa. Lá, foi ver o Muro de Berlim, que tinha sido construído oito anos antes.[2] De pé à sombra do muro, um eloquente símbolo da Guerra Fria, ele começou a se perguntar por quanto tempo mais aquilo iria dividir o mundo.

À primeira vista, seria um absurdo tentar fazer esse tipo de prognóstico. Mesmo deixando de lado a impossibilidade de prever a geopolítica, a questão parecia risível sob o ponto de vista da matemática: tentar fazer um prognóstico a partir de um *único dado*.

Porém, por mais ridículo que isso possa parecer à primeira vista, fazemos essas previsões o tempo todo, por necessidade. Você chega a um ponto de ônibus numa cidade no estrangeiro e descobre, talvez, que o outro turista ali em pé já está esperando há sete minutos. Quando, provavelmente, chegará o próximo ônibus? Vale a pena esperar? Se sim, por quanto tempo, antes de desistir?

Ou talvez um amigo seu esteja namorando alguém há um mês e lhe pede um conselho: é cedo demais para serem convidados para um casamento na família de um deles? O relacionamento entre eles está começando bem, mas até onde é seguro fazer planos para mais adiante?

Uma famosa apresentação feita por Peter Norvig, diretor de pesquisa do Google, tinha o título "A desarrazoada eficácia dos dados", e se entusiasmava com "como bilhões de itens triviais de dados podem levar à compreensão".[3] A mídia nos diz constantemente que vivemos numa "época de grandes dados", em que computadores são capazes de peneirar esses bilhões de itens de dados e descobrir padrões que são invisíveis a olho nu. Mas muitas vezes os problemas mais pertinentes ao dia a dia da vida humana estão na extremidade oposta. Nossos dias estão repletos de "pequenos dados". De fato, assim como Gott diante do Muro de Berlim, frequentemente temos de fazer uma inferência a partir da menor quantidade de dados de que podemos dispor numa única observação.

Então, como fazemos isso? E como *deveríamos* fazer?

A história começa na Inglaterra do século XVIII, num domínio de investigação irresistível para as grandes mentes matemáticas da época, mesmo as do clero: os jogos de aposta.

> *Entretanto, se os argumentos nos levarem a confiar na experiência e fazê-la padrão de nosso juízo futuro, deveremos considerá-los apenas prováveis.*[4]
>
> David Hume

Mais de 250 anos atrás, a questão de fazer prognósticos a partir de pequenos dados era preponderante na mente do reverendo Thomas Bayes, um ministro presbiteriano na encantadora cidade de vilegiatura de Tunbridge Wells, Inglaterra.

Se adquirirmos dez bilhetes de uma nova e desconhecida rifa e cinco deles forem premiados, imaginava Bayes, pareceria ser relativamente fácil estimar a probabilidade de ganhar na rifa em 5/10, ou 50%. Mas e se, em vez disso, comprarmos um único bilhete e formos premiados? Devemos realmente imaginar que a probabilidade de ganhar na rifa é de 1/1, ou 100%? Parece demasiado otimista. Será? E se for, em que medida? O que devemos efetivamente supor?

Para alguém que causou tal impacto na história de como raciocinar em situação de incerteza, a própria história de Bayes continua, ironicamente, a estar cheia de incertezas.[5] Ele nasceu em 1701, ou talvez em 1702, na cidade inglesa de Hertfordshire, ou talvez tenha sido em Londres. E em 1746, ou 1747, ou 1748, ou 1749, teria escrito um dos trabalhos mais influentes de toda a matemática, abandonando-o sem publicar e se dedicando a outras coisas.[6]

Entre esses dois eventos, dispomos de um pouco mais de certezas. Filho de um clérigo, Bayes foi para a Universidade de Edimburgo para estudar teologia e, como seu pai, foi ordenado. Assim como na teologia, tinha interesse na matemática, e em 1736 escreveu uma apaixonada defesa do então novo e difícil "cálculo" de Newton, em resposta a um ataque do bispo George Berkeley.[7] Esse trabalho resultou em sua eleição, em 1742, para membro da Royal Society, para a qual foi recomendado como "um cavalheiro [...] com boa habilitação em geometria e todos os aspectos do estudo da matemática e da filosofia".

Após a morte de Bayes em 1761, pediu-se a seu amigo Richard Price que revisse seus trabalhos matemáticos para ver se estes continham algum material publicável. Price deparou com um ensaio que o deixou especialmente animado — do qual disse que "tem grande mérito, e merece ser preservado".[8] O ensaio concernia exatamente ao tipo de problema da rifa em discussão:

> Imaginemos então uma pessoa presente no sorteio de uma rifa que nada saiba do esquema de seu funcionamento ou de bilhetes *não premiados* e *premiados*. Suponha-se, além disso, que ela seja obrigada a inferir isso do número de *não premiados* que ouve serem anunciados comparado com o número de *premiados*; e que lhe perguntem a que conclusões, nessas circunstâncias, ela poderia razoavelmente chegar.[9]

O insight crítico de Bayes era que a tentativa de usar os bilhetes vencedores e perdedores para conceber o comportamento do bolo total de bilhetes de onde tinham vindo era essencialmente um raciocínio reverso, *para trás*. E para fazer isso, ele argumentava, precisamos primeiro raciocinar *para a frente*, a partir de hipóteses.[10] Em outras palavras, precisamos primeiro determinar em que medida seria possível tirarmos os bilhetes que tiramos *se* diversos cenários fossem verdadeiros. Essa possibilidade — conhecida na estatística moderna como *probabilidade* — nos dá a informação de que precisamos para resolver o problema.

Por exemplo, imagine que compramos três bilhetes e todos os três foram premiados. Agora, se a rifa era desse tipo especialmente generoso que premia *todos* os bilhetes, então nossa experiência de ganhar três vezes em três tentativas aconteceria, é claro, o tempo todo — nesse cenário, tem 100% de chance. Se, em vez disso, só metade dos bilhetes da rifa for premiada, nossa experiência de três em três aconteceria em ½ × ½ × ½ das vezes, ou, em outras palavras, em 1/8 das vezes. E se a rifa premiasse apenas um bilhete em cada mil, nosso resultado seria incrivelmente improvável: 1/1000 × 1/1000 × 1/1000, ou uma vez em 1 bilhão de vezes.

Bayes alega que, de acordo com isso, devíamos julgar ser mais provável que todos os bilhetes dessa rifa sejam premiados do que somente a metade, e mais provável, por sua vez, que metade dos bilhetes seja premiada do que somente um em cada mil. Talvez já tenhamos até intuído isso, mas a lógica de Bayes nos dá a capacidade de quantificar essa intuição. Se tudo for igual, podemos conceber que seja exatamente oito vezes mais provável que todos os bilhetes saiam premiados do que só metade deles — porque os bilhetes que tiramos têm exatamente *oito vezes mais probabilidades* (100% contra um oitavo de vezes) nesse cenário. Da mesma forma, é exatamente 125 milhões de vezes mais provável que metade dos bilhetes da rifa seja premiada do que só um em cada mil, ao que chegamos comparando uma em cada oito vezes com uma em cada 1 bilhão de vezes.

Esse é o ponto crucial do argumento de Bayes. Racionar para a frente a partir de passados hipotéticos nos dá o fundamento para trabalhar então reversamente e chegar ao que é mais provável.

Foi uma abordagem engenhosa e inovadora, mas não conseguiu nos fornecer uma resposta completa ao problema da rifa. Ao apresentar os resultados de Bayes à Real Sociedade, Price conseguiu estabelecer que se você comprar um único bilhete de rifa ou loteria e ele for premiado, então há 75% de probabilidade de que pelo menos metade dos bilhetes seja premiada. Mas pensar em quais probabilidades são prováveis pode nos deixar um pouco confusos. Além disso, se alguém nos pressionasse perguntando "Bem, ótimo, mas quais *são* realmente as chances de ganhar nessa rifa?", ainda não saberíamos o que dizer.

A resposta a essa questão — como destilar todas as várias hipóteses possíveis numa única e específica expectativa — só seria descoberta alguns anos depois pelo matemático francês Pierre-Simon Laplace.

LEI DE LAPLACE

Laplace nasceu na Normandia em 1749, e seu pai o enviou para uma escola católica, com a intenção de que se juntasse ao clero. Laplace continuou estudando teologia na Universidade de Caen, mas no fim, diferentemente de Bayes — que durante a vida inteira equilibrou suas devoções espiritual e científica —, ele abandonou totalmente o clero pela matemática.[11]

Em 1774, sem ter qualquer conhecimento do trabalho anterior de Bayes, Laplace publicou um ambicioso trabalho intitulado "Tratado sobre a probabilidade das causas de ocorrências". Nele, Laplace finalmente resolvia o problema de como fazer inferências em reverso, indo da observação dos efeitos para as suas prováveis causas.

Bayes, como vimos, tinha descoberto um meio de comparar a relativa probabilidade de uma hipótese com a de outra. Mas no caso de uma rifa, existe literalmente um número infinito de hipóteses: uma para cada proporção concebível de bilhetes premiados. Usando cálculo — essa matemática uma vez controversa da qual Bayes fora importante defensor —, Laplace conseguiu provar que esse amplo espectro de possibilidades podia ser destilado para uma única estimativa, e espantosamente concisa como tal.[12] Ele demonstrou que se de fato não soubermos antecipadamente nada sobre a nossa rifa, então, após tirarmos um bilhete premiado em nossa primeira tentativa, devemos esperar que a proporção de bilhetes premiados no lote inteiro seja de exatamente dois terços. Se comprarmos três bilhetes e todos os três forem premiados, a proporção esperada de bilhetes premiados é de exatamente quatro quintos. Na verdade, para cada possível sorteio de bilhetes premiados em n tentativas, a expectativa é simplesmente o número de premiações (p) mais um dividido pelo número de tentativas (n) mais dois: $p + 1/n + 2$.

Esse esquema incrivelmente simples para avaliar probabilidades é conhecido como **Lei de Laplace**, e é de fácil aplicação em qualquer situação em que você tem de acessar a probabilidade de uma ocorrência com base em sua história. Se você fizer dez tentativas de algo e cinco delas tiverem êxito, a Lei de Laplace avalia suas probabilidades, em geral, como 6/12, ou 50%, o que é consistente com nossa intuição. Se só tentar uma vez e der certo, a avaliação de Laplace é de dois terços, o que ao mesmo tempo é mais razoável do que supor que vai ganhar todas as vezes, e mais exequível do que a orientação de Price (segundo a qual há 75% de metaprobabilidades de 50% ou mais de probabilidades de sucesso).[13]

Laplace continuou aplicando sua abordagem estatística a uma ampla gama de problemas de sua época, inclusive se no parto há realmente probabilidades iguais de um bebê ser menino ou menina. (Ele estabeleceu, com virtual certeza, que há ligeiramente mais probabilidades de meninos do que de meninas.) Também escreveu o *Ensaio filosófico sobre probabilidades*, indubitavelmente o primeiro livro sobre probabilidade para um público geral e ainda hoje um dos melhores, apresentando sua teoria e considerando suas aplicações na lei, nas ciências e na vida cotidiana.

A Lei de Laplace nos oferece a primeira regra de ouro simples para confrontar pequenos dados no mundo real. Mesmo quando fazemos apenas algumas observações — ou apenas uma —, ela nos provê um guia prático. Quer calcular a probabilidade de que seu ônibus atrase? A probabilidade de que seu time de softbol ganhe o jogo? Conte o número de vezes em que isso aconteceu no passado mais um, e divida pelo número de oportunidades que teve mais dois. E a beleza da Lei de Laplace é que ela funciona igualmente bem se tivermos um único item como dado ou se tivermos milhões deles. A crença da pequena Annie em que o sol vai nascer amanhã é justificada. Assim nos diz ela: tendo a Terra contemplado o nascer do sol no decorrer de 1,6 trilhão de dias seguidos, a probabilidade de mais um nascer do sol na próxima "tentativa" é praticamente indiferenciável dos 100%.

A REGRA DE BAYES E CONVICÇÕES ANTERIORES

> *Todas essas suposições são compatíveis e concebíveis. Por que, então, deveríamos dar preferência a uma que não é mais compatível ou concebível que o resto?*[14]
>
> David Hume

Laplace também considerou outra modificação do argumento de Bayes que se provaria crucial: como lidar com hipóteses que são simplesmente *mais prováveis* que outras. Por exemplo, mesmo sendo possível que uma rifa ou loteria premie 99% das pessoas que compram bilhetes, é mais provável — assim supomos — que premie apenas 1%. Essa suposição deveria se refletir em nossas estimativas.

Para dar um exemplo mais concreto, digamos que um amigo lhe mostre duas moedas diferentes. Uma é uma moeda normal, com probabilidade de 50-50 de dar cara ou coroa; a outra é uma moeda com duas caras. Ele as põe num saco e depois tira uma ao acaso. Ele joga uma vez: cara. Qual das duas moedas você acha que seu amigo tirou e jogou?

O esquema de Bayes de trabalhar em reverso resolve rapidamente essa questão. Dar cara num cara ou coroa acontece 50% das vezes com uma moeda normal e 100% das vezes com uma moeda com duas caras. Assim, podemos afirmar com confiança que a probabilidade é de 100%/50%, ou seja, é exatamente duas vezes mais provável que o amigo tenha tirado do saco a moeda com duas caras.

Considere agora a seguinte mudança de procedimento. Dessa vez, o amigo lhe mostra *nove* moedas normais e uma com duas caras, põe todas num saco, tira uma ao acaso e joga cara ou coroa: dá cara. E agora, o que você deve supor? É uma moeda normal ou a moeda com duas caras?

O trabalho de Laplace antecipou esse tipo de problema, e aqui, mais uma vez, a resposta é impressionantemente simples. Como antes, quando a moeda é normal, as probabilidades de dar cara são exatamente metade das probabilidades de dar cara quando a moeda tem duas caras. Mas agora há nove vezes mais probabilidades de tirar do saco uma moeda normal do que a moeda com duas caras. Disso resulta que devemos tomar essas duas diferentes considerações e multiplicar uma pela outra: é exatamente 4,5 vezes mais provável que seu amigo tenha tirado uma moeda normal do que a de duas caras.

A fórmula matemática que descreve essa relação, juntando as ideias que mantínhamos previamente com a evidência que temos diante de nossos olhos, veio a ser conhecida — ironicamente, uma vez que o verdadeiro trabalho pesado foi feito por Laplace — como **Regra de Bayes**.[15] E ela dá uma notável e direta solução para o problema de como combinar convicções preexistentes com evidência constatada: multiplique as probabilidades entre si.[16]

Notavelmente, para que essa fórmula funcione, é crucial que haja *alguma* convicção anterior quanto à probabilidade. Se seu amigo simplesmente chegasse a você e dissesse "Eu joguei cara ou coroa com uma moeda que tirei deste saco e deu cara. Em sua opinião, qual é a probabilidade de que seja uma moeda normal?", você estaria totalmente incapacitado para responder a essa pergunta a menos que tivesse alguma noção sobre as moedas que estavam no saco, para começar. (Você não pode multiplicar as duas probabilidades entre si se antes não *tiver* consigo uma delas.) Essa noção do que estava "dentro do saco" antes de se jogar cara ou coroa — que dá as probabilidades de cada hipótese ser verdadeira, antes de se ter visto quaisquer dados — é conhecida como probabilidades "a priori", ou, encurtando, "priori". E a Regra de Bayes sempre precisa obter de você alguma prévia, mesmo que seja apenas um palpite. Quantas moedas com duas caras existem? Quão fáceis são de se achar? Quanto tem seu amigo de trapaceiro, seja lá como for?

O fato de a Regra de Bayes depender do emprego da priori tem sido considerado, em certos pontos da história, controverso, tendencioso, até mesmo não científico. Mas na realidade é bastante raro se envolver numa situação tão totalmente não familiar a ponto de nossa mente ser de fato uma tábula rasa. (Nós voltaremos a isso oportunamente.)

Por enquanto, quando você tem alguma estimativa de probabilidades a priori, a Regra de Bayes se aplica a uma ampla gama de problemas que envolvem previsões, seja da variedade dos que têm grandes dados, seja do tipo mais comum, com pequenos dados. O cálculo das probabilidades de ganhar na loteria ou num cara ou coroa é somente o começo. Os métodos desenvolvidos por Bayes e Laplace podem oferecer ajuda em todo momento em que você esteja acossado pela incerteza e por um bocado de dados com que tem de trabalhar. E essa é exatamente a situação que enfrentamos quando tentamos prever o futuro.

O PRINCÍPIO COPERNICANO

É difícil fazer previsões, especialmente quanto ao futuro.[17]

Provérbio dinamarquês

Quando chegou ao Muro de Berlim, J. Richard Gott fez a si mesmo uma pergunta simples: "Onde estou?". Ou seja, em que momento da duração total da vida daquele artefato ele estava ao chegar ali? De certa forma, estava fazendo uma versão temporal da pergunta espacial que tinha obcecado o astrônomo Nicolau Copérnico quatrocentos anos antes. Onde estamos nós? Onde, no Universo, fica a Terra? Copérnico realizaria a mudança radical de paradigma ao imaginar que a Terra não era o centro exato (a mosca no alvo) do Universo — e que, na verdade, não ocupava nenhum lugar particularmente especial. Gott decidiu dar o mesmo passo em relação ao tempo.

Ele partiu da suposição de que o momento em que encontrara o Muro de Berlim não era especial — era igual a qualquer outro momento em toda a vida do muro. E se todo momento tinha peso igual, então na média sua chegada ao muro teria acontecido precisamente no ponto médio (já que tinha 50% de probabilidade de ter caído antes do ponto médio e 50% de probabilidade de ter caído depois). De forma mais genérica, a menos que saibamos mais do que isso, pode-se esperar que tenhamos estado precisamente no ponto médio de duração de *qualquer* fenômeno.* E se supormos que chegamos precisamente no ponto médio de duração de algo, nosso melhor palpite quanto à sua duração no futuro

* Aqui há uma certa ironia: no que concerne ao tempo, supor que não há nada de especial em nossa chegada resulta em imaginarmos nós mesmos como o centro de tudo, afinal. (N. A.)

será obviamente o de que vai durar *exatamente o tempo que já durou até então.* Gott viu o Muro de Berlim oito anos após ter sido construído, então seu melhor palpite foi o de que iria estar lá mais oito anos. (Acabou sendo mais vinte.)

Esse raciocínio direto, que Gott chamou de **Princípio Copernicano**, resulta num algoritmo simples que pode ser usado para fazer previsões quanto a todos os tipos de assunto. Não tendo qualquer expectativa preconcebida, podemos usá-lo para obter previsões não só do fim do Muro de Berlim, mas de quaisquer outros fenômenos de curta e longa duração. O Princípio Copernicano prevê que os Estados Unidos vão durar como nação até aproximadamente o ano de 2255,* que o Google vai durar até mais ou menos 2032, e que o relacionamento que seu amigo começou há um mês só vai durar provavelmente mais um mês (talvez seja bom dizer a ele que não confirme ainda o RSVP do convite de casamento que recebeu). Da mesma forma, o Princípio Copernicano nos diz que devemos demonstrar ceticismo quando, por exemplo, a capa de uma edição recente da revista *New Yorker* mostra um homem empunhando um smartphone de quinze centímetros com a familiar grade de ícones de aplicativos e a legenda "2525". Muito duvidoso. O smartphone tal como o conhecemos não chega a ter uma década, e o Princípio Copernicano nos diz que não é provável que esteja por aí em 2025, muito menos cinco séculos depois disso. Em 2525, seria uma razoável surpresa se houvesse até mesmo uma cidade de Nova York.[18]

Em termos mais práticos, se estivermos considerando um emprego num canteiro de obras que anuncia terem se passado "sete dias desde o último acidente de trabalho", deveríamos querer ficar longe, a menos que estejamos buscando um emprego de du-

* Essa data de previsão implica que os autores fizeram o cálculo tendo como base o ano de 2015-2016. (N. T.)

ração especialmente curta. E se um sistema de trânsito municipal não tiver como oferecer os incrivelmente úteis mas dispendiosos avisos em tempo real que informam quando vai chegar o próximo ônibus, o Princípio Copernicano sugere que pode haver uma alternativa dramaticamente mais simples e mais barata. O simples anúncio de quanto tempo decorreu desde que o ônibus *anterior* chegou ao ponto oferece uma dica substancial de quanto tempo levará para chegar o próximo.

Mas o Princípio Copernicano é correto? Após Gott publicar suas considerações na *Nature*, a revista recebeu uma torrente de correspondência crítica.[19] E é fácil entender a razão disso quando tentamos aplicar a regra a exemplos mais familiares. Se você deparar com um homem de noventa anos, o Princípio Copernicano vai prever que ele viverá até os 180. Todo menino com seis anos de idade, enquanto isso, tem prevista sua morte prematura com a tenra idade de doze anos.

Para compreender por que o Princípio Copernicano funciona, e por que às vezes não funciona, temos de retornar a Bayes. Porque, apesar de sua aparente simplicidade, o Princípio Copernicano é na verdade uma instância da Regra de Bayes.

BAYES ENCONTRA COPÉRNICO

Ao se prever o futuro, tal como a longevidade do Muro de Berlim, as hipóteses que precisamos avaliar são todas as possíveis durações do fenômeno em questão: vai durar uma semana, um mês, um ano, uma década? Para aplicar a Regra de Bayes, como já vimos, precisamos primeiro atribuir probabilidade a priori a cada uma dessas durações. E se verá que o Princípio Copernicano é exatamente o que resulta de se aplicar a Regra de Bayes usando-se o que é conhecido como "priori não informativa".

A princípio, isso pode parecer uma contradição em termos. Se a Regra de Bayes sempre nos requer que especifiquemos nossas expectativas e convicções a priori, como poderemos lhe dizer que não temos nenhuma? No caso de uma rifa, uma forma de alegar ignorância seria presumir o que é chamado de "priori uniforme", que considera toda proporção de bilhetes premiados igualmente provável.* No caso do Muro de Berlim, uma priori não informativa significa dizer que não sabemos nada quanto ao período que estamos tentando prever: o muro poderia tanto ir abaixo nos próximos cinco minutos quanto durar cinco milênios.[21]

Fora essa priori não informativa, o único dado que fornecemos à Regra de Bayes, como vimos, é o fato de que nos encontramos com o Muro de Berlim quando ele tem oito anos de idade. Qualquer hipótese que preveja menos de oito anos de vida para o muro é, portanto, imediatamente descartada, já que tais hipóteses não correspondem absolutamente à nossa situação. (Da mesma forma, a hipótese de uma moeda com duas caras é descartada na primeira ocorrência de coroa.) Qualquer duração além de oito anos está dentro do âmbito das possibilidades — mas se o muro está destinado a ficar ali durante 1 milhão de anos, seria uma grande coincidência termos deparado com ele tão perto do início de sua existência. Portanto, mesmo não se podendo descartar a possibilidade de durações de vida tão imensamente longas, tampouco elas são muito prováveis.

* É exatamente isso que a Lei de Laplace faz em sua forma mais simples: ela presume que ter-se que 1% ou 10% dos bilhetes serão premiados é tão provável como ter-se que serão 50% ou 100%. A fórmula $p + 1/n + 2$ pode parecer ingênua ao sugerir que depois de adquirir um único bilhete não premiado você tem um terço de probabilidade de ser premiado no próximo — mas esse resultado reflete fielmente as chances numa rifa na qual você entra sem saber absolutamente nada.[20] (N. A.)

Quando Bayes combina todas essas probabilidades — a mais provável curta duração empurrando para baixo a previsão média, e a menos provável mas ainda assim possível longa duração empurrando-a para cima —, surge o Princípio Copernicano: se queremos prever quanto tempo alguma coisa vai durar, e não temos absolutamente nenhum conhecimento sobre ela, o melhor palpite que podemos ter é que continuará a existir por exatamente tanto tempo quanto já existiu até então.[22]

Na verdade, Gott nem foi o primeiro a propor algo como o Princípio Copernicano. Em meados do século XX, o estatístico bayesiano Harold Jeffreys tinha estudado como determinar o número de bondes numa cidade tendo como base o número de série de um único bonde, e chegou à mesma resposta: multiplique esse número por dois.[23] E um problema semelhante tinha surgido ainda antes disso, durante a Segunda Guerra Mundial, quando os Aliados quiseram estimar o número de tanques que estavam sendo produzidos na Alemanha.[24] Estimativas puramente matemáticas com base nos números de série de tanques capturados previam que os alemães estavam produzindo 246 tanques por mês, enquanto as estimativas obtidas por meio de amplos (e sumamente arriscados) reconhecimentos aéreos sugeriam que o número estaria mais na ordem dos 1400. Depois da guerra, os registros alemães revelaram o número verdadeiro: 245.

O reconhecimento de que o Princípio Copernicano é exatamente a Regra de Bayes com uma priori não informativa responde a uma porção de perguntas quanto à sua validade. O Princípio Copernicano parece ser razoável precisamente nessas situações em que não sabemos absolutamente nada — como ao se olhar para o Muro de Berlim em 1969, quando nem mesmo sabemos qual escala de tempo é apropriada. E parece estar completamente errado nesses casos em que, *sim*, sabemos algo sobre o assunto. Predizer que um homem com noventa anos vai viver 180 parece desarrazoado exatamente porque estamos abordando o problema já sabendo muita coisa sobre a duração da vida humana — e isso nos permite uma estimativa melhor. Quanto mais rica a informação a priori que trouxermos para a Regra de Bayes, mais úteis serão as previsões que podemos obter por meio dela.

PRIORIS DO MUNDO REAL...

Em um sentido mais amplo, há dois tipos de coisas no mundo: coisas que tendem para (ou se agrupam em torno de) algum tipo de valor "natural" e coisas que não.

As durações da vida humana estão claramente na primeira dessas categorias. Elas seguem mais ou menos o que se denomina distribuição "normal" — também conhecida como distribuição "gaussiana", termo derivado do nome do matemático alemão Carl Friedrich Gauss e informalmente chamada "curva em sino", devido a seu formato característico. Esse formato faz um bom trabalho ao caracterizar a duração da vida humana. A duração média da vida de homens nos Estados Unidos, por exemplo, está em torno dos 76 anos, e outras probabilidades caem de maneira mais ou menos abrupta de um e de outro lado desse centro. Uma distribuição normal tende a ter uma única escala apropriada: uma duração medida em um número de anos com um só dígito é considerada trágica; com três dígitos, extraordinária. Muitas outras coisas no mundo natural também têm uma distribuição normal, desde a altura, o peso e a pressão sanguínea de humanos até a temperatura em uma cidade ao meio-dia ou o diâmetro das frutas num pomar.[25]

Contudo, há coisas no mundo que *não* parecem estar normalmente distribuídas — seja qual for sua medida. A população média de uma cidade nos Estados Unidos, por exemplo, é de 8226 habitantes.[26] Mas se você fosse fazer um gráfico do número de cidades em função da população, veria algo nem remotamente parecido com uma curva em sino. Haveria *muito* mais cidades com menos do que com mais de 8226 habitantes. Ao mesmo tempo, as cidades maiores seriam *muito* maiores do que a média. Esse tipo de padrão tipifica o que é chamado de "distribuições pela lei de potência", ou "distribuições exponenciais". Também são chamadas de "distribuições em escala livre" porque caracterizam quantidades que podem, plausivelmente, abranger várias escalas: uma cidade pode ter dezenas, centenas, milhares, dezenas de milhares, centenas de milhares ou milhões de habitantes, e assim não se pode definir um valor único que represente quão grande uma "cidade normal" deveria ser.[27]

A distribuição exponencial caracteriza um sem-número de fenômenos na vida cotidiana que têm a mesma qualidade básica das populações de cidades: a maior parte está abaixo da média, e uma mínima parte está enormemente acima dela. Valores brutos de bilheteria de filmes de cinema, que podem variar de quatro a dez dígitos (ou seja, da cifra dos milhares à dos bilhões), são outro exemplo. A maioria dos filmes não rende muito dinheiro, mas um ocasional *Titanic* obtém... Bem, quantias titânicas.

De fato, dinheiro é geralmente um domínio cheio de leis exponenciais.[28] A distribuição exponencial caracteriza tanto a riqueza das pessoas quanto a renda das pessoas. A renda média anual nos Estados Unidos, por exemplo, é de 55688 dólares — mas como a renda tem uma distribuição aproximadamente exponencial, sabemos mais uma vez que haverá muito mais gente abaixo do que acima disso, enquanto os que *estão* acima podem estar praticamente fora da curva.[29] E assim é: dois terços da população dos Estados Unidos ganham menos do que a renda média, mas o 1% do topo ganha quase dez vezes a média. E o 1% que está no topo do 1% ganha dez vezes mais do que isso.[30]

Frequentemente se lamenta que "os ricos ficam mais ricos", e de fato o processo de "adesão preferencial" é um dos meios mais seguros de produzir uma distribuição exponencial.[31] Os websites mais populares são os que mais provavelmente atrairão links; as celebridades mais seguidas on-line são as que mais provavelmente ganharão novos fãs; as firmas mais prestigiadas são as que mais provavelmente atrairão novos clientes; as maiores cidades são as que mais provavelmente receberão novos habitantes. Em cada caso, dele resultará uma distribuição exponencial.

A Regra de Bayes nos diz que quando se trata de fazer previsões baseadas numa evidência limitada, poucas coisas são tão importantes quanto ter boas prioris — isto é, uma noção da distribuição da qual esperamos obter essa evidência. Assim, boas previsões começam com ter bons instintos quanto a estarmos lidando com uma distribuição normal ou com uma distribuição exponencial. O que acaba se revelando é que a Regra de Bayes nos propicia uma simples mas dramaticamente diferente regra de ouro preditiva para cada uma dessas duas possibilidades.

... E SUAS REGRAS DE PREVISÃO

Você achava que "isso poderia continuar para sempre" de maneira boa?[32]

Ben Lerner

Examinando o Princípio Copernicano, vemos que, quando a Regra de Bayes conta com uma priori não informativa, ela sempre prevê que o tempo de duração total de um objeto será exatamente o dobro de sua idade atual. Na verdade, a priori não informativa, com suas escalas desabridamente variáveis — um muro que poderia durar meses ou milênios —, é ela mesma uma distribuição exponencial. E para qualquer distribuição exponencial, a Regra de Bayes indica que a estratégia apropriada para uma previsão é uma **Regra Multiplicativa**: multiplique a quantidade observada até o momento por algum fator constante.[33] Para uma priori não informativa, ocorre que o fator constante é dois, e daí advém a previsão copernicana; em outros casos exponenciais, o multiplicador vai depender da distribuição exata com a qual você está trabalhando. Para os valores brutos de bilheteria de filmes, por exemplo, ele é cerca de 1,4. Assim, se você ouvir que um filme teve uma bilheteria de 6 milhões de dólares até então, pode adivinhar que chegará a cerca de 8,4 milhões no total; se foi de 90 milhões de dólares, seu palpite será de que chegará a 126 milhões.

Essa regra de multiplicação é consequência direta do fato de que distribuições exponenciais não especificam uma escala natural para o fenômeno que estão descrevendo. A única coisa que lhe dá uma noção de escala para nossas previsões, portanto, é o único item de dados de que dispomos — tal como o fato de que o Muro de Berlim existia havia oito anos. Quanto maior o valor desse único item de dados, maior a escala com a qual provavelmente estamos lidando, e vice-versa. É *possível* que um filme que tenha arrecadado 6 milhões de dólares seja efetivamente um campeão de bilheteria na primeira hora de seu lançamento, mas é muito mais provável que seja só um filme do tipo que tem apenas um dígito de milhões de dólares de bilheteria.

Por outro lado, quando aplicamos a Regra de Bayes com uma distribuição normal como priori, obtemos um tipo muito diferente de orientação. Em vez de uma regra de multiplicação, temos uma **Regra da Média**: use a média "natural" da distribuição — sua escala única, específica — como orientação. Por exemplo, se alguém tem uma idade inferior à da duração média de vida, preveja simplesmente que ele estará na média; à medida que sua idade se aproxima da média e a ultrapassa, preveja que viverá alguns anos mais. Seguir essa regra propicia previsões verossímeis para quem tem noventa anos e para quem tem seis anos de idade: 94 e 77, respectivamente. (O que tem seis anos ganha uma pequena margem acima da média da população dos Estados Unidos, que é de 76 anos, por ter conseguido sobreviver na primeira infância: sabemos que ele não está no lado esquerdo da distribuição.)

Os tempos de duração de filmes, como os das vidas humanas, seguem também uma distribuição normal: a maioria dos filmes fica em torno de cem minutos ou algo assim, com uma quantidade de exceções em número cada vez menor em ambos os lados dessa média. Mas nem todas as atividades humanas são tão bem-comportadas. O poeta Dean Young observou uma vez que, sempre que ele ouve poemas declamados em partes numeradas, seu coração se aperta se o leitor anuncia o início da parte quatro: se um poema tem mais de três partes, tudo é possível, e Young tem de se acomodar bem, preparando-se para uma longa audição. Acontece que o desalento de Young é, na verdade, perfeitamente bayesiano. Uma análise de poemas nos demonstra que, ao contrário dos tempos de duração de filmes, os poemas seguem algo próximo a uma distribuição mais exponencial do que normal: em geral, os poemas são curtos, mas alguns são épicos. Assim, quando se trata de poesia, assegure-se de que seu assento é confortável. Alguma coisa cujo tempo de duração tem distribuição normal e que aparentemente está se prolongando demais deve terminar em breve; mas quanto mais se prolonga algo cuja distribuição de tempos de duração é exponencial, mais *longamente* deve-se esperar que continue.

Entre esses dois extremos, há na verdade uma terceira categoria de coisas na vida: aquelas em que não é nem mais nem menos provável que acabem só porque se estenderam por algum tempo. Às vezes as coisas são simplesmente... invariantes. O matemático dinamarquês Agner Krarup Erlang, que estudou esses fenômenos, formalizou a extensão dos intervalos entre eventos independentes numa função que hoje leva seu nome: a distribuição Erlang.[34] O formato dessa curva difere dos formatos tanto da normal quanto da exponencial: tem um contorno semelhante ao de uma asa, elevando-se numa corcova suave e com uma cauda que cai mais rapidamente do que uma de distribuição exponencial, porém mais rapidamente do que uma de distribuição normal. O próprio Erlang, quando trabalhava para a Companhia Telefônica de Copenhague no início do século XX, usou-a para modelar quanto tempo era de se supor que decorreria entre ligações sucessivas numa rede telefônica. Desde então, a distribuição Erlang tem sido usada também por arquitetos e planejadores urbanos para modelar o trânsito de carros e de pedestres, bem como por engenheiros de rede para projetar infraestruturas para a internet. Há ainda um número de domínios no mundo natural nos quais os eventos são completamente independentes uns dos outros e os intervalos entre eles, portanto, se encaixam numa curva de Erlang. A decomposição radioativa é um exemplo, o que significa que a distribuição Erlang modela perfeitamente quando se devem esperar os próximos bipes de um contador Geiger. Também se constatou que ela faz um belo serviço na descrição de certos empreendimentos humanos — tais como medir quanto tempo os políticos ficam na Câmara dos Representantes dos Estados Unidos.

A distribuição Erlang nos oferece um terceiro tipo de regra para previsão, a **Regra Aditiva**: preveja sempre que as coisas vão continuar por um tempo adicional constante. O familiar refrão de "Só mais cinco minutinhos!... [E cinco minutos depois] Mais cinco minutos!" que tão frequentemente caracteriza as reivindicações concernentes à prontidão de alguém para sair de casa ou do escritório, ou ao tempo que falta para a conclusão de uma tarefa, digamos, pode parecer um indicador de um fracasso crônico em fazer estimativas realísticas. Bem, nos casos em que alguém, de qualquer maneira, vai de encontro à distribuição Erlang, esse refrão parece estar correto.

Se um entusiasta de carteado de cassino, por exemplo, disser à sua esposa impaciente que vai dar o dia por encerrado assim que ganhar mais uma rodada de blackjack (cuja probabilidade é de cerca de vinte para um), ele poderia prever alegremente: "Chegarei lá em mais ou menos vinte rodadas!".[35] Se, após vinte rodadas de má sorte, ela voltar e lhe perguntar quanto tempo mais vai fazê-la esperar *agora*, sua resposta não vai mudar: "Chegarei em mais ou menos vinte rodadas!". Poderia parecer que nosso infatigável tubarão do baralho teve uma perda momentânea de memória — porém, na realidade, sua previsão está totalmente correta. De fato, distribuições que suscitam a mesma previsão, não importando qual seja sua história ou seu estado atual, são conhecidas pelos estatísticos como "desmemoriadas", ou "desprovidas de memória".[36]

Esses três modelos bem diferentes de previsão ótima — a Regra Multiplicativa, a Regra da Média e a Regra Aditiva — resultam todos diretamente da aplicação da Regra de Bayes nas distribuições exponencial, normal e Erlang, respectivamente. E dado o modo pelo qual se verificam essas previsões, as três distribuições nos oferecem orientações diferentes, também, para quão *surpresos* deveríamos ficar ante certas ocorrências.

Numa distribuição exponencial, quanto mais uma coisa demora, mais tempo esperamos que *continue* demorando. Assim, um evento exponencial é tanto mais surpreendente quanto mais esperamos por ele — e maximamente surpreendente logo antes de acontecer. Uma nação, corporação ou instituição só se torna mais venerável a cada ano que passa, por isso é sempre chocante quando entra em colapso.

Numa distribuição normal, os eventos são surpreendentes quando acontecem cedo — já que esperamos que aconteçam em tempo médio —, mas não quando atrasam. Na verdade, a essa al-

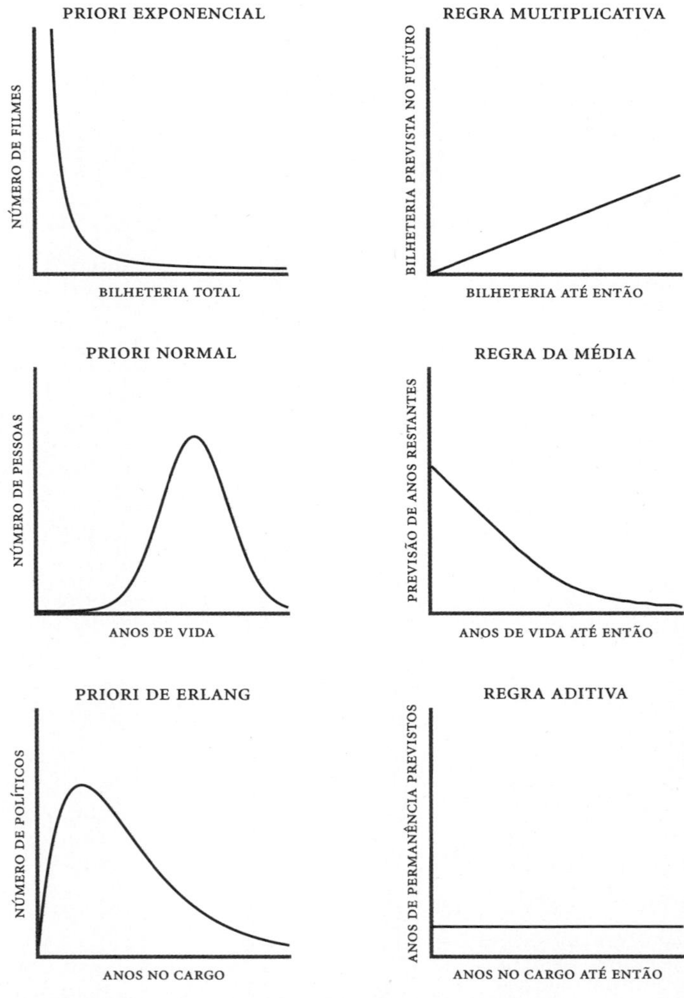

Diferentes distribuições a priori e suas regras de previsão.

tura eles já passaram do momento em que deviam acontecer, e assim, quanto mais esperamos, mais temos de esperar por eles.

E na distribuição Erlang, os eventos, por definição, nunca são mais ou menos surpreendentes, não importando *quando* ocorram. Qualquer estado de coisas tem sempre a mesma probabilidade de ocorrer independentemente de quanto tempo levou para isso. Não é de admirar que políticos estejam sempre pensando em sua próxima eleição.

O jogo de azar se caracteriza por um tipo semelhante de expectativa permanente. Se você espera, digamos, que um ganho na roleta se caracterize como um evento de distribuição normal, deve então aplicar a Regra da Média: após uma rodada de má sorte, ela estaria lhe dizendo que seu número sairia a qualquer momento, provavelmente seguido por mais giros perdedores. (Nesse caso, faria sentido insistir até seu próximo ganho e depois abandonar.) Se, em vez disso, a espera por uma rodada vitoriosa obedecer a uma distribuição exponencial, então a Regra Multiplicativa lhe diria que as rodadas vitoriosas seguem-se rapidamente umas às outras, mas quanto mais tempo durar uma série em branco, mais provável é que continue em branco. (Nesse cenário, você deveria continuar jogando um pouco após qualquer ganho, mas desistir após uma sequência de perdas.) Contudo, no caso de uma distribuição desmemoriada, você fica empacado. A Regra Aditiva lhe diz que a probabilidade de um ganho agora é a mesma que era horas atrás, e continuará a mesma dentro de uma hora. Nada jamais muda. Você não é recompensado se ficar de fora e parar quando estiver ganhando; nem haverá uma virada quando só deveria estar cortando suas perdas. Na música "The Gambler" [O jogador], Kenny Rogers dá o famoso conselho, segundo o qual você deve "Saber quando ir embora/ Saber quando correr"[37]* — mas para uma distribuição desmemoriada *não existe* um momento certo para abandonar. Isso pode explicar em parte esse vício por jogos.

Saber que tipo de distribuição você está enfrentando pode fazer toda a diferença. Quando Stephen Jay Gould, biólogo e pro-

* Em inglês: "*Know when to walk away/ Know when to run*". (N. T.)

lífico divulgador científico de Harvard, descobriu que estava com câncer, seu impulso imediato foi ler a literatura médica relevante. Depois descobriu por que seus médicos o tinham desencorajado de fazer isso: metade dos pacientes com seu tipo de câncer morria oito meses depois de descobri-lo.

Mas só essa estatística — oito meses — nada lhe dizia sobre a *distribuição* dos sobreviventes. Se fosse uma distribuição normal, então a Regra da Média lhe daria um prognóstico bem claro de quanto poderia esperar viver: cerca de oito meses. Mas se fosse exponencial, com uma cauda que se estendesse muito à frente, então a situação seria bastante diferente: a Regra Multiplicativa lhe diria que quanto mais vivesse, mais evidente seria que viveria ainda mais. Continuando a ler sobre isso, Gould descobriu que "a distribuição era realmente muito estendida para a direita, com uma longa cauda (embora pequena) que se estendia por vários anos além da média dos oitos meses. Não vi motivo para eu não estar nessa pequena cauda, e soltei um longo suspiro de alívio".[38] Gould viveria por mais vinte anos após o diagnóstico.

PEQUENOS DADOS E A MENTE

As três regras de previsão — Multiplicativa, Média e Aditiva — são aplicáveis numa ampla gama de situações do dia a dia. E nessas situações, as pessoas em geral mostram-se notavelmente competentes ao usar a regra de previsão correta. Quando estava na pós-graduação, Tom, junto com Josh Tenenbaum, do Instituto de Tecnologia de Massachusetts (MIT), conduziu uma experiência na qual pedia a pessoas que fizessem previsões relativas a uma variedade de dados quantitativos da vida diária — tais como o tempo de duração da vida humana, bilheterias de filmes e o tempo que os representantes dos Estados Unidos passam no cargo — com base em apenas um item de informação em cada caso: a idade atual, o dinheiro já arrecadado até então e os anos já servidos no cargo até aquela data.[39] Depois compararam as previsões feitas pelas pessoas com as fornecidas pela aplicação da Regra de Bayes aos dados efetivos no mundo real concernente a cada um desses domínios.

Constatou-se que as previsões que as pessoas tinham feito estavam extremamente próximas das produzidas pela Regra de Bayes. Intuitivamente, as pessoas fizeram tipos diferentes de previsão para quantidades que seguiam diferentes distribuições — exponencial, normal e Erlang — no mundo real. Em outras palavras, mesmo que você possa não saber ou lembrar conscientemente qual situação pede qual regra (Multiplicativa, Média ou Aditiva), as predições que você faz tendem a *implicitamente* refletir os diferentes casos em que essas distribuições aparecem na vida cotidiana, e as diferentes maneiras com que se comportam.

À luz do que sabemos sobre a Regra de Bayes, esse desempenho humano notável sugere algo crítico que ajuda a compreender como as pessoas fazem previsões. *Pequenos dados são grandes dados disfarçados.* O motivo pelo qual frequentemente fazemos boas previsões a partir de uma pequena quantidade de observações — ou apenas uma — é que nossas prioris são muito ricas. Sabendo disso ou não, parece que carregamos conosco, em nossa cabeça, prioris surpreendentemente precisas sobre bilheterias de filmes e seus tempos de exibição, extensões de poemas e tempos no exercício de cargos, sem falar em tempo de duração de vidas humanas. Não precisamos reunir essas prioris explicitamente; nós as absorvemos do mundo.

O fato de geralmente os palpites das pessoas parecerem corresponder tão exatamente às previsões da Regra de Bayes também possibilita fazer *engenharia reversa* em todos os tipos de distribuições a priori, mesmo aquelas com relação às quais é mais difícil obter dados confiáveis no mundo real. Por exemplo, ser mantido na espera por algum serviço de atendimento ao cliente é um fato lamentavelmente comum na experiência humana, mas não há conjuntos de dados disponíveis publicamente para os tempos de espera, como há para as arrecadações de bilheterias de Hollywood. Mas se as previsões das pessoas são informadas por suas experiências, podemos usar a Regra de Bayes para fazer um reconhecimento indireto do mundo garimpando as expectativas das pessoas. Quando Tom e Josh pediram às pessoas que previssem o tempo de espera a partir de um único dado, os resultados sugeriram que elas estavam usando a Regra Multiplicativa: o total de espera previsto pelas pessoas era de uma vez e um terço o tempo que tinham esperado até então. Isso é consistente com ter como priori uma distribuição exponencial, onde é possível haver uma ampla abrangência de escalas. Só espere que você não acabe no *Titanic* dos tempos de espera. Durante a década passada, abordagens como essas permitiram a cientistas da cognição identificar distribuições a priori de pessoas ao longo de uma ampla faixa de domínios, desde a visão até a linguagem.[40]

No entanto, há aqui um porém crucial. Em casos nos quais não dispomos de boas prioris, nossas previsões *não* são boas. No estudo de Tom e Josh, por exemplo, houve um assunto no qual as previsões das pessoas divergiram sistematicamente da Regra de Bayes: estimar a duração do reinado de faraós egípcios. (Acontece que os reinados dos faraós seguem uma distribuição Erlang.) As pessoas simplesmente não tinham uma percepção cotidiana dessa questão que fosse suficiente para formarem uma noção intuitiva do âmbito desses valores, e assim suas estimativas, é claro, foram falhas. Boas previsões requerem boas prioris.

Isso tem várias implicações importantes. Nosso discernimento trai nossas expectativas, e nossas expectativas traem nossa experiência. Aquilo que projetamos quanto ao futuro nos revela muito — sobre a natureza do mundo em que vivemos e sobre nosso próprio passado.

Quando realizou seu famoso "teste do marshmallow" no início da década de 1970, Walter Mischel estava tentando compreender como a capacidade de postergar uma satisfação se desenvolve com a idade.[41] Numa escola maternal no campus de Stanford, testaram a força de vontade de crianças de três, quatro e cinco anos de idade. Mostravam a cada criança um petisco delicioso, como um marshmallow, e lhe diziam que o adulto que estava fazendo aquele experimento ia sair do recinto por um momento. Se elas quisessem, poderiam comer o petisco imediatamente. Mas se esperassem até que o adulto voltasse, receberiam *dois* petiscos.

Incapazes de resistir, algumas crianças comiam o petisco imediatamente. Outras se continham por todos os quinze minutos até a volta do pesquisador e ganhavam dois petiscos, como prometido. Mas o grupo mais interessante talvez tenha sido o das que ficavam no meio do caminho — conseguiam esperar um pouco, mas depois se rendiam e comiam o petisco.

Esses casos em que as crianças lutavam energicamente e sofriam valentemente para depois desistir e perder de qualquer maneira o marshmallow extra têm sido interpretados como sugerindo uma espécie de irracionalidade. Se você vai desistir, por que não desistir imediatamente e pular aquela tortura? Mas tudo depende de qual é o tipo de situação em que as crianças pensam que estão.[42] Como apontam Joe McGuire e Joe Kable, da Universidade da Pensilvânia, se o tempo que vai levar para os adultos voltarem é governado pela distribuição exponencial — em que longas ausências sugerem que há uma espera ainda mais longa pela frente —, então cortar as perdas em algum momento pode perfeitamente fazer sentido.

Em outras palavras, a capacidade de resistir à tentação pode ser, pelo menos em parte, uma questão de expectativa e não de força de vontade. Se em sua previsão os adultos tendem a demorar pouco para voltar — como que numa distribuição normal —, você é capaz de resistir. A Regra da Média sugere que, após uma dolorosa espera, a coisa a fazer é se manter firme: agora o experimentador deve voltar a qualquer momento. Mas se você não tiver ideia de qual é a escala de tempo de sua ausência — o que é consistente com a distribuição exponencial —, então a batalha é inglória. A Regra Multiplicativa sugere que uma espera prolongada seja só uma pequena fração do que ainda está por vir.

Décadas após os experimentos do marshmallow originais, Walter Mischel e seus colegas voltaram e observaram como os participantes estavam se saindo na vida. Surpreendentemente, descobriram que as crianças que tinham esperado para ganhar dois petiscos eram agora adultos jovens mais bem-sucedidos que os outros, mesmo avaliados por métricas quantitativas como as do SAT.[43] Se o teste do marshmallow era de força de vontade, isso é um atestado poderoso do impacto que o ato de aprender a se controlar pode ter em nossas vidas. Mas se o teste é mais de expectativas do que de vontade, ele está contando uma história diferente, talvez mais pungente.

Uma equipe de pesquisadores na Universidade de Rochester investigou recentemente como experiências anteriores poderiam afetar o comportamento no teste do marshmallow.[44] Antes de sequer se mencionarem os marshmallows, as crianças do experimento tinham começado um projeto de arte. O pesquisador deu-lhes materiais de qualidade medíocre e prometeu voltar logo com coisas melhores. Mas, sem que o soubessem, as crianças tinham sido divididas em dois grupos. Num deles, o pesquisador foi confiável e voltou com materiais melhores, como prometido. No outro, ele não se mostrou confiável, voltando com nada a não ser desculpas.

Encerrado o projeto de arte, as crianças foram para o teste-padrão do marshmallow. Nele, as crianças que tinham concluído que o pesquisador não era confiável foram as que mais tenderam a comer os marshmallows antes que ele voltasse, perdendo a oportunidade de comer um segundo petisco.

Falhar no teste do marshmallow — e ser menos bem-sucedido mais tarde na vida — pode não ter a ver com falta de força de vontade. Pode resultar de uma crença de que adultos não são confiáveis: que não se deve fiar em que cumpram sua palavra, e que eles somem por períodos de duração arbitrária. Aprender a se autocontrolar é importante, mas é igualmente importante crescer em um ambiente onde os adultos são consistentemente presentes e dignos de confiança.

PRIORIS NA ERA DE REPRODUÇÃO MECÂNICA

> *Como se alguém fosse comprar vários exemplares de um jornal matutino para ter certeza de que o que estava sendo dito era verdade.*
>
> Ludwig Wittgenstein

> *Ele tem cuidado com o que lê, pois isso é o que vai escrever. Ele tem cuidado com o que aprende, pois isso é o que vai saber.*
>
> Annie Dillard

A melhor maneira de fazer boas previsões, como demonstra a Regra de Bayes, é ser informado com exatidão quanto às coisas que está prevendo. É por isso que podemos fazer um bom trabalho projetando tempos de duração da vida humana, mas nos saímos mal quando nos pedem para estimar os reinados de faraós.

Ser um bom bayesiano significa ter uma representação do mundo nas proporções corretas — ter boas prioris, adequadamente calibradas. Em geral, no caso de humanos e outros animais, isso ocorre naturalmente; como regra, quando algo nos surpreende, isso *deveria* nos surpreender, e quando não surpreende, é porque não deveria. Mesmo quando se nos acumulam parcialidades que não são objetivamente corretas, ainda assim elas fazem o bom trabalho de refletir a específica parte do mundo em que vivemos. Por exemplo, alguém que vive num clima desértico poderia superestimar a quantidade de areia que existe no mundo, e alguém que vive nos polos poderia superestimar a quantidade de neve. Mas estão bem sintonizados com seu próprio nicho ecológico.

Tudo começa a se descontrolar, no entanto, quando uma espécie adquire uma linguagem. Aquilo de que falamos não é aquilo que experimentamos — falamos principalmente de coisas interessantes, e estas tendem a ser coisas que não são muito comuns. Mais ou menos por definição, eventos são sempre *vivenciados* em suas próprias ocorrências, mas isso não é verdade no que tange à linguagem. Qualquer um que tenha experimentado uma picada de cobra ou que tenha sido atingido por um raio vai tender a recontar essas histórias singulares pelo resto da vida. E essas histórias terão tal destaque que serão captadas e recontadas por outras pessoas.

Há uma tensão curiosa, então, entre comunicar-se com outros e manter prioris acuradas sobre o mundo. Quando pessoas falam do que lhes interessa — e vêm com histórias que, elas acham, seus interlocutores vão achar interessantes —, isso distorce as estatísticas de nossa experiência. Isso faz com que seja difícil manter distribuições a priori adequadas. E o desafio só aumentou com o desenvolvimento da imprensa, dos noticiários todas as noites e das mídias sociais — inovações que permitem à nossa espécie difundir linguagem *mecanicamente*.

Considere quantas vezes você já viu um avião acidentado ou um carro acidentado. É totalmente possível que tenha visto mais ou menos a mesma quantidade de cada caso — mas muitos desses carros foram numa rua ou estrada perto de você, enquanto os aviões foram provavelmente em outro continente, com transmissão na televisão ou via internet. Nos Estados Unidos, por exemplo, o número total de pessoas que perderam a vida num avião comercial desde o ano 2000 não seria suficiente para encher nem metade do Carnegie Hall.[45] Em contraste, o número de pessoas mortas nos Estados Unidos em acidentes de carro no mesmo período é maior do que toda a população de Wyoming.[46]

Dito de maneira simples, a apresentação de ocorrências na mídia não corresponde à sua frequência no mundo. Como observa o sociólogo Barry Glassner, a taxa de homicídios nos Estados Unidos caiu 20% no decorrer da década de 1990, mas durante esse período a incidência de violência armada nos noticiários americanos *aumentou em 600%*.[47]

Se você quer ser um bom e intuitivo bayesiano — se quiser fazer naturalmente boas previsões, sem ter de pensar qual regra de previsão seria a adequada —, precisa proteger suas prioris. De maneira contraintuitiva, isso pode significar que você deveria desligar o noticiário.

7. Sobreajuste
Quando pensar menos

Quando Charles Darwin estava tentando decidir se devia propor casamento a sua prima Emma Wedgwood, ele pegou lápis e papel e ponderou cada consequência possível. A favor do casamento ele listou filhos, companheirismo e os "encantos da música e do bate-papo feminino". Contra o casamento, ele listou a "terrível perda de tempo", a falta de liberdade para ir aonde quisesse, o fardo de ter de visitar familiares, a despesa e a ansiedade causada pelos filhos, a preocupação de que "talvez minha mulher não goste de Londres" e ter menos dinheiro para gastar com livros. Pesar uma coluna em relação à outra levou a uma vitória por estreita margem, e embaixo Darwin rabiscou "Casar—Casar—Casar Q.E.D.".[1] *Quod erat demonstrandum* — em português, C.Q.D. (como se queria demonstrar) —, a assinatura matemática que o próprio Darwin redeclarou em inglês, dizendo: "Está provado que é preciso casar".

A lista de prós e contras já era, na época de Darwin, um algoritmo consagrado pelo tempo, tendo sido endossado por Benjamin Franklin um século antes. Para superar "a incerteza que nos deixa perplexos", Franklin escreveu:

> Meu método é dividir, com uma linha, uma folha de papel em duas colunas, escrevendo "prós" acima de uma e "contras" acima da outra. Depois, durante três ou quatro dias de consideração, eu anoto, sob os respectivos cabeçalhos, dicas curtas dos diferentes motivos que em diferentes momentos me ocorrem a favor ou contra uma medida. Quando tenho todas juntas em uma só vista, eu me empenho por estimar seus respectivos pesos, e quando acho dois, um de cada lado, que parecem ser iguais, eu risco ambos fora: se acho um motivo a favor equivalente a dois motivos contra, eu risco fora os três. Se eu achar que dois motivos contra se igualam a três motivos a favor, eu risco fora os cinco, e assim procedendo, vou acabar achando onde está o equilíbrio; e se depois de um dia ou dois de mais considerações não ocorra nada novo que seja importante em qualquer dos dois lados, eu chego a uma determinação de acordo com isso.

Franklin chegou a pensar nisso como algo semelhante a uma computação, dizendo: "Achei muito vantajoso esse tipo de equação, no que pode ser chamado de Álgebra Moral ou Prudencial".[2]

Quando pensamos no processo de pensar, é fácil achar que quanto mais, melhor: quanto mais listas de prós e contras fizer, melhores decisões você vai tomar; quanto mais fatores relevantes identificar, melhor previsão vai fazer quanto ao preço de ações; quanto mais tempo dedicar a isso, melhores relatos escreverá. Essa é, certamente, a premissa que subjaz no sistema de Franklin. Nesse sentido, a abordagem "algébrica" de Darwin em relação ao matrimônio, a despeito de sua óbvia excentricidade, parece ser notavelmente e talvez até mesmo elogiosamente racional.

Contudo, se Franklin ou Darwin tivessem vivido na era da pesquisa de máquinas que aprendem por algoritmos, que vamos

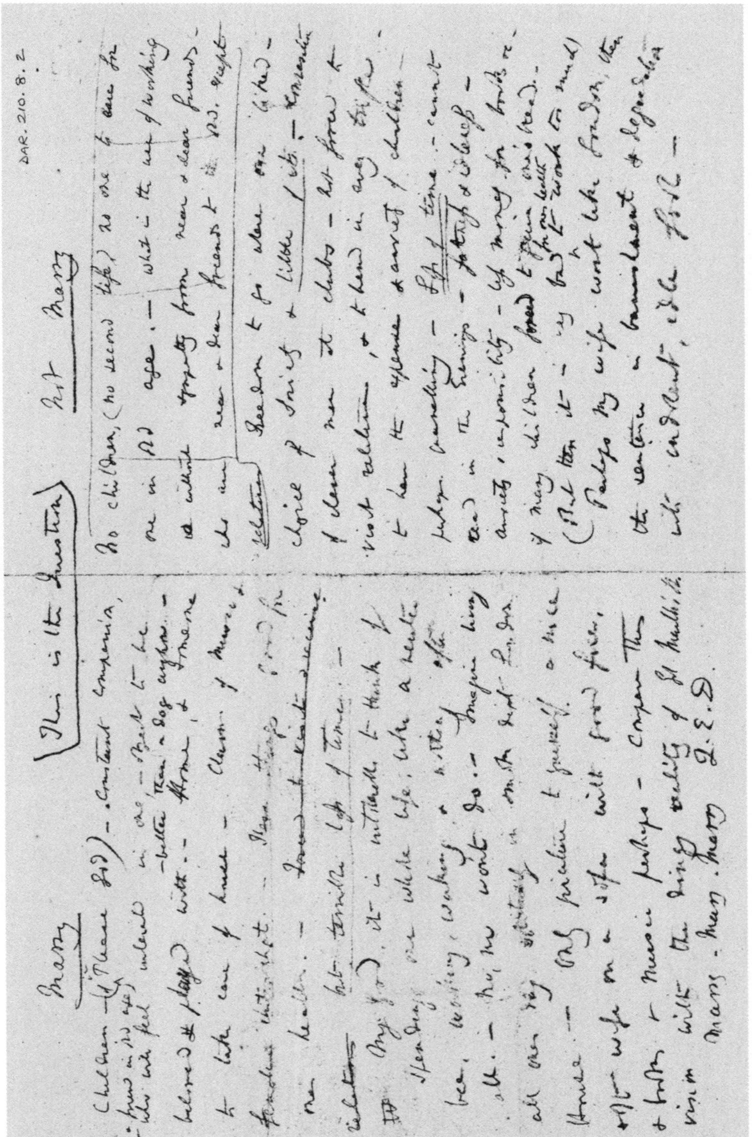

Diário de Darwin, julho de 1838. Reproduzido com a permissão da Biblioteca da Universidade de Cambridge.

chamar de *machine learning*, ou "aprendizado de máquina"* — a ciência de ensinar computadores a fazer boas avaliações a partir da experiência —, eles veriam a Álgebra Moral estremecer até as bases. A questão de quão arduamente pensar, e quantos fatores considerar, está no cerne de um espinhoso problema que estatísticos e pesquisadores de algoritmos para aprendizagem de máquinas chamam de "sobreajuste". E ao lidarmos com esse problema, descobrimos que é sábia a atitude de, deliberadamente, pensar *menos*. Ter consciência do sobreajuste muda a maneira com que nos dirigimos ao mercado, à mesa de jantar, ao ginásio… e ao altar.

O PLEITO CONTRA A COMPLEXIDADE

> *O que quer que você seja capaz de fazer, eu faço melhor; posso fazer qualquer coisa melhor que você.*[3]
>
> Do filme musical *Bonita e valente*

Toda decisão é uma espécie de previsão: sobre o quanto você vai gostar de uma coisa que ainda não tentou, sobre para onde está levando uma certa tendência, sobre como o caminho menos percorrido (ou mais) provavelmente vai se firmar. E cada previsão, crucialmente, envolve pensar em duas coisas distintas: no que você sabe e no que não sabe.[4] Ou seja, é uma tentativa de formular uma teoria que levará em conta as experiências que você teve até então *e* de dizer algo sobre as experiências futuras que você está

* O termo *machine learning* refere-se ao processo de análise de dados no qual algoritmos permitem que os dados disponíveis à máquina componham padrões de resultados que a máquina "aprende", reconhecendo-os e respondendo a eles mesmo quando os dados, propriamente, não estão explícitos. (N. T.)

supondo que terá. Uma boa teoria, é claro, fará as duas coisas. Mas o fato de que cada previsão tem de efetivamente arcar com uma dupla obrigação cria certa e inevitável tensão.

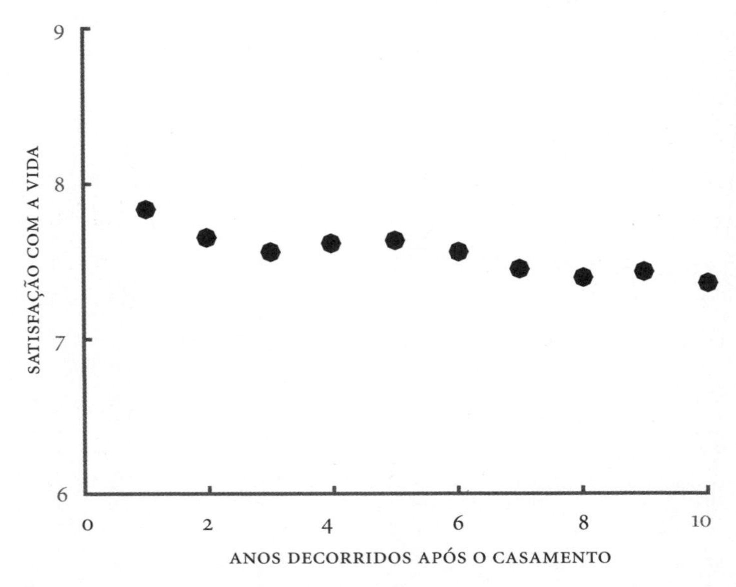

A satisfação com a vida em função do tempo decorrido desde o casamento.

Para ilustrar essa tensão, vejamos um gráfico que poderia ter sido relevante para Darwin: a satisfação das pessoas com a vida após seus primeiros dez anos de casamento, a partir de um estudo recente realizado na Alemanha.[5] Cada ponto nesse gráfico é tirado do próprio estudo: nossa tarefa é conceber a fórmula para uma linha que passe por esses pontos e se estenda para o futuro, permitindo-nos fazer previsões para além da marca dos dez anos.[6]

Uma fórmula possível seria usar um único fator para predizer o traçado da linha de satisfação: o tempo decorrido desde o casamento. Isso criaria no gráfico uma linha reta. Outra possibilidade é usar dois fatores: *tempo* e *tempo ao quadrado*. A linha resultante teria um formato parabólico em U, fazendo-a captar uma relação potencialmente mais complexa entre tempo e felicidade. E se expandirmos a fórmula para que inclua ainda mais fatores (tempo ao cubo e assim por diante), a linha iria adquirir ainda mais pontos de inflexão, ficando cada vez mais "encurvada" e flexível. Quando chegamos a uma fórmula com fator nove, é possível captar uma relação realmente muito complexa.

Falando em termos matemáticos, nosso modelo com dois fatores incorpora toda a informação que entra no modelo de um fator, e tem mais um termo que também pode usar. Da mesma forma, o modelo com nove fatores alavanca toda a informação disponível no modelo de dois fatores e potencialmente muito mais. Por essa lógica, parece que o modelo com nove fatores deve sempre propiciar as melhores previsões.

Mas acontece que as coisas não são tão simples.

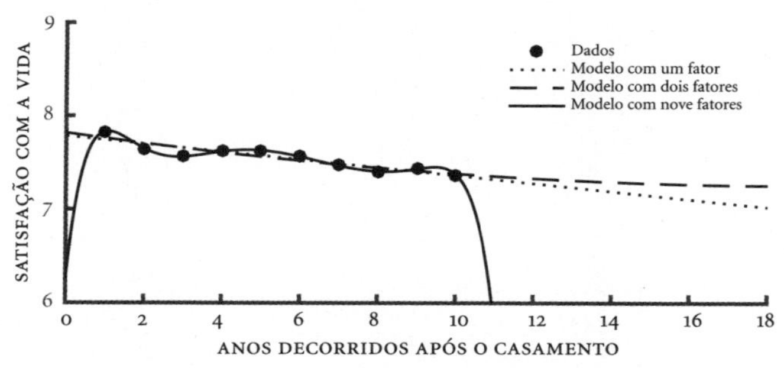

Previsões de satisfação com a vida usando modelos com diferentes números de fatores.

O resultado da aplicação desses modelos aos dados é mostrado acima. Ao modelo com um fator, e isso não é surpresa, faltam muitos pontos de dados exatos, embora ele capte a tendência básica — uma queda após a felicidade da lua de mel. No entanto, sua previsão em linha reta antecipa que essa queda vai continuar para sempre, resultando afinal num tormento infinito. Alguma coisa nessa trajetória não soa muito bem. O modelo com dois fatores fica mais próximo de corresponder aos dados pesquisados, e o formato de sua curva faz uma previsão a longo prazo diferente, sugerindo que, após o primeiro declínio, a satisfação com a vida mais ou menos se nivela com o passar do tempo. Por fim, no modelo com nove fatores, a linha passa por cada um dos pontos do gráfico; em essência, é uma linha que corresponde perfeitamente a todos os dados coletados no estudo.[7]

Nesse sentido, parece que a fórmula com nove fatores é realmente nosso melhor modelo. Mas se você olhar as previsões que ele faz para os anos *não* incluídos no estudo, poderá se perguntar até onde ele é realmente útil: ele prevê angústia no altar, um vertiginoso e abrupto aumento de satisfação após alguns meses de casamento, um sacolejante percurso de montanha-russa depois disso e uma queda íngreme após o décimo ano. Em contraste, o nivelamento previsto pelo modelo com dois fatores é o prognóstico mais consistente com o que psicólogos e economistas dizem sobre casamento e felicidade. (Por acaso, eles acreditam que esse nivelamento simplesmente reflete a volta à normalidade — ao nível básico de satisfação com a vida que as pessoas têm — e não um desprazer com o casamento em si mesmo.)[8]

A lição a tirar disso é a seguinte: de fato, é verdade que incluir mais fatores num modelo irá sempre, por definição, fazê-lo corresponder melhor aos dados de que já dispomos. Mas essa melhor correspondência aos dados disponíveis não significa necessariamente uma previsão melhor.

É certo que um modelo simples demais — por exemplo, a linha reta da fórmula com um só fator — pode deixar de captar o padrão essencial nos dados. Se a linha que representa a verdade tem o formato de uma curva, nenhuma linha reta poderá expres-

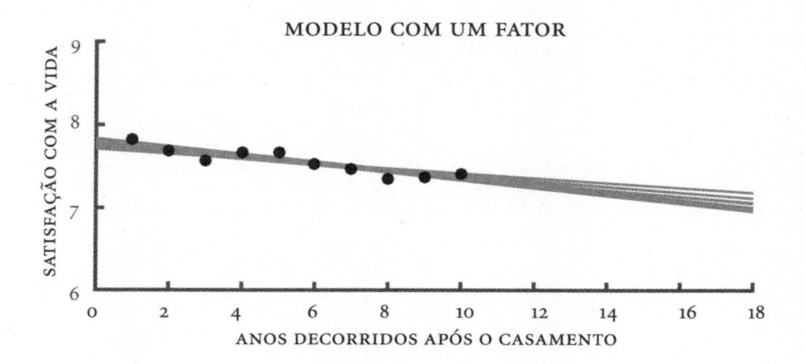

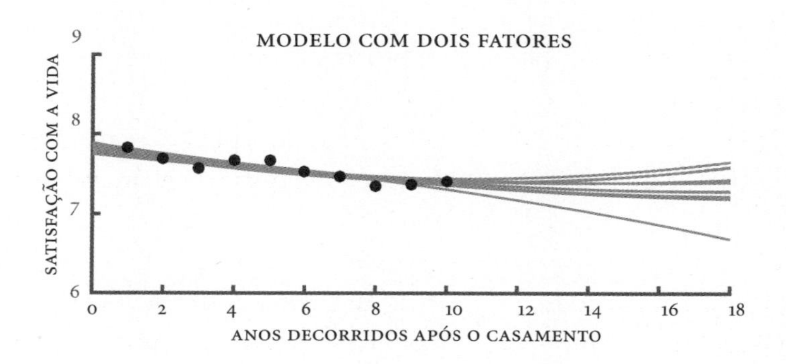

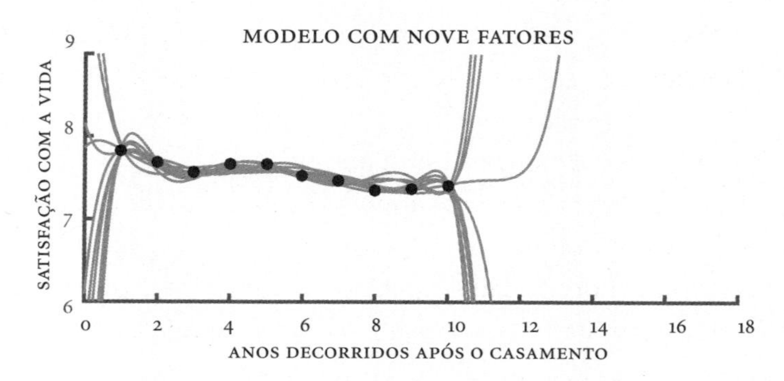

A adição de pequenas quantidades de "ruído" aleatório aos dados (simulando os efeitos da repetição da pesquisa em diferentes grupos de participantes) produz ondulações desregradas no modelo com nove fatores, enquanto, em comparação, os modelos com um e dois fatores são muito mais estáveis e consistentes em suas previsões.

sá-la corretamente. Por outro lado, um modelo que seja complicado demais, como o nosso modelo com nove fatores, torna-se supersensível às posições detalhadas dos pontos que representam os dados, como observamos. Em consequência, exatamente devido a essa sintonia fina com a específica configuração dos dados, as soluções que ele produz são extremamente variáveis. Se esses estudos fossem repetidos com pessoas diferentes, produzindo ligeiras variações no mesmo padrão essencial, os modelos com um e dois fatores continuariam mais ou menos estáveis — mas o modelo com nove fatores iria girar desordenadamente de uma instância do estudo para outra. Isso é o que os estatísticos chamam de *sobreajuste*.

Assim, uma das verdades mais profundas quanto ao autoaprendizado das máquinas é que, na realidade, nem sempre é melhor usar um modelo mais complexo, que leve em conta um número maior de fatores.[9] E a questão não se limita ao fato de que fatores extras possam oferecer cada vez menos resultados — desempenhando-se melhor do que um modelo simples, mas não melhor o bastante que justifique a complexidade adicional. Ao contrário, poderiam tornar nossas previsões dramaticamente piores.

A IDOLATRIA DOS DADOS

Se dispusermos de dados copiosos, obtidos de uma amostra representativa, completamente livre de erros, e que represente de modo exato o que estamos querendo avaliar, usar o modelo mais complexo disponível seria de fato a melhor medida. Mas se tentarmos ajustar perfeitamente nosso modelo aos dados quando qualquer um de seus fatores não se sustenta, corremos o risco do sobreajuste.

Em outras palavras, corre-se o perigo do sobreajuste toda vez que estamos lidando com ruído ou com medição incorreta — e quase sempre estamos. Pode haver erros na maneira com que se coletam os dados, ou em como são relatados. Às vezes o fenômeno que está sendo investigado, como a felicidade humana, é difícil até de se definir, quanto mais medir. Graças à sua flexibilidade, os modelos mais complexos disponíveis para nós podem se ajustar a quaisquer padrões que apareçam nos dados, mas isso quer dizer que eles também o farão mesmo quando esses padrões forem meros fantasmas e miragens no ruído.

Através da história, textos religiosos têm advertido seus seguidores contra a idolatria: o culto a estátuas, pinturas, relíquias e outros artefatos tangíveis em vez das intangíveis deidades que esses artefatos representam. O Primeiro Mandamento, por exemplo, adverte contra "curvar-se ante qualquer imagem esculpida do que há no céu". E no Livro dos Reis, uma serpente de bronze feita por ordem de Deus torna-se um objeto de culto e de queima de incenso em lugar do próprio Deus.[10] (Isso não é do agrado de Deus.) Fundamentalmente, o sobreajuste é uma espécie de idolatria dos dados, consequência de se focar naquilo que conseguimos medir e não naquilo que importa.

A lacuna que existe entre os dados de que dispomos e as previsões que queremos fazer está virtualmente em toda parte. Quando tomamos grandes decisões, só podemos imaginar o que vai ser de nosso agrado mais tarde pensando nos fatores que nos são importantes agora. (Como diz Daniel Gilbert, de Harvard, nossos futuros *eus* frequentemente "vão pagar um bom dinheiro para remover as tatuagens que pagamos um bom dinheiro para ter".)[11] Ao fazer um prognóstico financeiro, só podemos considerar o que está correlacionado com o valor das ações no passado, não com o que poderá ser no futuro. Mesmo em nossos pequenos atos cotidianos, esse padrão se mantém: ao escrever um e-mail, usamos nossa própria leitura do texto para prever qual será a do destinatário. Não é por menos que, em pesquisas públicas, os dados sobre nossas próprias vidas também são sempre cheios de ruído, no melhor dos casos uma métrica indicadora das coisas que realmente importam.

Em consequência, considerar cada vez mais fatores e despender cada vez mais esforço para modelá-los pode nos induzir ao erro de buscar o ótimo na coisa errada — fazendo preces à serpente de bronze dos dados e não para o poder maior por trás dela.

SOBREAJUSTE EM TODA PARTE

Uma vez conhecendo o sobreajuste, você vai vê-lo em toda parte.

Por exemplo, o sobreajuste explica a ironia de nosso paladar. Como pode ser que as comidas cujo sabor mais apreciamos sejam amplamente consideradas prejudiciais à saúde, quando toda a função das papilas gustativas, falando em termos evolucionários, é impedir-nos de comer coisas que fazem mal?

A resposta é que o paladar é a métrica indicadora de saúde para o nosso corpo. Gordura, açúcar e sal são nutrientes importantes, e, por algumas centenas de milhares de anos, ser atraído por alimentos que os contêm foi uma medida razoável para uma dieta de sustância.

Mas a capacidade de modificar os alimentos que estão ao nosso dispor quebrou essa relação. Podemos agora acrescentar gordura e açúcar aos alimentos além da medida em que nos fazem bem, e depois comer exclusivamente esses alimentos em vez do mix de vegetais, grãos e carnes que historicamente compõem a dieta humana. Em outras palavras, podemos sobreajustar o paladar. E quanto mais habilmente pudermos manipular os alimentos (e quanto mais nosso estilo de vida divergir daquele de nossos ancestrais), mais imperfeita ficará a métrica do paladar. Nossa atuação humana torna-se assim uma maldição, ao nos fazer perigosamente capazes de ter exatamente o que queremos mesmo quando não queremos exatamente a coisa certa.

Cuidado: quando você for à academia para se exercitar e perder aquele peso extra que veio de todo aquele açúcar, você também corre o risco de sobreajustar a forma física. Certos sinais visíveis de boa forma — pouca gordura corporal e grande massa muscular, por exemplo — são fáceis de medir, e estão *relacionados*, digamos, com a minimização do risco de doença cardíaca e outras enfermidades. Mas eles também constituem uma medida indicadora imperfeita. O sobreajuste desses sinais — como a adoção de uma dieta extrema para reduzir a gordura corporal ou tomar esteroides para construir musculatura, talvez — pode fazer de você a imagem da boa saúde, mas só a imagem.

O sobreajuste também se manifesta em esportes. Por exemplo, Tom pratica esgrima de vez em quando, desde a adolescência. O principal objetivo da esgrima é ensinar as pessoas a se defenderem num duelo, daí o nome do esporte em inglês: *fencing*, partindo de *defencing*. E as armas que se usam na esgrima moderna são semelhantes àquelas que se usavam no treino para esses embates. (Isso vale particularmente para a espada, que ainda era usada em duelos formais há menos de cinquenta anos.)[12] Mas a introdução do equipamento de monitoramento eletrônico — um botão na ponta da espada, que registra um golpe acertado — mudou toda a natureza do esporte, e técnicas que pouco lhe valeriam num duelo de verdade tornaram-se habilidades decisivas na competição. Os esgrimistas modernos usam lâminas flexíveis que lhes permitem golpear seu adversário de leve com o botão, raspando com força suficiente para o sistema registrar o golpe e marcar o ponto. Como resultado, eles mais parecem estar fazendo estalar no ar chicotes finos de metal do que cortando ou atacando um ao outro. O esporte continua a ser excitante como sempre foi, mas quando os atletas sobreajustam suas táticas para as peculiaridades do sistema de marcação de pontos, perde-se a utilidade de desenvolver as aptidões da arte da esgrima no mundo real.[13]

Talvez em nenhum outro contexto o sobreajuste seja tão poderoso e preocupante quanto no mundo dos negócios. "O incentivo estrutura o trabalho", dizia Steve Jobs. "Assim, é preciso ser muito cuidadoso quanto ao que se incentiva as pessoas a fazer, porque várias estruturas de incentivo criam todo tipo de consequências que não se podem antecipar."[14] Sam Altman, presidente da incubadora de novas empresas inovadoras Y Combinator, ecoa as palavras de cautela de Jobs: "Realmente, é verdade que a companhia vai estabelecer o que quer que o diretor executivo decidir avaliar".[15]

De fato, é incrivelmente difícil adotar incentivos ou avaliações que não tenham algum tipo de efeito perverso. Na década de 1950, o professor de administração V. F. Ridgway, da Universidade Cornell, catalogou um grande número dessas "Consequências Disfuncionais de Medições de Desempenho".[16] Numa empresa de colocação profissional, os membros da equipe eram avaliados pelo número de entrevistas que realizavam, o que os motivava a conduzi-las o mais rápido possível, sem dedicar muito tempo a realmente ajudar seus clientes a achar um emprego.[17] Numa agência de segurança pública federal, descobriu-se que os investigadores que tinham cotas mensais de desempenho no fim do mês pegavam os casos mais fáceis, não os mais urgentes. E numa fábrica, o foco nas métricas de produção levou a que os supervisores negligenciassem manutenção e reparos, criando condições para futuras catástrofes. Tais problemas não podem ser simplesmente minimizados como sendo uma falha no atingimento de metas gerenciais. Em vez disso, são o oposto: a implacável e hábil otimização da coisa errada.

A guinada no século XXI para a análise em tempo real só tornou o perigo das métricas mais intenso. Avinash Kaushik, o evangelista do marketing digital no Google, adverte que a tentativa de fazer os usuários da web verem a maior quantidade possível de anúncios evolui naturalmente para a tentativa de abarrotar os sites com anúncios: "Quando você é pago numa base [de custo por mil visualizações], o incentivo é imaginar como exibir a maior quantidade possível de anúncios em cada página [e] se assegurar de que o visitante veja o maior número possível de páginas no site. [...] Esse incentivo tira o foco da entidade realmente importante, seu cliente, e o põe na entidade secundária, seu anunciante". O site pode ganhar um pouco mais de dinheiro no curto prazo, mas artigos abarrotados de anúncios, páginas e páginas de slide shows que demoram para baixar e manchetes sensacionalistas como iscas para cliques vão afastar leitores no longo prazo. Conclusão de Kaushik: "Amigos não deixam amigos medirem visualizações de páginas. Jamais".[18]

Em alguns casos, a diferença entre um modelo e o mundo real é literalmente uma questão de vida ou morte. No Exército e nos órgãos de segurança, por exemplo, o treinamento repetitivo e rotineiro é considerado um meio fundamental para incutir aptidões para a linha de fogo. O objetivo é treinar cada movimento e cada tática até se tornarem totalmente automáticos. Mas quando o sobreajuste se intromete, isso pode ser desastroso. Há histórias de policiais, por exemplo, que se veem no meio de um tiroteio arranjando tempo para pôr no bolso seus cartuchos usados — boa etiqueta num campo de tiro. Na qualidade de ex-membro dos Rangers do Exército e professor de psicologia em West Point, Dave Grossman escreve: "Depois que se dispersava a fumaça de muitos tiroteios reais, guardas ficavam chocados ao descobrir em seus bolsos cartuchos vazios sem se lembrarem de como tinham ido parar lá. Em várias ocasiões, policiais mortos foram encontrados com esses cartuchos nas mãos, morrendo em meio a um procedimento administrativo para o qual tinham sido treinados".[19] De forma similar, o FBI foi obrigado a modificar seu treinamento depois que se descobriu que agentes, num ato reflexo, estavam dando dois tiros e depois enfiando as armas nos coldres — uma sequência-padrão no treinamento —, independentemente de seus tiros terem atingido o alvo ou de ainda haver ameaça. Erros como esses são conhecidos nos órgãos de segurança e entre os militares como "cicatrizes de treinamento", e refletem o fato de que é possível sobreajustar sua própria preparação. Em um caso particularmente dramático, um policial instintivamente arrancou a arma da mão de um assaltante e instintivamente a estendeu de volta — exatamente como fizera vezes seguidas com os seus superiores quando treinava.[20]

DETECÇÃO DO SOBREAJUSTE: VALIDAÇÃO CRUZADA

Uma vez que se apresenta no início como uma teoria que se ajusta com perfeição aos dados disponíveis, o sobreajuste pode parecer insidiosamente difícil de detectar. Como poderíamos saber a diferença entre um modelo genuinamente bom e um com sobreajuste? Num cenário educacional, como podemos distinguir uma classe de alunos que excelem numa matéria de uma classe que apenas "aprende para a prova"? No mundo dos negócios, como saber a diferença entre alguém com desempenho autenticamente estelar e um empregado que, com astúcia, apenas sobreajustou seu trabalho aos indicadores de desempenho adotados pela companhia — ou para ser notado por seu chefe?

Destrinçar esses cenários é realmente um desafio, mas não é impossível. Pesquisas na área de aprendizado de máquina renderam várias estratégias concretas para detectar sobreajuste, e uma das mais importantes é conhecida como **Validação Cruzada**.

Dito de maneira simples, a Validação Cruzada serve para avaliar não somente quão bem um modelo se ajusta aos dados que recebeu, mas quão bem ele os generaliza para dados que não recebeu. Paradoxalmente, isso pode envolver o uso de *menos* dados. No exemplo do casamento, poderíamos "reter" ao acaso dois itens de nossos dados e adequar nosso modelo somente aos outros oito. Tomaríamos então esses dois itens como teste e os usaríamos para graduar quão bem nossas várias funções se generalizam sob os oito itens de "treinamento" que elas receberam. Os dois itens "retidos" funcionam como os canários numa mina de carvão: se um modelo complexo se ajusta bem aos oito itens de treinamento mas deixa passar desregradamente os dois itens de teste, é um bom sinal de que um sobreajuste está em ação.

Além de reter alguns dos itens de dados disponíveis, também seria útil considerar a possibilidade de testar modelos aplicando dados derivados inteiramente de alguma outra forma de avaliação. Como vimos, o uso de métricas indicadoras — o paladar como indicador da nutrição, o número de casos resolvidos como indicador da diligência de um investigador — também pode levar a um sobreajuste. Nesses casos, vamos ter de fazer uma Validação Cruzada da medida de desempenho primária que estamos usando contra outras medidas possíveis.

Em escolas, por exemplo, provas padronizadas podem oferecer certo número de benefícios, inclusive o de uma distinta economia de escala: podem ser avaliadas e receber as notas aos milhares, de modo rápido e barato. Contudo, em paralelo a essas provas, as escolas poderiam avaliar aleatoriamente algumas pequenas frações do total de alunos — um em cada classe, digamos, ou um a cada cem — usando um método de avaliação diferente, talvez algo como um ensaio escrito ou um exame oral. (Uma vez que apenas uns poucos alunos seriam testados dessa maneira, ter esse método secundário numa boa escala não seria grande problema.) As provas padronizadas forneceriam um feedback imediato — por exemplo, os alunos poderiam passar por exames curtos computadorizados toda semana e traçar um gráfico do progresso da classe quase que em tempo real —, enquanto os pontos de dados secundários serviriam como Validação Cruzada. Isso para se ter certeza de que os alunos estavam de fato adquirindo o conhecimento que as provas padronizadas supostamente medem, e não simplesmente se saindo bem nas provas. Se as notas nas provas padronizadas de uma escola se elevassem enquanto seu desempenho "não padronizado" seguisse na direção oposta, os administradores teriam nisso um claro sinal de advertência de que tinha havido um "ensino para a prova", e as aptidões dos alunos estavam começando a se sobreajustar à própria mecânica do teste.

A Validação Cruzada oferece também uma boa sugestão para pessoas de órgãos de segurança e militares que buscam incutir bons reflexos sem ficarem presas a hábitos adquiridos no próprio processo de treinamento. Assim como ensaios escritos e exames orais servem de Validação Cruzada para provas padronizadas, avaliações ocasionais e não familiares de "treinamentos cruzados" poderiam ser igualmente usadas para medir se o tempo de reação e a pontaria no tiro estão se generalizando para as tarefas não familiares. Se não estiverem, seria um relevante sinal de que se deve mudar o regime de treinamento. Quando nada está podendo verdadeiramente preparar alguém para um combate real, exercícios como esse poderiam ao menos servir como advertência antecipada de que é provável que se tenham formado "cicatrizes de treinamento".

COMO COMBATER O SOBREAJUSTE: PENALIZANDO A COMPLEXIDADE

Se não puder explicar com simplicidade, você não entendeu muito bem.[21]

Anônimo

Vimos algumas das maneiras pelas quais o sobreajuste pode-se tornar um problema, e consideramos alguns dos métodos para detectá-lo e mensurá-lo. Mas o que podemos efetivamente fazer para aliviá-lo?

De um ponto de vista estatístico, o sobreajuste é um sintoma de uma demasiada sensibilidade aos dados de que dispomos. A solução, então, é simples e direta: temos de equilibrar nosso desejo de encontrar um bom ajuste a esses dados com a complexidade dos modelos que usamos para fazer isso.

Um método de escolher entre vários modelos concorrentes é o princípio da navalha de Occam, o qual sugere que, num contexto de coisas iguais, a hipótese mais simples possível é provavelmente a correta. Claro que raras vezes as coisas são totalmente iguais, assim não há uma obviedade imediata de como aplicar um conceito como o da navalha de Occam num contexto matemático. Lidando com esse desafio na década de 1960, o matemático russo Andrey Tikhonov propôs uma solução: introduzir um termo adicional em seus cálculos que penalize soluções mais complexas.[22] Se introduzirmos uma pena para a complexidade, os modelos mais complexos terão não só de fazer um trabalho melhor, mas um trabalho *significativamente* melhor de explicar os dados para que justifiquem a complexidade maior. Os cientistas da computação referem-se a esse princípio — o de usar restrições que penalizem modelos por sua complexidade — como **Regularização.**

Que aspecto têm essas penalizações de complexidade? Um algoritmo inventado em 1996 pelo bioestatístico Robert Tibshirani recebeu o nome de Lasso, e utiliza como penalidade o peso total dos diferentes fatores no modelo.[23*] Ao exercer essa pressão para baixo nos pesos dos fatores, o Lasso reduz o maior número possí-

* Para os que têm inclinação para a matemática, é a soma dos valores absolutos dos coeficientes das variáveis. (N. A.)

vel deles a zero. Somente os fatores que têm um grande impacto sobre os resultados permanecem na equação — potencialmente transformando, digamos, um modelo sobreajustado de nove fatores numa fórmula mais simples e mais robusta, com apenas alguns dos fatores mais críticos.

Técnicas como a do Lasso são hoje onipresentes no aprendizado de máquina, mas o mesmo tipo de princípio — penalizar a complexidade — também ocorre na natureza. Organismos vivos têm quase automaticamente certo ímpeto para a simplicidade, graças às restrições impostas por tempo, memória, energia e atenção. O peso do metabolismo, por exemplo, funciona como um freio para a complexidade dos organismos, introduzindo uma penalidade calórica para um mecanismo extremamente elaborado. O fato de que o cérebro humano queima cerca de uma quinta parte do consumo calórico diário dos humanos é um atestado das vantagens que nossas aptidões intelectuais nos proveem: as contribuições do cérebro devem de alguma forma mais do que pagar essa considerável conta pelo combustível.[24] Por outro lado, podemos também inferir que um cérebro substancialmente *mais* complexo provavelmente não pagaria dividendos suficientes, falando em termos evolucionários. Somos tão cerebrais quanto precisamos ser, mas não extravagantemente mais do que isso.

Acredita-se que o mesmo tipo de processo também tem um papel em nível neural. Na ciência da computação, modelos de software baseados no cérebro, conhecidos como "redes neurais artificiais", podem aprender arbitrariamente funções complexas — são até mesmo mais flexíveis que nosso modelo de nove fatores visto anteriormente —, mas sabe-se que, exatamente por causa dessa flexibilidade, são muito vulneráveis ao sobreajuste. Redes biológicas neurais efetivamente passam ao largo desses problemas porque não precisam negociar seu desempenho com os custos de mantê-lo. Neurocientistas têm sugerido, por exemplo, que cérebros tentam reduzir ao mínimo o número de neurônios que estão disparando num determinado momento — exercendo o mesmo tipo de pressão para baixo sobre a complexidade que exerce o Lasso.[25]

A linguagem forma outro tipo natural de Lasso: a complexidade é punida com o labor de uma fala mais extensa e com o ônus de uma atenção maior do ouvinte. Os planos de negócios são comprimidos a uma dimensão de *elevator pitch*:* conselhos de como viver só se tornam sabedoria proverbial se forem bastante concisos e atraentes. E tudo que precisa ser lembrado tem de passar pelo Lasso inerente da memória.

A VANTAGEM DA HEURÍSTICA

O economista Harry Markowitz ganhou o prêmio Nobel de economia de 1990 por ter desenvolvido a teoria moderna da carteira de investimentos: sua revolucionária "otimização da variância média da carteira" mostrou como um investidor poderia fazer uma aplicação ótima entre vários fundos e ativos para maximizar os retornos num determinado nível de risco.[26] Assim, quando chegou o momento de investir suas próprias economias para a aposentadoria, Markowitz deveria ter sido, ao que tudo indica, a pessoa mais perfeitamente equipada para isso. O que ele decidiu fazer?

> Eu deveria ter computado as covariâncias históricas das classes de ativos e extraído daí um limite eficiente. Em vez disso, visualizei como ficaria pesaroso se o mercado de ações entrasse em alta e eu

* Termo de técnica de vendas que se refere a um discurso de convencimento eficiente por sua concisão e direiteza, a ponto de funcionar no tempo que leva um encontro fortuito num elevador. (N. T.)

> não estivesse nele — ou se despencasse e eu estivesse totalmente nele. Minha intenção foi minimizar meu arrependimento futuro. Assim, dividi minhas aplicações meio a meio entre obrigações e ações com renda fixa.[27]

Por que diabo ele faria isso? A história desse laureado com o prêmio Nobel e sua estratégia de investimento poderia ser apresentada como um exemplo de irracionalidade humana: diante da complexidade da vida real, ele abandonou o modelo racional e seguiu uma simples heurística. Mas é exatamente devido à complexidade da vida real que uma simples heurística poderia ser de fato a solução racional.

Quando se trata de gerenciamento de carteira, constata-se que talvez o melhor a fazer é ignorar toda essa informação, a menos que você tenha total confiança na informação de que dispõe sobre o mercado. Utilizar o esquema de aplicação ótima na carteira requer que se tenham boas estimativas das propriedades estatísticas dos diversos investimentos. Um erro nessas estimativas pode resultar em aplicações em ativos muito diferentes, aumentando potencialmente o risco. Em contraste, o ato de dividir seu dinheiro equitativamente entre ações e obrigações não é afetado em nada pelos dados observados. A estratégia nem mesmo tenta se ajustar ao desempenho histórico desses tipos de investimento — assim, não há como isso se *sobre* ajustar.

Claro que só usar uma diversificação meio a meio não é necessariamente o doce de coco da complexidade, mas há algo a se dizer sobre isso. Se você souber quais são a média e a variância esperadas de um pacote de investimentos, use então a otimização da variância média da carteira — o algoritmo ótimo é ótimo por alguma razão. Mas quando a probabilidade de estimá-las corretamente é baixa, e a carga que o modelo exerce sobre essas quantidades indignas de confiança é grande, deveria soar um alarme no processo de tomada de decisão: é hora de regularizar.

Inspirados nos exemplos como o das economias de aposentadoria de Markowitz, os psicólogos Gerd Gigerenzer e Henry Brighton alegam que os atalhos que as pessoas seguem nas tomadas de decisão no mundo real são, em muitos casos, exatamente o tipo de pensamento que leva a boas decisões. "Em contraste com a amplamente difundida ideia de que menos processamento reduz a acurácia", escrevem eles, "o estudo da heurística demonstra que menos informação, computação e tempo pode de fato aumentar a acurácia."[28] Uma heurística que favorece respostas simples — com menos fatores, ou menos computação — oferece exatamente esse efeito de que "menos é mais".

Impor penalidades a uma extrema complexidade de um modelo não é, contudo, a única maneira de aliviar o sobreajuste. Também se pode empurrar um modelo para a simplicidade controlando a velocidade com a qual se permite que ele se adapte aos dados que entram. Isso faz do estudo do sobreajuste um guia que ilumina nossa história — tanto como sociedade quanto como espécie.

O PESO DA HISTÓRIA

> *Todo alimento que um rato vivo comeu necessariamente não o matou.*
>
> Samuel Revusky e Erwin Bedarf,
> "Associação de doenças com ingestão anterior de alimentos novos"

O mercado de leite de soja nos Estados Unidos mais do que quadruplicou de meados da década de 1990 a 2013.[29] Mas no final de 2013, de acordo com as notícias, já parecia ser coisa do passado, um segundo lugar longe do primeiro, o leite de amêndoas. Como pesquisador de alimentos e bebidas, Larry Finkel disse ao *Bloomberg Businessweek*: "As nozes estão na moda agora. Soja soa mais como um alimento saudável antiquado".[30] A companhia Silk, famosa por ter popularizado o leite de soja (como implica seu nome, *Soy* m*ilk*), relatou no final de 2013 que a venda de seus produtos com base em leite de amêndoas tinha aumentado mais de 50% somente no último trimestre. Enquanto isso, em outras notícias sobre bebidas, a marca líder em água de coco, Vita Coco, relatou em 2014 que sua vendas tinham dobrado em relação a 2011 — e incrivelmente tinham aumentado trezentas vezes em relação a 2004.[31] Como publicou o *New York Times*, "parece que a água de coco passou de invisível a inevitável sem passar pelo estágio de vagamente familiar".[32] E enquanto isso o mercado de couve-de-folhas cresceu 40% somente em 2013.[33] O maior comprador de couve-de-folhas no ano anterior tinha sido a rede Pizza Hut, que a punha em seu menu de saladas — como decoração.[34]

Alguns dos domínios mais fundamentais na vida humana, como a questão concernente ao que deveríamos pôr em nossos corpos, parecem, curiosamente, ser os mais sujeitos a modismos de curta duração. Parte do motivo que permite a esses modismos conquistarem o mundo num furacão é o quão depressa nossa cultura pode mudar. Hoje em dia, a informação flui pela sociedade mais velozmente do que nunca antes, enquanto cadeias de suprimento global permitem que os consumidores mudem mais rápido seus hábitos de compra em massa (e o marketing os estimula a fazerem isso). Se por acaso algum estudo específico sugerir que, digamos, o anis-estrelado faz bem à saúde, isso pode estar na blogosfera em uma semana, na televisão na semana seguinte e, aparentemente, em todo supermercado em seis meses, com livros de culinária dedicados ao anis-estrelado rolando nas impressoras.

Essa velocidade de tirar a respiração é ao mesmo tempo uma bênção e uma maldição.

Em contraste, se considerarmos de que modo os organismos — inclusive humanos — se desenvolvem, vamos notar algo intrigante: as mudanças ocorrem lentamente. Isso quer dizer que as propriedades dos organismos de hoje são formatadas não só pelos seus ambientes atuais, mas também por sua história. Por exemplo, o arranjo estranhamente cruzado de nosso sistema nervoso (o lado esquerdo do corpo controlado pelo lado direito do cérebro e vice-versa) reflete a história evolucionária dos vertebrados. Segundo a teoria, esse fenômeno, chamado "cruzamento", aconteceu num momento da evolução quando os corpos dos primeiros vertebrados fizeram uma torção de 180 graus em relação a suas cabeças — enquanto os cordões nervosos de invertebrados, como lagostas e minhocas, correm pelo lado "ventral" do animal, os dos vertebrados ficam ao longo de sua espinha dorsal.[35]

A orelha humana é outro exemplo. Considerada de uma perspectiva funcional, é um sistema que traduz ondas sonoras em sinais elétricos com uma amplificação através de três ossos: martelo, bigorna e estribo. Esse sistema de amplificação é impressionante — mas as especificidades de seu funcionamento têm muito a ver com limitações históricas. Os répteis, constata-se, têm apenas um osso em suas orelhas, mas possuem ossos adicionais em sua mandíbula que os mamíferos não têm. Esses ossos da mandíbula aparentemente foram reposicionados na orelha dos mamíferos.[36] Assim, a forma e a configuração exatas da anatomia de nossa orelha refletem nossa história evolutiva pelo menos tanto quanto a reflete o fato de ter sido resolvido o problema da audição.

O conceito do sobreajuste nos oferece um meio de enxergar a virtude nessa bagagem evolutiva. Embora fibras nervosas cruzadas e ossos de mandíbula reposicionados possam nos parecer arranjos menos que ótimos, isso não significa necessariamente que devemos querer que a evolução otimize totalmente um organismo a cada mudança de seu nicho ambiental — ou, ao menos, deveríamos reconhecer que fazer isso os tornaria extremamente suscetíveis a mais mudanças ambientais. A necessidade de se fazer uso de materiais existentes, por outro lado, impõe uma espécie de limitação útil. Isso faz com que seja mais difícil introduzir mudanças drásticas na estrutura dos organismos, tornando assim mais difícil o sobreajuste. Como espécie, sermos limitados pelo passado nos torna menos perfeitamente ajustados ao presente que conhecemos, mas ajuda a nos mantermos robustos para um futuro que não conhecemos.

Um insight semelhante deveria nos ajudar a resistir às modas efêmeras da sociedade humana. No que tange à cultura, a tradição exerce o papel das limitações evolutivas. Um pouco de conservadorismo e uma certa parcialidade a favor da história podem nos servir de amortecedor contra os ciclos de altos e baixos dos modismos. Isso não quer dizer, é claro, que devemos ignorar os dados mais recentes. Salte *na direção* do que é popular, com certeza — mas não necessariamente *dentro* disso.

No processo do aprendizado de máquina, as vantagens de se mover devagar aparecem mais concretamente numa técnica de regularização chamada em inglês de **Early Stopping**, ou Interrupção Precoce. Quando, no início deste capítulo, olhamos para os dados da pesquisa feita na Alemanha sobre casamento, fomos direto ao exame dos modelos mais adequados de um, dois ou nove fatores. Em muitas situações, no entanto, sintonizar os parâmetros para encontrar o melhor ajuste possível para os dados fornecidos é um processo em si e por si mesmo. O que acontece se interrompermos esse processo no início e simplesmente não concedermos a um modelo o *tempo* para que ele se torne complexo? Novamente, o que poderia parecer à primeira vista hesitante ou incompleto revela-se, em vez disso, por direito próprio, uma estratégia importante.

Muitos algoritmos de previsão, por exemplo, começam indo buscar o fator individual mais importante, em vez de pular para um modelo de muitos fatores. Somente após encontrar esse primeiro fator é que eles vão buscar o segundo mais importante para acrescentar ao modelo, depois o seguinte, e assim por diante. Portanto, pode-se evitar que seus modelos se tornem excessivamente complexos simplesmente interrompendo o processo de maneira precoce, antes que o sobrejuste tenha a oportunidade de se infiltrar. Uma abordagem para calcular previsões a isso relacionadas é a de considerar um dado de cada vez, o modelo se ajustando para cada novo dado antes que mais dados sejam acrescentados. Aqui, também, a complexidade do modelo aumenta gradualmente, de modo que interromper o processo precocemente pode ajudar a impedi-lo de se sobreajustar.

Esse tipo de configuração — em que mais tempo significa mais complexidade — caracteriza muitos empreendimentos humanos. Dar-se mais tempo para decidir sobre algo não significa necessariamente que você vai fazer uma melhor decisão. Mas isso garante que você vai acabar considerando mais fatores, mais hipóteses, mais prós e contras — e aí, portanto, há risco de sobreajuste.

Tom teve exatamente essa experiência quando se tornou professor. Em seu primeiro semestre, ensinando a primeira turma de sua vida, ele passou um tempo enorme aprimorando suas palestras — mais de dez horas de preparação para cada hora de aula. Em seu segundo semestre, dando aulas a uma classe diferente, ele não conseguiu ter todo esse tempo, e ficou preocupado que isso acabasse sendo um desastre. Mas aconteceu algo estranho: os alunos da segunda classe gostaram mais das aulas do que os da primeira. Aquelas horas extras, ele constatou, tinham sido usadas para incluir detalhes ao que era essencial, mas esses detalhes só confundiam os alunos e por isso acabaram sendo cortados das aulas que Tom deu na segunda vez. A razão subjacente, Tom se deu conta afinal, era que ele utilizara seu próprio gosto e seu próprio juízo como se fosse uma espécie de métrica indicadora de seus alunos. Essa métrica funcionava razoavelmente bem como uma aproximação, mas não tinha valor como um sobreajuste — o que explicava por que despender horas extras "aprimorando" meticulosamente cada possível deslize tinha sido contraproducente.

A eficácia da regularização em todos os tipos de tarefas que envolvem aprendizado de máquina sugere que podemos tomar decisões melhores se deliberadamente pensarmos e fizermos menos. Se os fatores com os quais deparamos primeiro são provavelmente os mais importantes, então, a partir de um certo ponto, pensar mais sobre um problema não só vai acabar sendo um desperdício de tempo e de esforço — também vai nos levar a soluções piores. A Interrupção Precoce fornece o fundamento para um argumento racional contra a racionalização, uma ação da pessoa pensante contra a ação de pensar. Mas para que isso se torne um conselho prático é preciso responder a mais uma pergunta: *quando* devemos parar de pensar?

QUANDO PENSAR MENOS?

Como em todas as questões que envolvem sobreajuste, quão cedo parar depende da distância que separa aquilo que você pode avaliar daquilo que realmente importa. Se você dispõe de todos os fatos, se eles estão livres de qualquer erro ou incerteza, e se pode acessar diretamente o que for importante para você, então não pare cedo. Pense longa e arduamente: complexidade e esforço são adequados nesse caso.

Mas quase nunca é esse o caso. Se você está diante de muita incerteza e de dados limitados, então pare cedo, com certeza. Se você não é capaz de fazer uma leitura correta de como seu trabalho será avaliado, e por quem, então não vale a pena despender tempo extra para que seja perfeito segundo seus próprios (ou de quem quer que seja) critérios idiossincráticos do que poderia ser a perfeição. Quanto maior a incerteza, maior a lacuna entre aquilo que você pode avaliar e aquilo que importa, e mais você deve se precaver contra o sobreajuste — isto é, quanto mais você preferir a simplicidade, mais cedo deve parar.

Quando você estiver verdadeiramente no escuro, os melhores planos serão os mais simples. Quando nossas expectativas são incertas e os dados apresentam ruídos, a melhor aposta é pintar com um pincel bem largo, pensar em largas pinceladas. Às vezes, literalmente. Como explicam os empresários Jason Fried e David Heinemeier, quanto mais adiantadamente tenham de pensar e decidir sobre algo, mais grossa é a ponta da caneta — uma forma inteligente de simplificação por meio de traços largos.

> Quando começamos a projetar alguma coisa, rascunhamos nossas ideias com um grande e grosso marcador de texto Sharpie, e não com uma caneta esferográfica. Por quê? Esferográficas são finas demais. Têm uma definição alta demais. Estimulam você a se preocupar com coisas com as quais ainda não é para se preocupar, como aprimorar um sombreado ou decidir se usa uma linha pontilhada ou tracejada. Você acaba se focando em coisas que ainda deveriam estar fora de foco.
>
> Uma caneta Sharpie faz com que seja impossível descer a essas profundezas. Você só é capaz de desenhar formas, linhas e caixas. Isso é bom. No início você só deve se preocupar com o grande quadro.

Como define Henry Mintzberg, da McGill: "O que aconteceria se começássemos da premissa de que não podemos ter a medida exata daquilo que importa e prosseguíssemos daí? Então, em vez dessa medida, teríamos de usar algo muito assustador: chama-se estimativa".[37]

O resultado da Interrupção Precoce é que às vezes a questão não é optar entre ser racional e seguir nosso instinto inicial. Seguir nosso instinto inicial pode *ser* a solução racional. Quanto mais complexa, instável e incerta a decisão, mais racional é essa maneira de ver.

Voltando a Darwin, seu problema de decidir se propunha ou não casamento provavelmente poderia ser resolvido com base apenas nos primeiros prós e contras que ele identificou, sendo que os que se manifestassem depois só aumentariam o tempo e a ansiedade despendidos para tomar uma decisão, sem necessariamente ajudar na decisão (e muito provavelmente a impedindo). O que parece tê-lo feito decidir foi a ideia de que "é intolerável pensar em passar toda a vida como uma abelha-operária assexuada, trabalhando, trabalhando e nada, afinal".[38] Filhos e companheirismo — exatamente os primeiros pontos que ele mencionou — foram precisamente os que o fizeram se inclinar a favor do casamento. A lista de prós e contras em seu caderno era distração.

No entanto, antes de sermos muito críticos de Darwin descrevendo-o como um inveterado sobrepensador, vale dar uma segunda olhada no fac-símile daquela página de seu diário. O fato de ser um fac-símile mostra algo fascinante. Darwin não era Franklin, que acrescentava diversas considerações durante dias. Malgrado a seriedade com que abordava essa escolha que mudaria sua vida, Darwin chegou a uma decisão exatamente quando suas observações atingiram a extremidade inferior da página do diário. *Ele estava regularizando de acordo com o espaço na página.* Isso faz lembrar tanto a Interrupção Precoce quanto o Lasso: o que não couber na página não cabe na decisão.

Uma vez decidido a se casar, Darwin imediatamente passou a considerar o timing: "Quando? Cedo ou tarde", ele escreveu em outra lista de prós e contras, levando tudo em conta, desde a felicidade até as despesas, até as "inconveniências", até seu desejo de longa data de viajar num balão ou ir para o País de Gales. No final da página, ele resolveu: "Não importa, confie na sorte" — e o resultado, após um decurso de vários meses, foi uma proposta de casamento a Emma Wedgwood, que foi o início de uma gratificante parceria e uma feliz vida em família.[39]

8. Relaxamento
Deixe rolar

Em 2010, em Princeton, Meghan Bellows estava trabalhando no seu doutorado em engenharia química durante o dia e planejando seu casamento à noite. Sua pesquisa na tese tratava de encontrar os lugares certos para pôr aminoácidos numa cadeia de proteína para produzir uma molécula com determinadas características. ("Se você maximizar a energia de ligação de duas proteínas, poderá então projetar com sucesso um inibidor peptídico de algumas funções biológicas e assim inibir efetivamente a progressão de uma doença.")[1] Na frente nupcial, ela estava empacada num problema relativo a onde sentar os convidados.

Havia um grupo de nove colegas e amigos, e Bellows estava agoniada com a dúvida de quem mais deveria jogar no meio dessa minirreunião para formar uma mesa de dez. Pior ainda, tinha contado onze familiares próximos. Quem seria o excluído da honorável mesa dos parentes, e como poderia explicar isso? E quanto a pessoas como seus vizinhos de infância, babá, ou os colegas de trabalho de seus pais, que não teriam nenhum conhecido na festa do casamento?

Em cada detalhe, o problema parecia ser tão difícil quanto o problema da proteína com o qual estava lidando no laboratório. E então ela se deu conta: esse *era* o problema com o qual estava lidando no laboratório. Certa noite, olhando para o mapa dos assentos, "dei-me conta de que havia literalmente uma correlação de um para um entre aminoácidos e proteínas em minha tese de doutorado e as pessoas sentadas às mesas em meu casamento". Bellows pediu a seu noivo um pedaço de papel e começou a rabiscar equações. Aminoácidos viraram convidados, energias de ligação tornaram-se conexões, e as moléculas, nas assim chamadas interações com a vizinha mais próxima, tornaram-se interações com o vizinho mais próximo. Ela conseguiu usar os algoritmos de sua pesquisa para resolver seu próprio casamento.

Bellows elaborou um método para definir numericamente as medidas das conexões entre seus convidados. Se numa determinada dupla as pessoas não se conhecessem reciprocamente, ganhavam zero; se se conhecessem, ganhavam um; e se fossem um casal, ganhavam cinquenta. (Permitiu-se à irmã da noiva, como prerrogativa especial, que desse um dez a todas as pessoas com quem gostaria de se sentar.) Bellows então especificou alguns itens restritivos: a capacidade máxima de uma mesa e a contagem mínima aceitável para cada mesa, de modo que nenhuma delas se tornasse uma embaraçosa "miscelânea" com um grupo cheio de pessoas estranhas umas às outras. Também codificou o objetivo do programa: maximizar as notas de conexões entre os convidados e seus companheiros de mesa.

Haveria 107 pessoas no casamento e onze mesas com lugar para dez pessoas em cada uma. Isso queria dizer que havia 11^{107} distribuições de lugares possíveis, o que representa um número com 112 dígitos, mais que 200 bilhões de googols,* uma cifra

* O "googol" é o número 10 elevado a 100, ou seja, o dígito 1 seguido de cem zeros. (N. E.)

que reduz ao nanismo o número de átomos no universo observável (com meramente oitenta dígitos).[2] Bellows submeteu a tarefa a seu computador no laboratório numa noite de sábado e deixou o programa rodar. Quando voltou na manhã de segunda-feira, ele ainda estava processando. Ela o fez cuspir os melhores resultados encontrados até então e devolveu-o ao projeto da proteína.

Mesmo com um superpotente conjunto de computadores de laboratório e 36 horas completas de processamento, o programa não conseguiu avaliar mais do que uma pequena fração das disposições de lugares potenciais. As chances eram de que uma solução verdadeiramente ótima, a que teria a nota mais alta possível, nunca saísse de todas aquelas permutações. Ainda assim, Bellows ficou satisfeita com os resultados do computador.[3] "Ele identificou conexões das quais estávamos nos esquecendo", diz ela, oferecendo possibilidades deliciosas e não convencionais que planejadores humanos nem sequer considerariam. Por exemplo, propôs que se retirassem *os pais dela* da mesa da família, pondo-os em vez disso junto a velhos amigos que não viam havia anos. Sua recomendação final foi um arranjo que, após a festa, todos concordaram ter sido um sucesso — conquanto a mãe da noiva não tivesse resistido e feito alguns ajustes manuais.

Pode parecer surpreendente o fato de que todo o poder de computação do laboratório em Princeton não tinha conseguido encontrar o plano de disposição perfeito. Na maior parte dos domínios que discutimos até agora, algoritmos de ação direta puderam garantir soluções ótimas. Mas como descobriram os cientistas da computação nas últimas décadas, existem classes inteiras de problemas para os quais uma solução perfeita é, em essência, inatingível, não importa quão rápidos façamos ser nossos computadores ou quão inteligentemente os programemos. Na verdade, ninguém compreende tão bem quanto um cientista da computação que, diante de um desafio aparentemente ingovernável, você não deveria nem labutar para sempre nem desistir, mas — como veremos — tentar uma terceira coisa.

A DIFICULDADE DA OTIMIZAÇÃO

Antes de liderar o país durante a Guerra Civil Americana, antes de esboçar a Proclamação de Emancipação ou proferir o Discurso de Gettysburg, Abraham Lincoln trabalhou como "advogado de pradaria" em Springfield, Illinois, viajando por todo o Oitavo Circuito Judicial duas vezes por ano durante dezesseis anos.[4] Ser um advogado de circuito judicial significava literalmente fazer um circuito — percorrer cidades em catorze condados diferentes para atuar em casos, cobrindo centenas de quilômetros durante muitas semanas. Planejar esses circuitos constituía-se num desafio natural: como visitar todas as cidades percorrendo o menor número possível de quilômetros sem passar por qualquer cidade duas vezes.

Isso é um exemplo do que é conhecido pelos matemáticos e cientistas da computação como um problema de "otimização restrita": como encontrar o melhor arranjo singular para um conjunto de variáveis, dadas determinadas regras e uma medida de contagem a ser mantida. Na verdade, esse é o mais famoso de todos os problemas de otimização. Se tivesse sido estudado no século XIX, poderia ter ficado para sempre conhecido como o "problema do advogado de pradaria", e se tivesse surgido pela primeira vez no século XXI, poderia ter sido apelidado de "problema do drone de entregas". Mas assim como o problema da secretária, ele emergiu em meados do século XX, num período indubitavelmente evocado por seu nome canônico: "o problema do caixeiro-viajante".

O problema de planejar uma rota não atraiu a atenção da comunidade matemática até a década de 1930, mas então ele o fez com uma vingança. O matemático Karl Menger o mencionou em 1930 como "o problema do carteiro",[5] observando que não se conhecia solução mais fácil do que simplesmente a de tentar uma possibilidade de cada vez. Hassler Whitney apresentou o problema numa palestra em Princeton em 1934, e isso se alojou firmemente no cérebro do seu colega matemático Merrill Flood (o qual, como você deve se lembrar do capítulo 1, também é creditado por ter difundido a primeira solução do problema da secretária).[6] Quando mudou-se para a Califórnia na década de 1940, Flood, por sua vez, o estendeu a seus colegas na Rand Corporation, e o icônico nome do problema apareceu impresso pela primeira vez em um trabalho de 1949 da matemática Julia Robinson.[7] Quando o problema se espalhou nos círculos matemáticos, ganhou notoriedade. Muitas das melhores cabeças da época ficaram obcecadas com o problema, e ninguém parecia ser capaz de fazer um progresso real.

No problema do caixeiro-viajante, a questão não é se um computador (ou um matemático) *poderia* achar a rota mais curta: teoricamente, pode-se simplesmente produzir uma lista de todas as possibilidades e avaliar cada uma. A questão, em vez disso, é que o número de cidades cresce, e a lista de rotas possíveis que as conectam explode. Um rota é apenas uma ordenação de cidades, e assim, tentar cada uma delas pela força bruta é o temido $O(n!)$, o "tempo fatorial" — equivalente computacional de ordenar um baralho atirando as cartas ao ar até acontecer de pousarem na ordem correta.

A questão é: existirá qualquer esperança de algo melhor?

Décadas de trabalho pouco fizeram para domar o problema do caixeiro-viajante. Flood, por exemplo, escreveu em 1956, mais de vinte anos após seu primeiro encontro com o problema: "Parece ser muito provável que uma abordagem bem diferente de qualquer uma já empregada seja necessária para um tratamento adequado do problema. De fato, pode não haver um método geral de tratar do problema, e resultados de impossibilidade também seriam valiosos".[8] Decorrida mais uma década, o humor só ficou mais sombrio. "Conjecturo", escreveu Jack Edmonds, "que não exista um bom algoritmo para o problema do caixeiro-viajante."[9]

Essas palavras revelaram-se proféticas.

DEFININDO DIFICULDADE

Em meados da década de 1960, Edmonds, do Instituto Nacional de Padrões e Tecnologia, juntamente com Alan Cobham, da IBM, desenvolveu uma definição funcional para o que faz um problema ser suscetível a uma solução.[10] Eles apresentaram o que hoje é conhecido como a tese Cobham-Edmonds: um algoritmo devia ser considerado "eficaz" se executasse o que é chamado de "tempo polinomial" — isto é, $O(n^2)$, $O(n^3)$, ou na verdade n à potência de qualquer número que seja. Um problema é considerado "tratável", por sua vez, se soubermos como resolvê-lo usando um algoritmo eficaz. Um problema que *não* sabemos resolver em tempo polinomial, por outro lado, é considerado "intratável". E a não ser nas menores escalas, problemas intratáveis estão além do alcance da solução por computadores, não importa quão potentes sejam.*

* Pode parecer estranho chamar $O(n^2)$ aqui de "eficaz", dado que ele parece ser tão odioso no contexto da ordenação. Mas a verdade é que mesmo o tempo exponencial com uma base numérica despretensiosamente pequena, como $O(2^n)$, rapidamente fica infernal mesmo se comparado com um polinomial com uma base maior, como n^{10}. O expoente sempre vai superar o polinomial em algum tamanho de problema — nesse caso, se você estiver ordenando mais do que algumas dezenas de itens, n^{10} começa a parecer um passeio no parque se comparado com

Isso equivale ao que é inegavelmente o insight central da ciência da computação. É possível quantificar a dificuldade do problema. E alguns problemas são simplesmente... *difíceis.*

Onde fica, com tudo isso, o problema do caixeiro-viajante? É bem curioso, mas ainda não temos muita certeza. Em 1972, Richard Karp, de Berkeley, demonstrou que o problema do caixeiro-viajante é ligado à controversa e fronteiriça classe de problemas que ainda não se provou serem ou não eficazmente solucionáveis.[12] Mas até agora não se encontraram soluções eficazes para qualquer desses problemas — o que faz com que sejam efetivamente intratáveis —, e a maioria dos cientistas da computação acredita que *não exista* qualquer solução a ser encontrada.[13] Assim, o "resultado da impossibilidade" para o problema do caixeiro-viajante que Flood imaginou na década de 1950 pode ser sua sina final. Além disso, muitos outros problemas de otimização — com implicações para tudo, desde estratégia política até saúde pública e segurança contra incêndio — são da mesma forma intratáveis.[14]

Mas para os cientistas da computação que lutam com esses problemas, esse veredicto não é o fim da história. Ao contrário, está mais para um chamamento às armas. Tendo determinado que um problema é intratável, você não pode simplesmente erguer os braços numa rendição. Como nos diz o especialista em programação Jan Karel Lenstra: "Quando o problema é difícil, isso não quer dizer que você pode esquecê-lo, só quer dizer que ele está em outra categoria. É um sério inimigo, mas ainda assim você tem de combatê-lo".[15] E é aí que esse campo concebeu algo de valor inestimável, algo que todos podemos aprender: como melhor abordar problemas cuja solução ótima esteja fora de alcance. Como relaxar.

2^n. Desde o trabalho de Cobham e Edmonds, esse abismo entre "polinomiais" (*n* elevado a alguma coisa) e "exponenciais" (alguma coisa elevada a *n*) serviu como o marcador efetivo daquilo que está fora de alcance.[11] (N. A.)

O ótimo é inimigo do bom.[16]
Voltaire

Quando alguém lhe diz para relaxar, é provavelmente porque você está tenso — dando mais importância às coisas do que deveria. Quando cientistas da computação enfrentam um desafio formidável, suas mentes voltam-se para um relaxamento, e eles fazem circular livros como *An Introduction to Relaxation Methods* [Uma introdução a métodos de relaxamento] ou *Discrete Relaxation Techniques* [Técnicas de relaxamento discreto].[17] Mas eles mesmos não relaxam; eles fazem o problema relaxar.

Uma das formas mais simples de relaxamento na ciência da computação é conhecida como **Relaxamento das Restrições**. Nessa técnica, os pesquisadores removem alguns dos componentes restritivos do problema e procuram resolver o problema como eles *gostariam* que fosse. Então, após terem conseguido alguma medida de progresso, eles tentam devolver as restrições ao problema. Isto é, eles fazem com que o problema seja temporariamente mais fácil de lidar, antes de trazê-lo de volta à realidade.

Por exemplo, você pode fazer relaxar o problema do caixeiro-viajante permitindo que ele visite a mesma cidade mais de uma vez e deixando-o refazer seus passos livremente. Descobrir qual é a rota mais curta segundo essas regras mais frouxas produz o que é chamado de "árvore de abrangência mínima". (Se preferir, você também pode pensar na árvore de abrangência mínima como a menor quilometragem possível de estrada necessária para conectar cada cidade com ao menos uma outra cidade. A rota mais curta do caixeiro-viajante e a árvore de abrangência mínima para o circuito judicial de Lincoln são mostradas abaixo.)[18] Como se vê, a resolução desse problema mais relaxado de restrições não ocupa essencialmente nenhum tempo de um computador.[19] E embora a árvore de abrangência mínima não leve necessariamente direto à solução real do problema, ela assim mesmo é bastante útil. Por alguma razão, a árvore de abrangência, com seus livres retrocessos, nunca terá um percurso mais longo que o da solução real, que tem de seguir todas as regras.[20] Portanto, podemos usar o problema relaxado — a fantasia — como uma versão mais amena da realidade. Se calcularmos que a distância numa árvore de abrangência para um determinado conjunto de cidades é de 150 quilômetros, podemos ter certeza de que a distância percorrida pelo caixeiro-viajante não será menor do que isso. E se descobrirmos uma rota com, digamos, 165 quilômetros, podemos ter certeza de que ela é 10% mais longa do que a melhor solução. Com isso, podemos ter uma ideia de quão perto estamos da solução real mesmo sem saber qual é.

Melhor ainda, no problema do caixeiro-viajante constata-se que a árvore de abrangência mínima é na verdade um dos melhores pontos de partida para iniciar a busca da melhor solução. Abordagens como essa têm permitido que até mesmo um dos maiores problemas de caixeiro-viajante imagináveis — o de encontrar a rota mais curta para visitar cada uma das cidades na Terra — seja resolvido com uma margem de erro de menos de 0,05% em relação à (desconhecida) solução ótima.[21]

Embora a maioria de nós não tenha encontrado a versão algorítmica formal do Relaxamento das Restrições, sua mensagem básica é familiar a quase todo mundo que sonha grande sobre as questões da vida. "O que você faria se não estivesse com medo?", diz um mantra que você deve ter visto em gabinetes de conselheiros e orientadores, ou ouvido em um seminário motivacional. "O que você faria se não pudesse falhar?", diz outro. Da mesma forma, quando consideramos questões relativas a profissão ou carreira, fazemos perguntas como "O que você faria se ganhasse na lote-

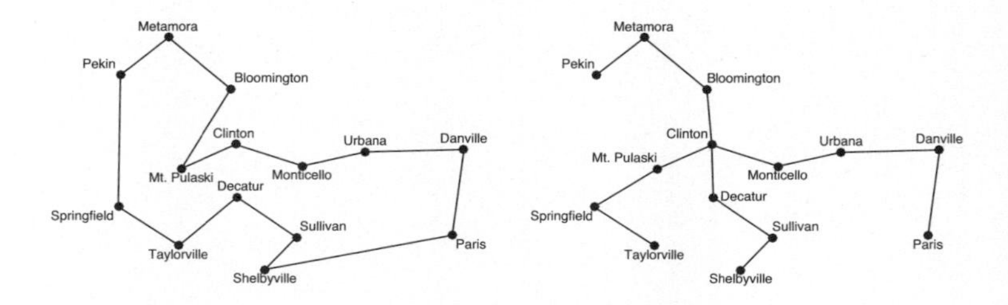

A rota mais curta do caixeiro-viajante (à esquerda) e a árvore de abrangência mínima (à direita) para o circuito judicial de Lincoln em 1855.

ria?", ou, numa direção diferente, "O que faria se todos os empregos pagassem salários iguais?". A ideia por trás desses exercícios de pensamento é exatamente a do Relaxamento das Restrições: fazer com que o intratável seja tratável, fazer progresso num mundo idealizado que pode ser trazido de volta ao mundo real. Se não puder resolver o problema que tem pela frente, resolva uma versão mais fácil dele — e depois veja se a solução não lhe oferece um ponto de partida, ou um raio de luz, para o problema em sua totalidade. Talvez ofereça.

O que o relaxamento não pode fazer é oferecer-lhe um atalho garantido para a resposta perfeita. Mas a ciência da computação pode também quantificar a busca do ponto de equilíbrio que o relaxamento propicia entre o tempo para se chegar a ele e a qualidade de uma solução. Em muitos casos, a relação proporcional entre eles é dramática, como uma solução pouco cerebral — por exemplo, uma resposta com pelo menos metade da eficácia da solução perfeita em um quadrilionésimo do tempo. A mensagem é simples porém profunda: se estivermos dispostos a aceitar soluções que sejam próximas da melhor, então até mesmo alguns dos problemas mais cabeludos podem ser domados se usarmos as técnicas certas.

A remoção temporária de restrições, como nos exemplos da árvore de abrangência mínima e de "E se você ganhar na loteria?", é a forma mais direta de relaxamento por algoritmo. Mas há também outros dois tipos mas sutis de relaxamento que aparecem repetidamente na pesquisa de otimização. Eles provaram ser instrumentais na solução de alguns dos problemas mais intratáveis do campo, com implicações diretas no mundo real para tudo, desde planejamento urbano e controle de doenças até o cultivo de rivalidades atléticas.

OS MUITOS E INCONTÁVEIS TONS DE CINZA: RELAXAMENTO CONTÍNUO

O problema do caixeiro-viajante, assim como a busca de Meghan Bellows pela melhor distribuição dos assentos, é um tipo particular do problema de otimização conhecido como "otimização discreta" — isto é, sem um continuum suave entre suas soluções. O caixeiro-viajante vai ou para esta ou para aquela cidade; você está na mesa cinco ou na mesa seis. Não há tons de cinza entre essas situações.

Esses problemas de otimização discreta estão a toda nossa volta. Em cidades, por exemplo, planejadores tentam distribuir as posições de carros de bombeiro de tal modo que possam chegar a qualquer casa numa quantidade fixa de tempo — digamos, cinco minutos. O desafio é achar o conjunto mínimo dessas posições que cubra todas as casas nessas condições.[22] "Todas as atividades [de combate ao fogo e atendimentos de emergência] adotaram esse modelo de cobertura, e ele é realmente bom", diz Laura Albert McLay, da Universidade de Wisconsin-Madison. "É uma coisa boa e clara que podemos modelar." Mas uma vez que um carro de bombeiros só pode ou existir ou não existir num determinado local, calcular esse conjunto mínimo envolve otimização discreta. E como observa McLay, "é aí que uma porção de problemas ficam difíceis em termos de computação, quando não se pode ter metade disso ou metade daquilo".[23]

O desafio da otimização discreta aparece em contextos sociais também. Imagine que você quer dar uma festa para todos os seus amigos e conhecidos, mas não quer pagar por todos os envelopes e selos de correio que tantos convites implicariam. Em vez disso, você pode decidir enviar convites a alguns amigos mais chegados e dizer-lhes que "tragam todos os que nós conhecemos". Nesse caso, o que você idealmente quer descobrir é qual o menor possível subgrupo de seus amigos que conhece todo o resto de seu círculo social — o que o levaria a lamber o menor número possível de envelopes e ainda assim ter o comparecimento de todos.[24] Claro que isso pode soar como sendo um bocado de trabalho só para economizar alguns trocados em selos, mas é exatamente o tipo de problema que os administradores de campanhas políticas e marqueteiros corporativos querem resolver para difundir sua mensagem da maneira mais eficaz possível. É também o problema estudado por epidemiologistas quando consideram, digamos, qual o número mínimo de pessoas em uma população — e *qual* grupo de pessoas — que deve ser vacinado para proteger uma sociedade de doenças contagiosas.

Como observamos, o fato de a otimização discreta só considerar números inteiros — um corpo de bombeiros pode ter um carro na garagem, ou dois, ou três, mas não dois carros e meio, ou π carros — é o que faz com que problemas de otimização discreta sejam tão difíceis de resolver. De fato, tanto o problema dos carros de bombeiro quanto o dos convites para a festa são intratáveis: não existe para eles uma solução geral eficaz. Mas, como se verá, existem várias estratégias eficientes para resolver versões *contínuas* desses problemas, para as quais qualquer fração ou número decimal é uma solução possível.[25] Pode ser que pesquisadores que enfrentam um problema de otimização discreta olhem com inveja para essas estratégias — mas poderiam fazer mais do que isso. Podem tentar fazer seu problema discreto relaxar para ser um contínuo, e ver o que acontece.

No caso do problema dos convites, fazer com que ele relaxe de otimização discreta para contínua significa que uma solução poderia ser a de enviar a alguém um quarto de um convite, e a uma outra pessoa, dois terços de um convite. O que pode significar isso? Obviamente não pode ser a resposta à questão original, mas, assim como no caso da árvore de abrangência mínima, nos propicia um lugar de onde começar. Com essa solução relaxada na mão, podemos decidir como traduzir essas frações de volta à realidade. Poderíamos, por exemplo, decidir simplesmente arredondá-las quando necessário, enviando convites a todos a quem coubesse "meio convite" ou mais no cenário relaxado. Também poderíamos interpretar essas frações como probabilidades — por exemplo, tirando cara ou coroa em cada local no qual a solução relaxada nos diz para pôr meio carro de bombeiros e só alocando lá um carro se der cara. Em qualquer dos casos, com essas frações transformadas de volta em números inteiros, teremos uma solução que faz sentido no contexto de nosso problema discreto original.

O passo final, como em todo relaxamento, é verificar quão boa é essa solução comparada com aquela que seria de fato a melhor a que poderíamos chegar, examinando à exaustão cada possível resposta ao problema original. O que se verifica é que, para o problema dos convites, o Relaxamento Contínuo com arredondamento nos dará uma solução facilmente computada que não é de todo ruim: é matematicamente garantido que você terá na festa todas as pessoas que quer ter enviando no máximo o dobro dos convites que enviaria na melhor solução obtenível usando toda a força bruta do algoritmo.[26] Da mesma forma, no problema do carro de bombeiros, o Relaxamento Contínuo com probabilidades pode rapidamente nos deixar num âmbito confortavelmente próximo ao da resposta ótima.[27]

O Relaxamento Contínuo não é uma bala de prata: ele não nos proporciona um meio eficaz de obter as respostas verdadeiramente ótimas, apenas suas aproximações.[28] Mas enviar só o dobro dos convites ou fazer só o dobro das aplicações de vacina que representam a solução ótima é muito melhor do que as alternativas não otimizadas.

É SÓ UMA MULTA POR EXCESSO DE VELOCIDADE: RELAXAMENTO LAGRANGIANO

Vizzini: É inconcebível!
Inigo Montoya: Você continua a usar essa palavra. Não creio que ela signifique o que você acha que significa.[29]

Do filme *A princesa prometida*

Um dia, quando ainda criança, Brian estava reclamando com sua mãe de todas as coisas que tinha de fazer: seu dever de casa, suas tarefas domésticas... "Tecnicamente, você não *tem* de fazer nada", respondeu a mãe. "Você não *tem* de fazer o que sua professora manda. Você não *tem* de fazer o que eu lhe peço. Você nem mesmo *tem* de obedecer à lei. Para tudo há consequências, e você vai decidir se quer enfrentar essas consequências."

A mente infantil de Brian passou por um furacão. Era uma mensagem poderosa, o despertar de um senso de atuação, responsabilidade, juízo moral. Era também algo mais: uma poderosa técnica computacional chamada **Relaxamento Lagrangiano**.[30] A ideia por trás do Relaxamento Lagrangiano é simples. Um problema de otimização tem duas partes: as regras e o controle dos resultados. No Relaxamento Lagrangiano, pegamos algumas das restrições do problema e as jogamos dentro do sistema de controle. Isto é, tomamos o que é impossível e o rebaixamos à categoria de custoso, inconveniente, trabalhoso etc. (Na otimização da distribuição de assentos num casamento, por exemplo, podemos relaxar a restrição de que numa mesa só cabem dez pessoas no máximo permitindo mesas com mais convidados, o que, porém, acarreta algum tipo de penalidade, como incômodo aperto e acotovelamento.) Quando restrições num problema de otimização dizem "Façam isso! Ou então...", o Relaxamento Lagrangiano responde "Ou então o quê?". Uma vez nos permitindo colorir fora dos contornos — mesmo um pouquinho, e mesmo a um alto custo —, problemas que antes eram intratáveis tornam-se tratáveis.

Os Relaxamentos Lagrangianos ocupam um lugar imenso na literatura sobre o problema do caixeiro-viajante e outros problemas difíceis na ciência da computação. São também uma ferramenta crítica em um sem-número de aplicações práticas. Por exemplo, lembremos de Michael Trick, de Carnegie Mellon, o qual, como mencionamos no capítulo 3, é o encarregado de programação da Major League Baseball [liga principal de beisebol dos Estados Unidos] e de várias conferências da NCAA [National Collegiate Athletic Association, principal liga de esporte universitário nos Estados Unidos]. O que não tínhamos mencionado é como ele faz isso. A composição de cada programação anual é um gigantesco problema de otimização discreta, complexo demais para qualquer computador resolver pela força bruta. Assim, a cada ano Trick e seus colegas no Grupo de Programação do Esporte recorrem ao Relaxamento Lagrangiano para realizar sua tarefa. Cada vez que alguém liga a televisão ou toma seu assento num estádio, deveria saber que o jogo entre aqueles dois times, naquele campo, naquela noite especificamente... Bem, não é necessariamente a melhor combinação possível desses fatores. Mas está perto. E para isso temos de agradecer não apenas a Michael Trick, mas também ao matemático francês do século XVIII Joseph-Louis Lagrange.

Ao programar a temporada de esportes, Trick descobriu que o Relaxamento Contínuo anteriormente descrito não estava necessariamente facilitando sua vida. "Se você acabar chegando a jogos fracionados, não chegou a nada que possa ser útil."[31] Uma coisa é acabar em números fracionários de convites para uma festa ou de carros de bombeiros, casos em que os números sempre podem ser arredondados, se necessário. Mas nos esportes, a restrição de que os números devem ser inteiros — quantos times jogam uma partida, quantos jogos são jogados no total e quantas vezes cada time joga com todos os outros times — é simplesmente muito forte. "Assim, não é possível relaxar nessa direção. Temos realmente de manter essa fundamental parte [discreta] do modelo."

Não obstante, algo tem de ser feito para lidarmos com a absoluta complexidade do problema. Assim, "temos de trabalhar com as ligas para que relaxem algumas das restrições que elas gostariam de impor", explica Trick. O número dessas restrições que entram numa programação esportiva é imensa, e elas incluem não só as exigências que emanam da estrutura básica da liga, mas também todo tipo de exigência idiossincrática e enjoadinha. Alguma ligas aceitam que o segundo turno da temporada seja um espelho do primeiro, apenas invertendo o mando do jogo; outras ligas não querem essa estrutura, mas também não querem que um time enfrente outro pela segunda vez até já ter enfrentado todos os outros times uma vez. Algumas ligas insistem em que o jogo entre os adversários mais notórios seja o último da temporada. Alguns times não podem jogar em casa em determinadas datas por estarem seus estádios ocupados em algum evento. No caso do basquete da NCAA, Trick tinha de considerar mais restrições oriundas das redes de televisão que transmitem os jogos. Os canais de televisão definem com um ano de antecedência o que eles antecipadamente classificam como "jogos A" e "jogos B" — os jogos que atraem maior audiência. (Duke × Carolina do Norte é sempre um "jogo A", por exemplo.) Com isso, os canais esperam ter um jogo A e um jogo B por semana — mas nunca dois jogos A ao mesmo tempo, para não dividir a audiência.

Em vista de todas essas exigências, não é surpresa que Trick tenha descoberto que computar uma programação esportiva frequentemente só é possível amenizando algumas dessas rígidas restrições.

> Em geral, quando as pessoas vêm a nós pela primeira vez em busca de uma programação esportiva, elas alegam: "Nós nunca fazemos isso e nunca fazemos aquilo". Nós olhamos então para as suas programações e dizemos: "Bem, você fez isso duas vezes, e fez aquilo três vezes no ano passado". E elas: "Ah, sim, certo, é verdade. Mas fora essas vezes, nunca fazemos isso". Então voltamos ao ano anterior. [...] Geralmente nos damos conta de que há certas coisas que elas pensam nunca terem feito e que fazem, *sim*. O pessoal do beisebol acredita que os Yankees e os Mets nunca jogam em casa ao mesmo tempo. E isso não é verdade. Nunca foi verdade. Jogam cada um em sua casa no mesmo dia talvez três vezes, talvez seis vezes num ano. Mas numa temporada inteira, com 81 jogos em casa para cada um, pode ser considerado um acontecimento raro, e as pessoas esquecem.

Ocasionalmente isso exige um bocado de finura diplomática, mas um Relaxamento Lagrangiano — no qual algumas impossibilidades são rebaixadas a penalidades, de inconcebível a indesejável — permite que se faça progresso. Como diz Trick, em vez de passar éons buscando uma inatingível resposta perfeita, o uso do

Relaxamento Lagrangiano lhe permite fazer perguntas como "Quão perto você pode chegar?". Perto o bastante, assim se constata, para deixar todo mundo feliz — a liga, as faculdades, as redes de televisão — e para atiçar as chamas da March Madness ano após ano.

APRENDENDO A RELAXAR

Dos vários formatos nos quais as questões computacionais se nos apresentam, os problemas de otimização — em parte objetivos, em parte regras — são indubitavelmente os mais comuns. E problemas de otimização *discreta* — em que nossas opções são inflexivelmente escolhas do tipo "ou uma coisa ou outra", sem um meio-termo — são os mais comuns entre eles. Aqui, a ciência da computação apresenta um veredicto desanimador. Muitos problemas de otimização discreta são verdadeiramente difíceis. As mentes mais brilhantes nesse campo não chegaram a nada em toda tentativa de encontrar um caminho fácil para respostas perfeitas, e em vez de procurar por esses caminhos, estão realmente cada vez mais empenhadas em provar que eles não existem.

No mínimo, isso deveria nos servir de algum consolo. Se depararmos com um problema que parece ser cheio de nós, espinhoso, intransponível, dispor de um computador não vai necessariamente ajudar. Ao menos não enquanto não aprendermos a relaxar.

Há muitos modos de relaxar um problema, e já examinamos três dos mais importantes. O primeiro, o Relaxamento das Restrições, simplesmente remove algumas restrições completamente e faz progresso numa forma mais frouxa do problema antes de voltar à realidade. O segundo, o Relaxamento Contínuo, faz com que escolhas discretas ou binárias virem contínuas: ao decidir entre chá gelado ou limonada, imagine primeiro uma mistura "Arnold Palmer", meio a meio, e depois arredonde-a num sentido ou noutro. O terceiro, o Relaxamento Lagrangiano, faz de impossibilidades meras penalidades, ensinando a arte de misturar as regras (ou violando-as e aceitando as consequências). Uma banda de rock decidindo quais canções comprimir num repertório limitado, por exemplo, está diante do que os cientistas da computação chamam de "problema da mochila" — um quebra-cabeça em que as pessoas têm de decidir quais itens de diversos tamanhos e importâncias vão empacotar num espaço limitado. Em sua formulação estrita, o problema da mochila é notoriamente intratável, mas isso não deveria desencorajar nossos astros do rock. Como se demonstrou em vários exemplos célebres, às vezes é simplesmente melhor tocar um pouco além da hora do silêncio na cidade e arcar com as multas correspondentes do que limitar o show ao espaço de tempo disponível. Na verdade, mesmo se você não cometer a infração, apenas *imaginá-la* pode ser uma iluminação.

O colunista britânico conservador Christopher Booker diz que "quando embarcamos no curso de uma ação que é inconscientemente movida por *wishful thinking* [excesso de otimismo],* tudo parece estar bem por algum tempo" — mas como esse "faz de conta nunca pode se conciliar com a realidade", isso leva inevitavelmente ao que ele descreve como um colapso em muitas etapas: "sonho", "frustração", "pesadelo", "explosão".[32] A ciência da computação pinta um quadro dramaticamente mais róseo. Então, uma vez mais, como técnica de otimização, relaxamento tem a ver com ser levado *conscientemente* por essa visão autoenganosa. Talvez seja isso, em parte, o que faz a diferença.

* Uma melhor tradução para *wishful thinking* seria "aquilo que se gostaria que fosse a realidade", mas não cabe numa citação de terceiros. (N. T.)

Relaxamentos nos oferecem várias vantagens. Primeiro, permitem perceber o limite de qualidade da solução verdadeira. Se estamos tentando compactar nosso calendário, imaginar que podemos nos teletransportar magicamente pela cidade deixa instantaneamente claro que oito reuniões de uma hora cada é o máximo que se pode esperar dar conta em um dia — um limite assim pode ser útil na dosagem de expectativas antes de encarar todo o problema. Segundo, os relaxamentos são configuráveis de modo que possam realmente se conciliar com a realidade — e isso nos dá limites para a solução que vem de outra direção. Quando o Relaxamento Contínuo nos diz para ministrar nossas vacinas fracionárias, podemos imunizar apenas aqueles que forem designados para receber meia vacina ou mais, chegando a uma solução facilmente calculável que requer, no pior dos casos, duas vezes a quantidade de inoculações que seriam necessárias num mundo perfeito. Talvez possamos viver com isso.

A menos que estejamos dispostos a passar éons lutando por perfeição cada vez que deparamos com um empecilho, problemas difíceis exigem que, em vez de fazer nossos pneus girarem em falso, imaginemos versões mais fáceis e enfrentemos essas primeiro. Quando corretamente aplicado, isso não é apenas um autoengano, nem fantasia, nem ocioso sonho acordado. É uma das melhores maneiras de que dispomos para fazer progresso.

9. Aleatoriedade

Quando deixar ao sabor do acaso

Devo admitir que após muitos anos de trabalho nessa área, a eficácia da aleatoriedade em tantos problemas algorítmicos ainda é absoluto mistério para mim. Ela é eficiente, ela funciona; mas por que e como, é mistério absoluto.[1]

Michael Rabin

A aleatoriedade parece ser o oposto do raciocínio — uma forma de desistir de um problema, um último recurso. Longe disso. O surpreendente e cada vez mais importante papel da aleatoriedade na ciência da computação nos demonstra que fazer uso do acaso pode ser parte deliberada e efetiva da abordagem dos mais difíceis problemas. Na verdade, há vezes em que nenhuma outra coisa vai dar certo.

Em contraste com os algoritmos "determinísticos" padrão — que em geral imaginamos serem os usados em computação, nos quais cada passo é seguido de outro exatamente da mesma maneira, todas as vezes —, um algoritmo randomizado utiliza números gerados randomicamente para resolver um problema.[2]

Trabalhos recentes na ciência da computação demonstram que há casos em que algoritmos randomizados podem produzir boas respostas aproximadas a questões difíceis mais rapidamente do que qualquer algoritmo determinístico conhecido. E embora nem sempre garantam soluções ótimas, os algoritmos randomizados podem chegar surpreendentemente perto delas numa fração do tempo, jogando cara ou coroa enquanto seus primos determinísticos suam a camisa em vão.

Há uma profunda mensagem no fato de que, em certos problemas, abordagens aleatórias podem sobrepujar até as melhores abordagens determinísticas. Às vezes, a melhor solução para um problema é confiar no acaso em vez de tentar racionalizar totalmente uma resposta.

Mas meramente saber que a aleatoriedade pode ser útil não basta. É preciso saber quando se valer do acaso, de que modo e em que medida. A história recente da ciência da computação fornece algumas respostas — embora essa história tenha começado alguns séculos atrás.

AMOSTRAGEM

Em 1777, George-Louis Leclerc, conde de Buffon, publicou os resultados de uma interessante análise probabilística.[3] Se deixarmos cair uma agulha num papel pautado, ele perguntou, quais são as probabilidades de ela cruzar uma das linhas? O trabalho de Buffon demonstrava que, se a agulha for mais curta que o espaço entre as linhas, a resposta é $2/\pi$ vezes o comprimento da agulha dividido pelo comprimento do espaço entre as linhas. Para Buffon, derivar essa fórmula já era suficiente. Mas em 1812, Pierre-Simon Laplace, um dos heróis do capítulo 6, mostrou que esse resultado tinha outra implicação: seria possível estimar o valor de π simplesmente deixando cair agulhas em papel pautado.[4]

A proposição de Laplace apontava para uma profunda verdade genérica: quando queremos saber algo sobre uma quantidade complexa, podemos estimar seu valor criando uma *amostragem* a partir dela. Esse é exatamente o tipo de cálculo que seu trabalho sobre a Regra de Bayes nos ajuda a realizar. De fato, seguindo a sugestão de Laplace, várias pessoas fizeram exatamente o experimento sugerido, confirmando ser possível — embora não particularmente eficiente — estimar o valor de π por esse método prático.*

Arremessar milhares de agulhas em papel pautado pode ser um interessante passatempo (para alguns), mas levou a que, no desenvolvimento do computador, se fizesse da amostragem um método prático. Antes, quando matemáticos e físicos tentavam usar a aleatoriedade para resolver problemas, seus cálculos tinham sido laboriosamente feitos à mão, e assim era difícil gerar amostragens suficientes para produzir resultados precisos. Computadores fizeram toda a diferença — em particular o computador desenvolvido em Los Alamos durante a Segunda Guerra Mundial.

Stanislaw "Stan" Ulam foi um dos matemáticos que ajudaram a desenvolver a bomba atômica. Tendo crescido na Polônia,

* O interessante é que alguns desses experimentos parecem ter produzido uma estimativa muito melhor de π do que se poderia esperar do acaso — o que sugere que eles podem ter sido deliberadamente interrompidos num ponto conveniente, ou totalmente falsificados. Por exemplo, em 1901 o matemático italiano Mario Lazzarini fez supostamente 3408 arremessos de agulha e obteve uma estimativa para π de 355/113, que é igual a 3,1415929 (o valor efetivo de π com sete casas decimais é 3,1415927).[5] Mas se o número de vezes que a agulha cruza a linha tivesse sido obtido com um único arremesso a menos, a estimativa seria bem menos bonita — 3,1398 ou 3,1433 —, o que faz o relatório de Lazzarini parecer suspeito.[6] Laplace poderia achar ser muito adequado poder usar a Regra de Bayes para confirmar que esse resultado provavelmente não foi obtido de um experimento válido. (N. A.)

mudou-se para os Estados Unidos em 1939 e juntou-se ao Projeto Manhattan em 1943. Após um breve retorno à academia, estava de volta a Los Alamos em 1946, trabalhando no projeto de armas termonucleares. Mas estava também doente — tinha contraído encefalite — e passou por uma cirurgia cerebral de urgência. E quando se recuperava da doença, sua preocupação era se iria recuperar suas aptidões matemáticas.[7]

Enquanto convalescia, Ulam jogava muito cartas, especialmente jogos de paciência (o Solitaire, também chamado Klondike). Como sabe todo aquele que joga paciência, cada vez que se mistura o baralho pode resultar um jogo impossível de ser ganho. Enquanto jogava, Ulam fazia a si mesmo uma pergunta natural: qual é a probabilidade de que uma mistura do baralho resulte num jogo que pode ser completado?

Num jogo como o Solitaire, ficar raciocinando sobre suas possibilidades enquanto joga torna-se quase imediatamente avassalador. Desvire a primeira carta, e há 52 jogos possíveis a considerar; desvire a segunda, e há 51 possibilidades para cada primeira carta. Isso quer dizer que já estamos com milhares de jogos possíveis antes mesmo de termos começado a jogar. O autor norte-americano F. Scott Fitzgerald escreveu uma vez que "o teste de uma inteligência de primeira linha é a aptidão para ter em mente duas ideias opostas ao mesmo tempo e ela ainda manter a capacidade de funcionar".[8] Isso pode ser verdade, mas nenhuma inteligência de primeira linha, humana ou não, pode manter em mente os 80 vintilhões de possibilidades de arranjos na mistura de um baralho e ainda ter qualquer esperança de funcionar.

Depois de tentar alguns cálculos combinatórios desse tipo e desistir, Ulam fez uma abordagem diferente, bela em sua simplicidade: *apenas jogue o jogo.*

> Percebi que pode ser muito mais prático [tentar] ir jogando as cartas, ou experimentando o processo e simplesmente verificar com que proporção ele dá certo, em vez de tentar computar todas as combinatórias possíveis, que resultam num número de crescimento exponencial tão grande que, exceto em casos muito elementares, não há como estimá-lo. Isso é intelectualmente surpreendente, e mesmo que não exatamente humilhante, suscita um sentimento de modéstia quanto aos limites do pensamento racional ou tradicional. Num problema complicado o bastante, uma amostragem efetiva é melhor do que o exame de todas as cadeias de possibilidades.[9]

Quando ele diz "melhor", note-se que não está necessariamente querendo dizer que a amostragem vai lhe dar respostas mais *precisas* do que uma análise exaustiva: sempre haverá algum erro associado ao processo de amostragem, embora se possa reduzi-lo assegurando que as amostras sejam realmente aleatórias e obtendo-as em número cada vez maior. O que ele quer dizer é que a amostragem é melhor porque ela pelo menos lhe oferece uma resposta, em casos nos quais nenhuma outra coisa o fará.

O insight de Ulam — de que a amostragem pode ter sucesso onde a análise fracassa — também foi crucial para resolver alguns dos difíceis problemas de física nuclear que surgiram em Los Alamos. Uma reação nuclear é um processo em cadeia, onde as possibilidades se multiplicam tão desabridamente quanto no caso das cartas: uma partícula se cinde em duas, cada uma das quais pode se chocar com outra fazendo-a se cindir por sua vez, e assim por diante. Calcular exatamente a probabilidade de um determinado resultado desse processo com muitas, muitas partículas interagindo é tão difícil que chega às raias do impossível. Mas simulá-lo, sendo interação como o ato de desvirar uma nova carta, oferece uma alternativa.

Ulam desenvolveu a ideia adiante com John von Neumann e trabalhou com Nicholas Metropolis, um dos outros físicos do Projeto Manhattan, na implementação do método no computador de Los Alamos. Metropolis intitulou essa abordagem — substituir cálculos de probabilidade exaustivos por simulações de amostragens — de **Método de Monte Carlo**, alusão ao cassino de Monte Carlo em Mônaco, igualmente dependente dos caprichos do acaso.[10] A equipe de Los Alamos foi capaz de usá-lo para resolver problemas-chave da física nuclear. Hoje em dia, o Método de Monte Carlo é uma das pedras angulares da computação científica.

Muitos desses problemas, como o cálculo das interações de partículas subatômicas ou as probabilidades de um jogo de paciência dar certo, são intrinsecamente probabilísticos, e assim, resolvê-los mediante uma abordagem aleatória, como a do Monte Carlo, faz bastante sentido. Mas talvez a constatação mais surpreendente quanto ao poder da aleatoriedade seja a de que ela pode ser usada em situações nas quais o acaso aparentemente não desempenha papel algum. Mesmo se você quiser responder a uma pergunta cuja resposta é estritamente sim ou não, verdadeiro ou falso — sem envolver probabilidades —, jogar um par de dados ainda pode ser parte da solução.

ALGORITMOS RANDOMIZADOS

A primeira pessoa a demonstrar as surpreendentemente amplas aplicações da aleatoriedade na ciência da computação foi Michael Rabin. Nascido em 1931 em Breslau, Alemanha (que se tornou Breslávia, Polônia, no final da Segunda Guerra Mundial), Rabin era descendente de uma longa linhagem de rabinos.[11] Sua família deixou a Alemanha e foi para a Palestina em 1935, e lá ele foi desviado do caminho rabínico que seu pai traçara para ele pela beleza da matemática — descobrindo a obra de Alan Turing no início de sua graduação na Universidade Hebraica de Jerusalém e migrando para os Estados Unidos para começar um doutorado em Princeton. Rabin iria ganhar o prêmio Turing — o equivalente ao Nobel na ciência da computação — por ampliar a teoria da ciência da computação de modo a que acomodasse casos "não determinísticos", nos quais a máquina não é obrigada a perseguir uma opção única, dispondo de múltiplos caminhos que pode seguir.[12] No ano sabático de 1975, Rabin chegou ao Instituto de Tecnologia de Massachusetts (MIT) em busca de uma nova direção de pesquisa que pudesse seguir.

Ele a encontrou em um dos mais antigos de todos os problemas: como identificar números primos.

Algoritmos para encontrar números primos remontam no mínimo à Grécia Antiga, onde matemáticos usavam uma abordagem direta conhecida como Crivo de Erastótenes. O Crivo de Erastótenes funciona da seguinte maneira: para achar todos os primos menores que *n*, comece anotando todos os números de 1 a *n*, em sequência. Depois risque todos os números que sejam múltiplos de dois, com exceção dele mesmo (~~4~~, ~~6~~, ~~8~~, ~~10~~, ~~12~~ e assim por diante). Tome o menor número em seguida que não tenha sido riscado (nesse caso, 3) e risque todos os múltiplos desse número, exceto ele mesmo (~~6~~, ~~9~~, ~~12~~, ~~15~~ e assim por diante). Continue fazendo isso, e os números que restarem no fim serão os primos.

Durante milênios, acreditou-se que o estudo dos números primos era, como definiu G. H. Hardy, "um dos mais obviamente inúteis ramos da matemática".[13] Mas ele deu uma guinada para a praticidade no século XX, tornando-se crucial para a criptografia e para a segurança on-line. Acontece que é *muito* mais fácil multiplicar primos do que fatorá-los para trás. Com números primos bastante grandes — digamos, com mil dígitos —, a multiplicação pode ser feita numa fração de segundo, enquanto a fatoração pode levar literalmente milhões de anos; isso constitui o que é chamado de "função de uma só direção". Na criptologia moderna, por exemplo, números primos secretos conhecidos apenas pelo emissor e pelo destinatário multiplicam-se entre si para criar enormes números compostos que podem ser transmitidos publicamente sem medo, já que fatorar esse produto levaria qualquer bisbilhoteiro a ter de percorrer um caminho longo demais para valer a pena tentá-lo.[14] Assim, virtualmente, todas as comunicações on-line seguras — sejam elas comerciais, bancárias ou por e-mail — começam com uma busca por números primos.

Essa aplicação criptográfica fez subitamente com que algoritmos para descobrir e checar números primos ficassem incrivelmente importantes. E embora o Crivo de Erastótenes seja eficaz, ele não é eficiente. Se você quiser checar se um dado número é primo — teste conhecido como de "primalidade" —, seguir a estratégia do crivo requer que se tente dividi-lo por todos os primos em sequência crescente, até o limite de sua raiz quadrada.* Checar se um número de seis dígitos é primo exigiria dividi-lo por todos os 168 primos menores que mil — e isso não é tão ruim assim. Mas checar um número de doze dígitos envolve dividi-lo pelos 78 498 primos menores que 1 milhão, e todas essas divisões rapidamente começam a sair do controle. Os primos usados na criptografia moderna têm centenas de dígitos; pode esquecer quanto a isso.

No MIT, Rabin encontrou Gary Miller, que tinha acabado de defender seu doutorado no Departamento de Ciência da Compu-

* Não é necessário ir além da raiz quadrada porque se um número tiver um fator maior do que sua raiz quadrada, então por definição ele deve ter também um fator correspondente menor do que a raiz quadrada — e você já o teria descoberto. Por exemplo, se está buscando fatores de cem, cada fator que for maior do que dez (raiz quadrada de cem) seria pareado com um fator menor do que dez: vinte com cinco (5 × 20 = 100), 25 com quatro e assim por diante. (N. A.)

tação em Berkeley. Em sua tese, Miller tinha desenvolvido um algoritmo intrigante e promissor, muito mais rápido no teste de primalidade — mas havia um pequeno problema: ele nem sempre funcionava.

Miller tinha descoberto um conjunto de equações (expressas em termos de dois números, *n* e *x*) que são sempre verdadeiras se *n* for primo, independentemente do valor que for atribuído a *x*. Se uma equação for falsa, mesmo que seja para um único valor de *x*, isso quer dizer que não há como *n* ser primo — nesses casos, *x* é chamado de "testemunha" contra a primalidade. O problema, no entanto, são positivos falsos: mesmo quando *n* não é primo, as equações algumas vezes são verdadeiras.[15] Isso parecia levar Miller ao desespero.

Rabin percebeu que esse era um caso em que um passo para fora do mundo comumente determinístico da ciência da computação poderia ser valioso. Se o número *n* for efetivamente não primo, quantos valores possíveis de *x* resultariam num falso positivo, declarando que *n* é um número primo? A resposta, demonstrou Rabin, não é superior a um quarto. Assim, para um valor aleatório de *x*, se as equações de Miller resultassem verdadeiras, só há uma possibilidade em quatro de que *n* não seja efetivamente primo. E, crucialmente, cada vez que fazemos uma amostragem com um novo aleatório *x* e se verificam as equações de Miller, a probabilidade de que *n* só pareça ser primo, sem na verdade ser, decresce por mais um múltiplo de quatro. Repita o procedimento dez vezes, e a probabilidade de um falso positivo será de uma em cada quatro à décima potência — menos de uma em 1 milhão. Ainda insuficiente para se ter certeza? Verifique mais cinco vezes e a probabilidade cairá para uma em 1 bilhão.

Vaughan Pratt, outro cientista da computação do MIT, implementou o algoritmo de Rabin e começou a obter resultados numa hora avançada de uma noite de inverno, quando Rabin estava em casa com amigos, numa festa de Chanuká. Rabin lembra-se de ter recebido uma ligação por volta de meia-noite:

> "Michael, aqui é Vaughan. Estou recebendo o output daqueles experimentos. Pegue papel e lápis e escreva isso." Ele tinha obtido que $2^{400} - 593$ era primo. Denote o produto de todos os primos *p* menores que trezentos por *k*. Os números $k \times 338 + 821$ e $k \times 338 + 823$ são primos gêmeos.* Seriam os maiores primos gêmeos conhecidos na época. Meu cabelo ficou em pé. Era incrível. Simplesmente incrível.[16]

O teste de primalidade Miller-Rabin, como é hoje conhecido, provê um meio de identificar rapidamente até mesmo números primos gigantescos com um grau arbitrário de certeza.[17]

Podemos fazer aqui uma pergunta filosófica sobre qual é o significado de "é". Estamos tão acostumados com a ideia de que a matemática é um reino de certezas que é chocante pensar que um número poderia ser "provavelmente primo" ou "quase definitivamente primo". Quanto de certeza é certeza o bastante? Na prática, sistemas modernos de criptografia, esses que criptografam conexões de internet e transações digitais, estão sintonizados para uma taxa de incidência de falsos positivos da ordem de menos de um em 1 milhão de bilhões de bilhões.[18] Em outras palavras, é um número decimal que começa com 24 zeros — menos de um falso primo para o número de grãos de areia na Terra.[19] Esse padrão surge após meramente quarenta aplicações do teste Miller-Rabin. Verdade que nunca se tem absoluta certeza — mas pode-se chegar *terrivelmente* perto, com terrível rapidez.

* Primos gêmeos são números ímpares consecutivos que são ambos primos, como cinco e sete. (N. A.)

Embora você possa jamais ter ouvido falar do teste Miller--Rabin, seu laptop, seu tablet e seu smartphone o conhecem bem. Várias décadas após sua descoberta, ainda é o método-padrão para achar e testar números primos em vários domínios. Ele trabalha nos bastidores toda vez que você usar seu cartão de crédito on-line, e quase toda vez que comunicações seguras são enviadas pelo ar ou por cabos e fios.

Durante décadas, após o trabalho de Miller e Rabin, não se sabia se alguma vez haveria um algoritmo eficiente que permitisse testar a primalidade de modo determinístico, com certeza absoluta.[20] Em 2002, um método assim foi descoberto por Manindra Agrawal, Neeraj Kayal e Nitin Saxena no Instituto Indiano de Tecnologia — mas algoritmos randomizados como o de Miller--Rabin são muito mais rápidos e por isso ainda são os que se usam na prática hoje em dia.[21]

E para alguns outros problemas, a aleatoriedade ainda fornece a única rota conhecida para soluções eficientes. Um curioso exemplo da matemática é conhecido como "teste de identidade polinomial". Se você tem duas expressões polinômicas, tais como $2x^3 + 13x^2 + 22x + 8$ e $(2x + 1) \times (x + 2) \times (x + 4)$, verificar se essas duas expressões são na verdade a mesma função — fazendo todas as operações e depois comparando os resultados — pode ser incrivelmente demorado, especialmente se o número de variáveis aumentar.

Aqui, mais uma vez, a aleatoriedade oferece um caminho a seguir: gere alguns valores aleatórios para *x*s e os aplique.[22] Se as duas expressões *não* forem iguais, seria muita coincidência apresentarem o mesmo resultado para algum valor aleatório aplicado. E seria uma coincidência ainda maior se também dessem resultados idênticos para um segundo valor aleatório inserido. Como não existe qualquer algoritmo determinístico conhecido para testar eficazmente identidade polinomial, esse método randomizado

— no qual observações múltiplas levam a uma quase certeza — é o único método prático que temos.[23]

EM LOUVOR À SIMPLICIDADE

O teste de identidade polinomial demonstra que às vezes nosso esforço é mais bem empregado verificando valores aleatórios — usando como amostragem as duas expressões que estamos pesquisando — e depois tentando destrinçar seu funcionamento interno. Se nos derem dois dispositivos de funções desconhecidas e perguntarem se são dispositivos diferentes ou duas cópias do mesmo, a maioria de nós começará a apertar botões em vez de abri-los e verificar as fiações. E não ficamos especialmente surpresos quando, digamos, num filme na televisão, um barão das drogas abre aleatoriamente com uma faca alguns pacotes para testar a qualidade da remessa inteira.

Há casos, porém, em que não apelamos para a aleatoriedade — e talvez devêssemos.

Pode-se argumentar que o filósofo político mais importante do século XX foi John Rawls, de Harvard, que impôs a si mesmo a ambiciosa tarefa de conciliar duas ideias-chave aparentemente opostas de sua área: *liberdade* e *igualdade*. Uma sociedade é mais "justa" quando é mais livre ou quando é mais igualitária? E esses dois atributos teriam mesmo de ser reciprocamente excludentes? Rawls oferece um meio de abordar essas questões, que ele chamou de "véu da ignorância".[24] Imagine, disse ele, que você estava prestes a nascer, mas não sabia se ia ser: homem ou mulher, rico ou pobre, urbano ou rural, doente ou saudável. E antes de conhecer seu status você teria de escolher em que tipo de sociedade ia viver. Qual você ia querer? Se avaliássemos, por trás do véu da ignorância, várias configurações sociais, argumentou Rawls, chegaríamos mais prontamente a um consenso quanto a qual delas pareceria ser a ideal.

O que o experimento idealizado por Rawls não leva em conta, no entanto, é o custo computacional de ter noção de uma sociedade quando se está por trás de um véu como esse. Como poderíamos, nesse cenário hipotético, esperar manter todas as informações relevantes em nossa mente? Ponha de lado as grandes questões de justiça e equidade por um momento e tente aplicar o conceito de Rawls simplesmente em, digamos, uma proposta de mudança nos regulamentos do seguro-saúde. Leve em conta a probabilidade de talvez ter nascido como alguém que será, como adulto, um funcionário municipal no Meio-Oeste dos Estados Unidos; multiplique isso pela distribuição de diversos planos de saúde disponíveis para funcionários de governo em todas as municipalidades do Meio-Oeste; multiplique isso pelos dados atuariais que tratam da possibilidade, por exemplo, de uma fratura de tíbia; multiplique isso pela conta por serviços médicos de um procedimento médio no tratamento de fratura de tíbia num hospital do Meio-Oeste, dada a distribuição dos possíveis planos de saúde... Muito bem, então a revisão proposta para o seguro-saúde é "boa" ou "ruim" para a nação? Dificilmente é de se esperar que possamos avaliar uma única canela lesionada dessa maneira, muito menos as vidas de centenas de milhões de pessoas.

As críticas filosóficas de Rawls discorreram extensamente sobre como deveríamos alavancar a informação obtida do véu da ignorância.[25] Deveríamos tentar, por exemplo, valorizar ao máximo uma felicidade moderada, uma felicidade mediana, uma felicidade total, ou outra coisa? Notoriamente, cada uma dessas abordagens fica aberta a perniciosas distopias — como a civilização de Omelas imaginada pela escritora Ursula K. Le Guin, na qual abundam a prosperidade e a harmonia mas uma única criança é obrigada a viver em abjeta miséria.[26] São críticas valiosas, e

Rawls deliberadamente as põe de lado deixando aberta a questão de o que fazer com a informação que obtemos por trás do véu.[27] Talvez a maior questão, contudo, seja a de como *reunir* essa informação para começar.

A resposta pode muito bem vir da ciência da computação. Scott Aaronson, do MIT, diz se surpreender com o fato de os cientistas da computação não terem uma influência maior na filosofia. Parte do motivo, ele suspeita, é a "*falha de não comunicar* o que eles podem acrescentar ao arsenal conceitual da filosofia". Ele elabora:

> Poder-se-ia pensar que, uma vez sabendo que algo é *computável*, a questão de se isso leva dez segundos ou vinte segundos para computar obviamente concerne mais a engenheiros do que a filósofos. Mas essa conclusão *não* seria tão óbvia se se tratasse de dez segundos contra $10^{10^{10}}$ segundos! E, realmente, na teoria da complexidade, os intervalos quantitativos com que lidamos são tão vastos que é preciso considerá-los também em intervalos qualitativos. Pense, por exemplo, na diferença entre ler um livro de quatrocentas páginas e ler *todo livro que tenha quatrocentas páginas*, ou entre escrever um número com mil dígitos e contar até chegar a esse número.[28]

A ciência da computação nos fornece um meio de expressar a complexidade que existe na avaliação de todas as provisões sociais possíveis para algo como uma lesão no osso da canela. E, felizmente, também fornece as ferramentas para lidar com essa complexidade. A amostragem baseada nos algoritmos de Monte Carlo constitui-se numa das abordagens mais úteis nessa caixa de ferramentas.

Quando temos de compreender o que se passa, digamos, na reforma do sistema de saúde — um aparato complexo demais para ser facilmente compreendido —, nossos líderes, como é característico, nos oferecem duas coisas: anedotas cuidadosamente selecionadas e resumos de estatísticas agregadas. As anedotas, é claro, são saborosas e vívidas, mas não representam a realidade. Quase toda peça de legislação, não importa quão esclarecida ou equivocada, deixará *alguém* melhor e *alguém* pior, e portanto histórias cuidadosamente selecionadas não oferecem qualquer perspectiva de padrões mais amplos. Estatísticas agregadas, por outro lado, são o contrário: abrangentes porém ralas. Podemos saber, por exemplo, se os prêmios médios de seguros caíram em âmbito nacional, mas não como essa mudança atua num nível mais granular: podem ter caído para a maioria das pessoas, mas, no estilo Omelas, podem ter deixado algum grupo específico — estudantes de graduação, ou alasquianos, ou mulheres grávidas — em sérios apuros. Uma estatística só pode nos contar parte da história, obscurecendo toda heterogeneidade nela subjacente. E frequentemente nem sequer sabemos de qual estatística precisamos.

Uma vez que nem estatísticas abrangentes nem as histórias prediletas dos políticos podem realmente nos guiar através de milhares de páginas de propostas de legislação, um cientista da computação informado por Monte Carlo proporia uma abordagem diferente: amostragem. Um exame cuidadoso de amostragens aleatórias pode se constituir num dos meios mais efetivos de dar um sentido a algo complexo demais para ser compreendido diretamente. Quando se trata de lidar com um problema qualitativamente impossível de ser manejado, algo tão espinhoso e complicado que não pode ser digerido inteiro — jogo de paciência ou fissão nuclear, teste de primalidade ou política pública —, a amostragem oferece um dos mais simples (e também melhores) métodos de se avançar em meio às dificuldades.

Podemos ver essa abordagem em funcionamento na instituição de caridade GiveDirectly, que providencia, incondicionalmente, transferências de dinheiro a pessoas que vivem em extrema pobreza no Quênia e em Uganda. Ela chamou a atenção ao repensar práticas de caridade convencionais em vários níveis: não apenas em sua missão incomum, mas no nível de transparência e prestação de contas que adota em seu próprio processo. E o último elemento do status quo que ela está desafiando é o das histórias de sucesso.

"Se você visita regularmente nosso site, blog ou a página do Facebook", escreve a assistente do programa Rebecca Lange, "pode ter notado algo que *não* vê com frequência: histórias e fotos de nossos beneficiados."[29] O problema não é que as brilhantes histórias proferidas por outras instituições de caridade não sejam verdadeiras. Mas o simples fato de terem sido deliberadamente escolhidas como uma vitrine de sucessos faz com que não saibamos ao certo quanta informação pode-se colher delas. Assim, a GiveDirectly decidiu mudar completamente também essa prática convencional.

Toda quarta-feira, a equipe da GiveDirectly seleciona aleatoriamente um beneficiário do dinheiro, envia um ativista de campo para entrevistá-lo e publica as anotações desse ativista ao pé da letra, não importando quais sejam. Como exemplo, eis a primeira dessas entrevistas, com uma mulher chamada Mary, que empregou o dinheiro num telhado de zinco:*

> Ela teve a possibilidade de fazer uma casa melhor, uma casa de zinco. Também pôde comprar um conjunto de sofás para sua casa. Sua vida mudou, porque antes tinha um telhado com goteiras que, quando chovia, deixavam encharcado tudo que havia na

* Note que deliberadamente usamos a primeira história do site — isto é, não lemos todas elas para escolher qual seria compartilhada, o que anularia todo o propósito disso. (N. A.)

casa. Mas com a transferência do dinheiro ela pôde fazer uma casa melhor de zinco.

"Esperamos que isso os faça ter confiança em todos os tipos de informação que compartilhamos com vocês", escreve Lange, "e talvez até mesmo os inspire a levar outras organizações a um nível mais elevado."

A NEGOCIAÇÃO EM TRÊS PARTES

> *Imediatamente bateu-me qual qualidade forma um Homem de Realização, especialmente na literatura, e que Shakespeare possuía tão enormemente — refiro-me à Capacidade Negativa, isto é, a que faz um homem ser capaz de estar em incertezas, mistérios, dúvidas, sem qualquer irritável busca de fato ou razão.*[30]
>
> John Keats

> *Não existe algo como a certeza absoluta, mas existe um grau de certeza suficiente para os propósitos da vida humana.*[31]
>
> John Stuart Mill

A ciência da computação é frequentemente cenário de negociações e trocas de uma coisa por outra. Em nossas discussões sobre ordenamento no capítulo 3, por exemplo, observamos a negociação entre o tempo despendido antes na ordenação e o tempo despendido depois na busca. E na discussão sobre armazenamento em cache, no capítulo 4, exploramos a negociação de ocupar *espaço* extra — caches dentro de caches dentro de caches — para com isso ganhar em tempo.

Tempo e espaço estão na raiz das mais familiares negociações na ciência da computação, mas um trabalho recente com algoritmos randomizados demonstra que há mais uma variável a se considerar: a certeza. Como diz Michael Mitzenmacher, de Harvard: "O que vamos fazer é achar uma resposta que lhe economize tempo e espaço negociando com essa terceira dimensão: a probabilidade de erro". Quando lhe pedem seu exemplo favorito para essa negociação com a incerteza, ele não hesita: "Um colega já me disse que deveria haver uma competição de quem bebe mais: toda vez que esse termo aparecesse em um de meus slides, você teria de tomar um drinque. Ouviu falar alguma vez em filtros de Bloom?".[32]

Para entender a ideia que existe por trás de um filtro de Bloom, diz Mitzenmacher, considere uma ferramenta de busca como o Google, tentando rastejar pela web inteira e indexar toda URL possível. A web é constituída de bem mais de 1 trilhão de URLS diferentes,[33] e a URL média tem cerca de 77 caracteres.[34] Quando a ferramenta de busca está procurando alguma URL, como ela poderia checar se aquela página já foi processada? Armazenar uma lista de todas as URLS que já foram visitadas tomaria um espaço enorme, e pesquisar repetidamente a lista (mesmo que totalmente ordenada) poderia revelar-se um verdadeiro pesadelo. De fato, a cura poderia ser muito pior que a doença: em outras palavras, checar toda vez para ter certeza de que não estamos reindexando uma página poderia consumir mais tempo do que ocasionalmente indexar uma página duas vezes.

Mas e se precisarmos ter apenas *quase* certeza de que essa URL é nova para nós? É aí que entra o filtro de Bloom. Levando o nome de seu inventor, Burton H. Bloom, o filtro de Bloom funciona de maneira muito parecida com o teste de primalidade Miller-Rabin: a URL é inserida num conjunto de equações que essencialmente verifica se há "testemunhos" de sua novidade. (Em vez de proclamarem "*n* não é primo", essas equações dizem "nunca vi *n* antes".)[35] Se você estiver disposto a tolerar uma taxa de erro de apenas 1% ou 2%, armazenar suas descobertas numa estrutura de dados probabilística como um filtro de Bloom vai lhe economizar significativa quantidade de tempo e de espaço. E a utilidade desses filtros não se limita a ferramentas de busca: os filtros de Bloom têm "emparelhado"* vários navegadores de web recentes para checar URLS,[36] comparando-as com uma lista de websites maliciosos conhecidos, e também são parte importante de criptomoedas, como o *bitcoin*.[37]

Diz Mitzenmacher:

> A ideia de erro negociando com espaço... Creio que a questão é que as pessoas não associam isso à computação. Elas pensam que a computação deve lhes dar a resposta. Assim, quando você ouve em sua aula sobre algoritmos: "Supõe-se que ela lhe dê uma resposta; pode não ser a resposta correta" — gosto de pensar que quando [estudantes] ouvem isso, isso os põe em foco. Creio que as pessoas não percebem o quanto elas fazem isso e aceitam isso em sua própria vida.

MONTANHAS, VALES E ARMADILHAS

O rio serpenteia porque não é capaz de pensar.[38]
Richard Kenney

A aleatoriedade também provou ser uma arma poderosa para resolver problemas de otimização discreta, como montar o calendário de basquete para a NCAA ou descobrir a rota mais curta para o caixeiro-viajante. No capítulo anterior, vimos como o rela-

* Os termos *ship with* e *shipping*, no original em inglês, referem-se, nesse caso, a se atribuir de forma fictícia um relacionamento amoroso entre dois astros ou figuras famosas. Origina-se na desinência *ship*, de *relationship*. (N. A.)

xamento pode exercer um grande papel na redução desses problemas a proporções menores, mas o uso tático da aleatoriedade surgiu como uma técnica indiscutivelmente mais importante.

Imagine que está montando um roteiro de férias que passa por dez cidades, sua própria versão do problema do caixeiro-viajante: você quer começar e terminar em San Francisco, visitando Seattle, Los Angeles, Nova York, Buenos Aires, Londres, Amsterdam, Copenhague, Istambul, Delhi e Kyoto. Talvez você não esteja muito preocupado com a extensão total da rota, mas provavelmente vai querer reduzir ao mínimo o custo da viagem. A primeira coisa a se notar aqui é que, mesmo que dez cidades não pareçam ser uma quantidade tão grande assim, o número de itinerários possíveis é dez fatorial: mais de 3,5 milhões. Em outras palavras, não há um meio prático de simplesmente verificar cada permutação e escolher a mais barata. Você tem de agir com mais esperteza do que isso.

Para sua primeira tentativa de estabelecer um itinerário, você pode pensar em tomar o voo mais barato que sai de San Francisco (para uma das cidades da lista, digamos que seja para Seattle), depois tomar o voo mais barato de lá para outra das cidades remanescentes (vamos dizer que seja Los Angeles), depois o mais barato a partir dali (digamos, Nova York) e assim por diante, até chegar à décima cidade, e de lá de volta a San Francisco. Esse é um exemplo de um assim chamado "algoritmo ganancioso", que também pode ser pensado como "algoritmo míope": porque é realmente com visão curta que ele adota a melhor opção disponível em cada etapa isolada da viagem. Na teoria da programação, como vimos no capítulo 5, um algoritmo ganancioso — por exemplo, sempre executando a tarefa mais curta possível sem considerar ou planejar o que vem depois — pode às vezes ser tudo que o problema requer. Nesse caso, para o problema do caixeiro-viajante, a solução provida pelo algoritmo ganancioso provavelmente não seja terrível, mas é possível que esteja longe de ser a melhor que você poderia ter.

Uma vez tendo estabelecido um itinerário básico, você poderia testar algumas alternativas fazendo ligeiras alterações na sequência das cidades e verificando se isso produz alguma melhora. Por exemplo, em vez de ir para Seattle e depois para Los Angeles, podemos tentar inverter a ordem: primeiro Los Angeles, depois Seattle. Para cada dado itinerário, podemos fazer onze dessas inversões de ordem entre duas cidades; digamos que tentemos todas elas e fiquemos com aquela que nos proporciona a maior economia. Agora temos um novo itinerário, e podemos começar a fazer essas permutações *a partir dele*, buscando novamente a melhor solução que uma mudança local proporciona. Esse é um algoritmo conhecido como **Escalada da Montanha** — uma vez que essa busca num universo de soluções (algumas melhores, outras piores) é comumente imaginada em termos de uma paisagem com montanhas e vales, na qual seu objetivo é chegar ao pico mais elevado.

Por fim, você vai chegar a uma solução que é a melhor entre todas as permutações; não importa qual troca de ordem você faça entre cidades adjacentes, nenhuma será melhor do que ela. Esse é, então, o único melhor itinerário possível? Infelizmente, não. Você pode ter encontrado apenas um assim chamado "máximo local", não o máximo global de todas as possibilidades. A paisagem para a escalada da montanha é nebulosa. Você tem como saber que está no topo de uma montanha porque o chão está lá embaixo em todas as direções, mas pode ser que haja uma montanha mais alta logo após o próximo vale, escondida entre as nuvens.

Considere uma lagosta presa numa armadilha para lagostas: pobre animal, não percebe que sair da gaiola significa recuar para o centro dela, que precisa ir *mais fundo* dentro da gaiola para consegui-lo. Uma armadilha para lagosta não é outra coisa senão um máximo local feito de arame — um máximo local que mata.

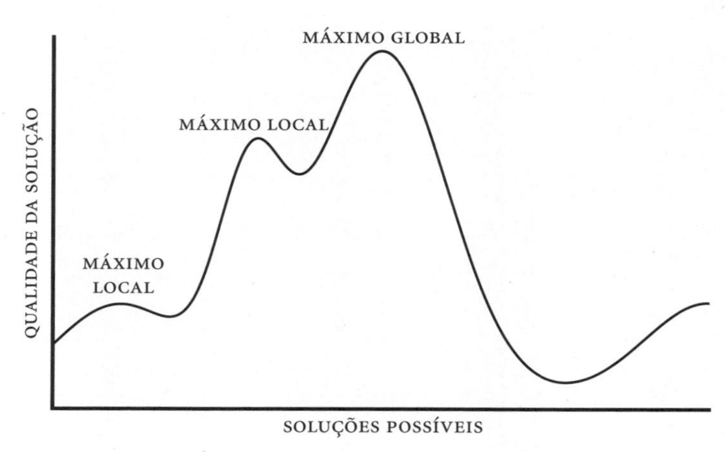

Uma "paisagem de erro" que descreve como a qualidade da solução pode variar de acordo com várias possibilidades.

No caso do planejamento de férias, o máximo local é, felizmente, menos fatal, mas tem um caráter similar. Mesmo que tenhamos encontrado uma solução que não mais possa ser aprimorada por quaisquer pequenos ajustes, é possível que ainda não tenhamos chegado ao máximo global. Chegar ao itinerário realmente melhor pode exigir uma revisão total da viagem: por exemplo, trocando a ordem de continentes inteiros, ou partindo em direção ao oeste em não ao leste. Podemos ter de piorar nossa solução temporariamente se quisermos continuar em busca de melhoras. E a aleatoriedade fornece uma estratégia — na verdade, várias estratégias — para fazer exatamente isso.

FORA DO MÁXIMO LOCAL

Uma abordagem possível é incrementar a Escalada da Montanha com o que é conhecido como *jitter*, ou uma "estremecida". Se parecer que você está empacado, misture as coisas um pouco.

Faça algumas pequenas mudanças aleatórias (mesmo que para pior), e depois volte para a Escalada da Montanha, para ver se chegou a um pico mais elevado.

Outra abordagem é embaralhar *completamente* nossa solução quando atingirmos um máximo local e recomeçar a Escalada da Montanha desse novo ponto de partida aleatório. Esse algoritmo é conhecido, com bastante propriedade, como "Reinício Aleatório da Escalada da Montanha" — ou, numa versão mais colorida, "Escalada Improvisada da Montanha". É uma estratégia que se mostra muito eficaz quando há muitos máximos locais num problema. Por exemplo, cientistas da computação usam essa abordagem quando tentam decifrar códigos,[39] já que há muitas maneiras de começar a decodificar uma mensagem que parecem promissoras no início mas acabam num beco sem saída. Na decodificação, obter um texto que parece um tanto próximo de um idioma inteligível não significa necessariamente que você sequer esteja na pista certa. Assim, em vez de ficar preso demais a uma direção inicial que se mostrou promissora, às vezes é melhor simplesmente recomeçar do zero.

Mas há também um terceira abordagem: em vez de apelar para uma aleatoriedade total quando estiver empacado, use um pouquinho de aleatoriedade *toda vez* que tomar uma decisão. Essa técnica, desenvolvida pela mesma equipe de Los Alamos que criou o Método de Monte Carlo, é chamada de **Algoritmo de Metropolis**.[40] O Algoritmo de Metropolis é como a Escalada da Montanha, tentando vários pequenos ajustes numa solução, mas com uma diferença importante: num determinado ponto, ele potencialmente aceitará tanto ajustes ruins quanto ajustes bons.

Podemos imaginar a aplicação disso em nosso problema de planejar as férias. Aqui, mais uma vez, tentamos ajustar a solução inicialmente proposta indo e vindo entre as posições das diferentes cidades. Se um ajuste feito aleatoriamente à nossa rota de viagem resultar numa melhora, então sempre o aceitamos, e continuamos com os ajustes a partir daí. Mas se a alteração fizer a coisa ficar um pouco pior, ainda há a possibilidade de mantê-la assim mesmo (embora quanto pior a alteração, menor a possibilidade). Desse modo, não ficamos empacados por muito tempo em nenhum máximo local: afinal, vamos tentar outra solução aproximada, mesmo se for mais dispendiosa, e estaremos potencialmente a caminho de chegar a um plano novo e melhor.

Quer se trate de *jitter*, de reinícios aleatórios ou de se estar aberto a pioras ocasionais, a aleatoriedade é incrivelmente útil para evitar máximas locais. O acaso não é apenas um modo viável de tratar problemas de otimização difíceis; em muitos casos, é essencial. No entanto, algumas questões remanescem. Quanto de aleatoriedade se deveria usar? E quando? E, uma vez que estratégias como a do Algoritmo de Metropolis podem modificar nosso itinerário praticamente ad infinitum, como é que você alguma vez vai saber que já chegou ao melhor possível? Para pesquisadores que trabalham em otimização, uma surpreendente e definitiva resposta a essas questões viria de um campo totalmente diferente.

TÊMPERA* SIMULADA

Em fins da década de 1970 e início da de 1980, Scott Kirkpatrick considerava-se um físico, não um cientista da computação. Estava particularmente interessado em física estatística, que usa a aleatoriedade para explicar certos fenômenos naturais — por exemplo, a física da têmpera, o modo pelo qual materiais mudam

* O termo usado no original em inglês, *annealing*, refere-se a um processo de têmpera, que consiste em aquecer um material até uma temperatura de fusão e depois esfriá-lo aos poucos, controladamente, para enrijecê-lo. (N. T.)

de estado quando são aquecidos e resfriados. Talvez a característica mais interessante da têmpera seja o tremendo impacto que tem a rapidez ou a lentidão do resfriamento sobre a estrutura final do material. Como explica Kirkpatrick:

> Para criar um único cristal de um material em fusão, primeiro derrete-se a substância, depois se baixa sua temperatura lentamente, deixando-o por muito tempo em temperaturas próximas do ponto de congelamento. Se não se fizer isso, e se permitir que a substância saia de seu equilíbrio, o cristal resultante terá muitos defeitos, ou a substância poderá formar vidro, sem uma estrutura cristalina.[41]

Kirkpatrick trabalhava então na IBM, onde um dos maiores, mais complicados e mais consagrados problemas era o de como dispor os circuitos nos chips que a IBM fabricava. O problema era tosco e intratável: havia uma enorme gama de soluções possíveis a serem consideradas, e algumas limitações capciosas. Em geral, seria melhor que os componentes estivessem próximos uns dos outros, por exemplo — mas não próximos demais, pois então não haveria espaço para as conexões entre eles. E toda vez que se muda um componente de lugar, é preciso recomputar como vão correr as conexões na nova e hipotética disposição.

Na época, esse processo foi conduzido por uma figura que era uma espécie de guru dentro da IBM. Como lembra Kirkpatrick: "O melhor cara na IBM para espremer mais circuitos num chip [...] tinha o modo mais misterioso de explicar o que estava fazendo. Ele realmente não queria contar".[42]

Um amigo de Kirkpatrick e seu colega na IBM, Dan Gelatt, estava fascinado pelo problema, e rapidamente atraiu Kirkpatrick, que teve um lampejo. "O método de estudar [sistemas físicos] era aquecê-los e depois resfriá-los, deixando que o próprio sistema se reorganizasse. A partir desse contexto, parecia ser uma coisa perfeitamente natural tratar todos os tipos de problemas de otimização como se os graus de liberdade que se está tentando organizar fossem pequenos átomos, ou spins, ou o que quer que seja."

Em física, o que chamamos de "temperatura" é na realidade velocidade — movimento aleatório em escala molecular. Isso era diretamente análogo, raciocina Kirkpatrick, à oscilação aleatória que pode ser adicionada a um algoritmo de Escalada da Montanha para fazê-lo dar para trás, de uma solução melhor para soluções piores. De fato, o próprio Algoritmo de Metropolis foi inicialmente projetado para modelar comportamento aleatório em sistemas físicos (nesse caso, explosões nucleares). Então, o que aconteceria, perguntou-se Kirkpatrick, se você tratasse um problema de otimização como se fosse um problema de têmpera — se você "o aquecesse" e depois lentamente "o resfriasse"?

Considerando o problema das férias em dez cidades anteriormente mencionado, poderíamos começar numa "temperatura elevada", escolhendo nosso itinerário de partida de modo totalmente aleatório, adotando uma dentre uma grande abrangência de soluções possíveis, independentemente do custo. Depois podemos começar lentamente a "resfriar" nossa busca jogando um dado sempre que estivermos considerando fazer um ajuste na sequência das cidades. Adotar uma variação superior sempre fará sentido, mas faríamos uma variação inferior somente quando o dado mostrasse, digamos, um dois, ou mais. Depois de algum tempo, poderíamos resfriar mais, só fazendo uma mudança para algo mais caro se o dado mostrar três ou mais — depois quatro, depois cinco. A partir daí, estaremos na maior parte das vezes escalando a montanha, fazendo uma mudança para pior só ocasionalmente, quando o dado mostrar um seis. Finalmente, estaríamos indo *somente* montanha acima, parando quando chegarmos ao próximo máximo local.[43]

Essa abordagem, chamada **Têmpera Simulada**, parecia ser uma forma intrigante de mapear a física para solução de problemas. Mas funcionaria? A reação inicial entre pesquisadores de otimização mais tradicionais foi de que toda essa abordagem parecia ser um pouco... metafórica. "Não consegui convencer o pessoal da matemática de que essa coisa confusa de temperaturas, toda essa maçaroca de analogias, fosse real", diz Kirkpatrick, "porque matemáticos são treinados a realmente desconfiar da intuição."

Mas toda a desconfiança em relação a essa abordagem baseada em analogia logo desapareceria: na IBM, os algoritmos de têmpera simulada de Kirkpatrick e Gelatt começaram a criar layouts de chips melhores que os do guru. Em vez de ficarem calados quanto à sua arma secreta e se tornarem eles mesmos figuras enigmáticas de gurus, publicaram o novo método na revista *Science*, abrindo-o aos outros. Nas décadas seguintes, esse trabalho seria citado avassaladoras 32 mil vezes.[44] Até hoje, a têmpera simulada continua sendo uma das mais promissoras abordagens para problemas de otimização que se conhecem no campo.[45]

ALEATORIEDADE, EVOLUÇÃO E CRIATIVIDADE

Em 1943, Salvador Luria não sabia que estava prestes a fazer uma descoberta que lhe valeria o prêmio Nobel; ele estava pensando em ir dançar. Imigrante recente nos Estados Unidos vindo da Itália de Mussolini, onde sua família de judeus sefarditas tinha vivido, Luria era um pesquisador que estudava como bactérias desenvolviam imunidade a vírus. Mas naquele momento sua mente estava longe dessa pesquisa, quando comparecia a uma festa da faculdade num clube de campo próximo à Universidade de Indiana.

Luria observava um de seus colegas jogar numa máquina caça-níqueis.

> Eu mesmo não sou um jogador. Eu o estava provocando, falando de suas inevitáveis perdas, quando subitamente ele tirou o prêmio, cerca de três dólares em moedas de um centavo, lançou-me um olhar de desprezo e foi embora. Foi exatamente então que comecei a dedicar algum pensamento à efetiva numerologia dos caça-níqueis; ao fazer isso, ocorreu-me que as máquinas caça-níqueis e as mutações de bactérias têm algo a se ensinar reciprocamente.[46]

Na década de 1940, não se sabia exatamente por que ou como tem lugar a resistência de bactérias a vírus (e, portanto, a antibióticos). Seriam *reações* ao vírus dentro da bactéria, ou simplesmente a ocorrência de mutações que ocasionalmente produziam a resistência por mero acidente? Parecia não haver uma forma de conceber um experimento que provesse uma resposta decisiva, qualquer que fosse ela — isto é, até Luria deparar com aquele caça-níqueis e ter tido um estalo. Luria deu-se conta de que se criasse várias gerações de linhagens diferentes de bactérias, depois expusesse as últimas gerações a um vírus, uma de duas coisas radicalmente diferentes poderia acontecer. Se a resistência fosse uma resposta ao vírus, ele esperava que mais ou menos a mesma quantidade de bactérias resistentes ia aparecer em cada uma de suas culturas bacterianas, independentemente de sua linhagem. Por outro lado, se a resistência proviesse de mutações casuais, ele esperava ver algo muito mais desigual — como os acertos numa máquina caça-níqueis. Isto é, as bactérias da maioria das linhagens não apresentariam nenhuma resistência; algumas linhagens teriam uma única cultura "neta" que passara por mutação para tornar-se resistente; e em raras ocasiões, se a mutação apropriada tivesse acontecido várias gerações acima na "árvore genealógica", então haveria um "grande prêmio": *todas* as "netas" na linhagem seriam resistentes. Luria largou a dança assim que pôde e pôs o experimento em ação.

Após vários dias de espera tensa e inquieta, Luria voltou ao laboratório para checar suas colônias. As moedas jorraram do caça-níqueis.

A descoberta de Luria era sobre o poder do acaso: sobre como mutações aleatórias, desordenadas, podem produzir resistência a vírus. Mas ela aconteceu também, ao menos em parte, *devido* ao poder do acaso. Ele estava no lugar certo na hora certa, onde a visão do caça-níqueis desencadeou uma ideia nova. Histórias de descobertas frequentemente descrevem um momento similar: a da maçã de Newton (possivelmente apócrifa), a do "Eureca!" na banheira de Arquimedes, a da negligenciada placa de Petri na qual apareceu o mofo *Penicillium*. É um fenômeno tão comum que foi inventada uma palavra para captar sua essência: em 1754, Horace Walpole cunhou o termo *serendipity*, ou serendipidade, baseado nas aventuras de conto de fadas de *Os três príncipes de Serendip* (sendo Serendip o antigo nome do Sri Lanka), "que estavam sempre fazendo descobertas, por acidente e por sagacidade, de coisas pelas quais não estavam buscando".[47]

Esse duplo papel da aleatoriedade — uma parte-chave da biologia, uma parte-chave da descoberta — tem chamado repetidamente a atenção de psicólogos que querem explicar a criatividade humana. Uma primeira instância dessa ideia foi oferecida por William James. Em 1880, tendo sido recém-nomeado professor assistente de psicologia em Harvard, e dez anos antes de publicar seus definitivos *Princípios de psicologia*, James escreveu um artigo na *Atlantic Monthly* chamado "Grandes homens, grandes pensamentos e o meio ambiente". O artigo começa com uma tese:

> Um paralelo notável, que ao que saiba nunca foi notado, se obtém entre os fatos da evolução social e o crescimento mental da espécie, por um lado, e, por outro, a evolução zoológica, como apresentada pelo sr. Darwin.[48]

Na época em que James escrevia isso, a "evolução zoológica" ainda era recente — *A origem das espécies* tinha sido publicado em 1859, e o próprio sr. Darwin ainda estava vivo. James discutiu como ideias evolucionistas podiam ser aplicadas a diferentes aspectos da sociedade humana, e já no final do artigo ele se voltou para a evolução das ideias:

> Novas concepções, emoções e tendências ativas que evoluem são originalmente *produzidas* em forma de imagens aleatórias, fantasias, irrupções acidentais de uma variação espontânea na atividade funcional do excessivamente instável cérebro humano, que o ambiente externo simplesmente confirma ou refuta, adota ou rejeita, preserva ou destrói — em suma, *seleciona*, exatamente como seleciona variações morfológicas e sociais devido a acidentes moleculares ou de tipo análogo.

Assim, James via aleatoriedade no cerne da criatividade. E acreditava que ela se ampliava nas pessoas mais criativas. "Em sua presença", ele escreveu, "subitamente parece que fomos introduzidos num caldeirão fervilhante de ideias, onde tudo está assobiando e vindo à tona num estado de atordoante atividade, onde parcerias podem ser obtidas e perdidas num instante, não se conhece o ramerrão da rotina, e o inesperado parece ser a única lei vigente." (Note-se aqui a mesma intuição de "têmpera", enraizada nas metáforas de temperatura, em que a permutação sem controle é igualada ao calor.)

A adaptação moderna da teoria de James aparece na obra de Donald Campbell, um psicólogo que viveu cem anos depois. Em 1960, Campbell publicou um trabalho chamado "Variação cega e retenção seletiva no pensamento criativo assim como em outros processos do conhecimento".[49] Como James, ele abria com sua tese central: "Um processo de variação cega e retenção seletiva é fundamental em todas as conquistas por indução, em todos os autênticos incrementos no conhecimento, em todos os incrementos na adaptação do sistema ao meio ambiente". E, como James, ele se inspirou na evolução, pensando sobre a inovação criativa como resultado de novas ideias sendo geradas aleatoriamente e em astutas mentes humanas retendo o melhor dessas ideias. Campbell sustentou liberalmente seu argumento com citações de outros cientistas e matemáticos sobre processos que subjaziam em suas próprias descobertas. Ernst Mach e Henri Poincaré, físicos e filósofos do século XIX, pareciam oferecer, os dois, um relato similar ao de Campbell, e Mach chegou a afirmar que "isso deveria explicar as declarações de Newton, Mozart, Richard Wagner e outros, quando diziam que ideias, melodias e harmonias choviam sobre eles, e só tinham simplesmente de reter as que eram certas".[50]

No que tange à estimulação da criatividade, uma técnica comum é introduzir um elemento aleatório, como uma palavra com a qual pessoas têm de formar associações. Por exemplo, o músico Brian Eno e o artista Peter Schmidt criaram um baralho de cartas conhecido como Estratégias Oblíquas para resolver problemas de criatividade. Tire uma carta, qualquer carta, e terá aleatoriamente uma nova perspectiva de seu projeto. (E se isso lhe parecer demasiadamente trabalhoso, hoje você pode baixar um aplicativo que tira uma carta para você.) O relato de Eno sobre o motivo de terem desenvolvido esse baralho tem claros paralelos com a ideia de fugir aos máximos locais:

> Quando está bem no meio de algo, você esquece as coisas mais óbvias. Você sai do estúdio e pensa: "Por que não nos lembramos de fazer isso ou aquilo?". Essas [cartas] na realidade são só meios de pôr você fora do quadro, de romper um pouquinho o contexto, de modo que você não seja apenas uma banda no estúdio focada em uma canção, mas que seja gente que está viva e no mundo e ciente de um monte de outras coisas também.[51]

Ser sacudido aleatoriamente, ser posto fora do quadro e focado numa escala maior, fornece um meio de deixar o que poderia ser localmente bom e voltar a perseguir o que pode ser globalmente ótimo.

E você não precisa ser Brian Eno para adicionar um pouco de estimulação randômica à sua vida. A Wikipédia oferece uma conexão para um "artigo aleatório", e Tom a tem usado durante anos como a página inicial padrão em seu navegador, vendo uma entrada de Wikipédia aleatoriamente selecionada toda vez que abre uma janela nova. Embora isso ainda não tenha resultado em quaisquer descobertas marcantes, ele agora sabe muita coisa sobre alguns temas obscuros (como o tipo de faca usado pelas Forças Armadas do Chile) e sente que alguns deles enriqueceram sua vida. (Por exemplo, ele descobriu que existe uma palavra em português para "um vago e constante desejo de algo que não existe e provavelmente não pode existir",* tipo de problema que ainda não se pode resolver com uma ferramenta de busca.)[52] Um interessante efeito colateral é que Tom agora tem uma percepção melhor não só de que tipos de tópicos são cobertos na Wikipédia, mas também de o que realmente parece ser a aleatoriedade. Páginas que ele sente terem alguma conexão com ele — artigos sobre pes-

* Independentemente de essa definição estar ou não correta, a palavra à qual os autores se referem é "saudade". (N. T.)

soas ou lugares que conhece — lhe surgem com o que lhe parece ser uma surpreendente frequência. (Num teste, ele obteve "Membros do Conselho Legislativo da Austrália Ocidental, 1962-1965" após apenas dois *reloads*, e notem que ele cresceu na Austrália Ocidental.) Saber que isso é gerado aleatoriamente possibilita que se fique melhor calibrado para avaliar outras "coincidências" pelo resto da vida.

No mundo físico, você pode randomizar seus vegetais aderindo a uma fazenda da Community-Supported Agriculture (CSA) [Agricultura Apoiada pela Comunidade], que lhe entregaria uma caixa de produtos toda semana. Como vimos anteriormente, uma assinatura da CSA apresenta um problema de programação, mas receber frutas e legumes que você normalmente não compraria é uma boa maneira de se evitar um máximo local em sua rotação de receitas. Da mesma forma, clubes do livro, do vinho ou do chocolate do mês constituem um modo de se expor a possibilidades intelectuais, enófilas e gustativas que nunca se lhe apresentariam se não fosse isso.

Você talvez se preocupe com o fato de que tomar toda decisão tirando cara ou coroa poderia causar encrenca, até mesmo com seu chefe, com amigos e com a família. E é verdade que priorizar a aleatoriedade em sua vida não é necessariamente uma receita para o sucesso. O clássico romance cult de 1971 *O homem dos dados*, de Luke Rhinehart (verdadeiro nome: George Cockcroft), contém uma história que é um alerta. Seu narrador, um homem cujo codinome dá título ao livro e que substitui o processo de tomada de decisão pelo lançamento de dados, rapidamente vai parar em situações que a maioria de nós gostaria de evitar.

Mas talvez seja só um caso em que um conhecimento precário torna-se algo perigoso. Se o Homem dos Dados apenas tivesse uma noção mais profunda da ciência da computação, ele teria alguma orientação. Primeiro, a da Escalada da Montanha: mesmo que você tivesse o hábito de às vezes seguir ideias ruins, você iria *sempre* seguir as boas. Segundo, a do Algoritmo de Metropolis: a possibilidade de você seguir uma ideia ruim será inversamente proporcional a quão ruim for essa ideia. Terceiro, a da Têmpera Simulada: você anteciparia a aleatoriedade, resfriando rapidamente um estado totalmente aleatório, usando cada vez menos aleatoriedade à medida que o tempo passa, permanecendo mais tempo quando se aproxima do congelamento. Temperando a si mesmo — literalmente.

Esse último ponto não foi perdido pelo autor do romance. Ao que parece, o próprio Cockcroft, de modo similar ao de seu protagonista, voltou-se para o lançamento de dados por algum tempo em sua vida, vivendo com sua família em estilo nômade, num veleiro, numa espécie de lento movimento browniano. Em algum momento, no entanto, seu programa de têmpera esfriou: ele estabeleceu-se confortavelmente num máximo local, um lago no norte do estado de Nova York. Agora, com mais de oitenta anos, ele continua contente lá. "Uma vez tendo algo que o deixa feliz", disse ao jornal *The Guardian*, "seria estúpido de sua parte continuar agitando as coisas."[53]

10. Trabalhando em rede
Como nos conectamos

O termo conexão tem ampla variedade de significados. Pode se referir a um caminho físico ou lógico entre duas entidades; pode se referir ao fluir das coisas por esse caminho; pode se referir, por inferência, a uma ação associada ao estabelecimento de um caminho; ou pode se referir a uma associação entre duas ou mais entidades, com ou sem referência a qualquer caminho entre elas.[1]

Vint Cerf e Bob Kahn

Apenas conecte-se.[2]

E. M. Forster

O telégrafo a longa distância começou com um portento — Samuel F. B. Morse, na sala de audiências da Suprema Corte dos Estados Unidos em 24 de maio de 1844, transmitindo a seu assistente Alfred Vail, em Baltimore, um versículo do Antigo Testamento: QUE COISAS DEUS TEM REALIZADO. A primeira coisa que se pergunta sobre qualquer nova conexão é como ela começou, e a partir dessa origem é inescapável tentar augurar-se o futuro.

A primeira ligação telefônica da história, feita por Alexander Graham Bell a seu assistente em 10 de março de 1876, começou com certo paradoxo. "Sr. Watson, venha até aqui; quero vê-lo" — um atestado simultâneo de sua aptidão *e também* de sua inaptidão para sobrepor-se à distância física.

O telefone celular começou com uma fanfarronada — Martin Cooper, da Motorola, caminhando pela Sexta Avenida em 3 de abril de 1973, os pedestres de Manhattan a fitá-lo pasmos, enquanto ele ligava para seu rival Joel Engel, da AT&T: "Joel, estou ligando para você de um telefone celular. Um telefone celular de verdade: de mão, portátil, um telefone celular de verdade".[3] ("Não lembro exatamente o que ele disse", recorda Cooper, "mas ficou em silêncio por um momento. Presumo que estivesse rangendo os dentes.")

E a mensagem de texto começou com uma saudação em 3 de dezembro de 1992: Neil Papworth, da Sema Group Telecom, desejando a Richard Jarvis, da Vodafone, um precoce "Feliz Natal".

Os começos da internet foram — e de algum modo adequadamente — muito mais modestos e menos auspiciosos do que todos esses. Em 29 de outubro de 1969, Charlie Kline, na Universidade da Califórnia em Los Angeles (UCLA), enviou a Bill Duvall, no Instituto de Pesquisa de Stanford, a primeira mensagem já transmitida de um computador a outro via ARPANET. A mensagem era "login" — ou teria sido, se a máquina destinatária não tivesse entrado em pane depois de "lo".[4]

Lo — na verdade, Kline conseguiu se fazer ouvir portentoso como o Antigo Testamento, apesar de si mesmo.[5]

O fundamento da conexão humana é o *protocolo* — uma convenção compartilhada de procedimentos e expectativas, desde apertos de mão e alôs até a etiqueta, a polidez e toda a gama de normas sociais. A conexão de máquinas não é diferente. É com o protocolo que nos encontramos na mesma página. De fato, a raiz da palavra vem do grego *protokollon*, "primeira cola", que se refere a uma página externa colada a um livro ou manuscrito.[6]

Em assuntos interpessoais, esses protocolos revelam-se uma fonte de sutil mas permanente ansiedade. Eu enviei uma mensagem tal e tal já faz muitos dias; em que momento devo começar a suspeitar de que eles nunca a receberam? Agora são 12h05, e marcamos nossa ligação para o meio-dia; será que estamos os dois esperando que o outro ligue? Sua resposta me pareceu estranha; será que ouvi mal ou você ouviu mal a mim? Pode repetir?

A maior parte de nossa tecnologia de comunicação — desde o telégrafo até o texto — meramente nos proveu de novos canais para experimentar esses desafios familiares de pessoa para pessoa. Mas com o advento da internet, os computadores tornaram-se não só o canal, mas também os terminais: aqueles que realizam a conversa. Como tais, eles tinham de ser os responsáveis por resolver suas próprias questões de comunicação. Esses problemas de máquina para máquina — e suas soluções — imediatamente imitam e iluminam os nossos próprios problemas.

COMUTAÇÃO DE PACOTES

O que hoje entendemos como "a internet" é na verdade uma coleção de muitos protocolos, mas o principal entre eles (tanto que frequentemente se referem a ele mais ou menos como um sinônimo de internet) é conhecido como Transmission Control Protocol [Protocolo de Controle de Transmissão], ou TCP. Ele nasceu de uma conversa em 1973 e de um trabalho em 1974 de Vinton "Vint" Cerf e Robert "Bob" Kahn, que apresentaram uma proposta para a linguagem de uma — como imaginavam chamá-la — "internetwork".

O TCP utilizava inicialmente linhas telefônicas, mas é mais apropriadamente tido como uma evolução do *correio* do que do telefone. Ligações telefônicas utilizam-se do que é chamado "comutação de circuitos": o sistema abre um canal entre o remetente e o destinatário, que provê uma largura de banda constante entre as partes em ambas as direções enquanto durar a chamada. A comutação de circuitos tem muito sentido quando se trata de interação humana, mas já na década de 1960 estava claro que esse paradigma não ia funcionar em comunicação entre máquinas.

Como lembra Leonard Kleinrock, da UCLA:

> Eu sabia que computadores, quando falam entre si, não falam como estou falando agora — de modo contínuo. Eles têm uma *irrupção* e ficam em silêncio por um momento. Pouco depois, de repente, mais uma irrupção. E não se pode dedicar uma conexão de comunicação a algo que quase nunca está falando, mas que quando quer falar exige um acesso imediato. Assim, não teríamos de usar a rede telefônica, que foi projetada para fala contínua — a rede de comutação de circuitos —, e sim outra coisa.[7]

As companhias telefônicas, de sua parte, não parecem estar especialmente dispostas a falar de uma mudança fundamental em seus protocolos. Abandonar a comutação de circuitos foi considerado ato tresloucado — "heresia total", nas palavras do pesquisador de rede de comunicação Van Jacobson.[8] Kleinrock relembra seus próprios encontros com a indústria de telecomunicações:

> Fui até a AT&T, a maior rede da época, e lhes expliquei: "Caras, vocês têm que nos dar boas comunicações entre dados". E a resposta deles foi: "Do que você está falando? Os Estados Unidos são uma mina de cobre, estão cheios de fios de telefone, use isso". Eu disse: "Não, não, vocês não estão entendendo. Leva 35 segundos para completar uma

ligação, vocês cobram um mínimo de três minutos, e eu preciso enviar cem milissegundos de dados!". E a resposta deles foi: "Garotinho, vá embora". Assim, o garotinho foi embora e, junto com outros, desenvolveu essa tecnologia que comeu o almoço deles.[9]

A tecnologia que comeu o almoço da comutação de circuitos seria conhecida como *comutação de pacotes*.[10] Numa rede com comutação de pacotes, em vez de se usar um canal dedicado para cada conexão, remetentes e destinatários atomizam suas mensagens em minúsculos pedacinhos chamados "pacotes" e os mesclam num fluxo comum de dados — um pouco como se fossem cartões-postais movendo-se à velocidade da luz.

Numa rede assim, "aquilo que se poderia chamar de conexão é uma ilusão consensual entre as duas extremidades", explica Stuart Cheshire, especialista em redes de comunicação da Apple.[11]

> Não existem conexões na internet. Falar de uma conexão na internet é como falar de uma conexão no sistema postal dos Estados Unidos. Escrevem-se cartas para pessoas e cada carta segue independentemente — e pode haver uma correspondência que vai e vem com alguma continuidade, mas os correios dos Estados Unidos não precisam saber disso. [...] Eles apenas entregam as cartas.

O uso eficiente da largura de banda não foi a única consideração que impulsionou a pesquisa da comutação de pacotes na década de 1960; a outra foi a guerra nuclear. Paul Baran, da Rand Corporation, tentava resolver o problema da robustez da rede, de modo que as comunicações militares pudessem sobreviver a um ataque nuclear que destruísse uma fração considerável da rede.[12] Inspirado nos algoritmos desenvolvidos na década de 1950 para os labirintos da navegação, Baran imaginou um desenho no qual cada pedaço de informação poderia seguir independentemente o próprio caminho a seu destino, mesmo se a rede estivesse mudando dinamicamente — ou sendo reduzida a destroços.

Esse foi o segundo demérito contra a comutação de circuitos e suas conexões dedicadas e estáveis: a própria noção de estabilidade implicava que uma ligação perdida continuaria perdida. A comutação de circuitos simplesmente não era flexível ou adaptável o bastante para ser robusta. E, também quanto a isso, a comutação de pacotes poderia oferecer exatamente o que as circunstâncias estavam exigindo. Numa rede com comutação de circuitos, uma ligação falha se qualquer de suas conexões se interrompe — o que significa que a confiabilidade diminui exponencialmente à medida que a rede ficar maior. Na comutação de pacotes, por outro lado, a proliferação de caminhos numa rede em crescimento torna-se uma virtude: agora existem muito mais caminhos para os dados fluírem, e assim a confiabilidade da rede *aumenta* exponencialmente com seu tamanho.[13]

E ainda, como nos diz Van Jacobson, mesmo depois de se ter concebido a comutação de pacotes, as companhias telefônicas não ficaram impressionadas.

> Todo o pessoal das telecomunicações disse, em vozes muito altas, que isso não é uma rede! Que é apenas um mísero modo de usar a *nossa* rede! Vocês estão tomando *nossos* fios, transmitindo pelos caminhos que *nós* criamos! E estão pondo neles um monte de porcaria a mais, de modo que os estão usando ineficientemente.

Mas do ponto de vista da comutação de pacotes, os fios telefônicos eram somente um meio para atingir um fim; ao remetente e ao destinatário na verdade não importa como os pacotes são entregues. A capacidade de operar agnosticamente em qualquer quantidade de mídias diversas seria a grande virtude da comutação de pacotes. Após as primeiras redes no final da década de 1960 e início da de 1970 — como a ARPANET — terem provado a viabilidade do conceito, redes de todos os tipos começaram a pipocar pelos Estados Unidos, fazendo comutação de pacotes não somente por meio de fios telefônicos de cobre, mas também por meio de satélites e de rádio. Em 2001, um grupo de cientistas da computação na cidade norueguesa de Bergen chegou até a implementar brevemente uma rede de comutação de pacotes por meio de "portadores aviários" — isto é, pacotes escritos em papel e amarrados nos pés de pombos.[14]

Claro que a comutação de pacotes não deixaria de ter seus próprios problemas. Para iniciantes, uma das primeiras perguntas em qualquer protocolo, humano ou de máquina, é muito simples: como você sabe que suas mensagens estão sendo transmitidas?

RECONHECIMENTO

Nenhuma transmissão é capaz de ser 100% confiável.[15]

Vint Cerf e Bob Kahn

QUE COISAS DEUS TEM REALIZADO não foi apenas a primeira mensagem telegráfica a longa distância transmitida nos Estados Unidos. Foi também a segunda: Alfred Vail enviou a citação de volta para Morse na sala de audiências da Suprema Corte, confirmando o recebimento.

Então, a resposta de Vail poderia fazer com que Morse e os juristas dos Estados Unidos reunidos à sua volta tivessem certeza de que sua mensagem tinha sido recebida — presumindo, é claro, que Vail não sabia antecipadamente qual mensagem havia sido escolhida. Mas o que daria a Vail a certeza de que sua *confirmação* tinha sido recebida?

Os cientistas da computação conhecem esse conceito como o "problema dos generais bizantinos".[16] Imagine dois generais em lados opostos de um vale no qual estão seus inimigos comuns, tentando os dois coordenar um ataque. Só terão êxito se houver uma sincronização perfeita: para qualquer um deles, atacar sozinho seria suicídio. Pior, qualquer mensagem de um general para outro terá de ser entregue em mãos, atravessando o mesmo terreno em que se encontra o inimigo, o que significa que existe a possibilidade de que uma mensagem nunca seja entregue.

O primeiro general, digamos, sugere um dado momento para atacar, mas não ousará fazê-lo a menos que tenha certeza de que seu camarada esteja agindo também. O segundo general recebe as ordens e manda de volta a confirmação, mas não ousará atacar a menos que saiba que o primeiro general recebeu a confirmação (pois, caso contrário, o primeiro general não vai agir). O primeiro general recebe a confirmação, mas não atacará até ter certeza de que o segundo general *sabe* que ele a recebeu. Seguir essa cadeia de requisitos lógicos exige uma série infinita de mensagens, e obviamente isso não vai acontecer. Comunicação é uma dessas coisas deliciosas que só funciona na prática; em teoria, é impossível.

Na maior parte dos cenários, as consequências dos lapsos de comunicação raramente são tão graves, e raramente temos necessidade de uma certeza tão absoluta. No TCP, uma falha geralmente leva a uma retransmissão, e não à morte, e assim considera-se ser suficiente que uma sessão comece com o que é chamado de "triplo aperto de mãos". O visitante diz "alô", o servidor reconhece o "alô" e diz "alô" em resposta e o visitante reconhece isso; e se o servidor receber a terceira mensagem, nenhuma confirmação ulterior é necessária, e então a corrida começou. Contudo, mesmo após a conexão inicial, ainda existe o risco de que alguns pacotes sejam depois danificados ou perdidos no trânsito, ou cheguem fora de ordem. No correio postal, a entrega de pacotes pode ser confirmada com a devolução de recibos; on-line, a entrega de pacotes é confirmada com o que é chamado de pacotes de reconhecimento, ou ACKS. Eles são cruciais para o funcionamento da rede.

O modo com que funcionam os ACKS é ao mesmo tempo simples e inteligente. Por trás do triplo aperto de mãos, cada máquina provê a outra com uma espécie de número de série — e fica entendido que todo pacote enviado depois disso vai incrementar esses números de série de uma unidade a cada vez, como os cheques num talão de cheques. Por exemplo, se o seu computador inicia um contato com um servidor na web, ele pode estar enviando ao servidor, digamos, o número 100. O ACK enviado pelo servidor, por sua vez, vai especificar o número com o qual os pacotes do próprio servidor vão começar (chamemos esse número de 5000), e também dirá "Pronto para 101". O ACK de sua máquina terá o número 101 e, por sua vez, transmitirá "Pronto para 5001". (Note que esses dois esquemas numéricos são totalmente independentes, e o número com que cada sequência tem início é escolhido aleatoriamente.)

Esse mecanismo oferece um modo acessível para localizar com precisão quando pacotes se extraviam. Se o servidor está esperando 101 mas em vez disso recebe 102, ele enviará um ACK ao pacote 102 que diz ainda "Pronto para 101". Se em seguida receber o pacote 103, dirá novamente "Pronto para 101". Três ACKS assim redundantes seguidos vão sinalizar para sua máquina que 101 não está atrasado mas inevitavelmente perdido, e com isso ela reenviará esse pacote. A essa altura, o servidor (que tinha guardado os pacotes 102 e 103) enviará um ACK dizendo "Pronto para 104", para sinalizar que a sequência foi restabelecida.[17]

Todos esses reconhecimentos podem efetivamente se somar a um considerável volume de tráfego. Em geral, nós pensamos numa grande transferência de arquivos como uma operação num sentido só, mas na verdade o destinatário está enviando centenas de "mensagens de controle" de volta ao remetente. Um relatório do segundo semestre de 2014 mostrou que quase 10% do tráfego *upstream* da internet no horário de pico era devido à Netflix — que, tendemos a pensar, envia dados quase que exclusivamente *downstream* para os usuários. Mas todos esses vídeos geram uma quantidade tremenda de ACKs.[18]

Na esfera humana, sempre há numa conversa um elemento de ansiedade de que a mensagem esteja realmente sendo recebida. Quem está falando pode subconscientemente acrescentar "Você sabe..." ao fim de cada sentença, e quem está ouvindo, por seu lado, não consegue evitar responder com uma série constante de acenos de assentimento e o uso de interjeições como "hã-hã", "hum-hum", ou dizendo "sei", "é mesmo?". Em geral, fazemos isso mesmo quando estamos cara a cara, mas numa ligação telefônica é às vezes o único modo de fazer saber que a ligação ainda está ativa. Não é de admirar que a campanha de marketing mais bem-sucedida até o momento neste século XXI para uma operadora de telefonia móvel apresentava um engenheiro de controle de qualidade de uma rede pronunciando o bordão, repetido seguidamente: "Está me ouvindo agora?".

Quando algo dá errado nesse vaivém, frequentemente somos deixados com um ponto de interrogação. Como diz o blogueiro de software Tyler Treat:

> Num sistema distribuído, tentamos ter certeza de que a mensagem foi entregue aguardando o reconhecimento de que foi recebida, mas há toda uma série de coisas que podem dar errado. Será que a mensagem caiu? Será que o ACK caiu? Será que o receptor entrou em pane? Estão apenas lentos? Será que *eu* estou lento?[19]

As questões com que se deparam os generais bizantinos, ele nos lembra, "não são complexidades de projeto, mas *impossibilidade de resultados*".

As pesquisas de rede anteriores, observa Vint Cerf, baseavam-se "na premissa de que se pode construir uma rede subjacente confiável". Por outro lado, "a internet se baseou na premissa de que *nenhuma* rede seria necessariamente confiável, e ter-se-iam que fazer retransmissões ponto a ponto para recuperá-la".[20]

Ironicamente, uma das poucas exceções a isso é a transmissão da voz humana. As comunicações por voz em tempo real, como o Skype, geralmente *não* usam o TCP, que é subjacente na maior parte do resto da internet. Como os pesquisadores descobriram no período inicial da rede, usar protocolos confiáveis e robustos — com todos os seus ACKs e retransmissões de pacotes perdidos — para transmitir a voz humana é um exagero. Os humanos proveem eles mesmos a robustez. Como explica Cerf: "No caso da voz, se perder um pacote, você diz simplesmente: 'Diga isso novamente, eu deixei escapar algo'".[21]

Por esse motivo, os serviços telefônicos que reduzem automaticamente ao silêncio os ruídos de fundo estão prestando um grande desserviço a seus usuários. A estática de fundo é uma reafirmação contínua de que a ligação ainda está ativa e de que todo silêncio é uma opção intencional do interlocutor. Sem ela, pode-se sempre estar diante da possibilidade de que a ligação foi interrompida, e constantemente estar se assegurando de que não foi. Essa é, também, uma ansiedade presente em todos os protocolos de comutação de pacotes, ou, na verdade, em todo meio fundamentado em alternâncias sincronizadas — na escrita de cartas, no envio de mensagens de texto, nas tentativas (idas e vindas) de um encontro on-line. Toda mensagem poderia ser a última, e frequentemente não há como discernir a diferença entre alguém que se está dando um tempo para responder e alguém que há muito tempo terminou a conversa.

Então, como exatamente deveríamos lidar com uma pessoa — ou um computador — que *não é confiável*?

A primeira questão é quão longo deve ser um período de não resposta para que o consideremos um rompimento. Em parte, isso depende da natureza da rede: por telefone, começamos a nos preocupar numa questão de segundos; quando se trata de e-mail, a questão é de dias; e no caso de correio postal, semanas. Quanto mais longo o tempo que leva o intercâmbio entre remetente e destinatário, mais longo deve ser o período de silêncio para que seja significativo — e mais informação pode estar potencialmente "em voo" antes que o remetente se dê conta de que há um problema. Na rede de comunicação, para que o sistema funcione de forma correta, é crucial que as partes sintonizem adequadamente suas expectativas em relação aos tempos decorridos para os reconhecimentos.

A segunda questão, claro, quando reconhecemos um rompimento da comunicação, é o que deveríamos fazer a respeito.

RECUO EXPONENCIAL: O ALGORITMO DO PERDÃO

> *A palavra mais difícil do mundo para traduzir tem sido identificada como sendo "ilunga", da língua tshiluba falada no sudeste da República Democrática do Congo. [...] "Ilunga" significa "pessoa disposta a perdoar qualquer abuso na primeira vez, tolerá-lo numa segunda vez, mas nunca numa terceira vez".*[22]
>
> BBC News

> *Se não conseguir na primeira vez,*
> *Tente, tente novamente.*[23]
>
> T. H. Palmer

Hoje em dia esperamos que nossos dispositivos se comuniquem sem fios, mesmo quando seria fácil ter fios — em nosso teclado e no mouse, por exemplo, falando sem fios com um computador que está a poucos centímetros de nós. Mas a rede sem fios começou como uma questão de necessidade, num lugar onde nenhuma fiação poderia dar conta da tarefa: o Havaí. No final da década de 1960 e início da de 1970, Norman Abramson, da Universidade do Havaí, em Honolulu, estava tentando conectar entre si os sete campi da universidade e muitos institutos de pesquisa espalhados pelas quatro ilhas e por centenas de quilômetros.[24] Ele teve a ideia de implementar a comutação de pacotes via rádio, e não por sistema telefônico, conectando as ilhas com uma cadeia solta de transmissores e receptores. O sistema viria a ser conhecido como ALOHAnet.

O maior obstáculo que o ALOHAnet teve de superar foi a interferência. Às vezes duas estações transmitiam ao mesmo tempo, congestionando reciprocamente seus sinais. (Isso também é, claro, uma característica familiar na conversação humana.) Se as duas estações retransmitissem imediatamente, tentando repassar suas mensagens, correriam o risco de empacar para sempre numa perpétua interferência. Estava claro que o protocolo da ALOHAnet ia ter de dizer aos sinais concorrentes como dar espaço um ao outro, como abrir caminho um ao outro.

A primeira coisa que os remetentes precisam fazer aqui é o que se chama de "quebra de simetria". Como sabe todo pedestre numa calçada, desviar-se para a direita para evitar um encontrão com um pedestre em sentido contrário enquanto este se desvia para a esquerda, e os dois voltando simultaneamente à posição anterior, não resolve nada. A história é a mesma quando duas pessoas param de falar, fazem gestos de deferência uma para a outra e recomeçam a falar ao mesmo tempo; ou quando dois carros num cruzamento, tendo cada um parado para dar passagem ao outro, tentam acelerar em sincronia. Esse é um aspecto no qual o uso da aleatoriedade torna-se essencial — na verdade, o funcionamento de uma rede não seria possível sem isso.

Uma solução simples e direta é cada estação tirar cara ou coroa — cara, retransmite; coroa, espera uma rodada e depois retransmite. Com certeza não vai demorar muito para que uma delas consiga fazer isso, incontestemente. Isso funciona bastante bem quando são apenas dois os remetentes. Mas e se houver três sinais simultâneos? Ou quatro? Haveria uma probabilidade em quatro de a rede fazer passar um único pacote por esse ponto (depois disso, ainda restariam três estações em conflito, e talvez até mais sinais concorrentes chegando enquanto isso). À medida que o número de conflitos vai aumentando mais, a taxa de transferência da rede pode simplesmente rolar morro abaixo. Um relatório de 1970 sobre o ALOHAnet disse que, com uma utilização média acima de meros 18,6% das ondas de rádio, "o canal fica instável [...] e o número médio de retransmissões fica desenfreado".[25] Nada bom.

Então, o que fazer? Haveria um modo de criar um sistema que não tivesse essa sina?

A saída acabou sendo aumentar o tempo de espera após cada sucessão de fracassos — especificamente, *duplicar* a potencial espera antes de tentar transmitir novamente. Assim, após um fracasso inicial, um remetente iria retransmitir após um ou aleatoriamente dois tempos de espera; após um segundo fracasso, tentaria novamente depois de uma espera aleatória entre um e quatro tempos; um terceiro fracasso seguido significa esperar algo entre um e oito tempos, e assim por diante. Essa abordagem elegante faculta à rede acomodar potencialmente *qualquer* número de sinais concorrentes. Uma vez que as esperas máximas a cada vez (2, 4, 8, 16...) formam uma progressão exponencial, essa abordagem é conhecida como **Recuo Exponencial**, ou **Recuo Binário Exponencial**.

O Recuo Exponencial exerceu um enorme papel no funcionamento bem-sucedido do ALOHAnet a partir de 1971, e na década de 1980 foi incluído no TCP, tornando-se parte crucial da internet. Depois de todas essas décadas, ele ainda é. Como assinala um influente artigo de Van Jacobson: "Para um ponto final de transporte embutido numa rede de topologia desconhecida com uma população desconhecida, não conhecível e em constante mudança, só há um esquema que se pode esperar que funcione — o recuo exponencial".[26]

Mas são os outros usos desse algoritmo que sugerem algo tanto mais prescritivo quanto mais profundo. Além de apenas impedir colisões, o Recuo Exponencial tornou-se o recurso-padrão para lidar com quase todos os casos de falha ou inconfiabilidade da rede. Por exemplo, quando seu computador está tentando acessar um site que parece estar fora do ar, ele usa o Recuo Exponencial — tentando novamente um segundo mais tarde, e de novo alguns segundos mais tarde, e assim por diante. Isso é bom para todo mundo: impede que um servidor que esteja fora do ar seja bombardeado com solicitações assim que volta a ficar on-line e evita que sua própria máquina desperdice muito esforço tentando tirar leite de pedra. Mas, interessantemente, ele tampouco força (ou permite) sua máquina a desistir de todo.

O Recuo Exponencial também é parte crucial da segurança da rede, quando falhas sucessivas de uma senha ao acessar uma conta são punidas com aumento exponencial de um período de bloqueio. Isso impede que um hacker se valha de um "ataque de dicionário" a uma conta, circulando entre senhas potenciais, senha por senha, até finalmente ter a sorte de acertar. Ao mesmo tempo, ele resolve outro problema: o verdadeiro assinante da conta, não importa quão desmemoriado seja, nunca é bloqueado permanentemente após algumas interrupções arbitrárias de acesso.

Na sociedade humana, tendemos a adotar uma política de dar às pessoas algum número finito de oportunidades em sequência, antes de desistir totalmente. Três tentativas, e você está fora. Esse modelo prevalece como padrão em quase todas as situações nas quais se requer relevação, leniência ou perseverança. Dito de forma mais simples, talvez estejamos agindo errado.

Uma amiga nossa evocou recentemente um colega de infância que tinha o hábito desconcertante de cair fora de seus compromissos sociais. O que fazer? Decidir de uma vez por todas que ela finalmente estava cheia daquilo e desistir totalmente de seu relacionamento parecia ser uma atitude arbitrária e severa, mas continuar a insistir em reagendamentos perpétuos parecia uma ingenuidade, capaz de levar a uma quantidade interminável de desapontamentos e perda de tempo. Solução: Recuo Exponencial na frequência dos convites. Tente reagendar após uma semana, depois duas, depois quatro, depois oito. A incidência de "retransmissão" tende para zero — sem nunca ter que desistir completamente.

Outra amiga nossa debatia-se na dúvida quanto a se devia oferecer abrigo e ajuda financeira a um membro da família com uma história de vício em drogas. Ela não suportava a ideia de abrir mão da esperança de que ele poderia dar a volta por cima, nem a ideia de voltar-lhe as costas para sempre. Mas também não conseguia se decidir a fazer tudo que seria necessário para tê-lo em sua casa — comprar-lhe roupas e cozinhar para ele, reabrir contas bancárias para ele e levá-lo de carro para o trabalho toda manhã — para em algum momento misterioso e repentino ele sacar todo o dinheiro e desaparecer, e procurá-la novamente algumas semanas depois pedindo para ser perdoado e readmitido. Parecia ser um paradoxo, uma escolha cruel e impossível.

O Recuo Exponencial não é uma panaceia mágica em casos como esse, mas ele oferece um possível caminho a seguir. A exigência de um período de abstinência com incremento exponencial, por exemplo, serviria como um desincentivo a violar novamente as regras da casa. Faria o membro da família provar cada vez mais assiduamente que estava sendo sério quanto a seu retorno, e protegeria a anfitriã daquilo que, de outra forma, seria um ciclo contínuo de estresse. E o que talvez seja o mais importante, a anfitriã nunca teria de dizer a seu parente que tinha desistido de vez e que ele não tinha salvação. Isso oferece uma maneira de se ter uma paciência finita e uma misericórdia infinita. Talvez não precisássemos fazer uma escolha.

Na verdade, a década passada testemunhou o início de uma revolução silenciosa no modo pelo qual o sistema judiciário lida com a supervisão comunitária dos toxicodependentes. Essa revolução tem como ponta de lança um programa piloto chamado Hawaii's Opportunity Probation with Enforcement [Oportunidade de Condicional sob Coação do Havaí], cuja sigla em inglês é HOPE [esperança], que utiliza os princípios de Recuo Exponencial do ALOHAnet — e que, numa notável coincidência, começou no berço do próprio ALOHAnet: Honolulu.[27]

Pouco depois de prestar juramento como juiz no Tribunal do Primeiro Circuito do Havaí, Steven Alm percebeu que havia um notável padrão. Réus em liberdade condicional violavam repetidamente os termos de sua liberdade condicional, e juízes circulantes se valiam rotineiramente de sua prerrogativa para relevá-los só com uma advertência. Mas a certa altura, talvez após uma dúzia ou mais de violações, o juiz decidia ser mais rigoroso, e condenava o transgressor a uma pena medida em anos. Diz Alm: "Eu pensei, que modo maluco de tentar mudar o comportamento de quem quer que seja".[28] Assim, Alm propôs quase exatamente o oposto. Em vez de audiências de violação marcadas para um futuro distante, com julgamentos incertos e ocasionalmente levando a penas enormes, o HOPE baseia-se em punições imediatas, predefinidas, a partir de somente um dia de prisão e aumentando após cada incidência. Um estudo de cinco anos feito pelo Departamento de Justiça dos Estados Unidos relatou que os réus em liberdade condicional no HOPE tinham metade das probabilidades que tinham réus em liberdade condicional comuns de serem presos por um novo crime ou de terem sua condicional revogada. E 72% menos de probabilidade de se tornarem usuários de drogas. Dezessete estados tinham acompanhado o exemplo do Havaí e lançado suas próprias versões do HOPE.

CONTROLE DE FLUXO E EVITAÇÃO DE CONGESTIONAMENTO

Os primeiros esforços da rede de computadores focou-se no estabelecimento de transmissões confiáveis em conexões não confiáveis. Esses esforços mostraram-se tão bem-sucedidos que imediatamente surgiu uma segunda preocupação: ter certeza de que uma rede sobrecarregada poderia evitar um catastrófico colapso. Nem bem o TCP tinha resolvido o problema de levar dados do ponto A ao ponto B e já enfrentava o problema do congestionamento.

A mais significativa das primeiras advertências ocorreu em 1986, numa linha que conectava o Laboratório Nacional Lawrence Berkeley e o campus de Berkeley, separados por uma distância equivalente a um campo de futebol americano. (Em Berkeley, o espaço é ocupado efetivamente por um campo de futebol americano.) Um dia, a largura de banda daquela linha caiu abruptamente de seus típicos 32 mil bits por segundo para apenas quarenta bits por segundo. As vítimas, Van Jacobson no laboratório e Michael Karels no campus da universidade, "ficaram fascinadas com essa súbita queda de fator mil na largura de banda, e embarcaram numa investigação de por que as coisas tinham ficado tão ruins".[29]

Enquanto isso, ouviram rumores de que outros grupos de redes por todo o país estavam experimentando a mesma coisa. Jacobson começou a examinar o código de funcionamento da rede. "Haveria algum erro no protocolo?", ele se perguntava. "Essa coisa estava funcionando nos testes em escala menor, e depois de repente desmoronou."[30]

Uma das maiores diferenças entre comutação de circuitos e comutação de pacotes revela-se na forma como lidam com um congestionamento. Na comutação de circuitos, o sistema ou aprova uma solicitação de canal ou a recusa de todo se a requisição não puder ser contemplada. É por isso que, se alguma vez você tentou usar o sistema telefônico num horário de pico, pode ter ouvido o "sinal de informação especial" e uma mensagem proclamando que "todos os circuitos estão ocupados".

A comutação de pacotes é radicalmente diferente. O sistema telefônico fica *lotado*; o sistema postal fica *lento*. Não há nada na rede que diga explicitamente a um remetente quantos outros remetentes existem, ou quão congestionada está a rede num dado momento, e o tamanho do congestionamento está sempre mudando. Portanto, remetente e destinatário precisam não apenas se comunicar, mas se metacomunicar: precisam conceber quão rápido os dados deveriam ser enviados. De algum modo, fluxos de variados pacotes — sem gerenciamento ou coordenação explícitos — devem sair um do caminho do outro e rapidamente aproveitar todo novo espaço disponível.

O resultado do trabalho de detetive realizado por Jacobson e Karels foi um conjunto revisto de algoritmos de controle de fluxo e evitação de congestionamento — uma das maiores modificações do TCP em quarenta anos.

No cerne do controle de congestionamento no TCP há um algoritmo chamado **Aumento Aditivo, Redução Multiplicativa**, ou AIMD, do inglês Additive Increase, Multiplicative Decrease. Antes de o AIMD entrar em ação, uma nova conexão vai elevar agressivamente sua taxa de transmissão: se o primeiro pacote é recebido com sucesso, ela envia mais dois; se esses dois também passarem, ela envia um grupo de quatro, e assim por diante.[31] Mas uma vez que qualquer pacote ACK não retornar ao remetente, o algoritmo AIMD assume o controle. Sob o AIMD, todo grupo de pacotes recebido integralmente faz com que o grupo de pacotes em voo não duplique mas apenas aumente em uma unidade, e pacotes extraviados fazem com que a taxa de transmissão se reduza à metade (daí o nome Aumento Aditivo, Redução Multiplicativa). Em essência, o AIMD tem o formato de alguém que diz: "Mais um pouquinho, mais um pouquinho. Uau, foi demais. Volte atrás. Está bom. Mais um pouco, mais um pouco...". Assim, isso leva a um formato de banda característico conhecido como "TCP dente de serra" — uma subida constante pontuada por quedas abruptas.

Por que esse decréscimo abrupto e assimétrico? Como explicam Jacobson e Karels, a primeira vez que o AIMD entra em ação é quando uma conexão experimentou sua primeira perda de pacote após sua fase inicial de agressiva ascensão. Devido ao fato de essa fase inicial envolver a duplicação da taxa de transmissão a cada descarga, cortar a velocidade pela metade assim que aparece um problema parece ser totalmente adequado. E uma vez que uma transmissão esteja em progresso, se ela começar a falhar de novo será provavelmente porque alguma nova conexão está competindo por espaço na rede. A avaliação mais conservadora dessa situação — a saber, presumir que você era a única pessoa que estava usando a rede e que agora há uma segunda pessoa acessando metade dos recursos — também leva a um corte pela metade. O conservadorismo é aqui essencial: uma rede só pode se estabilizar se seus usuários recuarem pelo menos tão rápido quanto o ritmo com o qual a rede está sendo sobrecarregada. Pela mesma razão, um aumento meramente aditivo ajuda a estabilizar a situação para todos, inibindo ciclos rápidos de sobrecarga e recuperação.

Embora essa estrita distinção entre adição e multiplicação seja o tipo de coisa improvável de se encontrar na natureza, o TCP dente de serra tem ressonância em vários domínios nos quais a ideia é se apoderar de tanto quanto se possa levar consigo com segurança.

Numa colaboração serendípica de 2012, por exemplo, a ecologista Deborah Gordon e o cientista da computação Balaji Prabhakar, ambos de Stanford, descobriram que as formigas parecem ter desenvolvido algoritmos de controle de fluxo milhões de anos antes que os humanos o fizessem. Como uma rede de computadores, uma colônia de formigas enfrenta um problema de alocação quando tenta gerenciar seu "fluxo" — nesse caso, o fluxo de formigas saindo para buscar e armazenar provisões de alimento — sob condições variáveis que podem afetar bruscamente o ritmo no qual as formigas realizam seus percursos circulares. E assim como computadores na internet, as formigas têm de resolver esses problemas compartilhados sem contar com o benefício de um tomador de decisões central, desenvolvendo em vez disso o que Gordon chama de "controle sem hierarquia".[32] Acontece que a solução das formigas também é similar: um ciclo de retroalimentação no qual aquelas que são bem-sucedidas no armazenamento são mais lépidas em tornar a sair do ninho, enquanto as de menor sucesso reduzem sua atividade.[33]

Outros comportamentos animais também evocam o controle de fluxo do TCP, com seu dente de serra característico. Esquilos e pombos que buscam restos de alimento humano dão um passo à frente de cada vez, ocasionalmente dão um salto para trás, e depois avançam diretamente para a frente outra vez. E pode ser que as próprias comunicações humanas espelhem os protocolos que as transmitem: cada resposta a mensagem de texto ou e-mail estimula que haja outra, enquanto cada mensagem não respondida estanca o fluxo.

De modo mais amplo, o AIMD sugere uma abordagem para os muitos aspectos da vida nos quais o esforço de alocar recursos limitados é incerto e as condições são flutuantes.

O satírico "Princípio de Peter", formulado na década de 1960 pelo professor de educação Laurence J. Peter, declara que "todo empregado tende a subir até seu nível de incompetência".[34] A ideia é que, numa organização hierárquica, todo aquele que realize sua tarefa com proficiência será recompensado com uma promoção a uma nova tarefa que pode envolver desafios mais complexos ou diferentes. Quando o empregado finalmente atingir um cargo no qual *não* se sai bem, sua subida na hierarquia vai atolar, e ele permanecerá naquele cargo pelo resto de sua carreira. Seguindo esse raciocínio, chega-se à nefasta lógica do Princípio de Peter, de que, afinal, cada cargo numa organização acabará sendo ocupado por alguém que o desempenha mal. Uns cinquenta anos antes da formulação de Peter, o filósofo espanhol José Ortega y Gasset aventou, em 1910, a mesma percepção. "Todo servidor público deveria ser rebaixado ao posto hierárquico imediatamente inferior", ele escreveu, "porque eles progrediram até se tornarem incompetentes."[35]

Algumas organizações tentaram remediar as consequências do Princípio de Peter simplesmente despedindo os empregados que não progrediam. O assim chamado Sistema Cravath, concebido pela firma de advogados de primeira linha Cravath, Swaine & Moore, estipula que se contratem exclusivamente recém-formados, alocando-os nos níveis hierárquicos mais baixos, e depois, rotineiramente, eles vão sendo ou promovidos ou demitidos nos anos seguintes.[36] Em 1980, as Forças Armadas dos Estados Unidos adotaram uma política semelhante de "para cima ou para fora" com o Defense Officer Personnel Management Act [Ato para Gerenciamento Pessoal de Oficiais da Defesa].[37] O Reino Unido, da mesma forma, buscou o que eles chamam de "controle de alocação de pessoal", com grandes controvérsias.[38]

Haverá alguma alternativa, um caminho intermediário entre a estagnação institucional do Princípio de Peter e o rigor draconiano do sistema "para cima ou para fora"? O algoritmo AIMD pode oferecer exatamente essa abordagem, já que foi projetado explicitamente para lidar com as demandas de um meio ambiente volátil. Uma rede de computadores tem de gerenciar sua própria capacidade máxima de transmissão mais as taxas de transmissão de seus clientes, e todas elas podem estar flutuando imprevisivelmente. Da mesma forma, num ambiente de negócios, uma companhia dispõe de um acervo limitado de recursos para pagar por suas operações, e cada funcionário ou vendedor tem capacitação limitada para a quantidade de trabalho que tem de fazer e para a medida de responsabilidade com que pode arcar. As necessidades, capacitações e parcerias de todos estão sempre em fluxo.

A lição do dente de serra do TCP é que, num ambiente imprevisível e em mutação, forçar as coisas até o limite de seu fracasso pode ser às vezes a melhor (ou a única) maneira de usar todos os recursos ao máximo. O que importa é ter certeza de que a resposta a uma falha seja incisiva e resiliente. Sob a AIMD, toda conexão que não está deixando a bola cair está acelerando até isso acontecer — e então é reduzida à metade, e imediatamente começa a acelerar outra vez. E embora isso transgrida quase toda norma da atual cultura corporativa, é possível imaginar uma corporação na qual, anualmente, todo empregado sempre será ou promovido um grau no organograma da organização ou rebaixado em algum grau.

Na visão de Laurence J. Peter, o insidioso Princípio de Peter assoma nas corporações devido ao "primeiro mandamento da vida hierárquica: a hierarquia tem de ser preservada". O TCP, em contraste, ensina as virtudes da flexibilidade. Companhias falam de hierarquias "baixas" (ou "achatadas") e hierarquias "altas", mas poderiam considerar a menção de hierarquias *dinâmicas*. Sob um sistema AIMD, ninguém fica muito tempo angustiado por estar sendo sobrecarregado, nem muito tempo ressentido por causa de uma promoção que não veio; ambos os casos são corretivos temporários e frequentes, e o sistema paira em torno de seu ponto de equilíbrio, a despeito de tudo estar mudando o tempo todo. Talvez um dia possamos falar não da curva, mas do dente de serra na carreira de alguém.

SINALIZAÇÃO DE RECEPÇÃO:* CONTROLE DE FLUXO EM LINGUÍSTICA

Quando se olha para o controle de fluxo em rede, fica claro que pacotes de carregamento de ACKs na rede não só reconhecem e confirmam transmissões, mas também definem os contornos de toda a interação, seu ritmo e sua cadência. Isso é tanto um lembrete quanto uma afirmação da importância do feedback na comunicação. No TCP, como vimos, não existe isso de uma transmissão de uma só via: sem um feedback consistente, o remetente vai se retardar quase de imediato.

Curiosamente, o crescente reconhecimento do papel crucial do feedback no âmbito de rede espelhou um quase idêntico conjunto de desenvolvimentos que ocorrem ao mesmo tempo na comunidade linguística. Em meados do século XX, a linguística era dominada pelas teorias de Noam Chomsky, que considerava a língua em seu estado mais perfeito e ideal — perfeitamente fluen-

* Em linguística, o termo "*backchannels*" [sinalização de recepção] refere-se aos sinais, gestos, sons etc. emitidos para confirmar ao emissor de uma mensagem, texto, fala etc. que o receptor a está recebendo, mesmo quando este não está (ainda) respondendo. (N. T.)

te, gramatical, com sentenças ininterruptas, como se toda a comunicação consistisse em textos escritos.[39] Mas a partir das décadas de 1960 e 1970, uma onda de interesse nos aspectos práticos da língua falada revelou quão elaborados e sutis são os processos que governam a interlocução, a interrupção e a composição de uma sentença ou uma história ao mesmo tempo em que é transmitida, enquanto sintonizada com as reações do ouvinte em cada momento do processo. O que daí emergiu foi a visão de que mesmo uma comunicação ostensivamente de uma só via é um ato colaborativo. Como escreveria o linguista Victor Yngve em 1970: "De fato, tanto a pessoa que fala quanto seu interlocutor estão engajados ao mesmo tempo na fala e na audição. Isso se deve à existência do que chamo de *backchannel* [sinalização de recepção], pelo qual a pessoa que está falando recebe mensagens curtas, tais como 'sim', 'hã-hã', sem abandonar sua vez de falar".[40]

Um exame da sinalização de recepção humana abriu um horizonte totalmente novo no campo da linguística, desencadeando uma reavaliação completa das dinâmicas da comunicação — especificamente, o papel do ouvinte. Em um estudo ilustrativo, uma equipe liderada por Janet Bavelas, na Universidade de Victoria, investigou o que poderia acontecer quando alguém que estivesse ouvindo uma história pessoal se distraísse: não o que poderia ter acontecido com a compreensão do ouvinte, mas o que poderia ter acontecido com a *história*. Com um feedback deficiente, eles descobriram, a história desmorona.

> Narradores que contaram histórias com desfecho crítico para ouvintes distraídos [...] não as contaram bem no geral, e o fizeram ainda pior no momento que deveria ser o de uma conclusão dramática. Os finais de suas histórias foram abruptos ou truncados, ou deram voltas e recontaram o final mais de uma vez, e fre-

quentemente justificaram suas histórias explicando o óbvio e crucial final.[41]

Todos já vivemos a experiência de contar algo a alguém cujos olhos de repente se desviaram de nós — para seu telefone, talvez —, fazendo-nos pensar se a culpa não seria de nosso opaco talento como contador de histórias. Na verdade, agora ficou claro que causa e efeito estão efetivamente invertidos: um mau ouvinte destrói a história.

A compreensão da função e do significado exatos da sinalização de recepção humana continua a ser alvo de uma ativa área de pesquisa. Em 2014, por exemplo, Jackson Tolins e Jean Fox Tree, da Universidade da Califórnia em Santa Cruz, demonstraram que esses discretos "hã-hã", "sei", "hum-hum", "não diga" que apimentam nossa fala exercem um papel distinto e preciso na regulação do fluxo de informação do falante para o ouvinte — tanto em seu ritmo quanto em seu nível de detalhamento.[42] Na verdade, são em cada mínimo aspecto tão cruciais quanto são os ACKS no TCP. Diz Tolins: "Realmente, embora alguns possam ser piores que outros, 'maus contadores de histórias' podem ao menos em parte culpar sua audiência".[43] Essa constatação teve o inesperado efeito colateral de aliviar um pouco a pressão de quem faz palestras — inclusive, é claro, palestras sobre esse mesmo efeito. "Em toda palestra que faço sobre essa sinalização de recepção, eu sempre digo à audiência que o modo com que ela está sinalizando sua recepção à minha fala modifica na mesma hora aquilo que estou dizendo", ele brinca, "de modo que eles são responsáveis por quão bem estou me saindo."

BUFFERBLOAT:* É A LATÊNCIA, ESTÚPIDO

> *O desenvolvimento de um gerenciamento ativo de filas foi dificultado por concepções erradas quanto à causa e ao significado de filas.*[44]
>
> Kathleen Nichols e Van Jacobson

Era o verão de 2010, e como muitos pais, Jim Gettys era alvo de frequentes reclamações de seus filhos de que a rede wi-fi da família estava muito lenta. No entanto, diferentemente da maioria dos pais, Gettys tinha trabalhado na HP, na Alcatel-Lucent, no World Wide Web Consortium e na Força-Tarefa de Engenharia da Internet. Ele foi literalmente o editor, em 1999, da especificação do HTTP ainda em uso atualmente.[45] Assim, num caso em que a maioria dos pais micreiros iria estudar o problema, Gettys *efetivamente estudou o problema.*

Como ele explicaria a uma sala cheia de engenheiros do Google, com o jargão de rede abrindo o caminho para uma convicção urgente e inequívoca:

> Acontece que eu estava copiando ou ressincronizando** os antigos arquivos do Consortium X de minha casa para o MIT por essa trilha de dez milissegundos. [...] O SmokePing*** relatava latências com uma média bem acima de um segundo, juntamente com grave perda de pacotes, enquanto só se copiava um arquivo. [...] Usei o

* Literalmente, "inchaço de *buffer*", referindo-se a um *buffer* abarrotado de informação, por nele entrar mais informação do que a que dele sai. (N. T.)
** O termo usado no original em inglês é "*rsyncing*", e refere-se a um dispositivo que copia um arquivo em dois sistemas de computação. (N. T.)
*** Ferramenta para medir latência (demora) na liberação de informação na rede. (N. T.)

> Wireshark,* e lá estavam essas irrupções de um comportamento realmente estranho. [...] Não se parecia em nada com nenhum TCP [dente de serra] que eu esperava. Nunca deveria ocorrer desse jeito.[46]

Em linguagem simples, ele viu algo... muito estranho. Como se diz, "a expressão mais excitante de se ouvir em ciência, a que anuncia novas descobertas, não é 'Eureca!', e sim 'Que coisa engraçada'".[47]

A princípio, Gettys pensou que algo estava errado com seu modem a cabo. O que sua família tinha chamado de problema na internet parecia ser um congestionamento de tráfego em sua própria tomada na parede. Pacotes que tinham sido enviados a Boston não estavam empacando a meio caminho; estavam ficando empacados em casa.

Mas quanto mais fundo Gettys olhava, mais preocupado ficava. O problema não estava afetando apenas o roteador e o modem de sua casa, mas *cada* roteador e modem domésticos. E o problema não estava só em dispositivos de rede — estava nos próprios computadores, desktops, laptops, tablets e smartphones, nas malhas de Linux, Windows e OS X. E não apenas no hardware do usuário final: atingia toda a infraestrutura da própria internet. Gettys começou a participar de almoços com figuras-chave de Comcast, Verizon, Cisco e Google, inclusive Van Jacobson e Vint Cerf, e lentamente eles começaram a montar o quebra-cabeça juntos.

O problema estava em toda parte. E o problema era o *bufferbloat*, o inchaço do buffer.

Um buffer é essencialmente uma fila cuja função é atenuar irrupções de informação. Se você entrasse numa loja que vende rosquinhas ao mesmo tempo que outro cliente, não seria o caso

* Analisador de protocolos de rede para Unix e Windows. (N. T.)

de o balconista, momentaneamente sobrecarregado, fazer um dos dois *sair da loja* para voltar em outra hora. Os clientes não iam aceitar isso, é claro, nem a gerência da loja: tal procedimento seria uma virtual garantia de que o balconista seria subutilizado. Pôr os clientes numa fila, em vez disso, assegura que o fornecimento *médio* da loja se aproxime de seu fornecimento *máximo*. É uma boa medida.

Essa melhor utilização de recursos vem, no entanto, com um custo real: demora. Quando Tom levou sua filha a um festival do Cinco de Maio em Berkeley, ela quis muito um crepe de chocolate com banana, e assim eles entraram na fila e esperaram. Vinte minutos depois, Tom estava no primeiro lugar da fila e fez seu pedido. Mas depois de pagar, eles tiveram de esperar mais *quarenta* minutos para receber o crepe. (Assim como Jim Gettys, Tom rapidamente viu-se bombardeado por um substancial volume de reclamações da família.) Constatava-se que receber e encaminhar os pedidos levava muito menos tempo do que fazer os crepes, e com isso a fila de pedidos era apenas a primeira parte do problema. Mas pelo menos ela era visível; os clientes sabiam o que os esperava. A segunda fila, a mais longa, era invisível. Assim, nesse caso, o resultado seria muito mais feliz para todos se o quiosque de crepes interrompesse a fila em certo ponto com um aviso de que não estavam aceitando pedidos por algum tempo. Afastar os clientes seria melhor para todo mundo, ou por eles acabarem numa fila mais curta para receber os crepes, ou por irem para outro lugar. E isso não custaria um centavo ao quiosque de crepes, porque de qualquer maneira ele só pode vender a quantidade de crepes que é capaz de fazer em um dia, independentemente de quanto tempo seus clientes vão esperar.

Esse era exatamente o fenômeno que Jim Gettys estava observando em seu modem a cabo. Como estava fazendo upload de arquivos, seu computador estava enviando ao modem tantos quantos pacotes de *upstream* ele pudesse gerenciar. E o modem estava fingindo lidar com muito mais do que realmente era capaz, sem recusar nenhum, enquanto formava uma enorme fila. Assim, quando Gettys tentava baixar algo ao mesmo tempo — acessar uma página na web ou checar e-mails —, seus pacotes ACK ficavam atolados atrás da fila do upload, tendo de esperar na fila do modem para poderem ser enviados. Como seus ACKs levavam então uma eternidade para voltar à web e aos servidores de e-mail, os servidores por sua vez regulavam suas próprias velocidades de conexão *downstream* para um correspondente rastejamento.

Era como tentar manter uma conversa em que cada vez que você diz "hã-hã" ela é retida por dez ou vinte segundos. Quem está falando vai começar a falar mais devagar, supondo que você não o está acompanhando, e não há nada que você possa fazer quanto a isso.

Quando um buffer de rede fica cheio, o que geralmente acontece é chamado de ***Tail Drop*** [literalmente, "queda na cauda"]: é um modo informal de dizer que todo pacote que chegar depois desse ponto, isto é, depois de o buffer chegar a esse ponto, será simplesmente rejeitado, e efetivamente apagado. (Desviar novos clientes do quiosque de crepes quando a fila fica longa demais seria uma versão do *Tail Drop* num contexto humano.) Usando uma metáfora postal para a comutação de pacotes, poderia parecer um pouco estranho imaginar um transportador postal que simplesmente vaporiza todo pacote que não mais couber no caminhão a cada manhã. Mas é precisamente essa "queda de pacotes" que leva um computador a notar que um de seus pacotes não teve reconhecimento, fazendo o AIMD reduzir à metade a largura de banda. Um buffer que for grande demais — um restaurante aceitando todos os pedidos sem considerar que sua cozinha não tem pessoal suficiente para dar conta deles, ou um modem aceitando todos os pacotes que chegam independentemente de quanto tempo levará para enviá-los — impede que essa medida moderadora ocorra como deveria.

Fundamentalmente, buffers utilizam uma demora — conhecida na rede como "latência" — para maximizar seu volume de fornecimento. Isto é, eles fazem com que pacotes (ou clientes) esperem, para se beneficiarem de períodos posteriores nos quais as coisas andam mais devagar. Mas um buffer que opera permanentemente cheio oferece o pior de dois mundos: tudo de latência e nada de entrega. Atenuar irrupções de fluxo é bom se você estiver, *na média*, fazendo com que as coisas saiam pelo menos na mesma velocidade com que estão chegando — mas se sua sobrecarga média excede sua taxa média de trabalho, nenhum buffer poderá fazer milagres. E quanto maior for o buffer, mais ele lhe pesará antes que você comece a sinalizar pedindo socorro. Um dos princípios fundamentais dos buffers, seja para pacotes ou para fregueses, é que eles só funcionam corretamente quando são rotineiramente zerados.[48]

Durante décadas, a memória de computadores era tão cara que simplesmente não havia razão para produzir modems com enorme e desnecessária capacidade de memória. Portanto, não haveria como um modem formar uma fila maior do que ele seria capaz de manipular. Mas a certa altura, como a economia de escala na indústria de computadores baixou radicalmente o custo da memória, os fabricantes de modem começaram a munir suas máquinas com gigabytes de RAM porque era efetivamente o menor montante de RAM que elas eram capazes de ter. Como resultado, os onipresentes dispositivos de buffer — em modems, roteadores, laptops, smartphones e no *backbone* da própria internet — ficaram *milhares* de vezes maiores, antes que pessoas como Jim Gettys fizessem soar o sinal de alarme para que se fizesse algo a respeito.

Pegue seu mais básico problema de pessoa solteira [...] alguém gosta de você, você não retribui. Em certo momento, isso costumava ser uma espécie de situação canhestra. Você tinha de manter uma conversa, era muito estranho. Então, o que você faz? Alguém gosta de você, e você não retribui? Apenas finja que está ocupado [...] para sempre.

Aziz Ansari

Agora é melhor que nunca.
Embora nunca frequentemente seja melhor que já.

O Zen do Python

A cantora Katy Perry tem 107% mais seguidores no Twitter do que seu estado da Califórnia tem de habitantes.[49] Pessoa com o maior número de seguidores no Twitter, ela contava no início de 2016 com cerca de 81,2 milhões de fãs. Isso significa que mesmo se 99% desses fãs nunca lhe enviem uma mensagem sequer — e mesmo que seu mais devotado 1% enviasse só uma mensagem por ano —, ainda assim ela teria 2225 mensagens por dia. Todo dia.

Imagine que Perry se comprometesse a responder a cada mensagem de fã na ordem de recebimento. Se conseguisse responder a cem mensagens por dia, o tempo que um fã teria de esperar por uma resposta logo seria medido em *décadas*. É fácil imaginar que a maioria dos fãs ia preferir uma tênue probabilidade de ter uma resposta imediata a ter uma resposta garantida daqui a dez ou vinte anos.

Note-se que Perry não tem esse problema quando sai de algum lugar e tem de enfrentar uma legião de fãs que esperam um autógrafo ou algumas palavras. Perry faz o que pode, vai em frente, e as oportunidades perdidas se dissipam. O corpo é seu próprio controle de fluxo. Não se pode estar em dois lugares ao mesmo tempo. Numa festa com muita gente, participamos inevitavelmente em menos de 5% das conversas, e não há como captar ou tomar conhecimento de todo o restante. Fótons que não chegam à retina não ficam em fila para serem vistos depois. Na vida real, a perda de pacotes é quase total.

Usamos a expressão "deixar a bola cair" quase que exclusivamente em sentido pejorativo, implicando que a pessoa em questão é preguiçosa, complacente ou negligente. Mas deixar a bola cair como tática é uma parte crucial de fazer com que sejam feitas coisas que estão sobrecarregadas.

A crítica mais prevalente da comunicação moderna é que estamos "sempre conectados". Mas o problema não é estarmos sempre conectados; nós não estamos. O problema é que estamos sempre num buffer. A diferença é enorme.

O sentimento de que se tem de olhar tudo que há na internet, ou ler todos os livros possíveis, ou ver todos os shows possíveis, é um *bufferbloat*. Você perde um episódio de sua série favorita e vai assistir a ele uma hora, um dia, uma década mais tarde. Você sai de férias e quando volta para casa há uma montanha de correspondência. Antigamente uma pessoa batia à sua porta, não obtinha resposta e ia embora. Agora elas estão esperando em fila quando você chega em casa.

Ora, o e-mail foi intencionalmente projetado para superar o *Tail Drop*. Como diz seu inventor, Ray Tomlinson:

> Na época não havia um método realmente bom para deixar uma mensagem para as pessoas. O telefone funcionava bem até certo ponto, mas alguém tinha de estar lá para atender à chamada. E se não era a pessoa que você queria encontrar, era um assistente administrativo ou uma secretária eletrônica ou algo desse tipo. Esse era o mecanismo pelo qual se tinha de passar para deixar uma mensa-

gem, e assim todos caíram na ideia de que se poderia deixar mensagens no computador.[50]

Em outras palavras, queríamos um sistema que nunca mandasse embora um remetente, e acabamos ganhando um, para o bem e para o mal. De fato, nos últimos quinze anos, a passagem da comutação de circuitos para a comutação de pacotes tornou-se um fato aceito por toda a sociedade. Antes requeríamos circuitos dedicados entre nós e outras pessoas; agora lhes enviamos pacotes e aguardamos ansiosos os ACKs. Costumávamos *rejeitar*, agora *deferimos*.

A muito lamentada "perda de ociosidade" sobre a qual tanto se lê é, perversamente, a *característica* primordial dos buffers: elevar uma taxa de transferência média ao pico. Impedir que haja ociosidade, é isso que eles fazem. Você checa seus e-mails quando está na estrada, de férias, no banheiro, no meio da noite. Você nunca, jamais, fica entediado. Essa é a bênção e a maldição dos buffers, ao operar como anunciado.

Respostas automáticas de e-mail de pessoas que estão de férias dizem explicitamente ao remetente que esperem uma latência. Uma resposta melhor seria, em vez disso, dizer aos remetentes que esperassem um *Tail Drop*. Em vez de avisar aos remetentes que o tempo na fila está acima da média, poderia avisar-lhes que estava simplesmente rejeitando todas as mensagens que entravam.[51] E isso não deveria ser limitado a períodos de férias: pode-se imaginar um programa de e-mail configurado para rejeitar toda mensagem que chegue depois de a caixa de entrada conter, digamos, cem itens. Isso seria uma má ideia no tocante a contas e coisas parecidas, mas não uma abordagem desarrazoada no que tange a convites sociais, por exemplo.

A ideia de encontrar uma caixa de entrada de e-mails "cheia" ou um correio de mensagens de voz "cheio" é hoje em dia anacrônica, um flagrante retrocesso ao final do século XX e início dos anos 2000. Mas se as redes que conectam nossos ultramodernos telefones e computadores, com sua armazenagem efetivamente infinita, ainda se desfazem deliberadamente de pacotes quando as coisas ficam céleres e desenfreadas, então talvez haja motivo para considerar o *Tail Drop* não uma consequência lamentável de espaço limitado de memória, mas uma estratégia intencional por direito próprio.

Quanto ao *bufferbloat* na rede, a história em curso é uma história complicada mas feliz, envolvendo esforços em grande escala dos fabricantes de hardware e sistemas operacionais para realizar mudanças fundamentais nas filas da rede. Há também uma proposta para um novo *backchannel* [sinalização de recepção] no TCP, primeira modificação do tipo em muitos anos: Explicit Congestion Notification [Aviso Explícito de Congestionamento], ou ECN.[52] Livrar completamente a internet de *bufferbloat* vai mobilizar todas essas mudanças e requerer paciência por muitos anos. "É um pântano a longo prazo", diz Gettys.[53]

Mas há muito o que se esperar de um futuro pós-*bufferbloat*. Com sua inerente latência, os buffers são ruins para a maioria dos processos interativos. Quando falamos via Skype, por exemplo, em geral preferimos um sinal ocasionalmente com estática *agora* a uma gravação límpida do que nosso interlocutor falou três segundos atrás. Para os adeptos de videogames, mesmo uma defasagem de cinquenta milissegundos poderia ser toda a diferença entre liquidar ou ser liquidado; de fato, os games são tão sensíveis à latência que todas as competições importantes desses jogos ainda são disputadas presencialmente, com jogadores embarcando em aviões para se reunirem e competirem numa rede cujo servidor opera num único recinto. E isso vale também para tudo que diz respeito a sincronização. "Se você quiser fazer música com amigos, mesmo em sua área metropolitana, vai se importar com dezenas de milissegundos", observa Gettys, imaginando uma plêiade de novas aplicações e novos negócios que podem surgir para aproveitar o potencial interativo de latências baixas. "Uma generalização que faço de toda essa experiência é que os engenheiros deveriam pensar sobre tempo como cidadãos de primeira classe."

Stuart Cheshire, da Apple, concorda que já está mais do que na hora de a latência ser uma alta prioridade para engenheiros de rede. Ele está chocado com o fato de que as companhias que anunciam conexões "rápidas" na internet só se referem a aumentar a largura de banda e não a reduzir a latência. Por analogia, ele observa que um Boeing 737 e um Boeing 747 voam ambos a cerca de oitocentos quilômetros por hora; o primeiro tem capacidade para 120 passageiros, enquanto o segundo transporta três vezes mais. Sendo assim, "poder-se-ia dizer que um Boeing 747 é três vezes mais 'rápido' que um Boeing 737? Claro que não", exclama Cheshire.[54] Às vezes a capacidade faz diferença: para transferir grandes arquivos, a largura de banda é fundamental. (Se você tem um grande volume de carga para transportar, um navio de contêiner é mais vantajoso que milhares de viagens de um Boing 747.) Para aplicações inter-humanas, no entanto, uma interação rápida é muitas vezes mais importante, e o que realmente precisamos é de mais Concordes. E, de fato, a redução das latências é uma das frentes atuais de pesquisa na rede, e será interessante constatar o que ela vai trazer.

Enquanto isso, há batalhas a serem travadas. Gettys desvia sua atenção por um instante, olhando para fora da tela. "Não está funcionando aí? Estou falando com alguém neste momento e vou tratar disso quando terminar. Estamos terminando aqui — ah, não, é o de 5 GHz que está funcionando no momento; o canal de 2,4 GHz desligou. É esse bug infame. Vou reiniciar o roteador." E esse parece ser um momento oportuno para nos despedirmos e liberarmos nossa banda para o tráfego comum, para a miríade de fluxos que vão se acrescentando e aumentando.

11. Teoria dos jogos
As mentes dos outros

Sou um otimista, no sentido de que acredito que os humanos são nobres e honrados, e que alguns deles são realmente inteligentes. [...] *Tenho uma opinião um tanto mais pessimista em relação a grupos de pessoas.*[1]

Steve Jobs

Um investidor vende uma carteira de ações a outro, um convencido de que elas vão baixar e o outro convencido de que elas vão subir; acho que sei o que você pensa mas não tenho ideia do que você acha que eu penso; uma bolha na economia estoura; um amante em perspectiva dá um presente que não diz nem "Quero que sejamos mais do que amigos", nem "Não quero que sejamos mais do que amigos"; numa mesa de jantar se discute quem deve obsequiar quem e por quê; alguém que está tentando ser útil acaba inadvertidamente ofendendo; alguém que se esforça por ser legal provoca risinhos; alguém que tenta abandonar o rebanho descobre, consternado, que o rebanho vai atrás dele; "Eu amo você", diz um amante a outro; "Eu também amo você", responde o outro; e ambos se perguntam o que o outro quis dizer exatamente com isso.

O que a ciência do computador tem a dizer sobre tudo isso?

Na escola se ensina as crianças a conceber os enredos literários como pertencentes a uma entre diversas categorias: o homem contra a natureza, o homem contra si mesmo, o homem contra o homem, o homem contra a sociedade.[2] Até agora, neste livro, consideramos principalmente casos das duas primeiras categorias — o que vale dizer que a ciência da computação tem sido até agora nosso guia em problemas criados pela estrutura fundamental do mundo, e por nossas limitadas capacidades de processar informação. Problemas de parada ótima surgem da irreversibilidade e irrevogabilidade do tempo; o dilema *explore/ exploit* [explorar (prospectar)/ explorar (obter resultados)] vem da limitação do tempo disponível. O relaxamento e a randomização emergem como estratégias necessárias para se lidar com a inelutável complexidade de desafios, como os de planejar viagens e vacinações.

Neste capítulo, vamos mudar o foco e considerar as outras duas categorias restantes — isto é, o homem contra o homem e o homem contra a sociedade: com efeito, os problemas que apresentamos e causamos uns aos outros. Nossa melhor orientação nesse terreno vem de um ramo da matemática conhecido como teoria dos jogos, um campo que em sua encarnação clássica teve enorme impacto no século XX. Nas últimas décadas, a polinização cruzada entre a teoria dos jogos e a ciência da computação produziu o campo da teoria dos jogos *algorítmica* — que já começou a ter impacto no século XXI.

RECURSÃO

> *Agora, um homem esperto poria o veneno em sua própria taça porque saberia que somente um grande tolo iria usar a que lhe*

fora dada. Não sou um grande tolo, então é claro que não posso escolher o vinho que você tem à sua frente. Mas você deve saber que não sou um grande tolo — você deve ter contado com isso —, por isso é claro que não posso escolher o vinho que está à minha frente.[3]

Do filme *A princesa prometida*

John Maynard Keynes, inegavelmente o economista mais influente do século XX, disse uma vez que "investir com sucesso é antecipar a antecipação dos outros".[4] Para um lote de ações ser vendido, digamos, por sessenta dólares, o comprador tem de acreditar que pode vendê-lo depois por setenta dólares a alguém que acredita poder vendê-lo por oitenta dólares a alguém que acredita poder vendê-lo por noventa dólares a alguém que acredita poder vendê-lo por cem dólares a outra pessoa. Desse modo, o valor de uma ação não corresponde ao que as pessoas acham que ela vale, mas ao que elas *pensam* que outras pessoas vão achar que ela vale. Na verdade, mesmo isso não pode ir muito adiante. Como observa Keynes, estabelecendo uma diferença crucial entre beleza e popularidade:

> O investimento profissional pode ser comparado a essas competições em jornais nas quais os competidores têm de escolher os seis rostos mais bonitos entre cem fotografias, sendo o prêmio concedido ao competidor que fizer a escolha que mais corresponda à preferência média dos competidores como um todo; assim, cada competidor tem de escolher não os rostos que ele mesmo acha os mais bonitos, mas os que ele acha que mais provavelmente corresponderão ao gosto dos outros competidores, todos os quais estão encarando o problema desse mesmo ponto de vista. Não é o caso de escolher aqueles que, no melhor de nosso julgamento, são realmente os mais bonitos, nem mesmo os que na média das opiniões seriam

autenticamente os mais bonitos. Chegamos ao terceiro nível no qual dedicamos nossa inteligência a antecipar o que a média das opiniões acha que vai ser a média das opiniões. E acredito haver alguns que praticam o quarto, o quinto, e ainda mais altos níveis.

A ciência da computação ilustra as limitações fundamentais desse tipo de raciocínio com o que se chama "problema da parada". Como provou Alan Turing em 1936, um programa de computador nunca pode informar com certeza se outro programa vai ficar calculando para sempre — exceto se simular a operação daquele programa e ele mesmo entrar bem fundo nela. (De acordo com isso, programadores nunca terão ferramentas automáticas capazes de informá-los se seu software vai congelar.) Esse é um dos resultados que constituem o fundamento de toda a ciência da computação, do qual dependem muitas outras provas.* Dito de maneira simples, toda vez que um sistema — seja uma máquina ou uma mente — simular o funcionamento de algo que é mais complexo do que ele, verá seus recursos atingirem o limite de sua capacidade, mais ou menos por definição. A ciência da computação tem um termo para essa jornada potencialmente sem fim numa sala de espelhos, mentes simulando mentes que simulam mentes: "recursão".

"No pôquer, você nunca joga com a própria mão", diz James Bond em *Cassino Royale*; "você joga com a do homem à sua frente". De fato, o que realmente está jogando é uma teoricamente infinita recursão. Há sua própria mão, e a mão que você acredita ser a de seu oponente; e tem a mão que você acredita que seu oponente acredita que você tem, e a mão que você acredita que seu opo-

* De fato, é a origem de todos os computadores modernos — foi o problema da parada que inspirou Turing a definir formalmente a computação, com o que hoje chamamos de máquina de Turing.[5] (N. A.)

nente acredita que você acredite que *ele* tem... e assim vai. Dan Smith, o primeiro do mundo no jogo de pôquer, diz:

> Não sei se isso é efetivamente um termo da teoria dos jogos, mas os jogadores de pôquer chamam isso de "nivelar". O nível um é "eu sei". O nível dois é "você sabe que eu sei". O nível três é "eu sei que você sabe que eu sei". Há situações em que você se vê numa posição assim: "Uau, este é um momento idiota para se blefar, mas ele sabe que é um momento idiota para se blefar, e por isso não vai aumentar a aposta, e é por isso que é um bom momento para se blefar". Essas coisas acontecem.[6]

Um dos blefes mais memoráveis no pôquer de alto nível aconteceu quando Tom Dwan apostou 479500 dólares com a absolutamente pior mão possível do Texas Hold'Em, o 2-7 — enquanto dizia explicitamente a seu oponente, Sammy George, que esta era a mão que tinha. "Você não tem duque-sete", replicava George. "Você não tem duque-sete." George "correu", abandonando, e Dwan — sim, com duque-sete — levou a bolada.[7]

No pôquer, a recursão é um jogo perigoso. Você não quer ser pego um passo atrás de seu oponente, é claro — mas é também imperioso não ir longe demais. "Há uma regra segundo a qual você só deve querer jogar apenas um nível acima de seu oponente", explica a profissional do pôquer Vanessa Rousso. "Se jogar muito acima de seu oponente, vai acabar pensando que ele tem uma informação que na realidade não tem — [e] ele não será capaz de intuir a informação que você quer que ele intua a partir do que você faz." Às vezes, profissionais do pôquer deliberadamente dão a isca para que seu oponente entre numa intrincada recursão, enquanto eles mesmos jogam um pôquer de cartilha sem nada de psicológico. Isso é conhecido como induzi-los a uma "guerra de nivelamento contra eles mesmos".[8]

(Induzir o oponente a uma inócua recursão pode ser um estratagema eficaz em outros jogos também. Um dos mais brilhantes, bizarros e fascinantes episódios na história do xadrez jogado entre homem e máquina ocorreu no confronto-relâmpago entre o grande mestre americano Hikaru Nakamura e o principal programa de xadrez de computador, o Rybka. Num jogo em que cada lado só tinha três minutos no relógio para fazer seus lances ou para perder automaticamente, a vantagem parecia com certeza estar com o computador — capaz de avaliar milhões de posições a cada segundo e de fazer seus lances sem contrair um só músculo. Mas Nakamura imediatamente congestionou o tabuleiro e começou a fazer lances repetitivos e sem sentido tão rápido quanto era capaz de bater no relógio. Enquanto isso, o computador desperdiçava um tempo precioso buscando infrutiferamente variações vencedoras que não existiam e tentando obstinadamente antecipar todos os futuros movimentos de Nakamura, que estava simplesmente fazendo o equivalente, no xadrez, a ficar girando os polegares enquanto se espera. Quando o computador já estava esgotando seu tempo e começou a jogar de qualquer maneira para não perder pelo relógio, Nakamura finalmente abriu uma brecha para ganhar o jogo.)

Tendo em vista os perigos da recursão, como os profissionais do pôquer lidam com ela? Usam a teoria dos jogos. "Às vezes você aventa motivos para fazer jogos exploratórios [de nivelamento], mas grande parte do tempo só está fazendo jogos de nível inferior por motivos que na realidade constituem apenas ruído", explica Dan Smith. "Eu realmente tento muito ter um nível básico de compreensão da teoria na maioria das situações. [...] Sempre começo sabendo ou tentando saber o que é Nash."[9]

E o que é Nash?

CHEGANDO AO EQUILÍBRIO

Você conhece as regras, assim como eu...
Conhecemos o jogo e vamos jogá-lo.

Rick Astley

A teoria dos jogos cobre um incrivelmente amplo espectro de cenários de cooperação e de competição, mas seu campo começou com aqueles que se assemelham ao jogo alerta do pôquer: uma competição entre duas pessoas onde o ganho de um jogador é a perda do outro. Os matemáticos que analisam esses jogos tendem a identificar um assim chamado *equilibrium*, ou equilíbrio: isto é, um conjunto de estratégias que ambos os jogadores podem adotar, de modo que nenhum deles queira mudar as de seu próprio jogo, por serem também as de seu oponente.[10] Isso é chamado de equilíbrio porque é estável — nenhuma medida de reflexão suplementar por parte de nenhum dos jogadores os levará a escolhas diferentes. Estou contente com minhas estratégias, porque são as suas, e você está contente com as suas estratégias, porque são as minhas.

No jogo pedra-papel-tesoura,[11] por exemplo, o equilíbrio nos diz, talvez com um déficit de emoção, que escolhamos um dos gestos epônimos com total aleatoriedade, cada um deles aproximadamente uma terça parte das vezes.[12] O que faz o equilíbrio ser estável é que, uma vez que ambos os jogadores adotam essa estratégia de 1/3, 1/3 e 1/3, nada é melhor, para ambos, do que grudar nela. (Se tentássemos jogar pedra mais vezes, nosso oponente rapidamente o perceberia e começaria a jogar mais papel, o que nos faria começar a jogar mais tesoura, e assim por diante, até que ambos voltaríamos ao equilíbrio do 1/3, 1/3 e 1/3.)

Num dos seminais resultados da teoria dos jogos, o matemático John Nash provou em 1951 que *todo* jogo com dois jogadores tem ao menos um equilíbrio.[13] Essa grande descoberta valeu a Nash o prêmio Nobel de economia em 1994 (e levou a um livro e a um filme chamado *Uma mente brilhante*, sobre a vida de Nash). Esse equilíbrio é hoje frequentemente referido como o "equilíbrio de Nash" — o "Nash" que Dan Smith tenta sempre seguir.

Aparentemente, o fato de que o equilíbrio de Nash sempre existe em jogos com dois jogadores poderia nos causar algum alívio das recursões em sala de espelhos que caracterizam o pôquer e muitas outras disputas familiares.[14] Quando sentimos que estamos caindo na toca de coelho das recursões, sempre temos a opção de sair da cabeça de nosso oponente e buscar o equilíbrio, indo diretamente para a melhor estratégia e adotando um jogo racional. No pedra-papel-tesoura, não vale a pena ficar observando o rosto do oponente para detectar sinais de qual será sua jogada, se você sabe que jogar aleatoriamente é uma estratégia imbatível no longo prazo.

Numa visão mais geral, o equilíbrio de Nash permite prever um resultado estável, a longo termo, de qualquer conjunto de regras ou de incentivos. Com isso, ele constitui uma ferramenta inestimável tanto para predizer quanto para configurar uma política econômica, bem como uma política social em geral. Como diz o economista Roger Myerson, também laureado com o prêmio Nobel, o equilíbrio de Nash "teve um impacto fundamental e pervasivo na economia e nas ciências sociais, comparável ao da descoberta da dupla hélice do DNA nas ciências biológicas".[15]

Contudo, a ciência da computação complicou essa história. Numa perspectiva ampla, o objetivo de um estudo na matemática é a *verdade*; o objetivo de um estudo na ciência da computação é a *complexidade*. Como vimos, não basta que um problema tenha uma solução se esse problema for intratável.

No contexto da teoria dos jogos, saber que existe um equilíbrio não nos informa efetivamente qual é ele — ou como chegar lá. Como escreve Christos Papadimitriou, cientista da computação de Berkeley, a teoria dos jogos "prevê o equilíbrio de comportamento dos agentes sem considerar de que modo esse estado será atingido — uma consideração que deveria ser a maior preocupação de um cientista da computação".[16] Tim Roughgarden, de Stanford, ecoa o sentimento de insatisfação com a prova de Nash de que sempre existem equilíbrios. "Está bem", diz ele, "mas somos cientistas da computação, certo? Deem-nos algo que possamos usar. Não me digam apenas que está lá; digam-me como encontrá-lo."[17] E assim, o campo original da teoria dos jogos gerou a teoria dos jogos algorítmica — isto é, o estudo das estratégias teoricamente ideais para jogos tornou-se o estudo de como máquinas (e pessoas) *concebem* estratégias para os jogos.

Na verdade, fazer perguntas demais sobre os equilíbrios de Nash deixa você rapidamente numa encrenca computacional. No final do século XX, ficou demonstrado que as tentativas de determinar se um jogo tinha mais de um equilíbrio, ou um equilíbrio que desse a um jogador certa vantagem, ou um equilíbrio que envolva praticar uma determinada ação, eram problemas intratáveis.[18] Depois, de 2005 a 2008, Papadimitriou e seus colegas provaram que a simples tentativa de *achar* os equilíbrios de Nash era intratável também.[19]

Jogos simples como pedra-papel-tesoura podem apresentar um equilíbrio viável a um primeiro olhar. Mas agora, em jogos com a complexidade do mundo real, está claro que não se pode tomar como certo que os participantes sejam capazes de descobrir ou alcançar o equilíbrio do jogo. Isso, por sua vez, significa que os projetistas do jogo não podem usar necessariamente o equilíbrio para prever como se comportarão os jogadores. As ramificações dessa sóbria consequência são profundas: os equilíbrios de Nash ocuparam um lugar consagrado na teoria econômica como forma de modelar e prever comportamento de mercado, mas talvez esse lugar não seja merecido. Como explica Papadimitriou: "Se um conceito de equilíbrio não é eficientemente computável, grande parte de sua credibilidade como previsão do comportamento de agentes racionais é perdida".[20] Scott Aaronson, do Instituto de Tecnologia de Massachusetts (MIT), concorda. "Em minha opinião", diz ele, "se o teorema de que os equilíbrios de Nash existem é considerado relevante em debates sobre (digamos) livres-mercados contra intervenção governamental, então o teorema de que [o problema de] encontrar esses equilíbrios é intratável deveria ser considerado relevante também."[21] As capacidades de previsão dos equilíbrios de Nash só têm importância se esses equilíbrios puderem efetivamente ser descobertos pelos jogadores. Para citar o ex-diretor de pesquisa do eBay, Kamal Jain: "Se seu laptop não consegue encontrá-lo, tampouco conseguirá o mercado".[22]

ESTRATÉGIAS DOMINANTES, PARA O BEM OU PARA O MAL

Mesmo quando chegamos a um equilíbrio, só o fato de ele ser *estável* não faz com que seja *bom*. Pode parece paradoxal, mas a estratégia do equilíbrio — na qual nenhum dos jogadores quer mudar de rumo — não é necessariamente, em absoluto, a estratégia que leva os jogadores aos melhores resultados. Em nenhum caso isso é melhor ilustrado do que no mais famoso, provocador e controverso jogo de dois jogadores na teoria dos jogos: "o dilema do prisioneiro".

O dilema do prisioneiro[23] funciona da seguinte maneira. Imagine que você e outro conspirador foram presos depois de assaltar um banco, e estão sendo mantidos em celas separadas. Agora vocês têm de decidir se "cooperam" um com o outro — ficando calados e não admitindo nada — ou se "desertam" de sua parceria delatando o outro à polícia. Você sabe que se cooperarem um com o outro e ficarem calados, o Estado não disporá de evidência suficiente para condenar qualquer um dos dois, e assim os dois sairão livres para dividir a bolada — meio milhão de dólares para cada um, digamos. Se um dos dois desertar e delatar o outro, e o outro não disser nada, o informante sai livre e fica com todo o milhão de dólares, enquanto o que ficou calado é condenado, como único perpetrador, a uma pena de dez anos de prisão. Se ambos derem informações um sobre o outro, vão compartilhar a culpa e dividir a sentença: cinco anos para cada um.

Aí está o problema. Qualquer que seja a atitude de seu cúmplice, para você sempre será melhor desertar.

Se seu cúmplice delatou você, delatá-lo também lhe devolverá cinco anos de sua vida — você vai dividir a sentença (cinco anos) em vez de cumpri-la sozinho (dez anos). E se o cúmplice ficou calado, entregá-lo vai lhe render todo o milhão de dólares — não vai ter de dividi-lo. Aconteça o que acontecer, sempre será melhor desertar do que cooperar, independentemente do que decidir seu cúmplice. Tomar outra atitude sempre será pior para você, seja como for.

Na verdade, isso faz da deserção não meramente uma estratégia de equilíbrio, mas aquilo que é chamado de estratégia *dominante*. Uma estratégia dominante impede completamente a recursão, ao ser a melhor resposta para quaisquer possíveis estratégias de seu oponente — e assim você nem precisa se preocupar em saber o que se passa na cabeça dele. Uma estratégia dominante é uma coisa poderosa.

Mas agora chegamos a um paradoxo. Se cada um dos dois fizer o que é racional e adotar a estratégia dominante, a história acaba com os dois cumprindo cinco anos de dura pena — o que, comparado com a liberdade e um meio milhão muito bacana, é dramaticamente pior *para cada um dos dois*. Como tal coisa poderia ter acontecido?

Este veio a ser um dos principais insights da tradicional teoria dos jogos: o equilíbrio num grupo de jogadores, cada um deles agindo racionalmente em seu próprio interesse, pode não levar ao que é realmente o melhor resultado para esses jogadores.

A teoria dos jogos algorítmica, ao se alinhar com os princípios da ciência da computação, tomou esse insight e o quantificou, criando uma medida chamada "o preço da anarquia". O preço da anarquia mede a brecha que existe entre a cooperação (uma solução centralmente projetada ou coordenada) e a competição (na qual cada participante está tentando individualmente maximizar o resultado a seu favor). Num jogo como o dilema do prisioneiro, esse preço é efetivamente infinito: aumentar o montante de dinheiro em jogo e prolongar a sentença de prisão podem fazer com que a brecha entre esses possíveis resultados fique arbitrariamente ampla, mesmo que a estratégia dominante seja a mesma. Não há limite para como as coisas podem ficar ruins para os jogadores se eles não se coordenarem. Mas em outros jogos, como descobririam os teóricos de jogos algorítmicos, o preço da anarquia não é nem de perto tão ruim.

Considere o trânsito, por exemplo. Seja o caso de pessoas tentando atravessar o emaranhado de automóveis atravancados nas ruas ou o de roteadores embaralhando pacotes pela internet, cada um no sistema só quer o que lhe for mais fácil individualmente. Motoristas só querem seguir a rota mais rápida, seja qual for, e roteadores só querem embaralhar seus pacotes com um mínimo de esforço — mas em ambos os casos isso pode resultar numa superlotação das vias principais, criando um congestionamento que prejudica a todos. Mas qual é a medida do estrago? Surpreendentemente, Tim Roughgarden e Éva Tardos, esta da Universidade Cornell, provaram em 2002 que a adoção de um "roteamento egoísta" tem um preço de anarquia de meros 4/3.[24] Isto é, quando cada um faz livremente o que quer, o resultado só é

33% pior do que o obtido com uma perfeita coordenação de cima para baixo.

O trabalho de Roughgarden e Tardos tem profundas implicações tanto no planejamento do tráfego físico como na infraestrutura de rede. O baixo preço cobrado pela anarquia ao roteamento egoísta pode explicar, por exemplo, por que a internet funciona tão bem sem que uma autoridade central gerencie o roteamento de pacotes individuais. Mesmo se uma coordenação fosse possível, ela não acrescentaria muito.

No que tange ao tráfego de tipo humano, o baixo preço que se paga pela anarquia tem vantagens e desvantagens. A boa notícia é que a ausência de uma coordenação centralizada piora sua locomoção pelo trânsito em apenas 33%. Por outro lado, se você nutre a esperança de que uma rede de carros autônomos autodirigidos nos trará no futuro essa utopia no trânsito, pode ser desanimador saber que os motoristas egoístas e descoordenados de hoje já estão bem perto do ótimo possível. É verdade que carros autodirigidos poderiam reduzir o número de acidentes de trânsito e talvez ficar mais próximos um do outro, o que poderia acelerar o tráfego. Mas do ponto de vista do congestionamento, o fato de que a anarquia só tem um fator de congestionamento de 4/3 em relação a uma coordenação perfeita significa que um trânsito perfeitamente coordenado só teria 3/4 do congestionamento atual. Isso lembra um pouco a famosa frase de James Branch Cabell: "O otimista proclama que vivemos no melhor dos mundos; e o pessimista teme que isso seja verdade".[25] O congestionamento será sempre um problema a ser resolvido mais por planejadores e pela demanda geral do que por motoristas individuais, humanos ou computacionais, egoístas ou cooperativos.

A quantificação do preço da anarquia deu a esse campo uma maneira concreta e rigorosa de acessar os prós e os contras de sistemas descentralizados, o que tem amplas implicações em quaisquer domínios em que pessoas estão envolvidas em jogos (tendo ou não consciência disso). Um preço baixo pela anarquia significa que o sistema está, para o bem ou para ou mal, mais ou menos tão bem por sua própria conta quanto estaria se fosse cuidadosamente gerenciado. Um alto preço pela anarquia, por outro lado, significa que as coisas têm o potencial de acabar bem se forem cuidadosamente coordenadas — mas que, sem alguma forma de intervenção, estaríamos flertando com o desastre. O dilema do prisioneiro é desse último tipo. Infelizmente, também o são a maioria dos jogos cruciais que o mundo tem de jogar.

A TRAGÉDIA DO QUE É COMUM [A TODOS]

Em 1968, o ecologista Garrett Hardin tomou o dilema do prisioneiro jogado entre duas pessoas e imaginou aumentar sua escala para abranger todos os membros de uma aldeia agrícola. Hardin convidou seus leitores a conceberem um prado "comunitário"[26] — disponível para que nele pastasse o gado de todos, mas com uma capacidade finita. Em teoria, todos os aldeões deveriam pôr no pasto apenas uma quantidade de animais que permitisse haver pasto para todos. Na prática, porém, se seu gado pastar um pouco mais, os benefícios serão todos seus, enquanto os danos que isso acarreta parecem ser pequenos demais para considerá-los importantes. Mas se cada um seguir essa lógica de usar só um pouco mais do que é comum e do que deveria usar, resultará daí um equilíbrio terrível: um prado completamente devastado e nenhum pasto para o gado de *ninguém* depois disso.

Hardin chamou isso de "a tragédia do que é comum [a todos]", que se tornou uma das principais lentes através das quais os economistas, os cientistas políticos e os movimentos ambientalistas observam as crises ecológicas em grande escala, como a poluição e as mudanças climáticas. "Quando eu era criança, havia essa coisa de gasolina com chumbo", diz Avrim Blum, cientista da computação em Carnegie Mellon e teórico de jogos. "A gasolina com chumbo era dez centavos ou algo assim mais barata, mas poluía o meio ambiente. [...] Considerando o que cada um dos outros está fazendo, quão pior você estaria pessoalmente [considerando a saúde] se pusesse gasolina com chumbo em seu próprio carro? Não muito pior. É o dilema do prisioneiro."[27] A mesma coisa vale em níveis corporativos e nacionais. Uma recente manchete de jornal expressou sucintamente o problema: "Um clima estável exige que a maior parte dos combustíveis fósseis permaneça no solo, mas solo de quem?".[28] Toda corporação (e, em certa medida, toda nação) quer se dar bem ao ser um pouco mais leniente do que seus pares para obter vantagens. Mas se *todas* elas agirem com mais leniência, isso levará à devastação da Terra, e tudo isso por nada: não haverá vantagem econômica para ninguém em relação ao ponto do qual partiram.

A lógica desse tipo de jogo é tão pervasiva que nem mesmo temos de olhar os malfeitos para vê-la correr, enlouquecida. Podemos facilmente acabar num equilíbrio terrível e com a consciência limpa. Como? Não precisa olhar muito longe: veja a política de férias de sua companhia. Nos Estados Unidos, as pessoas têm uma das mais longas jornadas de trabalho do mundo. Como publicou a revista *The Economist*, "em nenhum outro lugar o valor do trabalho é mais alto e o valor do lazer mais baixo".[29] Há muito poucas leis impondo que empregadores provejam períodos de folga, e mesmo quando empregados ganham tempo de férias, eles não usufruem. Um estudo recente mostrou que a média dos trabalhadores só tira metade dos dias de férias, e espantosos 15% não tiram férias em absoluto.[30]

No momento atual, a Bay Area (onde nós dois moramos) em San Francisco tenta remediar esse lamentável estado de coisas com uma radical mudança de paradigma no que concerne à política de férias — mudança muito bem-intencionada e completamente, apocalipticamente condenada. A premissa parece ser bem inocente: em vez de contar um número fixo e arbitrário de férias para cada empregado, desperdiçando homens-horas de recursos humanos para se assegurar de que ninguém ultrapasse seus limites, por que não deixar os empregados livres? Por que não simplesmente permitir que tirem férias ilimitadas? Até agora, os relatos anedóticos relativos a essa medida são variados — mas de um ponto de vista da teoria dos jogos, essa abordagem é um pesadelo. Todo empregado quer, em teoria, tirar o máximo possível de férias. Mas cada um também quer tirar um pouquinho menos de férias que o outro, para ser visto como mais leal, mais comprometido e mais dedicado (e, por isso, mais merecedor de promoção). Cada um olha para o tempo de férias do outro como uma referência, e quer tirar só um pouquinho menos do que isso. O equilíbrio de Nash nesse jogo é *zero*. Como escreve Mathias Meyer, diretor executivo da companhia de software Travis CI: "As pessoas vão hesitar em tirar férias porque não querem parecer que são as que estão tirando mais dias. É uma corrida para o fundo".[31]

Essa é a tragédia do que é comum a todos em pleno efeito. E é tão ruim entre firmas quanto o é dentro de cada uma delas. Imagine dois donos de loja numa cidade pequena. Cada um deles pode optar entre ficar aberto sete dias por semana ou abrir somente seis dias, reservando o domingo para relaxar com amigos e com a família. Se ambos folgarem um dia, vão manter o mercado já existente e experimentarão menos estresse. No entanto, se um deles decidir abrir sua loja sete dias na semana, ele vai atrair clientes extras, tirando-os de seu concorrente e ameaçando seu sustento. O equilíbrio de Nash, mais um vez, está em todos trabalharem o tempo todo.

Exatamente essa questão tornou-se um ponto crítico nos Estados Unidos durante o período de festas em 2014, quando lojista após lojista, sem querer ceder participação no mercado a concorrentes que estavam saindo na frente na usual corrida às compras depois do Dia de Ação de Graças, submeteu-se e foi na direção desse abominável equilíbrio. "As lojas estão abrindo mais cedo do que jamais abriram", relatou o *International Business Times*.[32] A Macy's decidiu abrir duas horas mais cedo do que no ano anterior, assim como a Target. Kmart, por sua vez, abriu às seis horas da manhã no Dia de Ação de Graças e permaneceu aberta durante 42 horas.

Então, o que podemos fazer nós, como jogadores nesse jogo, quando nos vemos em tal situação — seja o dilema do prisioneiro envolvendo duas pessoas, seja a tragédia multipartilhada do que é comum a todos? Em certo sentido, nada. A própria estabilidade que tem esse mau equilíbrio, aquilo que os *faz* serem equilíbrios, torna-se abominável. Em geral não somos capazes de mudar, do lado de dentro, essas estratégias dominantes. Mas isso não quer dizer que o mau equilíbrio não pode ser reparado. Só quer dizer que a solução terá de vir de algum outro lugar.

PROJETO DE MECANISMO: MUDE O JOGO

Não odeie o jogador, odeie o jogo.[33]

Ice-T

Nunca se alie a ninguém contra a família novamente — jamais.[34]

O poderoso chefão

O dilema do prisioneiro tem sido por gerações um ponto focal de debate e de controvérsia sobre a natureza da cooperação humana, mas o teórico de jogos da Universidade College de Londres, Ken Binmore, considera ao menos parte dessa controvérsia equivocada. Segundo alega, é "erro crasso supor que o Dilema do Prisioneiro represente aquilo que interessa no que tange à cooperação humana. Pelo contrário, representa uma situação na qual os dados lançados estão contra a emergência de cooperação tanto quanto é possível estar".*[35]

Bem, se as regras do jogo impõem uma estratégia ruim, talvez devêssemos tentar mudar as estratégias. Talvez devêssemos tentar mudar o jogo.

Isso nos leva a uma ramificação na teoria dos jogos conhecida como "projeto de mecanismo". Enquanto a teoria dos jogos pergunta qual comportamento vai surgir dado certo conjunto de regras, o projeto de mecanismo (às vezes chamado de "teoria dos jogos inversa") funciona na outra direção, perguntando quais são as regras que vão levar ao comportamento que queremos ver. E se as revelações da teoria dos jogos — como o fato de que uma estratégia de equilíbrio pode ser racional da parte de cada jogador, mas ruim para todos — mostraram ser contraintuitivas, as revelações do projeto de mecanismo são ainda mais.

Voltemos a você e a seu cúmplice no assalto ao banco nas celas da prisão para mais uma rodada no dilema do prisioneiro, com um acréscimo crucial: o poderoso chefão. Agora você e seu colega ladrão são membros de um sindicato do crime, e digamos que o

* Binmore acrescenta mais uma ideia: jogos como o dilema do prisioneiro aparentemente obliteram o argumento de Immanuel Kant de que a racionalidade consiste no que ele chamou de "imperativo categórico", de agir do modo que se quereria que todos os outros agissem. O imperativo categórico nos daria no dilema do prisioneiro um resultado melhor do que a estratégia do equilíbrio, mas não se pode contornar o fato de que esse resultado não é estável. (N. A.)

chefão tenha deixado bem claro que todo delator vai acabar fazendo companhia aos peixes. Essa alteração nas respostas do jogo tem o efeito de limitar as ações que você pode empreender, embora ironicamente faz com que aumente a possibilidade de tudo acabar bem para você e seu colega. Como agora a deserção é menos atraente (para dizer o mínimo), ambos os prisioneiros ficam induzidos a cooperar um com o outro e ambos sairão livres e confiantes de estarem meio milhão de dólares mais ricos — menos, é claro, um dízimo a ser pago nominalmente ao chefão.

O que é contraintuitivo e poderoso aqui é que podemos piorar *qualquer* resultado — por um lado com a morte, por outro com impostos — e, com isso, estar melhorando a vida de cada um ao mudar o equilíbrio.

Para os donos de loja numa cidade pequena, uma trégua verbal para folgar no domingo seria instável: assim que qualquer um deles precisar de um dinheiro extra, ele provavelmente a romperá, fazendo com que o outro também comece a trabalhar nos domingos para não perder sua participação no mercado. Isso os faria voltar diretamente a um mau equilíbrio onde teriam o pior dos dois mundos — ficariam exaustos e não obteriam nenhuma vantagem competitiva em troca disso. Mas poderiam ter agido como seus próprios chefões assinando um contrato em termos legais para que, digamos, quaisquer proventos obtidos por qualquer das lojas num domingo iriam para a outra loja. Ao piorar o equilíbrio insatisfatório, estariam criando um novo e melhor equilíbrio.

Por outro lado, uma mudança nas respostas do jogo que *não* mude o equilíbrio terá, de modo geral, um efeito muito menor do que o desejado. O diretor executivo da empresa de software Evernote, Phil Libin, foi assunto de manchetes com uma política de oferecer aos seus empregados mil dólares em dinheiro para que tirassem férias.[36] Isso parece ser um método razoável de fazer com que mais funcionários tirem férias, mas da perspectiva da teoria dos jogos é na realidade equivocado. Aumentar a quantidade de dinheiro na mesa no dilema do prisioneiro, por exemplo, desconsidera o principal: essa mudança nada faz para alterar o mau equilíbrio. Se um assalto de 1 milhão de dólares termina com os dois ladrões na prisão, o mesmo acontecerá num assalto de 10 milhões de dólares. O problema não é que as férias não sejam atraentes; o problema é que todos querem tirar um pouco menos de férias do que seus pares, criando um jogo cujo único equilíbrio não está absolutamente na duração das férias. Mil dólares podem adoçar a pílula, mas não mudam o princípio do jogo — que é o de tirar o máximo de férias possível e ainda ser visto como um pouco mais leal do que o outro ou a outra colega, portanto conseguindo um aumento ou uma promoção maior do que os deles, o que vale muitos milhares de dólares.

Isso significa que Libin precisa oferecer milhares de dólares por cada férias de cada empregado? Não. O projeto de mecanismo nos diz que Libin pode ter os empregados felizes que quer ter usando o pau, e não a cenoura;* ele pode obter um equilíbrio melhor sem despender um centavo. Por exemplo, ele podia simplesmente fazer com que certo período de férias fosse *compulsório.*[37] Se não puder mudar a corrida, ainda poderá mudar o fundo.** O projeto de mecanismo é um poderoso argumento para a necessidade do projetista — seja ele um diretor executivo, um contrato que comprometa todas as partes ou um chefão que cumpre uma omertà numa carótida garroteada.

* Tradução literal da expressão "*stick and carrot*", que vem sendo usada em português com o mesmo sentido. (N. T.)

** Jogo de palavras intraduzível com "*race to bottom*", "corrida para o fundo", que se refere à política de desoneração por parte de um governo ou de companhias que competem entre si para diminuir custos, reduzindo ao mínimo possível salários, benefícios, condições de trabalho de empregados etc. (N. T.)

Um comissário de liga esportiva [*comissioner*]* também se inclui nesse tipo de projetista. Imagine que aspecto patético teria a NBA [liga nacional de basquete dos Estados Unidos] se não houvesse jogos no formato e nos horários que conhecemos, e os times pudessem simplesmente marcar pontos sobre os adversários literalmente a qualquer momento entre o início e o fim da temporada: às três horas da manhã num domingo, ao meio-dia no Natal, seja quando for. O que se veria seriam jogadores extenuados, cadavéricos, em extremo déficit de sono, obrigando-se a estar alertas por meio de estimulantes químicos, quase perdendo a razão. A guerra é assim. Por outro lado, mesmo Wall Street, com seus impiedosos e sanguinários capitalistas negociando a cada microssegundo numa "cidade que nunca dorme", entra num cessar-fogo todo dia pontualmente às quatro horas da tarde, de modo que seus corretores *podem* dormir em horas predeterminadas toda noite sem ficar perigosamente emboscados por competidores empurrando em direção a um equilíbrio de falta de sono. Nesse sentido, o mercado de ações é mais um esporte do que uma guerra.

Aumentar a escala dessa lógica resulta num argumento poderoso para o governo. De fato, muitos governos dispõem de leis escritas que impõem um mínimo de férias e limitam os horários em que lojas podem ficar abertas. E embora os Estados Unidos sejam a única entre as nações desenvolvidas sem a obrigatoriedade de férias remuneradas em nível federal, Massachusetts, Maine e Rhode Island proíbem, em nível estadual, o comércio no Dia de Ação de Graças.[38]

Leis como essa muitas vezes decorrem da época colonial e são inicialmente de natureza religiosa. De fato, a religião em si mesma provê um meio direto de modificar a estrutura de jogos desse tipo. Em particular, uma lei religiosa como "Guardarás o dia de descan-

* Um *comissioner* é o diretor de mais alta hierarquia numa liga esportiva. (N. T.)

so" resolve de maneira ordenada o problema enfrentado pelos lojistas, que são forçados a isso por um Deus todo-poderoso ou, mais de perto, pelos membros da comunidade religiosa. E acrescentar a força do poder divino a injunções contra outros tipos de comportamento antissocial, como homicídio, adultério e roubo, é, da mesma forma, um meio de resolver alguns dos problemas da teoria dos jogos concernentes a se viver num grupo social. Deus é ainda melhor do que o governo no tocante a isso, já que a onisciência e a onipotência se constituem numa garantia particularmente forte de que as más ações trarão consequências calamitosas. Constata-se que não há nenhum poderoso chefão mais poderoso que Deus.*

Religião parece ser o tipo de coisa sobre o que um cientista da computação raramente fala — de fato, esse é literalmente o tema de um livro chamado *Things a Computer Scientist Rarely Talks About* [Coisas sobre as quais um cientista da computação raramente fala].[39] Mas ao reduzir o número de opções das quais as pessoas dispõem, as restrições comportamentais do tipo imposto pela religião não só tornam certas decisões menos desafiadoras no sentido computacional — podem também produzir melhores resultados.

PROJETO DE MECANISMO POR EVOLUÇÃO

> *Por mais egoísta que supostamente um homem possa ser, evidentemente há alguns princípios em sua natureza que o fazem ter interesse na fortuna dos outros, e fazem com que a felicidade destes lhe seja necessária, embora nada obtenha dela, exceto o prazer de vê-la.*
>
> Adam Smith, *Teoria dos sentimentos morais*

* Em inglês: "*It turns out there's no Godfather quite like God, the Father*". (N. T.)

O coração tem suas razões que a própria razão desconhece.[40]
Blaise Pascal

As sequoias da Califórnia são umas das coisas mais antigas e mais majestosas no planeta. Do ponto de vista da teoria dos jogos, no entanto, são qualquer coisa de trágico. A única razão para serem tão altas é que *cada uma* quer ser mais alta que a outra — a ponto de os danos do crescimento excessivo serem no fim piores do que os danos de serem superadas. Como diz Richard Dawkins:

> Pode-se pensar na fronde como sendo um prado aéreo, uma campina ou pasto que se estende erguido sobre estacas. A fronde está reunindo energia solar com a mesma intensidade com que o faria uma campina ou pradaria. Mas uma parte substancial dessa energia é "desperdiçada" ao ir alimentar diretamente as estacas, que não fazem nada de útil a não ser lançar o "prado" bem alto no ar, para captar exatamente a mesma colheita de fótons que captaria — a um custo muito menor — se jazesse plana no solo.[41]

Se a floresta apenas pudesse concordar de algum modo com uma espécie de trégua, o ecossistema poderia se beneficiar dessa generosidade fotossintética sem que essa corrida às armas na produção de madeira a desperdiçasse tanto. Mas como já vimos, a tendência é que bons resultados nesses cenários só ocorram no contexto de uma autoridade que esteja fora do jogo — que mude suas premiações de cima abaixo. Poderia parecer, então, que na natureza simplesmente não há como estabelecer bons equilíbrios entre indivíduos.

Por outro lado, se a cooperação leva realmente a melhores resultados em certos jogos, poderíamos então esperar que espécies com mentalidade cooperativa prevalecessem no processo evolucionário. Mas então de onde poderia vir essa cooperação se ela só é racional em âmbito de grupo, não em âmbito individual? Talvez tivesse que vir de algo que indivíduos não são capazes de controlar totalmente. Algo, por exemplo, como *emoções*.

Considere dois cenários aparentemente sem relação um com o outro. Primeiro: um homem compra um aspirador de pó, este quebra em poucas semanas, e ele perde dez minutos on-line para deixar um relato e uma reclamação. Segundo: uma mulher fazendo compras numa loja de conveniência percebe que alguém furtou a carteira de um idoso e está indo em direção à saída; ela derruba o ladrão e arranca dele a carteira.

Embora a última protagonista pareça claramente ser uma heroína e o primeiro meramente uma pessoa zangada, o que essas vinhetas têm em comum — conquanto de maneiras muito diferentes — é um involuntário desprendimento. O consumidor insatisfeito não está tentando obter a substituição do aspirador, ou seu dinheiro de volta; está buscando uma forma muito indireta de retribuição, da qual — no sentido racional da teoria dos jogos — não vai receber nada além da rancorosa satisfação que tem no próprio ato de escrever o relato. Na loja de conveniência, a heroica mulher é executora de uma justiça vigilante a um enorme custo pessoal; ela se arrisca a ser ferida ou até morta para devolver, digamos, quarenta dólares a um homem que para ela é um total desconhecido. Mesmo querendo ajudar, ela poderia simplesmente pegar duas notas de vinte em sua bolsa e dar ao homem sem o risco de ir parar na emergência de um hospital! Nesse sentido, ambos os protagonistas estão agindo irracionalmente. Por outro lado, suas ações são boas para a sociedade: todos queremos viver num mundo no qual o furto não compensa, e no qual negócios que vendem produtos de má qualidade ficam com má reputação.

Talvez cada um de nós, individualmente, estivesse melhor se fosse esse tipo de pessoa que sempre é capaz de tomar uma decisão ponderada, calculada em função de seu melhor interesse, sem querer perder tempo se ressentindo de um custo já ocorrido e irreparável, muito menos perder um dente por causa de quarenta dólares. Mas *nós como um todo* estaríamos melhor vivendo numa sociedade na qual essas atitudes desafiadoras são comuns.

Então, o que fez com que essas pessoas, na ausência de uma autoridade externa, agissem contra o equilíbrio egoísta? A raiva, para começar. Seja provocada pela compra de um produto de má qualidade ou por um ladrão mesquinho, a indignação pode superar a racionalidade. E nessas circunstâncias, pode ser que a mão da evolução tenha feito o que, não fosse ela, teria de ser realizado por uma autoridade externa ao jogo.

A natureza é cheia de exemplos de indivíduos que são sequestrados para servir essencialmente aos objetivos de outras espécies. O verme do fígado (*Dicrocoelium dendriticum*), por exemplo, é um parasita que faz com que formigas subam deliberadamente até a ponta superior de folhas de grama para serem comidas por ovelhas — o hospedeiro preferido do verme. Da mesma forma, o parasita *Toxoplasma gondii* faz com que os ratos percam permanentemente seu medo de gatos, com resultados semelhantes.[42]

A emoção, para o consumidor amargurado e retaliador, assim como para a heroína da loja de conveniência, é nossa própria espécie assumindo o controle por um momento. "A moralidade é o instinto do rebanho no indivíduo", escreveu Nietzsche.[43] Parafraseando um pouco, podemos nos aventurar a dizer que a emoção é o projeto de mecanismo nas espécies. Exatamente porque são involuntários, os sentimentos permitem contratos que não exigem execução externa. A vingança quase nunca funciona a favor de quem a busca, e ainda assim alguém que reaja com uma veemência "irracional" porque alguém está tirando vantagem dele terá, por esse mesmo motivo, mais probabilidade de chegar a um acordo razoável. Como diz Robert Frank, economista da Universidade Cornell: "Se pessoas *esperam* que nós reajamos irracionalmente ao roubo do que é nosso, frequentemente vamos *precisar* disso, para que não seja do interesse delas roubá-lo. Estar predisposto a reagir irracionalmente funciona muito melhor aqui do que ser guiado apenas por interesse material próprio".[44]

(Para que você não pense que humanos modernos civilizados usam contratos legais e o Estado de direito *em lugar* de desforra, lembre-se que citar ou processar alguém é frequentemente trabalhoso e sofrido demais para o que a vítima pode esperar recuperar em termos materiais. Ações judiciais são *meios* para retaliações autodestrutivas numa sociedade desenvolvida, e não o substituto delas.)

Assim como na raiva, na compaixão, na culpa — e no amor.

Estranho como possa parecer, o dilema do prisioneiro também tem muito a nos dizer sobre o casamento. Em nossa discussão de problemas de parada ótima — como o problema da secretária, no capítulo 1 —, consideramos questões de namoro e de busca de um apartamento como casos em que temos de nos comprometer com possíveis futuras opções que ainda não conhecemos. Tanto no amor quanto na moradia, no entanto, continuamos a encontrar novas opções mesmo após tomar uma decisão de parada ótima — então por que não estar pronto para saltar para outro barco? Claro, saber que a outra parte (seja cônjuge ou senhorio) está por sua vez preparada para saltar para outro barco evitaria muitos dos investimentos a longo prazo (ter filhos ou fazer uma mudança trabalhosa para um novo endereço) que tornam esses acordos valiosos.

Em ambos os casos, este assim chamado problema de comprometimento pode ser ao menos parcialmente tratado com um contrato. Mas a teoria dos jogos sugere que, no caso do namoro, os vínculos voluntários da lei são menos relevantes para uma parceria duradoura do que os vínculos involuntários do amor em si mesmo. Como diz Robert Frank: "A preocupação de que pessoas vão abandonar relacionamentos porque mais tarde isso pode vir a ser a coisa racional a ser feita é amplamente eliminada se não for racional a avaliação daquilo que os une em primeiro lugar".[45] Ele explica:

> Sim, as pessoas buscam características objetivas às quais dão importância. Todos querem alguém que seja gentil e inteligente e interessante e saudável e talvez fisicamente atraente, bom poder aquisitivo, toda uma lista de requisitos, mas este é o primeiro passo. [...] Depois de passar algum tempo juntos, não são essas coisas que farão com que queiram continuar juntos. Só é valioso o fato de que *aquela* é a pessoa específica, de modo que não se precisa realmente do contrato tanto quanto se precisa de um sentimento que faz com que não se queiram separar, mesmo que objetivamente possa haver uma opção melhor.[46]

Dito de outra maneira: o amor é como o crime organizado. Ele muda a estrutura do jogo do casamento de modo que o equilíbrio torna-se o resultado que funciona melhor para todos.

O dramaturgo George Bernard Shaw escreveu uma vez sobre o casamento: "Se o prisioneiro está feliz, por que trancá-lo lá dentro? Se não está, por que fingir que está?".[47] A teoria dos jogos oferece uma resposta sutil a essa charada. A felicidade *é* o cadeado.

Um argumento da teoria dos jogos para o amor destacaria mais um ponto: o casamento é o dilema do prisioneiro no qual você *escolhe* a pessoa com a qual está confabulando. Essa mudança pode parecer pequena, mas potencialmente tem grande efeito na estrutura do jogo que você está jogando. Se você soubesse disso, por algum motivo, saberia também que seu parceiro no crime ficaria infeliz se você não estivesse por perto — tipo de tristeza que mesmo 1 milhão de dólares não podem curar —, e então você se preocuparia muito com que ele o desertasse e o deixasse apodrecer na prisão.

Assim, o argumento racional para o amor é duplo: as emoções do afeto não só poupam você de repensar recorrentemente quais seriam as intenções de seu parceiro, mas também, ao mudar as recompensas, você está de fato permitindo um melhor resultado no todo. Mais ainda, a capacidade de involuntariamente se apaixonar faz de você, por sua vez, um parceiro mais atraente de se ter. Sua capacidade de sofrer por amor é exatamente a qualidade que faz de você um cúmplice tão fiel.

CASCATAS DE INFORMAÇÃO: A RACIONALIDADE TRÁGICA DAS BOLHAS

> *Toda vez que você se vir do lado da maioria, será o momento de fazer uma pausa e refletir.*
>
> Mark Twain

Parte do motivo pelo qual é uma boa ideia prestar atenção ao comportamento dos outros é que, ao fazer isso, você consegue acrescentar a informação que eles têm sobre o mundo à sua própria informação. Um restaurante que é popular provavelmente é um bom restaurante; se num concerto a plateia está metade vazia, isso provavelmente é um mau sinal; e se alguém com quem você está falando virar a cabeça de repente para olhar para algo que você não está vendo, provavelmente não será má ideia virar sua cabeça também.

Por outro lado, aprender com os outros nem sempre parece ser algo perfeitamente racional. Modas e modismos são resultados de seguir os comportamentos alheios sem se estar ancorado a qualquer verdade subjacente e objetiva quanto ao mundo. Pior ainda, a suposição de que as ações dos outros constituem um guia útil pode levar ao tipo de comportamento de rebanho que acaba precipitando um desastre econômico. Se todo mundo está investindo em imóveis, comprar uma casa parece ser uma boa ideia; afinal, o preço só vai subir, não é mesmo?

Um aspecto interessante da crise das hipotecas entre 2007 e 2009 nos Estados Unidos é que todos os envolvidos pareciam achar que estavam sendo injustamente punidos por apenas fazer o que supostamente deviam fazer. Uma geração de americanos que cresceu acreditando que imóveis eram investimentos infalíveis, e que via todo mundo à sua volta comprando casas a despeito da (ou devido à) rápida elevação dos preços, acabou se queimando gravemente quando esses preços finalmente começaram a despencar. Os banqueiros, enquanto isso, achavam que estavam sendo injustamente culpados por fazer o que sempre tinham feito — oferecer oportunidades, que seus clientes poderiam aceitar ou recusar. Na esteira de um abrupto colapso do mercado, a tendência é sempre atribuir culpas. Aqui a teoria dos jogos oferece uma judiciosa reflexão: catástrofes como essa podem acontecer mesmo quando ninguém tem culpa.

Uma avaliação adequada da mecânica das bolhas financeiras começa com uma compreensão dos leilões. Embora leilões pareçam constituir apenas um canto de um nicho da economia — evocando pinturas a óleo de milhões de dólares na Sotheby's e na Christie's, ou bichinhos de pelúcia e outros objetos colecionáveis no eBay —, eles na verdade movimentam uma parte substancial da economia. O Google, por exemplo, faz mais de 90% de sua receita com a venda de anúncios, e esses anúncios são todos vendidos por meio de leilões.[48] Enquanto isso, governos usam leilões para vender direitos a bandas no espectro das telecomunicações (como frequências de transmissão de celulares), obtendo receitas de dezenas de bilhões de dólares.[49] Na verdade, muitos mercados globais, desde casas até livros e tulipas, operam por meio de leilões de vários estilos.

Em um dos formatos mais simples de leilão, cada participante registra seu lance por escrito e em segredo, e o que der o maior lance leva o item, qualquer que tenha sido o preço que escreveu. Isso é conhecido como "leilão [de lance] selado no primeiro preço", e do ponto de vista da teoria dos jogos algorítmica existe nele um grande problema — na verdade, vários. Para começar, há a sensação de que o vencedor sempre pagará um sobrepreço: se você avaliar um item em 25 dólares e eu avaliar em dez dólares, e nós dois fizermos lances de acordo com nossas avaliações (25 dólares e dez dólares), você acabará comprando-o por 25 dólares quando poderia tê-lo comprado por um pouquinho mais que dez dólares. Esse problema, por sua vez, leva a outro: para poder dar um lance adequado — isto é, de modo a não ser um sobrepreço —, você tem de prever qual será a real avaliação dos outros participantes no leilão e "matizar" seu lance de acordo com isso. Isso por si só já seria bem ruim — só que os outros tampouco vão formar seus lances de acordo com sua avaliação real, porque vão "matizar" os lances com base nas previsões deles de qual vai ser o seu![50] Estamos de volta ao terreno da recursão.

Em outro formato de leilão clássico, o "leilão holandês", ou "leilão descendente", o preço do item vai sendo gradualmente abaixado até que alguém queira comprá-lo. Seu nome refere-se ao Leilão de Flores de Aalsmeer,[51] o maior leilão de flores do mundo, que se realiza diariamente nos Países Baixos — mas os leilões holandeses estão mais presentes do que poderia inicialmente parecer. Uma loja que remarca para baixo os artigos que ainda não vendeu e senhorios que anunciam apartamentos pelo preço mais alto que acham que o mercado possa sustentar, ambos compartilham a mesma característica fundamental: a do vendedor que começa com otimismo e vai baixando o preço até encontrar quem compre. O leilão descendente se parece com o leilão de primeiro preço no aspecto de que você tem mais probabilidade de vencer se decidir pagar perto do topo de seu limite máximo (isto é, estar pronto a dar um lance quando o preço cair para 25 dólares), e assim vai querer matizar o valor de seu lance numa estratégia complexa. Compra quando chegar aos 25 dólares ou se contém e espera por um novo preço? Cada dólar que economizar acarreta o risco de perder totalmente a compra.

O inverso do leilão holandês ou descendente é o que é conhecido como "leilão inglês", ou "leilão ascendente" — o formato de leilão mais familiar. Num leilão inglês, os lances se alternam, elevando os preços até que todos, menos o que fez o último lance, desistem. Isso parece oferecer algo mais próximo daquilo que queremos: nesse caso, se você avalia um item em 25 dólares e eu avalio em dez dólares, você poderá tê-lo por pouco mais de dez dólares, sem ter nem de percorrer todo o caminho até os 25 dólares nem de desaparecer na estratégica toca do coelho.

Contudo, tanto o leilão holandês quanto o leilão inglês introduzem um nível extra de complexidade quando comparados com o leilão de lance selado. Eles envolvem não apenas a informação privada que cada participante tem, mas também o modo como evolui o comportamento público de cada um. (Num leilão holandês, é a não ocorrência de um lance que revela informação, ao deixar claro que nenhum dos outros participantes avalia que o item vale o que no momento é seu nível de preço.) E em certas circunstâncias, essa mistura de dados privados e públicos pode se mostrar perigosa.

Imagine que os participantes estejam em dúvida quanto a suas próprias estimativas do valor de um lote no leilão — digamos, o direito de prospectar petróleo em alguma parte do oceano. Como observa o teórico de jogos Ken Binmore, da Universidade College de Londres, "a quantidade de petróleo que existe num trecho é a mesma para todos, mas as estimativas dos compradores de quanto petróleo possivelmente haverá no trecho vão depender de suas diferentes pesquisas geológicas. Essas pesquisas não são apenas dispendiosas, mas notoriamente não confiáveis". Numa tal situação, parecer ser natural considerar cuidadosamente os lances de seus oponentes, para acrescentar a sua própria e escassa informação privada à informação pública.

Mas essa informação pública pode não ser nem de perto tão informativa quanto parece. Você na verdade não fica sabendo quais são as *crenças* dos outros participantes — apenas quais são suas *ações*. E é inteiramente possível que o comportamento deles seja baseado no seu, assim como o seu comportamento está sendo influenciado pelo deles. É fácil imaginar um grupo de pessoas com todas elas passando juntas sobre um penhasco porque "todas as outras" estavam agindo como se tudo fosse dar certo — quando na realidade cada uma tinha receio, mas o suprimira por causa da aparente confiança de todas as outras no grupo.[52]

Assim como na tragédia do que é comum a todos, essa falha não é necessariamente culpa de quem participa. Um trabalho de enorme influência dos economistas Sushil Bikhchandani, David Hirshleifer e Ivo Welch demonstrou que, nas circunstâncias certas, um grupo de agentes que se está comportando de modo perfeitamente racional e apropriado pode assim mesmo cair vítima do que é efetivamente uma infinita desinformação. Isso veio a ser conhecido como "cascata de informação".[53]

Continuando no cenário dos direitos de prospecção de petróleo, imagine que há dez companhias que poderão fazer lances por um determinado trecho. Uma delas dispõe de uma pesquisa geológica sugerindo que o trecho é rico em petróleo; outra pesquisa é inconclusiva; a conclusão de outras oito sugere que ele seja estéril. Mas por serem concorrentes, é claro, as companhias não compartilham entre si os resultados de suas pesquisas; em vez disso, só ficam observando como agem as outras. Quando o leilão começa, a primeira companhia, a do relatório promissor, faz um lance inicial. A segunda companhia, estimulada por esse lance a interpretar com mais otimismo a sua ambígua pesquisa, faz um lance ainda maior. A terceira companhia tem um relatório fraco mas agora não confia nele diante do que toma como dois relatórios independentes que sugerem se tratar de uma mina de ouro, e assim faz um novo lance, mais elevado. A quarta companhia, que também tinha uma pesquisa desanimadora, está agora até mais fortemente inclinada a desconsiderá-la, já que parece que *três* outras companhias acreditam que é um campo vencedor. Assim, também faz um lance. O "consenso" se desapega da realidade. Formou-se uma cascata.

Individualmente, nenhum dos participantes agiu de forma irracional, mas o resultado líquido é uma catástrofe. Como diz Hirshleifer:

> Algo muito importante acontece quando alguém decide seguir cegamente seus predecessores independentemente da sinalização de suas próprias informações, que é o fato de sua ação se tornar desinformativa para todos os tomadores de decisão que se seguem. Agora o acervo público de informações não está mais crescendo. O benefício de se ter informação pública [...] deixou de existir.[54]

Para ver o que acontece no mundo real quando uma cascata de informação se sobrepõe e os participantes não dispõem de quase mais nada a não ser do comportamento de outros para estimar o valor de um item, não se precisa ir além do texto de Peter A. Lawrence sobre biologia do desenvolvimento: *The Making of a Fly* [A formação da mosca], que em abril de 2011 estava sendo vendido por 23698655,93 dólares (mais 3,99 dólares de frete) no mercado terceirizado da Amazon. Como e por que este livro — reconhecidamente respeitado — atingiu um preço de venda de mais de 23 milhões de dólares?[55] Constatou-se que dois dos vendedores estavam estabelecendo seus preços algoritmicamente como frações constantes dos preços um do outro: um estava sempre marcando um preço que era 0,99830 vez o preço do concorrente, enquanto este estava automaticamente estabelecendo seu próprio preço de 1,27059 vez o do outro. Parece que nenhum dos dois vendedores pensou em impor qualquer limite aos números daí resultantes, e então o processo ficou completamente fora de controle.

É possível que um mecanismo semelhante estivesse em ação durante a enigmática e controversa "queda relâmpago" da bolsa em 6 de maio de 2010, quando, em questão de minutos, o preço de diversas companhias aparentemente aleatórias no índice Standard & Poor's subiu a mais de 100 mil dólares por ação, enquanto o de outras caiu verticalmente para um centavo dólar por ação. Quase 1 trilhão de dólares em valor de ações viraram instantaneamente fumaça. Como relatou ao vivo Jim Cramer, da rede de televisão CNBC, embasbacado: "Isso... não pode ser. Não é o preço real. Então, vamos lá, comprem Procter! Vão lá e comprem Procter & Gamble. Eles anunciaram um trimestre bem decente, então vão e comprem. [...] Quero dizer, isso é ridí... é uma boa oportunidade". A incredulidade de Cramer vinha de sua informação privada ter colidido com a informação pública. Ele parecia ser a única pessoa no mundo querendo pagar, nesse caso, 49 dólares por uma ação que o mercado estava aparentemente avaliando abaixo de quarenta dólares, mas não se importava; ele tinha visto os relatórios trimestrais, tinha certeza do que estava sabendo.

Diz-se que investidores dividem-se em dois amplos campos: investidores "fundamentais", que negociam considerando o que eles percebem como o valor básico de uma companhia, e investidores "técnicos", que negociam considerando as flutuações do mercado. O surgimento da negociação algorítmica de alta velocidade perturbou o equilíbrio entre essas duas estratégias, e é frequente a reclamação de que computadores, não ancorados no valor dos bens no mundo real — sem se incomodar ao fixar o preço de um livro em dezenas de milhões de dólares e o de ações *blue-chip* [as ações mais valiosas] em um centavo —, pioram ainda mais a irracionalidade do mercado.[56] Mas embora essa crítica se refira tipicamente a computadores, pessoas também fazem esse tipo de coisa, como podem testificar as várias bolhas de investimento. Mais uma vez, a culpa frequentemente não é dos que jogam, mas do próprio jogo.

Cascatas de informação propiciam uma teoria racional não apenas das informações boas, mas também de modismos e do comportamento de rebanho, mais genericamente. Oferecem um relato de como é facilmente possível a qualquer mercado subir vertiginosamente e despencar, mesmo que não haja irracionalidade, maleficência ou incompetência. São várias as implicações. Em primeiro lugar, tenha cautela em casos nos quais a informação pública parece exceder a informação privada, nos quais você sabe mais o que as pessoas estão fazendo do que por que elas o estão fazendo, nos quais você se preocupa mais que seu julgamento se ajuste ao consenso do que se ajuste aos fatos. Quando você principalmente observa os outros para adotar um rumo de ação, pode bem ser que eles estejam por sua vez observando você, para fazer o mesmo. Em segundo lugar, lembre-se de que ações não são crenças; as cascatas são criadas, em parte, quando interpretamos erroneamente o que os outros *pensam* com base no que eles *fazem*. Deveríamos ser especialmente hesitantes quanto a rejeitar nossas próprias dúvidas — e se o fizermos, também deveríamos querer encontrar um meio de transmitir essas dúvidas mesmo se seguirmos em frente, para que outros não deixem de distinguir a relutância que há em nossa mente do entusiasmo que nossas ações insinuam. Por último, deveríamos lembrar, pensando no dilema do prisioneiro, que às vezes um jogo pode ter regras irremediavelmente horrorosas. Uma vez dentro, talvez não haja nada que possamos fazer, mas a teoria das cascatas de informação pode ajudar-nos a evitar um jogo assim, para começar.

E se você é o tipo de pessoa que sempre faz o que acha que é certo, não importa quão louco isso seja na opinião dos outros, vá em frente. A má notícia é que você *vai* estar errado mais frequentemente do que os seguidores de rebanho. A boa notícia é que, ao se manter firme em suas convicções, você cria uma imagem externa positiva, o que permite às pessoas fazer inferências mais precisas de seu comportamento. Pode ser que um dia você salve o rebanho inteiro do desastre.[57]

PARA SUA PRÓPRIA AUTOCOMPUTAÇÃO

A aplicação da ciência da computação à teoria dos jogos revelou que ser obrigado a criar estratégias é por si só uma parte — frequentemente uma grande parte — do preço a pagar por competirmos entre nós. E como demonstram as dificuldades da recursão, em nenhum caso o preço é mais alto do que quando somos solicitados a entrar cada um na mente do outro. Aqui, a teoria dos jogos algorítmica nos provê um meio de repensar o projeto do mecanismo: levar em conta não apenas o resultado dos jogos, mas também o esforço computacional exigido dos jogadores.[58]

Vimos como mecanismos aparentemente inócuos como o do leilão, por exemplo, podem incorrer em vários tipos de problemas: pensar demais, pagar demais, ser levado por cascatas. Mas a situação não é totalmente sem esperança. Na verdade, há um modelo de leilão em particular que vai cortando o ônus da recursão mental como uma faca quente corta manteiga. Chama-se leilão de Vickrey.[59]

Levando o nome do economista William Vickrey, prêmio Nobel de Economia, ele é, assim como o leilão de primeiro preço, um leilão com um processo de lance selado. Isto é, cada participante simplesmente escreve em secreto um único número, e o lance mais alto vence. No entanto, num leilão de Vickrey, o vencedor acaba pagando não a quantia de seu próprio lance, mas a do *segundo* lance mais alto. Vale dizer, você deu um lance de 25 dólares e eu de dez dólares, mas você compra o item pelo *meu* preço: só terá de pagar dez dólares.

Para um teórico de jogos, um leilão de Vickrey tem várias propriedades atraentes. E particularmente para um teórico de jogos algorítmico, uma propriedade se destaca: os participantes são incentivados a serem honestos. De fato, não há melhor estratégia do que dar um lance que seja o "valor verdadeiro" do item — exatamente o que você pensa que ele vale. Dar um lance maior que seu verdadeiro valor será obviamente tolo, pois você poderá acabar tendo de comprar algo por mais do que acha que vale. E dar um lance menor do que seu verdadeiro valor (isto é, matizando seu lance) implica o risco de perder o leilão sem uma boa razão para isso, uma vez que não estará economizando dinheiro — já que, se ganhar, você só pagará o valor do segundo maior lance, independentemente de quão elevado foi o seu. Isso torna o leilão de Vickrey o que os projetistas de mecanismo chamam de "à prova de estratégia", ou simplesmente "verídico".[60] No leilão de Vickrey, a honestidade é, literalmente, a melhor política.

Melhor ainda, a honestidade continua sendo a melhor política independentemente de os outros participantes serem ou não eles mesmos honestos. No dilema do prisioneiro, vimos como a deserção acabou se mostrando a estratégia "dominante" — a melhor coisa a fazer, não importa se seu parceiro desertou ou cooperou. Num leilão de Vickrey, por outro lado, a honestidade é a estratégia dominante.[61] Esse é o santo graal do projetista de mecanismo. Você não precisa criar estratégias ou recursões.

Agora, pode-se ter a impressão de que o leilão de Vickrey custaria algum dinheiro ao vendedor, comparado com o leilão de primeiro preço, mas isso não é necessariamente verdade. Num leilão de primeiro preço, cada participante está matizando seu lance para baixo, para evitar pagar um sobrepreço; no leilão de Vickrey, de segundo preço, não há necessidade disso — em certo sentido, o próprio sistema do leilão está matizando otimamente o lance *por ele*. De fato, um princípio teórico dos jogos chamado "equivalência de receita"[62] estabelece que, ao longo do tempo, o preço de venda médio esperado num leilão de primeiro preço vai convergir para exatamente o mesmo preço num leilão de Vickrey. Assim, o equilíbrio de Vickrey implica que o mesmo participante obterá o item pelo mesmo preço — sem absolutamente qualquer estratégia por parte de qualquer dos participantes. Como ensina Tim Roughgarden a seus alunos em Stanford, o leilão de Vickrey é "incrível".[63]

Para o teórico de jogos algorítmico Noam Nisan, da Universidade Hebraica de Jerusalém, essa incredibilidade tem um ar de quase utopia.

> Você gostaria que houvesse algum tipo de lei na sociedade de modo que não valesse a pena mentir, e então as pessoas não mentiriam tanto, certo? Essa é a ideia básica. Em minha opinião, o que é admirável sobre Vickrey é que ninguém esperaria que em geral se pudesse fazer isso, certo? Especialmente em coisas como um leilão — onde, é claro, se quer pagar menos —, como é que você pode *alguma vez* conseguir... E aí, porém, mostra Vickrey, esse é o caminho para fazer isso. Creio que é realmente fantástico.[64]

Na realidade, a lição aqui vai muito além dos leilões. Numa descoberta que se tornou ponto de referência, chamada "princípio da revelação", o já referido economista Roger Myerson, também laureado com prêmio Nobel, provou que *qualquer* jogo que exija que estrategicamente se mascare a verdade pode ser transformado num jogo que nada exige a não ser simples honestidade. Paul Milgrom, na época colega de Myerson, pondera: "É um desses resultados que, se visto de diferentes lados, de um ele é totalmente chocante e espantoso, e de outro, ele é trivial. E isso é absolutamente maravilhoso, é tão incrível: é assim que você sabe que está olhando para uma das melhores coisas que se é capaz de ver".[65]

O princípio da revelação pode parecer difícil de aceitar tal como é, mas sua prova é na verdade bem intuitiva. Imagine que você tem um agente ou um advogado que vai jogar o jogo por você. Se você confia neles para representar seus interesses, você vai simplesmente lhes dizer exatamente o que quer e deixá-los manipular por você todas as estratégias de matização de lance e de recursão. No leilão de Vickrey, o próprio jogo desempenha essa função. E o princípio da revelação só faz expandir essa ideia: *qualquer* jogo pode ser jogado em seu nome por agentes aos quais você diz a verdade, isto é, tornar-se-á um jogo do tipo "honestidade é melhor" se o comportamento que você quer de seu agente estiver incorporado nas próprias regras do jogo. Como diz Nisan: "A coisa básica é que se você não quiser que seus clientes otimizem contra você, é melhor você otimizar por eles. Essa é toda a prova. [...] Se eu projetar um algoritmo que já otimiza para você, não há nada que você possa fazer".

A teoria dos jogos algorítmica fez enormes contribuições a várias aplicações práticas nos últimos vinte anos: ajudando-nos a entender o roteamento de pacotes na internet, melhorando os leilões de espectro da Federal Communitations Commission (FCC)* que alocam preciosos (ainda que invisíveis) bens públicos,

* Órgão que regula as áreas de telecomunicações e radiodifusão dos Estados Unidos, equivalente à Agência Nacional de Telecomunicações (Anatel), no Brasil. (N. E.)

aprimorando os algoritmos de adequação que distribuem estudantes de medicina em hospitais, entre outras coisas. E é provável que isso seja apenas o começo de transformações muito maiores. "Estamos apenas arranhando a superfície", diz Nisan. "Mesmo no que tange à *teoria*, estamos só começando a compreendê-la. E provavelmente levará só mais uma geração para que aquilo que hoje compreendo em teoria seja aplicado com sucesso aos humanos. É uma geração; creio que não mais do que isso. Vai levar uma geração."

É do filósofo existencialista francês Jean-Paul Sartre a famosa frase "O inferno são os outros". Ele não quis dizer que os outros são inerentemente maldosos ou desagradáveis, mas sim que complicam nossos próprios pensamentos e crenças:

> Quando pensamos a respeito de nós mesmos, quando tentamos compreender a nós mesmos [...] utilizamos o conhecimento que outras pessoas já têm sobre nós. Julgamos a nós mesmos com os meios que outras pessoas têm e que nos deram para que nos julgássemos. Em qualquer coisa que eu diga sobre mim mesmo, sempre entra o julgamento de outra pessoa. Em qualquer coisa que eu sinta dentro de mim, entra o julgamento de outra pessoa. [...] Mas isso não significa de modo algum que não se possa ter relações com outra pessoa. Simplesmente demonstra a importância capital que todas as outras pessoas têm para nós.[66]

Talvez, em vista do que vimos neste capítulo, possamos nos empenhar por revisar a declaração de Sartre. Interagir com os outros não tem de ser um pesadelo — embora, num jogo errado, seguramente possa ser. Como observou Keynes, a popularidade é complicada, intratável, uma recorrente sala de espelhos; mas a beleza, aos olhos do espectador, não é. A adoção de uma estratégia que não requer antecipação, previsão, interpretação, ou a mudança de curso devido às táticas dos outros, é um modo de cortar o nó górdio da recursão. E às vezes essa estratégia não é apenas fácil — ela é ótima.

Se uma mudança de estratégia não ajudar, você pode tentar mudar o jogo. E se isso não for possível, pode ao menos exercer algum controle quanto a quais jogos você escolhe para jogar. O caminho para o inferno está pavimentado com recursões intratáveis, maus equilíbrios e cascatas de informação. Busque jogos nos quais a honestidade seja a estratégia dominante. Depois seja apenas você mesmo.

Conclusão
Gentileza computacional

Acredito firmemente que as coisas importantes no que se refere aos humanos são sociais em seu caráter, e que o alívio provido pelas máquinas a muitas de nossas atualmente tão exigidas funções intelectuais finalmente darão aos humanos tempo e estímulo para aprender como viver bem juntos.[1]

Merrill Flood

Qualquer sistema dinâmico sujeito às limitações de espaço e tempo enfrenta um conjunto nuclear de problemas fundamentais e inevitáveis. Esses problemas são de natureza computacional, o que faz com que os computadores sejam não apenas nossas ferramentas, mas também nossos camaradas. Daí advêm três expressões simples de sabedoria.

Primeiro, há casos nos quais cientistas da computação e matemáticos identificaram boas aplicações algorítmicas que podem ser transferidas com simplicidade para problemas humanos. A Regra dos 37%, o critério do Menos Recentemente Usado (LRU) para lidar com caches que estão transbordando e o Limite Superior de Confiança como guia para exploração de possibilidades são bons exemplos disso.

Segundo, saber que está usando um algoritmo ótimo poderia ser um alívio, mesmo que você não obtenha os resultados que estava esperando. A Regra dos 37% falha em 63% das vezes. Manter seu cache utilizando o LRU não é uma garantia de que você sempre vai encontrar o que está buscando; na verdade, tampouco o é a clarividência. Usar o método do Limite Superior de Confiança na negociação *explore/ exploit* [exploração (prospecção)/ exploração (obtenção de resultados)] não quer dizer que você não vai ter *nenhum* arrependimento, apenas que esses arrependimentos vão se acumular cada vez mais lentamente à medida que você vai vivendo. Até mesmo a melhor estratégia às vezes rende maus resultados — que é a razão pela qual cientistas da computação tomam o cuidado de distinguir entre "processo" e "resultado". Se adotar o melhor processo possível, você terá feito o melhor que pôde, e não deveria se culpar se as coisas não correrem como queria.

Resultados fazem novas manchetes — na verdade, eles fazem o mundo em que vivemos —, e assim é fácil nos fixarmos neles. Mas o que nós controlamos são os processos. Como disse Bertrand Russell: "Pareceria que devemos levar em conta a probabilidade no julgamento da correção objetiva. [...] O ato objetivamente correto é aquele que *provavelmente* será o mais afortunado. Eu o definirei como o ato mais *sensato*".[2] Podemos esperar sermos afortunados — mas deveríamos nos empenhar por sermos sensatos. Podemos chamar isso de uma espécie de estoicismo computacional.[3]

Finalmente, podemos traçar um linha clara entre problemas que admitem soluções diretas e aqueles que não. Se você acabar emperrado num cenário intratável, lembre-se de que heurística, aproximações e o uso estratégico da aleatoriedade podem ajudá-lo a encontrar soluções viáveis. Um tema recorrente em nossas entrevistas com cientistas da computação foi: às vezes, o "bastante bom" é realmente bom o bastante. Mais ainda, estar ciente da complexidade pode nos ajudar a escolher os nossos problemas: se pudermos controlar quais situações confrontar, deveríamos escolher as que são tratáveis.

Mas não escolhemos apenas problemas que apresentamos a nós mesmos. Também escolhemos os que apresentamos uns aos outros, seja o modo com que projetamos uma cidade ou o modo com que fazemos uma pergunta. Isso cria uma surpreendente ponte entre a ciência da computação e a ética — na forma de um princípio que chamamos de *gentileza computacional.*

Há um certo paradoxo que nós dois observamos quando tínhamos de programar as entrevistas que entraram neste livro. Na média, era mais provável que nossos entrevistados estivessem disponíveis quando solicitávamos uma entrevista, digamos, "na próxima terça-feira entre uma e duas horas da tarde" do que "quando lhe for conveniente, na próxima semana". A princípio, isso parece absurdo, como no célebre estudo demonstrando que, em média, pessoas faziam mais doações para salvar a vida de um pinguim do que a de 8 mil pinguins, ou um relato de que há mais preocupação com morrer em um atentado terrorista do que com morrer por qualquer causa, inclusive o terrorismo. No caso das entrevistas, parece que as pessoas preferem ter um problema restrito, mesmo se a restrição for súbita e inesperada, a um problema em aberto. Aparentemente, para elas foi menos difícil se adaptar a *nossas* preferências e restrições do que calcular uma opção melhor com base nas delas. Cientistas da computação iriam assentir aqui, com conhecimento de causa, citando a diferença de complexidade entre "verificação" e "busca" — que é mais ou menos tão ampla quanto a diferença entre reconhecer uma boa canção quando se a escuta e escrever uma na hora.[4]

Um dos princípios implícitos na ciência da computação, por estranho que possa parecer, é que a computação é *má*: a diretiva subjacente em qualquer bom algoritmo é a de reduzir ao mínimo o trabalho de pensar. Quando interagimos com outras pessoas, nós lhes apresentamos problemas computacionais — não somente requisições e demandas explícitas, mas também desafios implícitos tais como o de interpretar nossas intenções, nossas crenças e nossas preferências. É razoável supor, portanto, que a compreensão computacional de tais problemas lançam uma luz sobre a natureza da interação humana. Podemos ser "computacionalmente gentis" com os outros moldando as coisas em termos que tornem mais fácil o subjacente problema computacional. Isso tem importância porque muitos problemas — sobretudo os sociais, como já vimos — são intrínseca e inextricavelmente difíceis.

Considere o seguinte cenário, muito comum a todos nós. Um grupo de amigos está reunido, tentando decidir aonde ir para jantar. Cada um deles tem algumas preferências claras, conquanto potencialmente fracas. Mas nenhum deles quer declarar essas preferências de forma explícita, e assim, em vez disso, percorrem educadamente esses riscos sociais com palpites e insinuações.

Eles poderiam muito bem chegar a uma decisão que satisfizesse a todos. Mas esse procedimento pode facilmente dar errado. Por exemplo, no verão, após o período letivo na faculdade, Brian e dois amigos fizeram uma viagem à Espanha. Combinaram o itinerário da viagem no avião, e a certa altura ficou claro que não teriam tempo de ir à tourada que tinham pesquisado e planejado. Somente então, quando cada um dos três tentava consolar o outro, descobriram de repente que, na verdade, desde o início, nenhum deles tinha querido assistir à tourada. Cada um, desprendidamente, tinha achado que aquilo despertava o entusiasmo dos outros, com isso *reproduzindo* ele mesmo o nível de entusiasmo que achara ter percebido nos outros.[5]

Da mesma forma, expressões aparentemente inócuas como "Ah, para mim tanto faz" ou "O que você quer fazer esta noite?" encerram um obscuro lado computacional que deveria fazer você pensar duas vezes. Têm uma aparência superficial de gentileza, mas fazem duas coisas profundamente alarmantes. Primeiro, passam adiante a responsabilidade cognitiva: "Temos aqui um problema, você lida com ele". Segundo, ao não declarar suas preferências, isso convida os outros a simular ou imaginá-las. E como já vimos, a simulação das mentes dos outros é um dos maiores desafios computacionais que uma mente (ou uma máquina) pode jamais enfrentar.

Em tais situações, a gentileza computacional diverge da etiqueta convencional. Refrear polidamente suas preferências suscita o problema computacional de fazer com que o resto do grupo tenha de inferi-las. Em contraste, *afirmar* polidamente suas preferências ("Pessoalmente, eu estou inclinado a *x*. O que vocês acham?") ajuda a dar suporte à carga cognitiva que levará o grupo a uma resolução.[6]

De modo alternativo, pode-se tentar reduzir, em vez de maximizar, o número de opções que se oferece aos outros — digamos, propondo que se escolha entre dois ou três restaurantes, em vez de dez. Se cada pessoa no grupo eliminar as opções menos preferidas por ela, isso torna a tarefa mais fácil para todo mundo. E se você está convidando para almoçar, ou programando um encontro, apresentar uma ou duas propostas concretas que os outros podem aceitar ou recusar é um bom ponto de partida.[7]

Nenhuma dessas ações é necessariamente "polida", mas todas elas podem reduzir substancialmente o custo computacional da interação.

A gentileza computacional não é só um princípio de comportamento; é também um princípio de design.

Em 2003, o cientista da computação Jeffrey Shallit, da Universidade de Waterloo, investigava qual seria a moeda que, posta em circulação nos Estados Unidos, mais ajudaria a minimizar o número de moedas necessárias como troco.[8] A deliciosa resposta foi que deveria ser uma moeda de dezoito centavos — mas, de algum modo, por considerações computacionais, Shallit foi impedido de recomendar essa política.

Atualmente, dar troco é muito simples: para formar qualquer quantia, usam-se quantos *quarters* (moedas de 25 centavos de dólares) sejam necessários sem ultrapassar o valor, depois tantas moedas de dez centavos, e assim por diante, baixando o valor das moedas até formar o valor necessário. Por exemplo, 54 centavos são dois *quarters* e quatro moedas de um centavo. Com uma moeda de dezoito centavos, aquele algoritmo simples não seria ótimo: a melhor maneira de formar 54 centavos seria com três moedas de dezoito centavos — e nenhum *quarter*. De fato, Shallit observou que os valores divisionários em uso fazem com que formar um troco torne-se algo "tão difícil quanto [...] o problema do caixeiro-viajante".[9] É exigir demais de um caixa. A se levar em conta a facilidade de computação, descobriu Shallit, então as moedas de melhor uso a serem supridas como dinheiro dos Estados Unidos seriam as de dois ou três centavos — não tão excitantes como uma moeda de dezoito centavos, mas quase tão boas quanto e, de longe, mais gentis computacionalmente.

O aspecto mais profundo disso é que mudanças sutis num projeto podem mudar radicalmente o tipo de problema cognitivo que se apresenta a usuários humanos. Arquitetos e planejadores urbanos, por exemplo, têm de fazer escolhas quanto a como eles constroem nosso meio ambiente — o que significa que eles têm escolhas a fazer quanto a como vão estruturar os problemas computacionais que nós temos de resolver.

Considere um grande estacionamento, com uma matriz de diversas pistas, do tipo que encontramos frequentemente em estádios e shopping centers.[10] Você está dirigindo por uma pista em direção à sua destinação, avista uma vaga, decide abrir mão dela em favor de (esperançosamente) alguma outra mais adiante mas, não a encontrando, chega ao destino e dá meia-volta, entrando numa pista vizinha. Após algum tempo dirigindo, você terá de decidir se outra vaga disponível que encontrou é boa o bastante ou está tão longe que vai tentar procurar outra numa terceira pista.

Uma perspectiva algorítmica é útil aqui não apenas para o motorista, mas também para o arquiteto. Faça um contraste entre o cabeludo e confuso problema de decisão que se apresenta num desses estacionamentos e o que se refere a uma única pista linear que *se afasta* da destinação de alguém. Nesse caso, fica-se simplesmente com a primeira vaga disponível — nenhuma teoria dos jogos, nenhuma análise, nenhuma regra de Olhar-e-Depois-Saltar são necessárias. Algumas garagens para estacionamento são estruturadas dessa maneira, numa espiral ascendente a partir do térreo. Sua carga computacional é zero: dirige-se até aparecer a primeira vaga, e se a ocupa. Quaisquer que sejam os outros fatores pró e contra esse tipo de construção, pode-se dizer sem dúvida que ele é cognitivamente humano para seus motoristas — computacionalmente gentil.

Um dos principais objetivos de um projeto seria o de proteger as pessoas de tensões, atritos e esforço mental desnecessários. (Isso não é apenas uma preocupação abstrata. Quando, por exemplo, o estacionamento em shopping centers torna-se uma fonte de estresse, os clientes podem gastar menos dinheiro em compras e voltar com menos frequência.) Arquitetos e planejadores urbanos frequentemente estão ponderando como diferentes configurações de estacionamento podem fazer melhor uso de recursos limitados de espaço, materiais e dinheiro. Mas raramente levam em conta como seus projetos vão afetar os recursos computacionais das pessoas que o irão usar. O reconhecimento das subjacências algorítmicas em nossas vidas cotidianas — nesse caso, a parada ótima — não só permitiria que motoristas tomassem as melhores decisões quando estiverem nesse cenário específico, mas também estimularia os planejadores a serem mais cuidadosos, para começar, quanto aos problemas que estão obrigando os motoristas a resolver.

Existe um sem-número de outros casos nos quais projetos computacionalmente mais gentis se propõem por si mesmos. Por exemplo, considere a política de como franquear lugares a clientes num restaurante. Alguns restaurantes adotam o método do "lugar aberto", pelo qual os clientes que estão à espera ficam rondando até vagar uma mesa, e o primeiro que a ela se sentar fica com ela. Outros anotam seu nome, servem-lhe um drinque no bar e o avisam quando uma mesa ficou disponível. Essas abordagens distintas ao gerenciar o compartilhamento de recursos escassos espelham a distinção, na ciência da computação, entre "girar" e "bloquear".[11] Quando uma sequência de processamento solicita um recurso e não consegue obtê-lo, o computador ou permite que ela fique "girando" — continue a solicitar o recurso num perpétuo loop de "Já está disponível?" — ou pode "bloquear": deter a sequência, trabalhar em alguma outra coisa e depois voltar, quando o recurso estiver livre para ser usado. Para um cientista da computação, isto é, na prática, uma negociação de trocas: pesar o tempo que se perde girando contra o tempo que se perde ao se mudar o contexto. Mas num restaurante, nem todos os recursos em negociação são deles mesmos. Uma política de "girar" preenche mesas vazias mais rapidamente, mas a CPU que se consome nesse caso são as mentes de seus clientes, obrigados a uma tediosa e desgastante vigilância.

Como exemplo paralelo, considere o problema computacional que se apresenta num ponto de ônibus. Se existir um aviso em tempo real dizendo que o próximo ônibus "chegará em dez minutos", você terá de decidir *uma vez* se espera ou não, ao invés de avaliar a continuada situação em que o ônibus não chega para inferir alguma evidência, tendo de decidir a todo momento. Mais ainda, você pode abdicar de ficar o tempo todo esquadrinhando a rua — ou seja, "girando" — durante esses dez minutos. (Para cidades que não têm a implementação necessária para prever a próxima chegada, vimos como a inferência bayesiana pode até mesmo fazer com que o conhecimento de quando o último ônibus *partiu* seja um útil substituto.) Esses atos sutis de gentileza computacional poderiam fazer muita coisa para facilitar o transporte, tanto quanto o subsídio de tarifas (se não mais): pense nisso como um subsídio *cognitivo*.

Se podemos ser mais gentis com os outros, também podemos ser mais gentis com nós mesmos. Não apenas mais gentis computacionalmente — todos os algoritmos e ideias que discutimos vão ajudar nisso. Mas também mais condescendentes.

O padrão intuitivo para uma tomada de decisão racional é considerar cuidadosamente todas as opções disponíveis e adotar a melhor delas. À primeira vista, os computadores parecem ser os paradigmas dessa abordagem, triturando e abrindo caminho por complexas computações o tempo que for necessário para obter respostas perfeitas. Mas como vimos, essa é uma imagem ultrapassada daquilo que fazem os computadores: isso é um *luxo* que os problemas mais fáceis permitem. Nos casos difíceis, os melhores algoritmos concernem, todos eles, a fazer aquilo que faz mais sentido no menor tempo possível, o que de modo algum significa tomar cuidadosamente em consideração cada um dos fatores e empreender cada computação até o fim. A vida é complicada demais para isso.

Em quase todo domínio que examinamos, vimos que quanto mais fatores do mundo real incluirmos — seja quando temos informação incompleta ao entrevistar candidatos a um emprego, quando lidamos com um mundo em mutação ao tentar resolver o dilema *explore/ exploit*, ou quando certas tarefas dependem de outros quando estamos tentando fazer certas coisas —, tanto mais provável será que cheguemos a uma situação na qual achar a solução perfeita tomará um tempo insensatamente longo. E, de fato, as pessoas quase sempre se deparam com o que a ciência da computação considera serem os casos difíceis. E diante desses casos difíceis, algoritmos eficazes assumem pressupostos, mostram uma tendência para soluções mais simples, buscam o melhor equilíbrio entre o custo de erros e o custo de demora, e se arriscam.

Essas não são concessões que fazemos quando não conseguimos ser racionais. E fazer essas concessões é o que significa ser racional.

Agradecimentos

Primeiro de tudo, obrigado aos pesquisadores, profissionais e especialistas que tomaram seu tempo para sentar conosco e discutir seus trabalhos e perspectivas mais amplas: Dave Ackley, Steve Albert, John Anderson, Jeff Atwood, Neil Bearden, Rik Belew, Donald Berry, Avrim Blum, Laura Carstensen, Nick Chater, Stuart Cheshire, Paras Chopra, Herbert Clark, Ruth Corbin, Robert X. Cringely, Peter Denning, Raymond Dong, Elizabeth Dupuis, Joseph Dwyer, David Estlund, Christina Fang, Thomas Ferguson, Jessica Flack, James Fogarty, Jean E. Fox Tree, Robert Frank, Stuart Geman, Jim Gettys, John Gittins, Alison Gopnik, Deborah Gordon, Michael Gottlieb, Steve Hanov, Andrew Harbison, Isaac Haxton, John Hennessy, Geoff Hinton, David Hirshliefer, Jordan Ho, Tony Hoare, Kamal Jain, Chris Jones, William Jones, Leslie Kaelbling, David Karger, Richard Karp, Scott Kirkpatrick, Byron Knoll, Con Kolivas, Michael Lee, Jan Karel Lenstra, Paul Lynch, Preston McAfee, Jay McClelland, Laura Albert McLay, Paul Milgrom, Anthony Miranda, Michael Mitzenmacher, Rosemarie Nagel, Christof Neumann, Noam Nisan, Yukio Noguchi, Peter Norvig, Christos Papadimitriou, Meghan Peterson, Scott Plagenhoef, Anita Pomerantz, Balaji Prabhakar, Kirk Pruhs, Amnon Rapoport, Ronald Rivest, Ruth Rosenholtz, Tim Roughgarden, Stuart Russell, Roma Shah, Donald Shoup, Steven Skiena, Dan Smith, Paul Smolensky, Mark Steyvers, Chris Stucchio, Milind Tambe, Robert Tarjan, Geoff Thorpe, Jackson Tolins, Michael Trick, Hal Varian, James Ware, Longhair Warrior, Steve Whittaker, Avi Wigderson, Jacob Wobbrock, Jason Wolfe e Peter Zijlstra.

Obrigado à Biblioteca Pública de King County, à Biblioteca Pública de Seattle, à Northern Regional Library Facility e às bibliotecas da Universidade da Califórnia em Berkeley pelo acesso aos bastidores de suas operações.

Obrigado àqueles com quem nos correspondemos, que nos apontaram a direção de pesquisas notáveis, incluindo Sharon Goetz, Mike Jones, Tevye Krynski, Elif Kuş, Falk Lieder, Steven A. Lippman, Philip Maughan, Sam McKenzie, Harro Ranter, Darryl A. Seale, Stephen Stigler, Kevin Thomson, Peter Todd, Sara M. Watson e Sheldon Zedeck.

Obrigado a muitas dessas pessoas cujas conversas levaram, em tão pouco tempo, a muitos dos insights presentes neste livro, representados nesta lista incompleta: Elliot Aguilar, Ben Backus, Liat Berdugo, Dave Blei, Ben Blum, Joe Damato, Eva de Valk, Emily Drury, Peter Eckersley, Jesse Farmer, Alan Fineberg, Chrix Finne, Lucas Foglia, John Gaunt, Lee Gilman, Martin Glazier, Adam Goldstein, Sarah Greenleaf, Graff Haley, Ben Hjertmann, Greg Jensen, Henry Kaplan, Sharmin Karim, Falk Lieder, Paul Linke, Rose Linke, Tania Lombrozo, Brandon Martin-Anderson, Sam McKenzie, Elon Musk, o grupo Neuwrite da Universidade Columbia, Hannah Newman, Abe Othman, Sue Penney, Dillon Plunkett, Kristin Pollock, Diego Pontoriero, Avi Press, Matt Richards, Annie Roach, Felicity Rose, Anders Sandberg, Claire Schreiber, Gayle e Rick Shanley, Max Shron, Charly Simpson, Najeeb Tarazi, Josh Tenenbaum, Peter Todd, Peter van Wesep, Shawn Wen, Jered Wierzbicki, Maja Wilson e Kristen Young.

Obrigado a alguns dos softwares em código aberto e de graça mais refinados que tornaram este trabalho possível: Git, LaTeX, TeXShop e TextMate 2, para iniciantes.

Obrigado àqueles que emprestaram suas habilidades e esforços em várias frentes: Lindsey Baggette, David Bourgin e Tania Lombrozo pelas pesquisas bibliográficas e de registros.

Obrigado à Biblioteca da Universidade de Cambridge pela permissão para imprimir a página do maravilhoso diário de Darwin, e a Michael Langan pela excelente restauração posterior.

Obrigado a Henry Young pelo retrato refinado.

Obrigado àqueles que leram rascunhos e deram feedback inestimáveis pelo caminho: Ben Blum, Vint Cerf, Elizabeth Christian, Randy Christian, Peter Denning, Peter Eckersley, Chrix Finne, Rick Fletcher, Adam Goldstein, Alison Gopnik, Sarah Greenleaf, Graff Haley, Greg Jensen, Charles Kemp, Raphael Lee, Rose Linke, Tania Lombrozo, Rebekah Otto, Diego Pontoriero, Daniel Reichman, Matt Richards, Phil Richerme, Melissa Riess James, Katia Savchuk, Sameer Shariff, Janet Silver, Najeeb Tarazi e Kevin Thomson. O livro ficou imensuravelmente melhor com suas sugestões e ideias.

Obrigado ao nosso agente, Max Brockman, e à equipe da Brockman Inc. por serem mestres astutos e excepcionais em seu trabalho.

Obrigado ao nosso editor, Grigory Tovbis, e à equipe da Henry Holt por seu trabalho perspicaz, incansável e entusiasmado para fazer com que este livro alcançasse seu potencial máximo e por alardeá-lo com orgulho para o mundo todo.

Obrigado a Tania Lombrozo, Viviana Lombrozo, Enrique Lombrozo, Judy Griffiths, Rod Griffiths e Julieth Moreno, que assumiram a responsabilidade no front da assistência infantil em várias ocasiões, à família Lombrozo Griffiths, aos membros do laboratório de ciência cognitiva computacional da Universidade da Califórnia em Berkeley, e a todos aqueles que demonstraram graça e paciência com as limitações de uma agenda em função de livros.

Obrigada às várias instituições que ofereceram apoio de maneira direta ou indireta. Primeiramente, obrigado à Universidade da Califórnia em Berkeley: ao Programa de Estudos para Visitantes do Instituto de Ciências Cognitivas e Cerebrais pelo estágio de dois anos, e ao Departamento de Psicologia por sua ajuda contínua. Obrigado à Biblioteca Livre da Philadelphia, à Biblioteca da Universidade da Califórnia em Berkeley, à Biblioteca do Instituto Mechanics e à Biblioteca Pública de San Francisco tanto pelo espaço quanto pelos tomos. Obrigado à Biblioteca Fisher Fine Arts da Universidade da Pensilvânia por permitir que um não aluno entrasse e saísse da instituição dia após dia. Obrigado à Corporação de Yaddo, à Colônia MacDowell e à Conferência de Escritores de Port Townsend, pelas residências lindas, inspiracionais e produtivas. Obrigado a USPS Media Mail por tornar esse estilo de vida itinerante de escritos possível. Obrigado à Sociedade de Ciência Cognitiva e à Associação para o Avanço da Inteligência Artificial pelos convites para atender a suas conferências anuais, onde muitas conexões foram feitas: interpessoais, interdisciplinares e inter-hemisféricos. Obrigado ao Borderlands Café por ser o único lugar em São Francisco que serve café sem música. Que vocês prosperem para sempre.

Obrigado, Rose Linke...

Obrigado, Tania Lombrozo...

... como leitoras, parceiras, apoiadoras e como inspirações, como sempre.

Notas

INTRODUÇÃO [pp. 9-20]

1. A obra *al-Jabr wa'l-Muqābala* trouxe consigo uma tecnologia verdadeiramente disruptiva — o sistema decimal indiano —, e o fato de nos referirmos a esse sistema (um tanto erroneamente) como *arábico* é um testemunho da influência do livro. A introdução dos numerais arábicos, e os algoritmos que eles suportam, desencadeou um confronto medieval entre os defensores daquela jovem matemática (os "algoristas") e os contadores mais tradicionais que usavam os numerais romanos, baseados nos ábacos (eram os "abacistas"). Esse confronto ficou muito intenso: a cidade de Florença aprovou em 1399 uma lei que bania aos bancos o uso de numerais arábicos. Ironicamente, os próprios numerais romanos eram uma inovação controvertida, apresentados como apenas uma alternativa para registrar números sem escrever as palavras que os denotavam, tendo sido declarados "inadequados para mostrar uma soma, já que foram inventados nomes para esse fim". Ver Murray, *Chapters in the History of Bookkeeping*.

2. Uma análise detalhada é apresentada em Knuth, "Ancient Babylonian Algorithms". Mais informação sobre a história dos algoritmos, com ênfase em algoritmos matemáticos, aparece em Chabert, Barbin e Weeks, *A History of Algorithms*.

3. Essa técnica é conhecida como "percussão com um martelo macio".

4. Sagan, *O cérebro de Broca*.

5. As limitações de uma concepção clássica da racionalidade — que presume uma capacidade computacional infinita e um tempo infinito para resolver

um problema — foram ressaltadas notoriamente pelo psicólogo, economista e pioneiro da inteligência artificial Herbert Simon na década de 1950 (Simon, *Models of Man*), o que lhe granjeou em 1978 o prêmio Nobel. Simon alegava que a ideia de uma "racionalidade limitada" poderia prover uma explicação melhor para o comportamento humano. A visão de Simon teve ecos na matemática e na ciência da computação. Um colega de Alan Turing, I. J. Good (famoso por seu conceito da "singularidade" e por assessorar Stanley Kubrick na concepção do computador HAL 9000, em *2001: uma odisseia no espaço*), denominou essa linha de pensamento de "racionalidade tipo II". Enquanto a clássica e antiquada racionalidade tipo I só se preocupa com obter a resposta correta, a racionalidade tipo II leva em conta o custo para obter essa resposta, reconhecendo que o tempo é uma moeda tão importante quanto a precisão. Ver Good, *Good Thinking*.

Especialistas em inteligência artificial no século XXI também têm alegado que uma "otimização limitada" — a escolha dos algoritmos que melhor equilibrem as variáveis tempo e erro — é a chave para o desenvolvimento de agentes inteligentes funcionais. É um conceito defendido, por exemplo, pelo cientista da computação Stuart Russell, da Universidade da Califórnia em Berkeley — que coescreveu com Peter Norvig o livro de referência sobre inteligência artificial (o best-seller *Inteligência artificial: uma abordagem moderna*) —, e por Eric Horvitz, diretor executivo da Microsoft Research. Ver, por exemplo, Russell e Wefald, *Do the Right Thing*, e Horvitz e Zilberstein, "Computational Tradeoffs Under Bounded Resources". Tom e seus colegas usaram essa abordagem para desenvolver modelos de cognição humana; ver Griffiths, Lieder e Goodman, "Rational Use of Cognitive Resources".

6. Na seção 9 do texto "On Computable Numbers", Turing justifica as escolhas que fez na definição do que hoje chamamos de "máquina de Turing", comparando-as a operações que uma pessoa poderia realizar: um pedaço de papel bidimensional torna-se uma fita unidimensional, o estado mental da pessoa torna-se o da máquina, e símbolos são escritos e lidos enquanto a pessoa ou a máquina move-se em volta do papel. Computação é o que um computador faz, e na época os únicos "computadores" eram pessoas.

7. Ver, por exemplo, Gilovich, *How We Know What Isn't So*; Ariely e Jones, *Predictably Irrational*; e Marcus, *Kluge*.

1. PARADA ÓTIMA [pp. 21-53]

1. De uma carta de Kepler para um "nobre desconhecido" em 23 de outubro de 1613; ver, por exemplo. Baumgardt, *Johannes Kepler*.

2. Austen, *Emma*. [Trad. de Ivo Barroso (São Paulo: Saraiva, 2011).]

3. O "*turkey drop*", ou "largada do peru", é mencionado, entre muitos outros lugares, em <www.npr.org/templates/story/story.php?storyle=120913056> e em <http://jezebel.com/5862181/technology-cant-stop-the-turkey-drop>.

4. Para ler mais sobre a matemática da parada ótima, uma excelente referência é Ferguson, *Optimal Stopping and Applications*.

5. Um tratamento detalhado da natureza e da origem do problema da secretária aparece em Ferguson, "Who Solved the Secretary Problem?".

6. O que Gardner está descrevendo é um jogo de salão chamado "Jogo do Googol", aparentemente concebido em 1958 por John Fox, da Companhia Reguladora Minneapolis-Honeywell, e Gerald Marnie, do Instituto de Tecnologia de Massachusetts (MIT). Eis aí como o jogo foi descrito por Fox em sua carta original a Gardner, em 11 de maio de 1959 (todas as cartas para Gardner que citamos são dos trabalhos de Martin Gardner na Universidade Stanford, série 1, caixa 5, pasta 19):

> O primeiro jogador escreve quantos números positivos quiser, cada um num pedaço de papel diferente. Depois os mistura e desvira um de cada vez. Se o segundo jogador lhe disser para parar num certo pedaço e o número que nele constar for o maior de todo o conjunto, o segundo jogador ganha. Se não for, ganha o primeiro.

Depois Fox notou que o nome do jogo provém do fato de que frequentemente se escreve o número "um googol" em um dos pedaços de papel (presumivelmente para enganar o adversário, fazendo-o pensar que esse é o maior número, quando há um "dois googols" em outro papel). Ele alegou então que a melhor estratégia para o segundo jogador seria esperar até que metade dos pedaços tenha sido desvirada e a partir daí escolher o primeiro número desvirado que for maior do que o maior já revelado, convergindo para uma probabilidade de 34,7% de vencer.

Gardner escreveu para Leo Moser, um matemático na Universidade de Alberta, para obter mais informação sobre esse problema. Moser tinha escrito em 1956 um artigo de jornal que tratava de um problema muito relacionado com o do googol (Moser, "On a Problem of Cayley"), que fora proposto originalmente em 1875 pelo influente matemático britânico Arthur Cayley (Cayley, "Mathematical Questions"; Cayley, *Collected Mathematical Papers*). Eis a versão proposta por Cayley:

Organiza-se uma loteria da seguinte maneira: há n bilhetes representando a, b, c libras respectivamente. Uma pessoa sorteia um bilhete; olha para ele; e se assim quiser, tira novamente um (da pilha de $n-1$ bilhetes restantes); olha para o bilhete; e se assim quiser, tira novamente um (da pilha de $n-2$ bilhetes restantes); e assim por diante, tirando de novo não mais de k vezes, recebendo [no fim] o valor do último bilhete retirado. Supondo que ele regula as retiradas do modo mais favorável a ele de acordo com a teoria das probabilidades, qual é o valor de sua expectativa?

Moser acrescentou mais um elemento de informação: a de que os bilhetes contavam todos com a mesma probabilidade de lhes ser atribuído qualquer valor entre 0 e 1.

No problema de Cayley e em sua sutil reconfiguração por Moser (às vezes referidos, em conjunto, como problema Cayley-Moser), a recompensa é o valor do bilhete escolhido, e o desafio é descobrir a estratégia que resulte na recompensa média mais elevada. É nisso que o problema explorado por Cayley e Moser difere do problema da secretária (e do Jogo do Googol), ao se focar em maximizar o *valor médio* do número escolhido, e não na probabilidade de encontrar *um só maior* número (quando nenhum resultado servirá, se não for o melhor). O trabalho de Moser de 1956 é notável não só por oferecer uma solução clara para o problema, mas também por ser a primeira instância em que vemos as consequências da parada ótima num mundo real. Moser menciona dois cenários possíveis:

1. O problema do turista. Um turista que viaja de carro quer fazer uma parada noturna em um dos n motéis sugeridos por seu guia de viagem. Ele busca as acomodações mais confortáveis, mas, como é natural, não quer retornar a qualquer trecho já percorrido de sua viagem. Qual critério deveria usar para decidir onde parar?
2. O dilema do solteiro. Um solteiro conhece uma garota que quer casar com ele e cujos "predicados" ele pode avaliar. Se a rejeitar, ela não estaria mais a fim, mas é provável que ele conheça no futuro outras garotas e estima que terá ao todo n oportunidades de escolha. Em que circunstância deveria ele se casar?

A ideia de dispor de uma série de pretendentes — com os gêneros dos protagonistas invertidos — tem devida menção na coluna de Gardner sobre o Jogo do Googol, em 1960.

Moser proveu a solução correta a Gardner — a Regra dos 37% —, mas sua carta de 26 de agosto de 1959 sugeria que o problema podia ter uma origem anterior: "Eu também o encontrei em algumas anotações que R. E. Gaskell (da Boeing Aircraft, em Seattle) distribuiu em janeiro de 1959. Ele atribui o crédito do problema ao dr. G. Marsaglia".

A generosa interpretação de Gardner foi que Fox e Marnie estavam reivindicando a criação do específico Jogo do Googol, não [a criação] do problema mais amplo do qual esse jogo era um exemplo, e ele alegava isso cuidadosamente em sua coluna. Mas ele recebeu várias cartas citando exemplos anteriores de problemas similares, e está claro que o problema circulava entre matemáticos.

7. Até mesmo Gilbert e Mosteller, em "Recognizing the Maximum of a Sequence", um dos mais autorizados trabalhos sobre o problema da secretária, admitem que "os esforços para descobrir o criador desse problema não têm tido êxito". O trabalho de Ferguson, "Who Solved the Secretary Problem?", apresenta uma divertida e matematicamente detalhada história do problema da secretária, inclusive algumas de suas variantes. Ferguson afirmou que na verdade o problema descrito por Gardner não tinha sido resolvido. Já devia estar claro que muita gente tinha resolvido o problema da secretária, de maximizar a probabilidade de escolher a melhor numa sequência de candidatas das quais só se sabia a relação qualitativa que havia entre elas, mas Ferguson destacou que na verdade não era esse o problema que se apresentava no Jogo do Googol. Nesse caso, primeiro de tudo, o jogador sabe quais são os valores apresentados em cada pedaço de papel. Segundo, esse é um jogo de competição — no qual um jogador tenta escolher números e uma sequência que iludam o outro. Ferguson tinha sua própria solução para esse problema mais desafiador, mas ela é complexa o bastante para que, a fim de entendê-la, você mesmo tenha de ler o trabalho!

8. Gilbert e Mosteller, "Recognizing the Maximum of a Sequence".

9. Carta de Roger Pinkham a Martin Gardner, 29 jan. 1960.

10. Ver Cook, *In Pursuit of the Traveling Salesman*; Poundstone, *Prisioner's Dilemma*; e Flood, "Soft News".

11. Flood fez essa afirmação numa carta que escreveu a Gardner em 5 de maio de 1960. Ele anexou uma carta de 5 de maio de 1958 na qual fornecia a solução correta, embora também indicasse haver rumores de que Andrew Gleason, David Blackwell e Herbert Robbins tinham resolvido o problema em anos recentes.

Numa carta a Tom Ferguson datada de 12 de maio de 1988, Flood entrou em mais detalhes quanto à origem do problema. (A carta está no arquivo de Merrill Flood na Universidade de Michigan.) Sua filha, então recentemente graduada no ensino médio, tinha entrado num relacionamento sério com um homem mais velho, e Flood e sua mulher desaprovavam isso. Sua filha estava fazendo o registro de uma conferência sua na Universidade George Washington em janeiro de 1950 na qual Flood apresentava o que ele chamou de "problema da noiva". Em suas palavras: "Não tentei resolver o problema na época, mas o apresentei simplesmente porque esperava que ela pensasse um pouco naqueles termos e ele parecia ser um belo e fácil problema matemático". Flood indica que Herbert Robbins ofereceu uma solução aproximada alguns anos depois, antes de o próprio Flood conceber a solução exata.

12. O trabalho é "Optimal Selection Based on Relative Rank", de Chow et al.

13. Na literatura, o que chamamos de "melhor até agora" entre as que solicitam o emprego são referidas como (achamos que de maneira um tanto confusa) "candidatas".

14. Deriva-se a Regra dos 37% fazendo a mesma análise para n candidatas — calculando a probabilidade de que o estabelecimento de um padrão baseado nas primeiras k candidatas resulte na escolha da melhor de todas. Essa probabilidade pode ser expressa em termos da razão de k para n, que podemos chamar de p. À medida que n aumenta, a probabilidade de escolher a melhor candidata converge para a função matemática $-p \log p$. Ela tem o valor máximo quando $p = 1/e$. O valor de e é 2,71828..., então $1/e$ é 0,367879441..., ou seja, pouco menos de 37%. E a coincidência matemática — de que a probabilidade de sucesso seja a mesma de p — vem do fato de que "log e" é igual a 1. Assim, se $p = 1/e$, então $-p \log p$ é exatamente $1/e$. Uma versão bem explicada da derivação completa consta em Ferguson, "Who Solved the Secretary Problem?".

15. Os matemáticos John Gilbert e Frederick Mosteller chamam essa simetria de "divertida" e a discutem numa extensão um pouco maior em Gilbert e Mosteller, "Recognizing the Maximum of a Sequence".

16. Malthus, *Ensaio sobre a população.* [Trad. de Antonio Alves Cury (São Paulo: Nova Cultural, 1996).]

17. Citado em muitas fontes, por exemplo, Thomas, *Front Row at the White House.*

18. O post no blog de Michael Trick sobre como conheceu sua mulher é "Finding Love Optimally", *Michael Trick's Operations Research Blog*, 27 fev. 2011. Disponível em: <http://mat.tepper.cmu.edu/blog/?p=1392>.

19. A Regra dos 37% só se aplica diretamente ao período na busca de alguém quando os candidatos estão distribuídos uniformemente ao longo do tempo. De outra forma, vai se querer buscar com mais exatidão os 37% da *distribuição* e não do tempo. Ver Bruss, "A Unified Approach to a Class of Best Choice Problems".

20. A análise de uma espera até pelo menos a idade de 26 anos para propor casamento (37% do percurso entre os dezoito e os quarenta anos) aparece pela

primeira vez em Lindley, "Dynamic Programming and Decision Theory", que, presumivelmente, é onde Trick foi buscar essa ideia.

21. A história de Kepler é detalhada em Koestler, *The Watershed* [O divisor de águas], e em Baumgardt, *Johannes Kepler*, bem como em Connor, *Kepler's Witch*. A maior parte do que sabemos sobre a busca de Kepler por uma segunda esposa vem de uma carta em particular que Kepler escreveu para um "nobre desconhecido" de Linz, Áustria, em 23 de outubro de 1613.

22. Smith, "A Secretary Problem with Uncertain Employment", demonstrou que se a probabilidade de uma proposta ser recusada é de q, então a estratégia que maximiza a probabilidade de encontrar a melhor candidata consiste em entrevistar uma proporção de candidatas igual a $q^{1/(1-q)}$ e depois fazer propostas a toda candidata que seja melhor que as entrevistadas até então. Essa proporção sempre é menor do que $1/e$, e assim você estará melhorando suas chances ao fazer mais propostas. Infelizmente, essas chances ainda são piores do que seriam se você não recebesse recusas — a probabilidade de acabar com a melhor candidata também é de $q^{1/(1-q)}$, e portanto menos que a oferecida pela Regra dos 37%.

23. Se propostas adiadas forem permitidas, a estratégia ótima depende da probabilidade de que uma proposta imediata seja aceita, q, e da probabilidade de que uma proposta adiada seja aceita, p. A proporção de candidatas a serem inicialmente descartadas é dada pela fórmula bem desencorajadora $\{q^2 / q - p(1 - q)\}^{1/(1-q)}$. Essa fórmula integrada para rejeição e nova chamada vem de Petruccelli, "Best-Choice Problems Involving Uncertainty", embora a nova chamada de candidatas anteriores tenha sido antes considerada em Yang, "Recognizing the Maximum of a Random Sequence".

Essa fórmula simplifica quando fazemos escolhas específicas para q e para p. Se $p = 0$, de modo que propostas adiadas são sempre rejeitadas, temos de volta a regra do problema da secretária com rejeição. Quando adotamos $q = 1$, pelo que propostas imediatas são sempre aceitas, a proporção a partir da qual devemos começar a fazer propostas tende para e^{p-1}, que sempre é maior que $1/e$ (que pode ser escrito como e^{-1}). Isso significa que dispor do potencial de fazer ofertas a candidatas que já vimos antes resultaria em despender mais tempo descartando candidatas — o que é bem intuitivo. A principal ilação é presumir que as propostas imediatas são sempre aceitas ($q = 1$), mas as propostas adiadas são rejeitadas metade das vezes ($p = 0{,}5$). Assim, você deve descartar 61% das candidatas e fazer uma oferta à primeira que for melhor depois dessas, e no fim, se for necessário, voltar atrás e fazer uma oferta à melhor de todas.

Outra possibilidade considerada por Petruccelli é que a probabilidade de rejeição aumenta com o tempo, já que o entusiasmo das candidatas diminui. Se a probabilidade de uma oferta ser aceita por uma candidata é qp^s, onde s é o número de "passos" para trás em direção à candidata visada, então a estratégia ótima depende de q, de p e do número de candidatas, n. Se $q/(1-p)$ é maior que $n-1$, então é melhor jogar um jogo de espera, observando todas as candidatas e depois fazendo uma oferta à melhor. Não sendo isso, observe uma proporção igual a $q^{1/(1-q)}$ e faça uma oferta à primeira candidata depois disso que seja melhor do que as observadas até então. O interessante é que essa é exatamente a mesma estratégia (com a mesma probabilidade de sucesso) de quando $p = 0$, o que significa que, se a probabilidade de rejeição aumenta com o tempo, não há benefício algum em se poder voltar a uma candidata anterior.

24. Gilbert e Mosteller, "Recognizing the Maximum of a Sequence".

25. A estratégia geral para resolver problemas de parada ótima como o jogo com informação total é começar do fim e raciocinar para trás — princípio chamado de "indução reversa". Por exemplo, imagine um jogo no qual você joga um dado e tem a opção de ou ficar com a primeira jogada ou jogar de novo no máximo k vezes (tiramos esse exemplo de Hill, "Knowing When to Stop"). Qual é a estratégia ótima? Podemos concebê-la trabalhando ao reverso. Se $k = 0$, você não tem alternativa, tem de ficar com aquela jogada, e em média terá 3,5 pontos, que é o valor médio de pontos ao jogar um dado: (1 + 2 + 3 + 4 + 5 + 6) / 6. Se $k = 1$, você só deve ficar com a jogada se ela for superior a essa média, ou seja, um 4 ou mais. Se tirar 1, 2 ou 3, será melhor tentar a sorte na segunda jogada. Seguindo essa estratégia, haverá 50% de chance de parar [na primeira jogada] num 4, 5 ou 6 (com uma média de 5) e 50% de chance de ir para uma segunda jogada (numa média de 3,5). Assim, sua contagem média no caso de $k = 1$ é de 4,25, e você só deve manter a jogada no caso de $k = 2$ se ela for superior a essa contagem de 4,25, ou seja, um 5 ou mais. E assim por diante.

Assim, a indução reversa responde a uma pergunta de toda uma era. "Um pássaro na mão é melhor que dois voando", dizemos. Mas 2,0 é o coeficiente correto nesse caso? A matemática sugere que o número de pássaros voando depende na verdade da qualidade do pássaro que temos na mão. Substituindo convenientemente os pássaros por dados, uma jogada que dê 1, 2 ou 3 não vale sequer um único dado "voando". Mas uma jogada que dê 4 vale um dado voando, e uma que dê 5 vale dois, três ou até mesmo quatro dados voando. E uma jogada que dê 6 vale mais do que uma quantidade *infinita* de dados voando — seja qual for.

Gilbert e Mosteller empregaram a mesma abordagem para derivar a série de limiares que deveriam ser usados no problema da secretária com informação total. Os limiares em si mesmos não são definidos com uma simples fórmula matemática, mas algumas aproximações são mencionadas no trabalho deles. A mais simples apresenta um limiar de $t_k = 1 / (1 + 0{,}804/k + 0{,}183/k^2)$ para a candidata $n - k$. Se a probabilidade de uma candidata aleatória melhor do que a candidata $n - k$ for menor do que t_k, então você deveria ficar com essa candidata. Como o denominador aumenta — com uma taxa de aumento — à medida que k aumenta, você deveria estar baixando rapidamente seu limiar com o passar do tempo.

26. Freeman, "The Secretary Problem and Its Extensions", resume um grande número dessas variantes. Eis aí uma rápida passagem por alguns dos resultados mais úteis.

Se o número de candidatas tiver probabilidades iguais de ser qualquer número entre 1 e n, então a regra ótima é entrevistar as primeiras n/e^2 (que corresponde aproximadamente a 13,5% de n) e ficar com a primeira candidata seguinte que for melhor do que cada uma das vistas até então, com uma probabilidade de sucesso de $2/e^2$. (Presman e Sonin, "The Best Choice Problem for a Random Number of Objects".)

Se o número de candidatas for potencialmente infinito, mas a busca se interromper após cada candidata com probabilidade p, a regra ótima é entrevistar as primeiras $0{,}18/p$ candidatas, com 23,6% de probabilidade de sucesso (ibid.).

Imagine que você quer achar a melhor secretária, mas que o valor disso decresça à medida que a busca se prolonga. Se a medida da recompensa por achar a melhor secretária após entrevistar k candidatas é d^k, então a estratégia que maximiza a recompensa esperada estabelece um limiar baseado num número de candidatas que seja garantidamente menor do que $1/(1 - d)$, à medida que cresce o número de candidatas (Rasmussen e Pliska, "Choosing the Maximum"). Se d é próximo de 1, então uma aproximação para a estratégia ótima consiste em entrevistar as primeiras $-0{,}4348/\log d$ candidatas e depois ficar com a primeira que for melhor do que qualquer uma até então. Seguir essa estratégia pode resultar em entrevistar apenas um punhado de candidatas, independentemente do tamanho do grupo inteiro.

Um aspecto no qual a vida real difere de cenários de recrutamento idealizados é que o objetivo pode não ser o de maximizar a probabilidade de ficar com a melhor secretária. Uma variedade de alternativas foi explorada. Chow et al., em "Optimal Selection Based on Relative Rank", demonstram que se o objetivo é maximizar o nível médio [em relação ao das outras] da candidata escolhida, o que se aplica é um tipo diferente de estratégia. Em vez de um único limiar na classificação relativa da candidata, existe uma sequência de limiares. Esses limiares aumentam à medida que mais candidatas são avaliadas, ficando o entrevistador cada vez menos rigoroso com o passar do tempo. Por exemplo, com quatro candidatas, a mais baixa classificação relativa que uma candidata tem de ter para fazer parar a busca é 0 para a primeira (nunca pare a busca na primeira), 1 para a segunda (só pare aí se for melhor que a primeira), 2 para a terceira (pare se for a melhor ou segunda melhor) e 4 para a quarta (aí você já parou!). Seguir essa estratégia leva a uma esperada classificação média de 1⅞, que é melhor do que (1 + 2 + 3 + 4) / 4 = 2½ que resultaria de escolher aleatoriamente uma candidata. Acha-se a fórmula para o limiar ótimo por indução reversa, e isso é complicado — sugerimos que os leitores interessados vão ao trabalho original.

Você pode pensar na diferença entre o problema da secretária clássico e o caso da classificação média em termos de como eles atribuem recompensas às diferentes classificações. No problema clássico você obtém recompensa de 1 quando escolhe a melhor e de 0 quando escolhe qualquer outra. No caso da média, você tem uma recompensa igual ao número de candidatas menos o da classificação da escolhida. Há maneiras óbvias de generalizar isso, e estratégias de múltiplos limiares semelhantes à que maximiza a classificação média funcionam para qualquer função de recompensa que diminui à medida que aumenta a classificação da candidata (Mucci, "On a Class of Secretary Problems"). Outra generalização interessante — com importantes implicações para o discernimento de candidatos ao amor — é que se a recompensa for 1 por ter escolhido a melhor mas –1 por ter escolhido qualquer outra (e 0 quando não se faz escolha alguma), você deve percorrer uma proporção de candidatas dada pela fórmula $1/\sqrt{e} \approx 60{,}7\%$, depois ficar com a primeira pessoa melhor do que qualquer uma vista até então — ou ninguém, se nenhuma corresponder a esse critério (Sakaguchi, "Bilateral Sequential Games"). Assim, pense bastante sobre sua função de recompensa antes de estar pronto para se comprometer!

Mas e se você não estiver preocupado apenas em encontrar a melhor pessoa, mas também em quanto tempo você vai dispor dela? Ferguson, Hardwick e Tamaki, em "Maximizing the Duration of Owning a Relatively Best Obejct", examinaram algumas variantes do problema. Se você só está querendo maximizar o tempo que vai passar com a melhor das pessoas em seu grupo de n, então deveria avaliar as primeiras $0{,}204n + 1{,}33$ pessoas e saltar para a próxima que for melhor do que todas elas. Mas se você quer maximizar o tempo que vai dispor da melhor entre todas as pessoas vistas até então, deveria avaliar uma proporção de candidatas que corresponda a $1/e^2 \approx 13{,}5\%$. Esses períodos mais curtos de avaliação são particularmente relevantes em contextos — como o de namoro — nos quais a busca de uma parceira ou um parceiro pode preencher uma proporção significativa de sua vida.

Acaba se revelando que é mais difícil encontrar a segunda melhor pessoa do que encontrar a melhor. A estratégia ótima é percorrer a primeira metade de candidatas, depois escolher a candidata seguinte que é a segunda melhor em relação às vistas até então (Rose, "A Problem of Optimal Choice and Assignment"). A probabilidade de sucesso é exatamente de 1/4 (em comparação com $1/e$ para o caso da melhor). Assim, é melhor para você não tentar essa acomodação.

Finalmente, também há variantes que reconhecem o fato de que, ao mesmo tempo que você está procurando uma secretária, suas candidatas estão procurando emprego. Essa simetria assim adicionada — que é particularmente relevante quando o cenário diz respeito a namoro — torna o problema ainda mais complicado. Peter Todd, um cientista da cognição na Universidade de Indiana, explorou essa complexidade (e como simplificá-la) detalhadamente. Ver Todd e Miller, "From Pride and Prejudice to Persuasion Satisficing in Mate Search", e Todd, "Coevolved Cognitive Mechanism in Mate Search".

27. O problema da venda da casa é analisado em Sakaguchi, "Dynamic Programming of Some Sequential Sampling Design"; Chow e Robbins, "A Martingale System Theorem and Applications"; e Chow e Robbins, "On Optimal Stoping Rules". Focamos no caso em muitas ofertas que são potencialmente infinitas, mas esses autores também oferecem estratégias ótimas quando o número de ofertas potenciais é finito e conhecido (que são menos conservadoras — você deveria ter um limiar mais baixo se só tiver finitamente muitas oportunidades). No caso da infinitude, você deveria estabelecer um limiar com base no valor esperado de uma espera por outra oferta, e ficar com a primeira oferta que exceda esse limiar.

28. Expressando tanto o preço de oferta (p) quanto o custo da espera por outra oferta (c) como frações de nosso âmbito de preços (com 0 sendo o ponto mais baixo e 1 sendo o topo), a probabilidade de que nossa próxima oferta seja melhor do que p é simplesmente $1 - p$. Se (ou quando) chegar uma oferta melhor, o montante médio do que esperamos ganhar em relação a p é $1 - p / 2$. Multiplicando tudo isso, temos o resultado esperado de considerar uma outra oferta, e esta deveria ser maior ou igual ao custo c para valer a pena. Essa equação $(1 -p)\ (1 - p / 2) \geq c$ pode ser simplificada para $½\ (1 - p)^2 \geq c$, e resolvendo-a para p nos dá a resposta $p \geq 1 - \sqrt{2c}$, como no gráfico da página 41.

29. Laura Albert McLay, entrevista pessoal, 16 set. 2014.

30. A formulação da procura de emprego como um problema de parada ótima é tratada em Stigler, "The Economics of Information", e em Stigler, "Information in the Labor Market". McCall, em "Economics of Information and Job Search", propõe usar um modelo equivalente à solução do problema de venda da casa, e Lippman e McCall, em "The Economics of Job Search", discutem várias extensões do modelo. Assim como o problema da secretária inspirou

uma vasta rede de variantes, os economistas têm refinado esse modelo simples em várias maneiras de torná-lo mais realista, permitindo que ofertas múltiplas cheguem no mesmo dia, ajustando os custos para o vendedor e incorporando as flutuações da economia durante a busca. Pode-se encontrar uma boa descrição da parada ótima no contexto da busca de emprego em Rogerson, Shimer e Wright, *Search-Theoretic Models of the Labor Market.*

31. Como afirma uma análise do problema da procura de emprego: "Considere que ofertas previamente rejeitadas não podem ser retomadas, embora isso na realidade não seja uma restrição, por ser o problema estacionário, e assim, se uma oferta não é aceitável hoje, ela não será aceitável amanhã" (ibid.).

32. Clark Kerr, citado em "Education: View from the Bridge", *Time*, 17 nov. 1958.

33. Donald Shoup, correspondência pessoal, jun. 2013.

34. Mais informações sobre o sistema SFpark desenvolvido pela San Francisco Municipal Transportation Agency (SFMTA) [Agência Municipal de Transportes de São Francisco], bem como sua dinâmica de precificação inspirada em Shoup, podem ser encontradas em <http://sfpark.org/how-it-works/pricing/>. (O próprio Shoup está envolvido no papel de conselheiro.) O programa começou a entrar em vigor em 2011, é é o primeiro projeto desse tipo no mundo. Para uma análise recente dos efeitos do programa, ver Millard-Ball, Weinberger e Hampshire, "Is the Curb 80% Full or 20% Empty?".

35. Donald Shoup, entrevista pessoal, 7 jun. 2013. Para ser exato, o aumento da ocupação de 90% para 95% representa um aumento de 5,555...%.

36. O problema básico do estacionamento, como aqui formulado, foi apresentado como problema em DeGroot, *Optimal Statistical Decisions.* A solução é ficar com a primeira vaga que estiver a menos de $-\log 2 / \log(1-p)$ lugares da destinação, onde p é a possibilidade de qualquer determinada vaga estar disponível.

37. O capítulo 17 do livro *The High Cost of Free Parking*, de Shoup, discute a estratégia ótima para estacionar na rua quando o preço cria uma média de vagas livres por quarteirão, a qual, como observa Shoup, "depende do conflito que houver entre a gula e a preguiça" (correspondência pessoal). A questão quanto ao que é melhor, ficar dirigindo para "caçar" uma vaga barata na rua ou pagar um estacionamento privado, é considerada no capítulo 13 do livro de Shoup.

38. Tamaki, em "Adaptive Approach to Some Stop Problems", avalia que a probabilidade de uma vaga estar disponível varia de acordo com a localização, e considera como essas probabilidades podem ser estimadas durante o processo de procura. Em "Optimal Stopping in the Parking Problem with U-Turn", Tama-

ki acrescenta a possibilidade de se fazerem retornos. E Tamaki, em "An Optimal Parking Problem", considera uma extensão do modelo de DeGroot no qual não se supõem que as oportunidades para estacionar constituam um conjunto discreto de vagas. Sakaguchi e Tamaki, em "On the Optimal Parking Problem in Which Space Appear Randomly", empregam essa formulação contínua e permitem que não se conheça a destinação. MacQueen e Miller, em "Optimal Persistence Policies", independentemente, consideram uma versão contínua do problema que permite que se deem voltas no quarteirão.

39. Donald Shoup, entrevista pessoal, 7 jun. 2013.

40. *Forbes*, "World's Billionaires", 28 jul. 1997, p. 174.

41. Paul Klebnikov, "The Rise of an Oligarch", *Forbes*, 9 set. 2000.

42. Vladimir Putin, entrevista ao jornal francês *Le Figaro*, 26 out. 2000.

43. Berezovsky e Gnedin, *Problems of Best Choice*.

44. Há várias maneiras de se abordar o problema de abandonar quando se está à frente. A primeira é maximizar a extensão de uma sequência de ganhos. Suponha que você está jogando cara ou coroa com uma possibilidade p de dar cara. Está pagando c dólares por cada vez que joga a moeda, e ganha um dólar cada vez que dá cara, mas perde todos os ganhos acumulados quando dá coroa. Quando deveria parar de jogar a moeda? A resposta, como mostrou Norman Starr em 1972, é parar depois de r caras, onde r é o menor número tal que $p^{r+1} \leq c$. Assim, se a moeda é normal, com $p = 1/2$, e o custo de jogar a moeda é de dez centavos de dólar, você deve parar assim que der cara quatro vezes seguidas. A análise da sequência de caras aparece em Starr, "How to Win a War if You Must", onde isso é apresentado como um modelo de ganhar uma guerra de atrito. Uma análise mais abrangente é apresentada em Ferguson, "Stopping a Sum During a Success Run".

Maximizar a duração de uma sequência de caras é uma analogia muito boa para alguns tipos de situações de negócios — numa sequência de acordos que custam c para serem feitos, que têm uma probabilidade p de darem certo e que pagam d pelo sucesso, mas que acabam com todos os ganhos se fracassarem, você deve abandonar depois de ganhar r dólares de tal modo que $p^{r/d+1} \leq c/d$. Traficantes ambiciosos, tomem nota disso.

Quanto ao problema do assaltante tratado no texto, suponha que o montante médio obtido em cada roubo é de m, e que a probabilidade de se safar com o produto do roubo é de q. Mas se o assaltante for pego, o que acontece com uma probabilidade de $1 - q$, ele perde tudo. A solução: pare quando o ganho acumulado for maior ou igual a $mq/(1-q)$. O problema do assaltante aparece em Haggstrom, "Optimal Sequential Procedures When More Than One Stop Is

Required", como parte de um problema mais complexo no qual o assaltante também tenta decidir para qual cidade deve se mudar.

45. Ver, por exemplo, "Boris Berezovsky 'Found with Ligature Around His Neck'", *BBC News*, 28 mar. 2013. Disponível em: <www.bbc.com/news/uk-21963080>.

46. Ver, por exemplo, "Berezovsky Death Consistent with Hanging: Police", *Reuters*, 25 mar. 2013. Disponível em: <www.reuters.com/article/2013/03/25/us-britain-russia-berezovsky-postmortem-idUSBRE92O12320130325>.

47. Hoffman, *The Oligarchs*, p. 128.

48. Uma condição para que haja uma regra de parada ótima é que a recompensa média por parar no melhor ponto possível seja finita (ver Ferguson, *Optimal Stopping and Applications*). O jogo do "triplo ou nada" é uma violação dessa condição — se der cara k vezes e depois der coroa, a melhor jogada possível propicia um pagamento de $3^k - 1$, parando-se logo antes daquela coroa. A probabilidade de que isso aconteça é de $1/2^{k+1}$. A média para k é, assim, infinita.

Se você está pensando que isso poderia ser resolvido supondo que as pessoas valorizam menos o dinheiro quanto mais dinheiro elas têm — que triplicar a remuneração monetária pode não ser a mesma coisa que triplicar a utilidade atribuída pelas pessoas a esse dinheiro —, então existe um simples rodeio: você continua com um jogo sem regra de parada ótima, apenas oferecendo recompensas com um triplo de utilidade. Por exemplo, se a utilidade que você atribui ao dinheiro aumenta seguindo uma função logarítmica da quantidade de dinheiro, então o jogo se torna de "o cubo ou nada" — ou seja, a quantidade de dinheiro que você pode receber na próxima aposta é elevada à terceira potência cada vez que você ganha.

O intrigante é que, conquanto não haja regra de parada ótima para "o triplo ou nada", onde toda a sua fortuna está sempre na linha de aposta, não existem, todavia, boas estratégias para jogar jogos como este se você pode escolher quanto vai apostar de seu cacife. O assim chamado esquema de aposta Kelly, referindo-se a J. L. Kelly Jr., e pela primeira vez descrito em Kelly, "A New Interpretation of Information Rate", é um exemplo disso. Por esse esquema, um jogador pode maximizar sua taxa de retorno apostando uma proporção de $p(b + 1) - 1 / b$ de seu cacife em cada sequência de apostas que pagam $b + 1$ vezes o que foi apostado com uma probabilidade de p. Para nosso jogo de o triplo ou nada, $b = 2$ e $p = 0,5$, e assim deveríamos apostar um quarto de nosso cacife de cada vez — e não ele todo, o que inevitavelmente levaria à bancarrota. Uma história acessível sobre a aposta de Kelly está em Poundstone, *Fortune's Formula*.

49. A origem dessa citação não é totalmente certa, embora tenha sido

mencionada como sendo um dito dos quacres da segunda metade do século XIX, e parece ter sido atribuída a Grellet desde pelo menos 1893. Para mais informação sobre isso, ver W. Gurney Benham, *Behnham's Book of Quotation's, Proverbs, and Household Words*, 1907.

50. Dillard, *Pilgrim at Tinker Creek*.

51. Seale e Rapoport, "Sequential Decision Making with Relative Ranks".

52. Ibid. O ponto típico em que as pessoas passavam do olhar para o salto era quando chegavam a treze candidatas entre quarenta, e 21 entre oitenta, ou seja, 32% e 26% respectivamente.

53. Amnon Rapoport, entrevista pessoal, 11 jun. 2013.

54. Seale e Rapoport, "Sequential Decision Making with Relative Ranks".

55. Neil Bearden, correspondência pessoal, 26 jun. 2013. Ver também Bearden, "A New Secretary Problem".

56. Esse tipo de argumento foi primeiro adotado por Herbert Simon, e foi uma das contribuições pelas quais ele recebeu o prêmio Nobel. Simon começou sua notável carreira como cientista político, escrevendo uma dissertação sobre o talvez nada promissor tópico do comportamento administrativo. Ao mergulhar no problema de tentar entender como organizações compostas por pessoas reais tomavam decisões, ele experimentou uma crescente insatisfação com os modelos abstratos de tomada de decisão oferecidos por uma economia baseada na matemática — modelos que se alinham com a intuição de que a ação racional requer uma exaustiva consideração de nossas opções.

A investigação de Simon de como as decisões são realmente tomadas em organizações deixou claro para ele que essas suposições são incorretas. Era preciso haver uma alternativa. Como ele declara em "A Behavioral Model of Rational Choice", a tarefa consistia em substituir a racionalidade global do homem econômico por um tipo de comportamento racional compatível com o acesso à informação e com as capacitações computacionais que atualmente possuem os organismos, inclusive o homem, nos tipos de meio ambiente em que esses organismos existem.

O tipo de solução que Simon propôs como o relato mais realista da opção humana — que ele apelidou de "satisficiente"* — usa a experiência para estabelecer um limiar para um resultado satisfatório, "bom o bastante", e depois adota a primeira opção que exceda o limiar. O algoritmo tem o mesmo caráter das soluções dos problemas de parada ótima que consideramos aqui, em que o limitar é determinado passando-se um tempo buscando um sentido para um âmbi-

* Síntese de "satisfatória" e "suficiente", em inglês *satificing*, síntese de *satisfy* e *suffice*. (N. T.)

to de opções (como no problema da secretária) ou com base no conhecimento da probabilidade para diferentes resultados. De fato, um dos exemplos que Simon usou nesse argumento foi o da venda de uma casa, com um tipo de solução semelhante ao aqui apresentado.

57. É o de Ferguson, *Optimal Stopping and Applications.*

2. EXPLORAR (PROSPECTAR)/ EXPLORAR (OBTER RESULTADOS) [pp. 54-96]

1. Joseph Parry, "New Friends and Old Friends", em *The Best Loved Poems of the American People.* Org. de Hazel Felleman. Garden City, NY: Doubleday, 1936, p. 58.

2. Helen Steiner Rice, "The Garden of Friendship", em *The Poems and Prayers of Helen Steiner Rice.* Org. de Virginia J. Ruehlmann. Grand Rapids, MI: Fleming H. Revell, p. 47.

3. Scott Plagenhoef, entrevista pessoal, 5 set. 2013.

4. Numa carta para Merrill Flood datada de 14 de abril de 1955 (disponível no arquivo de Merrill Flood na Universidade de Michigan), Frederick Mosteller conta a história da origem do nome. Mosteller e seu colaborador Robert Bush estavam trabalhando em modelos matemáticos de aprendizagem — uma das primeiras instâncias do que veio a ser conhecido como psicologia matemática, a pesquisa que Tom realiza atualmente. Estavam particularmente interessados numa série de experimentos que tinham sido feitos com um labirinto em forma de T, em que animais são postos no labirinto no ponto mais baixo do T e depois têm de decidir se continuam à direita ou à esquerda. Alimento — sua recompensa — pode ou não aparecer em qualquer desses dois lados do labirinto. Para explorar esse comportamento com humanos, eles encomendaram uma máquina com duas alavancas que se podiam acionar, que Mosteller apelidou de bandido de dois braços. Então ele apresentou o formato matemático do problema a seus colegas, e este foi depois generalizado como o bandido de muitos braços.

Uma introdução abrangente para os bandidos de muitos braços aparece em Berry e Fristed, *Bandit Problems.* Nosso foco, neste capítulo, é em bandidos nos quais cada braço ou produz um pagamento ou não, com diferentes probabilidades mas com o mesmo montante de pagamentos em todos os braços. Isso é conhecido na literatura como bandido de Bernoulli, já que a distribuição de probabilidade que descreve um jogo de cara ou coroa é chamada de distribuição de Bernoulli (nome do matemático suíço Jacob Bernoulli, do século XVII). Outros tipos de bandidos de muitos braços também são possíveis, com distribuições desconhecidas de tipos diferentes caracterizando os pagamentos de cada braço.

5. A estratégia "míope" de acionar o braço que tem uma expectativa de valor mais elevado é efetivamente a ótima em alguns casos. Bradt, Johnson e Karlin, em "On Sequential Designs for Maximizing the Sum of *N* Observations", demonstraram que se as probabilidades de pagamento de um bandido de dois braços (com p_1 para um braço, p_2 para o outro) satisfazem $p_1 + p_2 = 1$, então essa estratégia é a ótima. Eles conjeturaram que isso vale também para pares de probabilidades em que (p_1, p_2) assumem os valores (a, b) ou (b, a) — isto é, se p_1 é a, então p_2 é b, e vice-versa. Isso prova-se como sendo verdade em Feldman, "Contributions to the 'Two-Armed Bandit' Problem". Berry e Fristed, em *Bandit Problems*, detalham mais além as estratégias míopes, inclusive um resultado que demonstra que a escolha do mais elevado valor esperado é ótima quando p_1 e p_2 estão limitados a assumir apenas dois valores possíveis — por exemplo, cada um ou ambos (p_1 e p_2) podem ser 0,4 ou 0,7, mas não sabemos qual dessas possibilidades é a verdadeira.

6. Whittle, *Optimization over Time.*

7. "Coma, beba e seja feliz, pois amanhã vamos morrer", uma expressão de um linguajar comum e da cultura popular (por exemplo, formando o coro em "Tripping Billies" da Dave Matthews Band, entre muitas outras referências), parece ser uma conjunção de dois versículos bíblicos: Eclesiastes 8,15 ("O homem nada tem de melhor sob o sol senão comer, beber e ser feliz") e Isaías 22,13 ("Comamos e bebamos, pois amanhã vamos morrer").

8. Chris Stucchio, entrevista pessoal, 15 ago. 2013.

9. Nick Allen, "Hollywood makes 2013 the year of the sequel". Disponível em: <www.telegraph.co.uk/culture/film/film-news/9770154/Hollywoodmakes-1013-the-year-of-the-sequel.html>. Ver também: <www.shortoftheweek.com/2012/01/05/has-hollywood-lost-its-way/> e <http://boxofficemojo.com/news/?id=3063>.

10. "Entre 2007 e 2011, os lucros (antes de impostos) dos cinco estúdios controlados pelos grandes conglomerados de mídia (Disney, Universal, Paramount, Twentieth Century Fox e Warner Bros) caíram cerca de 40%, diz Benjamin Swinburne, da Morgan Stanley." Em "Hollywood: Split Screens", *The Economist*, 23 fev. 2013. Disponível em: <www.economist.com/news/business/21572218-tale-two-tinseltowns-0split-screens>.

11. Estatísticas de <http://pro.boxoffice.com/statistics/yearly> e <www.

the-numbers.com/market/>. Ver também Max Willens, "Box Office Ticket Sales 2014: Revenues Plunge to Lowest in Three Years", *International Business Times*, 5 jan. 2015.

12. "Hollywood: Split Screens", *The Economist*, 23 fev. 2013. Disponível em: <www.economist.com/news/business/21572218-tale-two-tinseltowns-split--screens>.

13. O comentário de Whittle sobre a dificuldade dos problemas com bandidos aparece em sua discussão de Gittins, "Bandit Processes and Dynamic Allocation Indices".

14. Robbins, "Some Aspects of the Sequential Design of Experiments", apresenta o algoritmo Ganhou-Fique, Perdeu-Mude.

15. Bradt, Johnson e Karlin, "On Sequential Design for Maximizing the Sum of *N* Observations", demonstram que "fique com o vencedor" é sempre verdadeiro onde a probabilidade de pagamento é desconhecida para um braço mas é conhecida para o outro. Berry, "A Bernoulli Two-Armed Bandit", demonstrou que o princípio é sempre verdadeiro para um bandido de dois braços. A generalização desse resultado (e uma caracterização dos casos em que não se aplica) aparece em Berry e Fristed, *Bandit Problems*.

16. Essa solução para a versão de "horizonte finito" do problema do bandido de muitos braços é apresentada na magna obra de Bellman, *Programação dinâmica*, um livro impressionante com um ponto de partida (e às vezes um ponto de chegada) de vários tópicos sobre otimização e aprendizagem de máquina. Entre outros usos, a programação dinâmica pode resolver com eficácia problemas que requerem uma indução retroativa — que também é brevemente mencionada no capítulo 1 no contexto do jogo com informação total.

17. Introdução a Gittins, "Bandit Processes and Dynamic Allocation Indices".

18. John Gittins, entrevista pessoal, 27 ago. 2013.

19. As muitas versões desse *game show* televisivo no mundo inteiro começaram com o programa holandês *Miljoenenjacht*, transmitido pela primeira vez em 2000.

20. Previamente, pesquisadores tampouco tinham encontrado soluções para esse problema com "bandido de um braço" com intervalo fixo (Bellman, "A Problem in the Sequential Design of Experiments"; Bradt, Johnson e Karlin, "On Sequential Designs for Maximizing the Sum of *N* Observations").

21. As ideias contempladas no índice de Gittins foram apresentadas pela primeira vez numa conferência em 1972 e apareceram em processos como Gittins e Jones, "A Dynamic Allocation Index for the Sequential Design of Experiments", mas a apresentação canônica é Gittins, "Bandit Processes and Dynamic Allocation Indices".

22. A tabela das contagens do índice de Gittins para o bandido de Bernoulli foi tirada de Gittins, Glazebrook e Weber, *Multi-Armed Bandit Allocation Indices*, que é um guia abrangente para o tema. Pressupõe uma total ignorância quanto à probabilidade de um pagamento.

23. Levar isso ao extremo resulta numa simples estratégia chamada **Regra dos Mínimos Fracassos**: sempre escolha a opção que fracassou o menor número de vezes. Assim, ao chegar numa cidade nova, escolha aleatoriamente um restaurante. Se ele for bom, fique com ele. Assim que não mais o satisfizer, escolha aleatoriamente outros restaurantes. Continue nesse processo até todos os restaurantes terem deixado de satisfazer uma vez, depois volte ao restaurante que satisfez o maior número de vezes e repita. Essa estratégia está construída sobre o princípio de ganhou-fique, e é exatamente o que o índice de Gittins propicia se você for do tipo paciente que considera que um ganho amanhã seja essencialmente tão bom quanto o de hoje. (A regra aparece em Kelly, "Multi-Armed Bandits with Discount Factor Near One"; formalmente, é um desconto subgeométrico ótimo no limite à medida que a taxa de desconto se aproxima de 1.) Numa cidade grande na qual o tempo todo se abrem novos restaurantes, uma política de Mínimos Fracassos diz bem simplesmente que se alguma vez você ficar insatisfeito, há muitas alternativas lá fora; não volte.

24. Ver, por exemplo, Kirby, "Bidding on the Future".

25. Esse caso é analisado em Banks e Sundaram, "Switching Costs and the Gittins Index".

26. Frank Sinatra, "My Way", de *My Way* (1969); letra de Paul Anka.

27. Discurso do primeiro-ministro britânico Winston Churchill, no banquete do lorde prefeito de Londres, 9 nov. 1954. Publicado em Churchill, *Winston S. Churchill: His Complete Speeches.*

28. Barnard, *The Functions of the Executive.*

29. Jeff Bezos, entrevista com a Academy of Achievement, 4 maio 2001. Disponível em: <http://achievement.org/autodoc/page/bez0int-3>.

30. Lai e Robbins, "Asymptotically Efficient Adaptive Allocation Rules".

31. Eles ofereceram o primeiro desses algoritmos, que foram refinados por Katehakis e Robbins, "Sequential Choice from Several Populations"; Agrawal, "Sample Mean Based Index Policies"; e Auer, Cesa-Bianchi e Fischer, "Finite--Time Analysis of the Multiarmed Bandit Problem", entre outros. Este último trabalho talvez apresente a mais simples estratégia desse tipo, que é a de atribuir ao braço *j* uma contagem de $s^j/n^j + \sqrt{(2\log n)} / nj$, onde sj é o número de sucessos em nj jogadas com aquele braço, e $n = \sum^j n^j$ é o número total de jogadas com todos os braços. Esse é um limite superior na probabilidade de um pagamento bem-sucedido (que é de s^j/n^j). Escolher o braço que tem a melhor pontuação

garante um arrependimento logarítmico (embora haja ajustes nessa contagem que, na prática, resultam num desempenho melhor).

32. Os intervalos de confiança têm origem em Neyman, "Outline of a Theory of Statistical Estimation".

33. Kaelbling, Littman e Moore: "Reinforcement Learning".

34. Leslie Kaelbling, entrevista pessoal, 22 nov. 2013. Ver Kaelbling, *Learning in Embedded Systems*.

35. Siroker e Koomen, *A/B Testing*.

36. Christian, "The A/B Test". Também informado por Steve Hanov, entrevista pessoal, 30 ago. 2013, e Noel Welsh, entrevista pessoal, 27 ago. 2013.

37. Dan Siroker, "How We Used Data to Win the Presidential Election" (palestra), Universidade Stanford, 8 maio 2009. Disponível em: <www.youtube.com/watch?v=71bH8z6iqSc>. Ver também Siroker, "How Obama Raised $60 Million". Disponível em: <https://blog.optimizely.com/2010/11/29/how-obama--raised-60-million-by-running-a-simple-experiment/>.

38. O primeiro teste A/B do Google foi realizado em 27 de fevereiro de 2000. Ver, por exemplo, Christian, "The A/B Test".

39. Ver, por exemplo, Siroker e Koomen, *A/B Testing*.

40. Laura M. Holson, "Putting a Bolder Face on Google", *The New York Times*, 28 fev. 2009.

41. Ashlee Vance, "This Tech Bubble Is Different", *Bloomberg Businessweek*, 14 abr. 2011. Disponível em: <www.bloomberg.com/bw/magazine/content/11_17b4422506096O537.htm>.

42. Ginsberg, *Uivo: Kaddish e outros poemas*. [Trad. de Claudio Willer (Porto Alegre: L&PM, 1999).]

43. As finanças do Google são detalhadas em seus relatórios trimestrais para acionistas. A receita em publicidade relatada para 2013 foi de 50,6 bilhões de dólares, cerca de 91% da receita total de 55,6 bilhões de dólares. Disponível em: <https://investor.google.com/financial/2013/tables.html>.

44. Vendas on-line estimadas por Forrester Research. Ver, por exemplo, "US Online Retail Sales to Reach $370B by 2017; €191B in Europe", *Forbes*, 14 mar. 2013. Disponível em: <www.forbes.com/sites/forrester/2013/03/14/us-online--retail-sales-to-reach-370B-by-2017-e191b-in-europe>.

45. Chris Stucchio, por exemplo, escreveu um artigo mordaz intitulado "Why Multi-armed Bandit Algorithms Are Superior to A/B Testing", ao qual se contrapôs um igualmente mordaz artigo chamado "Don't Use Bandit Algorithms — They Probably Won't Work for You" — também escrito por Chris Stucchio. Disponível em: <www.chrisstucchio.com.blog/2012/bandit_algorithms_vs_ab.html> e <www.chrisstucchio.com/blog/2015/dont_use_bandits.

html>. O post de Stucchio de 2012 foi escrito em parte referindo-se a um artigo de Paras Chopra intitulado "Why Multi-Armed Bandit Algorithm Is Not 'Better' than A/B Testing" (<https://wwo.com/blog/multi-armed-bandit-algorithm/>), que por sua vez foi escrito em parte referindo-se a um artigo de Steve Hanov intitulado "20 lines of code that will beat A/B testing every time" (<http://stevehanov.ca/blog/index.php?id=132>).

46. Jean Heller, "Syphilis Patients Died Untreated", *Washington Star*, 25 jul. 1972.

47. *The Belmont Report: Ethical principles and guidelines for the protection of human subjects of research*, 18 abr. 1979. Disponível em: <www.hhs.gov/ohrp/humansubjects/guidance/belmont.html>.

48. Ver Zelen, "Play the Winner Rule and the Controlled Clinical Trial". Embora seja uma ideia radical, Zelen não foi o primeiro a propô-la. Essa honra é de William R. Thompson, um instrutor na Escola de Patologia em Yale, que formulou o problema que consiste em identificar se um tratamento é mais eficaz que outro, e propôs sua própria solução, em 1933 (Thompson, "On the Likelihood That One Unknown Probability Exceeds Another").

A solução que Thompson propôs — oferecendo opções aleatoriamente, onde a probabilidade de escolher uma opção corresponde à probabilidade de que seja a melhor com base na evidência observada até então — é o fundamento para um trabalho muito recente sobre esse problema na aprendizagem de máquina (voltamos aos usos algorítmicos da aleatoriedade e amostragem no capítulo 9).

Nem Frederick Mosteller nem Herbert Robbins pareciam estar cientes do trabalho de Thompson quando começaram a trabalhar no problema do bandido de dois braços. Richard Bellman achou os "trabalhos pouco conhecidos" alguns anos mais tarde, observando que: "Confessamos que achamos esses trabalhos do modo convencional, a saber, folheando um periódico que continha outros trabalhos de interesse" (Bellman, "A Problem in the Sequential Design of Experiments").

49. Departamento de Cirurgia da Universidade de Michigan, "'Hope' for ECMO Babies". Disponível em: <http://surgery.med.umich.edu/giving/stories/ecmo.html>.

50. Sistema de Saúde da Universidade de Michigan, "U-M Health System ECMO team treats its 2,000th patient", 1º mar. 2011. Disponível em: <www.uofmhealth.org/news/ECMO%202000th%20patient>.

51. Zapol et al., "Extracorporeal Membrane Oxygenation in Severe Acute Respiratory Failure".

52. Bartlett et al., "Extracorporeal Circulation in Neonatal Respiratory Failure".

53. Citação de Ware, "Investigating Therapies of Potentially Great Benefit: ECMO", referindo-se a conclusões em Ware e Epstein, "Comments on 'Extracorporeal Circulation in Neonatal Respiratory Failure'", que por sua vez é um comentário a Bartlett et al., "Extracorporeal Circulation in Neonatal Respiratory Failure".

54. Ware, "Investigating Therapies of Potentially Great Benefit: ECMO".

55. Foi Berry, em sua tese de doutorado em 1971, quem provou que ficar com um ganhador é um método ótimo. O resultado foi publicado como Berry, "A Bernoulli Two-Armed Bandit".

56. Berry, "Comment: Ethics and ECMO".

57. UK Collaborative ECMO Group, "The Collaborative UK ECMO Trial".

58. Don Berry, entrevista pessoal, 22 ago. 2013.

59. O texto da FDA, "Adaptive Design Clinical Trials for Drugs and Biologics", fev. 2010, pode ser encontrado em <www.fda.gov/downloads/Drugs/Guidances/ucm201790.pdf>.

60. O estudo aparece em Tversky e Edwards, "Information Versus Reward in Binary Choices".

61. Meyer e Shi, "Sequential Choice Under Ambiguity".

62. Steyvers, Lee e Wagenmakers, "A Bayesian Analysis of Human Decision-Making on Bandit Problems".

63. Bandidos inquietos foram introduzidos em Whittle, "Restless Bandits", que discute uma estratégia similar à do índice de Gittins, que se pode usar em certos casos. Os desafios computacionais apresentados pelos bandidos inquietos — e o consequente pessimismo quanto a soluções ótimas eficazes — são discutidos em Papadimitriou e Tsitsiklis, "The Complexity of Optimal Queuing Network Control".

64. Navarro e Newell, "Information Versus Reward in a Changing World", apresentam resultados recentes que sustentam a ideia de que uma superexploração humana é um resultado da suposição de que o mundo é inquieto.

65. Thoreau, "Walking".

66. Warhol, *A filosofia de Andy Warhol.*

67. Alison Gopnik, entrevista pessoal, 22 ago. 2013. Ver também Gopnik, *The Scientist in the Crib.*

68. Lydia Davis, "Someone Reading a Book", *Can't and Won't: Stories.*

69. Carstensen, "Social and Emotional Patterns in Adulthood", apresenta a básica "teoria de seletividade socioemocional" que discutimos nesta seção, bem como algumas evidências a ela relacionadas.

70. Ibid.

71. Fredrickson e Carstensen, "Choosing Social Partners".

72. Fung, Carstensen e Lutz, "Influence of Time on Social Preferences".

73. Evidências de melhora no bem-estar emocional com o envelhecimento são discutidas em Charles e Carstensen, "Social and Emotional Aging".

3. ORDENAÇÃO [pp. 97-136]

1. Cawdrey, *A Table Alphabeticall*, é o primeiro dicionário monolíngue do inglês. Para mais sobre a história da ordenação em relação à busca, ver Knuth, *The Art of Computer Programming*, §6.2.1. Para mais sobre a invenção da ordem alfabética, ver Daly, *Contributions to a History of Alphabetization*.

2. Hillis, *The Pattern on the Stone*.

3. "Pares de meia formam eficazmente uma pilha?" Questão apresentada pelo usuário "amit" ao Stack Overflow, 19 jan. 2013. Disponível em: <http://stackoverflow.com/questions/14415881/pair-socks-from-a-pile-efficiently>.

Como escreve "amit" (seu nome verdadeiro é Amit Gross, estudante de gradução no Technion): "Ontem eu estava formando pares com as meias na roupa limpa, e achei que o modo com que estava fazendo não era muito eficiente. Estava fazendo uma busca ingênua — pegando uma meia e 'iterando' a pilha para encontrar o par. Isso requer uma iteração sobre $n/2 \times n/4 = n^2/8$ meias em média. Como cientista da computação, eu fiquei pensando no que poderia fazer?".

O caso de Amit comporta um certo número de respostas, mas a que recebeu o maior apoio de seus colegas programadores foi a de fazer uma **Ordenação Radix**: identifique os parâmetros segundo os quais as meias variam (por exemplo, cor, modelo) e os distribua em pilhas de cada um desses parâmetros. Cada ordenação requer que se passe uma só vez por todas as meias, e o resultado é um conjunto de pilhas menores. Mesmo se você tiver de passar por todas as meias de uma pilha para formar um par, a quantidade de tempo que isso requer é proporcional ao quadrado da quantidade de meias na maior *pilha*, em vez do quadrado do número total de meias. (Para mais a respeito da Ordenação Radix, ver também a nota final abaixo sobre como ordenar um baralho.)

Mas se o motivo de estarmos ordenando as meias em pares é fazer com que seja mais fácil encontrar um par de meias quando precisamos dele, podemos reduzir a necessidade de ordenar adotando um melhor procedimento de busca.

Digamos que suas meias difiram somente em um parâmetro — a cor — e você tem três cores diferentes de meias soltas, sem formar pares, em sua gaveta.

Com isso, você terá com toda certeza um par se tirar aleatoriamente quatro meias da gaveta. (Para entender por que, imagine o pior cenário possível: as três primeiras meias que você tirou são de cores diferentes. Quando você vai tirar a quarta, ela terá de formar par com uma das três que você já tirou.) Não importa qual seja o número de cores de meias que você tem, tirando esse número mais um de meias, você sempre estará formando um par. Portanto, não se preocupe em formar pares se você quer ter um pouco mais de tempo disponível pela manhã.

Essa solução simples do problema de formar pares de meias vem como cortesia do Princípio do Pombal, um conceito matemático simples mas poderoso atribuído a Peter Gustave Lejeune Dirichlet, matemático alemão do século XIX. (Rittaud e Heeffer, em "The Pigeonhole Principle", trazem a história do Princípio do Pombal, incluindo Dirichlet e também o que parecem ser referências ainda anteriores.) A ideia é simples: se um grupo de pombos pousa num pombal, que é um conjunto de compartimentos para alojar os pombos, e há mais pombos do que compartimentos, então pelo menos um compartimento terá de alojar mais de um pombo. Na ciência da computação, o Princípio do Pombal é usado para estabelecer fatos básicos quanto às propriedades teóricas de algoritmos. Por exemplo, é impossível fazer um algoritmo que condense qualquer possível arquivo sem perda de informação, porque existem mais arquivos longos do que arquivos curtos.

A aplicação do Princípio do Pombal sugere uma solução permanente para o problema de parear meias: compre meias de um só tipo. Se todas as suas meias forem iguais, você nunca terá de pareá-las, porque sempre vai ter um par ao tirar duas meias da gaveta. Para muitos cientistas da computação (inclusive alguns dos programadores que responderam à pergunta de Amit), essa é a abordagem mais elegante — redefinindo o problema de modo que possa ser resolvido com eficácia.

Uma última palavra de advertência, no entanto: quando comprar esse tipo único de meia, cuidado com o tipo que está comprando. O motivo pelo qual Ron Rivest tem problemas específicos com meias é que ele usa meias diferentes para os pés direito e esquerdo. Isso frustra o Princípio do Pombal — para ter certeza de formar um par com meias assim, você precisa tirar uma meia a mais que o número de pares que estão na gaveta.

4. Ronald Rivest, entrevista pessoal, 25 jul. 2013.

5. Martin, "Counting a Nation by Electricity".

6. Ibid.

7. Citado em Austrian, *Herman Hollerith.*

8. Austrian, *Herman Hollerith.*

9. "Escrito", aqui, significa literalmente escrito à mão: quando o renomado matemático John von Neumann rabiscou o programa de ordenação em 1945, o computador para o qual se destinava ainda estava vários anos distante de ser completado. Embora os programas para computador remontem em geral ao que foi escrito por Ada Lovelace em 1843 para a proposta "Máquina Analítica" de Charles Babbage, o programa de Von Neumann foi o primeiro destinado a ser armazenado na memória do próprio computador; as primeiras máquinas de computação eram para ser orientadas por cartões perfurados nela introduzidos, ou equipadas para cálculos específicos. Ver Knuth, "Von Neumann's First Computer Program".

10. Ibid.

11. Knuth, *The Art of Computer Programming*, p. 3.

12. Hosken, "Evaluation of Sorting Methods".

13. Embora não possamos encontrar um vídeo do desempenho de Bradáč, há muitos vídeos on-line de pessoas que tentam batê-lo. Tendem a ordenar as cartas pelos quatro naipes, e depois ordenar pelos valores dentro de cada naipe. "Mas há um modo mais rápido de realizar o truque!", clama Donald Knuth em *The Art of Computer Programming*. Primeiro, distribua as cartas em treze pilhas com as quatro cartas de mesmo valor (uma pilha com todas as cartas de valor 2, outra com todas as cartas de valor 3 etc.). Em seguida, após juntar todas as pilhas [sem misturar], vá distribuindo as cartas em quatro pilhas, pelos naipes. O resultado será uma pilha para cada naipe, com as cartas em cada pilha ordenadas por seu valor. Essa é a Ordenação Radix, e se relaciona com o algoritmo de Ordenação por Balde, que discutimos mais adiante neste capítulo. Ver Knuth, *The Art of Computer Programming*, §5.2.5.

14. Ordenar coisas numa ação aleatória esperando pelo melhor é na verdade um algoritmo que tem um nome: **Bogosort**, parte de um subcampo só parcialmente jocoso na ciência da computação que é o "projeto de um algoritmo péssimo". A "pessimalidade" é para a "otimalidade" o mesmo que o pessimismo é para o otimismo: projetadores de algoritmos péssimos competem entre si para superarem uns os outros com o *pior* desempenho possível na computação.

Considerando adiante essa questão, projetadores de algoritmos péssimos concluíram que, na verdade, o Bogosort é muito escorreito e eficiente. Daí seu "aprimoramento", o **Bogobogosort**, que começa "bogosortando" incrementalmente os primeiros dois elementos, depois os três primeiros, e assim por diante. Se em algum momento a lista sair de ordem, o Bogobogosort começa tudo de novo. Assim, esse algoritmo não vai completar uma ordenação de quatro cartas, por exemplo, até jogar as duas primeiras no ar e ver se caíram na ordem correta, depois jogar as três primeiras no ar e ver se caíram na ordem certa, e finalmente jogar as quatro primeiras e ver se caíram na ordem correta também. Tudo em sequência. Se falhar uma vez, começa de novo. Um dos engenheiros que primeiro escreveu sobre o Bogobogosort relata tê-lo executado uma noite inteira em seu computador sem conseguir ordenar uma lista de sete itens, quando sua família finalmente cortou a eletricidade por misericórdia.

Depois, engenheiros sugeriram que o Bogobogosort nem mesmo é o fundo do poço, e propuseram "bogobogosortar" ainda mais o *programa* e não os dados: jogando bits aleatoriamente na memória do computador até acontecer de eles adquirirem o formato de um programa de ordenação de itens. O tempo que levaria tal monstruosidade ainda está sendo investigado. Continua a busca pela pessimalidade.

15. A notação Big-O originou-se num livro de 1894, *Die analytische Zahlentheorie*, de Paul Bachmann. Ver também Donald Knuth, *The Art of Computer Programming*, §1.2.11.1. Formalmente, dizemos que o tempo de execução de um algoritmo é $O(f(n))$ se for menor ou igual a um múltiplo (com um coeficiente positivo e constante) de $f(n)$. Há também a aparentada notação "Big-Omega", com $\Omega(f(n))$ indicando que o tempo de execução é *maior* ou igual a um múltiplo de $f(n)$, e notação "Big-Teta", com $\Theta(f(n))$ significando que o tempo de execução é tanto $O(f(n))$ quanto $\Theta(f(n))$.

16. O engenheiro é Dan Siroker, que encontramos antes no capítulo 2. Ver, por exemplo, "The A/B Test: Inside the Technology That's Changing the Rules of Business", *Wired*, maio 2012.

17. Para mais detalhes, ver Knuth, *The Art of Computer Programming*, §5.5.

18. O computador era a máquina EDVAC, e na época o programa de Von Neumann foi classificado como inteligência militar ultrassecreta. Ver Knuth, "Von Neumann's First Computer Program".

19. Katajainen e Träff, "A Meticulous Analysis of Mergesort Programs".

20. Os recordes de ordenação estão hospedados em <http://sortbenchmark.org/>. Desde 2014, um grupo da Samsung detém o recorde de ordenar a maior quantidade de dados num minuto — colossais 3,7 terabytes de dados. É o equivalente a quase 37 bilhões de cartas de baralho, o bastante para lotar a capacidade de quinhentos Boeings 747, pondo o recorde de ordenação humano de Zdeněk Bradáč na devida proporção.

21. Diz o gerente de expedição Tony Miranda: "Vamos processar — creio que o máximo a que chegamos foi 250 carregamentos em uma hora. Nossa média é de cerca de 180 por hora. Tenha em mente que cada carregamento tem cerca de quarenta ou mais itens dentro dele". De "KCLS AMH Tour", 6 nov. 2007. Disponível em: <www.youtube.com/watch?v=4fq3CWsyde4>.

22. "Reducing operating costs", *American Libraries Magazine*, 31 ago. 2010. Disponível em: <www.americanlibrariesmagazine.org/aldirect/al-direct-september-1-2010>.

23. Ver Matthew Taub, "Brooklyn & Manhattan Beat Washington State in 4th Annual 'Battle of the Book Sorters'", *Brooklyn Brief*, 29 out. 2014. Disponível em: <http://brooklynbrief.com/4th-annual-battle-book-sorters-pits-brooklyn-washington-state>.

24. Um conjunto de n itens pode ter exatamente $n!$ ordenações distintas, e assim uma ordenação produz exatamente $\log n!$ bits de informação, que corresponde aproximadamente a $n \log n$ bits. Lembre que $n!$ é $n \times (n-1) \times \ldots \times 2 \times 1$, que é o produto de n números, dos quais n é o maior. Consequentemente, $n! < n^n$, então $\log n! < \log n^n$, o que nos dá $\log n! < \log n$. Essa aproximação de $n \log n$ para $\log n!$ chama-se "aproximação de Stirling", em nome de James Stirling, matemático escocês do século XVIII. Como uma simples comparação entre dois gera mais de um bit de informação, são necessárias $n \log n$ comparações para resolver nossa incerteza quanto qual de $n!$ possíveis ordenações de nossas n coisas é a correta. Para mais detalhes, ver Knuth, *The Art of Computer Programming*, §5.3.1.

25. Jordan Ho, entrevista pessoal, 15 out. 2013.

26. Whittaker e Sidner, "Email Overload".

27. Steve Whittaker, entrevista pessoal, 14 nov. 2013.

28. Dodgson, "Lawn Tennis Tournaments".

29. Para uma crítica da proposta de Dodgson baseada na ciência da computação, ver a discussão de Donald Knuth sobre a "seleção de comparação mínima" em *The Art of Computer Programming*, §5.3.3.

30. Um algoritmo que, em vez de ordenar todos os itens, identifica um deles como o maior ou segundo maior ou mediano etc. é conhecido como algoritmo de "seleção", e não como algoritmo de ordenação.

31. Trick trabalha como parte do Grupo de Programação do Esporte, do qual é cofundador. De 1981 a 2004, a tabela para a Major League Baseball foi montada à mão pela notável equipe de marido e mulher composta por Henry e Holly Stephenson. A ESPN fez a crônica dos Stephenson num filme de curta-metragem dirigido por Joseph Garner intitulado *The Schedule Makers*.

32. Michael Trick, entrevista pessoal, 26 nov. 2013.

33. Ibid.

34. Tom Murphy, "Tuning in on Noise?", publicado no blog *Do the Math*, 22 jun. 2014. Disponível em: <http://physics.ucsd.edu/do-the-math/2014/06/tuning-in-on-noise>.

35. Ackley, "Beyond Efficiency".

36. Knuth, *The Art of Computer Programming*, §5.5.

37. Dave Ackley, entrevista pessoal, 26 nov. 2013. Ver Jones e Ackley, "Comparison Criticality in Sorting Algorithms", e Ackley, "Beyond Efficiency". Para mais sobre Ordenação por Contagem Comparativa (às vezes conhecida também como ordenação Round-Robin), ver Knuth, *The Art of Computer Programming*, §5.2.

38. Isaac Haxton, entrevista pessoal, 20 fev. 2014.

39. Christof Neumann, entrevista pessoal, 29 jan. 2014.

40. Craig, *Aggressive Behavior of Chickens*.

41. Jessica Flack, entrevista pessoal, 10 set. 2014. Ver também DeDeo, Krakauer e Flack, "Evidence of Strategic Periodicities in Collective Conflict Dynamics"; Daniels, Krakauer e Flack, "Sparse Code of Conflict in a Primate Society"; Brush, Krakauer e Flack, "A Family of Algorithms for Computing Consensus About Node State from Network Data". Para uma visão mais ampla da obra de Flack, ver Flack, "Life's Information Hierarchy".

42. A maratona tem um análogo no mundo dos algoritmos de ordenação. Um dos mais intrigantes (a Wikipédia usou a palavra "esotéricos" antes de o artigo ser removido completamente) desenvolvimentos na teoria da ordenação que fica além da comparação provém de um dos lugares mais improváveis: o notório quadro de mensagens da internet 4chan. No início de 2011, um post anônimo proclamava ali: "Cara, eu sou um gênio. Verifique este algoritmo de ordenação que acabei de inventar". O "algoritmo de ordenação" do remetente — o **Sleep Sort** — cria uma linha de processamento para cada item não ordenado, dizendo a essa linha que "durma" o número de segundos de seu valor, e depois que "acorde" e processe seu próprio *output*. O *output* final deveria, de fato, estar ordenado. Deixando de lado detalhes da implementação que revelam as brechas na lógica do Sleep Sort, e falando apenas do valor de face do Sleep Sort, ele parece prometer algo inebriante: uma ordenação cujo tempo de execução não depende absolutamente do *número* de elementos, mas sim de seu *tamanho*. (Isso ainda não é *tão* bom quanto o bom e honesto tempo constante de ordenação $O(1)$.)

43. Como dito pelo empresário britânico Alexander Dean em <https://news.ycombinator.com/item?id=8871524>.

44. A Lei da Grande Tonelagem, assim parece, realmente governa o oceano. Não quer dizer que os peixes sejam *totalmente* pacíficos. Vale a pena observar que eles lutarão — e agressivamente — quando os tamanhos dos contendores forem similares.

4. ARMAZENAMENTO EM CACHE [pp. 137-67]

1. James, *Princípios de psicologia.*

2. Essa construção alude a uma famosa piada referente a programação, primeiro formulada pelo engenheiro Jamie Zawinski, da Netscape, num post da Usenet em 12 de agosto de 1997: "Algumas pessoas, quando diante de um problema, pensam: 'Já sei, vou usar expressões comuns'. Agora elas têm dois problemas".

3. Stewart, *Martha Stewart's Homekeeping Handboook.*

4. Jay, *Menos é mais.*

5. Mellen, *Unstuff Your Life!*

6. Davis, *Almost No Memory.*

7. Nossa história de armazenamento em cache baseia-se na que foi provida por Hennessy e Patterson, *Computer Architecture*, onde também são amplamente tratados métodos modernos de armazenamento em cache em projetos de computação.

8. Burks, Goldstine e Von Neumann, *Preliminary Discussion of the Logical Design of an Electronic Computing Instrument.*

9. Kilburn et al., "One-Level Storage System".

10. Wilkes, "Slave Memories and Dynamic Storage Allocation".

11. Conti, Gibson e Pitkowsky, "Structural Aspects of the System/360 Model 85".

12. A previsão inicial de Moore em 1965, em "Cramming More Components onto Integrated Circuits", foi de que ia dobrar a cada ano; em 1975, em "Progress in Digital Integrated Electronics", ele revisou isso para uma duplicação a cada dois anos.

13. Registros; caches L1, L2 e L3; RAM; disco. Para mais informação sobre a "*memory wall*", ver, por exemplo, Wulf e McKee, "Hitting the Memory Wall".

14. Conan Doyle, *Um estudo em vermelho.* Trad. de Maria Luiza X. de A. Borges (Rio de Janeiro: Zahar, 2013).]

15. Wilkes, "Slave Memories and Dynamic Storage Allocation".

16. A história pessoal de Bélády baseia-se na história de uma entrevista oral que ele concedeu a Philip L. Frana em 2002. Disponível em: <https://conservancy.umn.edu/bitstream/107110/1/oh/352lab.pdf>. Sua análise dos algoritmos de armazenamento em cache e seus resultados são apresentados em Bélády, "A Study of Replacement Algorithms for a Virtual-Storage Computer".

17. Do próprio Bélády: "Meu trabalho escrito em 1965 tornou-se o trabalho de Citation Index mais referido no campo do software num período de quinze anos". J. A. N. Lee, "Laszlo A. Bélády", em *Computer Pioneers.* Disponível em: <http://history.computer.org/pioneers/belady.html>.

18. Alguns anos mais tarde, Bélády demonstrou também que Fifo tinha alguns curiosos inconvenientes adicionais — em particular, raros casos em que o aumento do tamanho do cache pode na verdade piorar o desempenho, fenômeno conhecido como Anomalia de Bélády. Bélády, Nelson e Shedler, "An Anomaly in Space-Time Characteristics of Certain Programs Running in a Paging Machine".

19. Aza Raskin, "Solving the Alt-Tab Problem". Disponível em: <www.azarask.in/blog/post/solving-the-alt-tab-problem>.

20. Se você tem interesse em tentar um algoritmo de cache mais complexo, algumas variantes populares de LRU são as seguintes:

LRU-*K*: O'Neil, O'Neil e Weikum, "The LRU-*K* Page Replacement Algorithm for Database Disk Buffering", que olha o tempo decorrido desde o *K*-th uso mais recente (que é máximo para itens no cache que não foram usados *k* vezes). Isso introduz um viés de frequência. LRU-2, que se foca no penúltimo uso, é o mais comum.

2Q: Johnson e Shasha, "2Q: A Low Overhead High Performance Buffer Management Replacement Algorithm", que organiza itens em duas "filas" separadas para captar um pouco de informação de frequência. Itens começam na primeira fila, e são promovidos para a segunda fila se são referidos novamente enquanto estão no cache. Itens são expulsos dessa segunda fila de volta para a primeira fila usando LRU, que também é usado para expulsar itens da primeira fila.

LRFU: Lee et al., "LRFU: A Spectrum of Policies That Subsumes the Least Recently Used and Least Frequently Used Policies", que combina o mais recente com o mais frequente atribuindo uma contagem numérica a cada item, que é incrementada quando o item é usado, mas descresce gradativamente com o decorrer do tempo.

Cache de Substituição Adaptiva (ARC): Meggido e Modha, "Outperforming LRU with an Adaptive Replacement Cache Algorithm", que usa duas filas de maneira similar a 2Q, mas adapta o comprimento da fila com base no desempenho.

Todos esses algoritmos têm demonstrado que superam LRU em teste de desempenho em gerenciamento de cache.

21. Por exemplo, Pavel Panchekha escreveu um artigo em 2012 para o blog Dropbox onde expõe o raciocínio de Dropbox para o uso de LRU. Disponível em: <https://tech.dropbox.com/2012/10/caching-in-theory-and-practice/>.

22. Para os que estiverem curiosos para saber exatamente o que estudantes da Universidade da Califórnia em Berkeley estavam lendo quando os visitamos: *Walden*, de Thoreau; textos críticos sobre *Canção de mim mesmo* [de Walt Whit-

man], Cormac McCarthy, James Merrill, Thomas Pynchon, Elizabeth Bishop, J. D. Salinger, Anaïs Nin e Susan Sontag; *Afogado*, de Junot Díaz; *Telegraph Avenue* e *Associação judaica de polícia*, de Michael Chabon; *Bad Dirt* e *Bird Cloud*, de Annie Proulx; *Mr. and Mrs. Baby*, de Mark Strand; *O homem do castelo alto*, de Philip K. Dick; poesia e prosa reunidas de William Carlos Williams; *Snuff*, de Chuck Palahniuk; *Sula*, de Tony Morrison; Árvore de fumaça, de Denis Johnson; *The Conection of Everyone with Lungs*, de Juliana Spahr; *The Dream of the Unified Field*, de Jorie Graham; *Eu falar bonito um dia*, *Naked* e *Dress Your Family in Corduroy and Denim*, de David Sedaris; *Ariel*, de Sylvia Plath, e *Oleanna*, de David Mamet; a biografia de D. T. Max, de David Foster Wallace; *Like Something Flying Backwards*, *Translations of the Gospel Back into Tongues* e *Deepstep Come Shining*, de C. D. Wright; a prosa de T.S. Eliot; *Eureka*, de Edgar Allan Poe; *Billy Budd, marinheiro* e uma coleção de obras curtas de poesia e prosa de Herman Melville; *The Aspern Papers*, *Retrato de uma senhora* e *A volta do parafuso*, de Henry James; Harold Bloom sobre *Billy Budd*, *Benito Cereno* e *Bartleby, o escrivão*; as peças de Eugene O'Neill; *Stardust*, de Neil Gaiman; *Reservation Blues*, de Sherman Alexie; *Onde os velhos não têm vez*, de Cormac McCarthy; e mais.

23. Elizabeth Dupuis, entrevista pessoal, 16 set. 2014.

24. Carroll, *Algumas aventuras de Sílvia e Bruno*. Tradução de Sérgio Medeiros (São Paulo: Iluminuras, 1997).

25. Stephen Ludin, "Akamai: Why a Quarter of the Internet Is Faster and More Secure than the Rest", palestra, 19 mar. 2014, Instituto Internacional de Ciência da Computação, Berkeley, Califórnia. Como alega Akamai sobre seu próprio site: "Akamai entrega entre 15% e 30% de todo o tráfego da web". Disponível em: <www.akamai.com/html/about/facts_figures.html>.

26. Ludin, "Akamai".

27. O sistema de "armazenamento caótico" da Amazon é descrito em: <www.ssi-schaefer.de/blog/en/order-picking/chaotic-storage-amazon/>.

28. O item comumente requerido para patente de envio prévio é US Patent No. 8615 473, emitido em 24 dez. 2013, "Method and system for anticipatory package shipping", por Joel R. Spiegel, Michael T. McKenna, Girish S. Lakshman e Paul G. Nordstrom, para Amazon Technologies Inc.

29. Ver, por exemplo, Connor Simpson, "Amazon Will Sell You Things Before You Know You Want to Buy Them", *The Wire*, 20 jan. 2014 (disponível em: <www.thewire.com/technology/2014/01/amazon-thinks-it-can-predict-your-future/357188/>); Chris Matyszczyk, "Amazon to Ship Things Before You've Even Thought of Buying Them?", *CNET*, 19 jan. 2014 (disponível em: <www.cnet.com/news/amazon-to-ship-things-before-you-even-thought-of-buying-them/>).

30. Micah Mertes, "The United States of Netflix Local Favorites", 10 jul.

2011 (disponível em: <www.slacktory.com/2011/07/united-states-netflix-local-favorites>).

31. Em 2012, a Netflix anunciou que estava cansada de pagar a firmas como a Akamai e tinha começado a construir sua própria CDN. Ver Eric Savitz, "Netflix Shifts Traffic to Its Own CDN", *Forbes*, 5 jun. 2012 (disponível em: <http://www.forbes.com/sites/ericsavitz/2012/06/05/netflix-shifts-traffic-to-his-own-cdn-akamai-limelight-shrs-hit>). Mais informação sobre o CDN de Conexão Aberta da Netflix pode ser encontrada em <http://www.netflix.com/openconnect>.

32. John Hennessy, entrevista pessoal, 9 jan. 2013.

33. Morgenstern, *Organizing from the Inside Out.*

34. Jones, *Keeping Found Things Found.*

35. Ver Belew, *Finding Out About.*

36. Rik Belew, entrevista pessoal, 31 out. 2013.

37. Yukio Noguchi, entrevista pessoal,17 dez. 2013.

38. O Sistema Noguchi de Arquivamento é descrito em seu livro *Super Organized Method*, e foi apresentado inicialmente em inglês pelo tradutor William Lise. O artigo no blog que descrevia o sistema não está mais disponível no site de Lise, mas ainda pode ser visitado no arquivo da internet em <https://web.archive.org/web/20031223072329/http://www.lise.jp./honyaku/noguchi.html>. Mais informação na entrevista pessoal de Yukio Noguchi, 17 dez. 2013.

39. Sleator e Tarjan, "Amortized Efficiency of List Update and Paging Rules", que também oferecem os melhores resultados sobre as propriedades teóricas do princípio do LRU.

40. Robert Tarjan, entrevista pessoal, 17 dez. 2013.

41. Essa aplicação do princípio do LRU a listas de auto-organização é conhecida como algoritmo **Move-to-Front** [**Mover para a Frente**].

42. Isso não significa que você deve desistir totalmente da categorização. Se você quiser tornar as coisas um pouco mais gritantes e agilizar o processo de busca, Noguchi sugere que ponha etiquetas coloridas em arquivos que se encaixam em categorias diferentes. Desse modo, se você sabe que está buscando contas, por exemplo, pode limitar sua busca linear a apenas esses itens. E ainda estarão ordenados de acordo com a Regra de Mover para a Frente dentro de cada categoria.

43. As decobertas de Anderson quanto à memória humana foram publicadas em Anderson e Milson, "Human Memory", e no livro *The Adaptive Character of Thought.* Esse livro tem sido influente por estabelecer uma estratégia de análise da cognição cotidiana em termos de soluções ideais, empregadas por Tom e muitos outros em suas pesquisas. Em "Human Memory", por sua vez, Anderson e

Milson retiram elementos de um estudo estatístico de empréstimos de livros por bibliotecas que aparece em Burrell, "A Simple Stochastic Model for Library Loans".

44. A exploração inicial de Anderson das conexões entre recuperação de informação por computadores e a organização da memória humana foi realizada numa época em que a maioria das pessoas nunca tinha interagido com um sistema de recuperação de informação, e os sistemas em uso eram bem primitivos. À medida que a pesquisa de mecanismos de busca ampliava os limites daquilo que a recuperação de informação pode fazer, isso criou novas oportunidades para se descobrirem paralelos entre mentes e máquinas. Por exemplo, Tom e seus colegas têm demonstrado como ideias por trás do algoritmo PageRank do Google são relevantes para compreender a memória semântica humana. Ver Griffiths, Steyvers e Firl, "Google and the Mind".

45. Anderson, *The Adaptive Character of Thought.*

46. A análise do ambiente da memória humana é apresentada em Anderson e Schooler, "Reflections of the Environment in Memory".

47. "A memória humana espelha, com um grau notável de fidelidade, a estrutura que existe no ambiente." Ibid.

48. Ibid.

49. A citação em grego é "μέγα βιβλίου μέγα κακόυ" (*mega biblion, mega kakon*), que também foi traduzida como "livro grande, grande mal". A referência original é compreendida como de menosprezo à poesia épica, mas presumivelmente ser um erudito numa época em que os livros existiam na forma de rolos com dezenas de metros de comprimento significava que livros grandes eram uma chateação em mais aspectos do que só o estético. Há uma razão pela qual a prática da citação e menção de textos não tinha começado propriamente até que os livros apareceram em forma de códices com muitas páginas. Para um excelente relato dessa história, ver Boorstin, *The Discoverers.*

50. John Hennessy, entrevista pessoal, 9 jan. 2014.

51. Ramscar et al., "The Myth of Cognitive Decline".

52. Michael Ramscar, "Provider Exclusive: Michael Ramscar on the 'Myth' of Cognitive Decline", entrevista com Bill Myers, 19 fev. 2014. Disponível em: <www.providermagazine.com/news/Pages/0214/Provider-Exclusive-Michael-Ramscar-On-the-Myth-Of-Cognitive-Decline.aspx>.

5. PROGRAMAÇÃO E AGENDAMENTO [pp. 168-204]

1. Dillard, *The Writing Life.*

2. Lawler, "Old Stories".

3. Na verdade, essa frase, frequentemente atribuída ao próprio Aristóteles, tem como origem o erudito Will Durant, como um resumo (nas palavras de Durant) do pensamento de Aristóteles. Ver Durant, *A história da filosofia.*

4. Allen, *A arte de fazer acontecer.*

5. Tracy, *Eat That Frog!* O livro atribui a citação referida em seu título — "Engula um sapo vivo como a primeira coisa que faz pela manhã e nada pior lhe acontecerá no resto do dia" — a Mark Twain, embora essa atribuição possa ser apócrifa. O website Quote Investigator cita o escritor francês do século XVIII Nicolas Chamfort como fonte mais provável. Para mais informação, ver <http://quoteinvestigator.com/2013/04/03/eat-frog>.

6. Fiore, *The Now Habit.*

7. William James, numa carta a Carl Stumpf, 1º jan. 1886.

8. Partnoy, *Wait.*

9. O papel de Taylor e Gantt na história da programação e do agendamento é resumido em Herrmann, "The Perspectives of Taylor, Gantt, and Johnson". Detalhes biográficos adicionais sobre Taylor são de Kanigel, *The One Best Way.*

10. A companhia de Gantt para software de gráficos LiquidPlanner jacta-se de ter Amazon, IKEA e SpaceX entre seus clientes na (contraintuitiva) URL <www.liquidplanner.com/death-to-gantt-charts>.

11. O resultado seminal de Johnson (no que hoje é chamado de programação "flowshop", na qual tarefas fluem de uma máquina para outra) aparece em "Optimal Two- and Three-Stage Production Schedules with Setup Times Included".

12. A Data de Vencimento Mais Próxima (Earliest Due Date), também conhecida com Regra de Jackson, derivou de Jackson, *Scheduling a Production Line to Minimize Maximum Tardiness.* James R. Jackson cresceu em Los Angeles na década de 1930, e em seu trabalho com o Projeto de Pesquisa em Logística, da Universidade da Califórnia em Los Angeles, costumava percorrer oficinas mecânicas operadas por várias companhias aeroespaciais da região. Seus pensamentos sobre como tarefas passavam de uma máquina a outra levaram-no depois a desenvolver um método matemático de analisar os "fluxos em rede" — um trabalho que mais tarde seria usado no projeto de algoritmos para a orientação do fluxo de tráfego na internet. Uma breve biografia aparece em Production and Operations Management Society, "James R. Jackson".

13. Apresentado em Moore, "An *N* Job, One Machine Sequencing Algorithm for Minimizing the Number of Late Jobs". No trabalho, Moore admite uma simplificação e otimização que lhe fora sugerida por Thom J. Hodgson. Hoje, os termos "Algoritmo de Moore", "Algoritmo de Hodgson" e "Algoritmo de Moore-Hodgson" são às vezes usados alternativamente.

14. A demonstração de que o Menor Tempo de Processamento (Shortest Processing Time), ou Regra de Smith, minimiza a soma dos tempos de completar tarefas está em Smith, "Various Optimizers for Single-Stage Production".

15. Stephens e Krebs, *Foraging Theory*.

16. Na esfera popular, o autor e locutor Dave Ramsey talvez seja o mais conhecido divulgador e defensor da estratégia da "bola de neve da dívida", e granjeou muitos apoiadores e também muitos detratores. No lado acadêmico, um trabalho de 2012 de pesquisadores da faculdade de negócios da Universidade Northwestern (Gal e McShane, "Can Small Victories Help Win the War?") e um trabalho de 2014 de economistas da Universidade Texas A&M (Brown e Lahey, *Small Victories*), por exemplo, consideraram o impacto das "pequenas vitórias" na ajuda a pessoas no sentido de se livrarem de dívidas de consumo.

17. *Arquivo X*, Temporada 5, Episódio 12, "Sangue Ruim", cuja transmissão original deu-se em 22 de fevereiro de 1998.

18. Rosenbaum, Gong e Potts, "Pre-Crastination".

19. Isso provém de um e-mail datado de 15 de dezembro de 1997, de Glenn Reeves a seus colegas, com o assunto "What Really Happened on Mars?". Disponível em: <http://research.microsoft.com/en-us/um/people/mbj/Mars_Pathfinder/Authoritative_Account.html>.

20. Essa história de Hedberg pode ser encontrada em seu álbum de comédia *Strategic Grill Locations*, de 1999.

21. A primeira ocorrência em inglês dessa citação parece ter sido em Covey, *How to Succeed with People*, onde é atribuída a Goethe, sem citação.

22. Laura Albert McLay, entrevista pessoal, 16 set. 2014.

23. Jan Karel Lenstra, entrevista pessoal, 2 set. 2014.

24. A biografia de Lawler foi extraída de Lawler, "Old Stories", e Lenstra, "The Mystical Power of Twoness".

25. Richard Karp, "A Personal View of Computer Science at Berkeley", Departamento de Engenharia Elétrica e Ciência da Computação, Universidade da Califórnia em Berkeley. Disponível em: <www.eecs.berkeley.edu/BEARS/SC_Anniversary/karp-talk.html>.

26. Ver <http://awards.acm.org/lawler/>.

27. A análise de Lawler das restrições de precedência para o problema do máximo atraso está em Lawler, "Optimal Sequencing of a Single Machine Subject to Precedence Constraints".

28. Essa análise está em Lawler, "Sequencing Jobs to Minimize Total Weighted Completion Time Subject do Precedence Constraints". Mais exatamente, o problema é "*NP*-difícil", significando que não tem solução eficaz conhecida, e pode ser que nunca haja.

29. Essa busca apareceu numa tarde em 1975, quando Lawler, Lenstra e seus colegas Richard Karp e Ben Lageweg estavam reunidos falando de teoria da ordenação no Mathematisch Centrum, em Amsterdam. Talvez tenham sido os "odores penetrantes de malte e de lúpulo" no ar, vindos da cervejaria Amstel vizinha, mas algo inspirou o grupo a decidir que um livro contendo uma lista de *todos* os problemas de ordenação e a informação de se tinham sido resolvidos seria um belo presente para seu amigo e colega Alexander Rinnooy Kan, que estava prestes a defender sua tese. (Essa história aparece em Lawler, "Old Stories", e Lenstra, "The Mystical Power or Twoness".) Rinnooy Kan continuaria a fazer importantes contribuições não só para a academia mas também para a economia holandesa, na junta de diretores da ING e tendo sido mencionado pelo jornal *De Volkskrant* como a pessoa mais influente nos Países Baixos — três anos seguidos. Ver "Rinnooy Kan weer invloedrijkste Nederlander", *De Volkskrant*, 4 dez. 2009. Disponível em: <http://nos.nl/artikel/112743-rinnooy-kan-weer-invloerdrijkste-neederlander.html>.

Legeweg escreveu um programa de computador que gera a lista, enumerando umas 4536 diferentes permutações do problema da programação: cada combinação possível de métricas (máximo atraso, número de tarefas atrasadas, soma de tempos de conclusão etc.) e restrições (pesos, precedência, tempos de iniciar, e assim por diante) de que conseguiram se lembrar. Após uma série de dias cativantes, o grupo "teve o prazer de dar cabo de um problema obscuro atrás de outro, em rápida sucessão".

Seu esquema organizacional para descrever um verdadeiro zoológico de problemas de programação foi uma linguagem "ligada à taquigrafia", que eles chamaram de "Schedulese" ["Programês"] (Graham et al., "Optimization and Approximation in Deterministics Sequencing"). A ideia básica é que problemas de programação são descritos em três variáveis: a natureza das máquinas envolvidas, a natureza das tarefas e o objetivo da programação, ou agendamento. Essas três variáveis são especificadas nessa ordem, com códigos-padrão descrevendo fatores tais como restrições de precedência, momentos de iniciar e o objetivo. Por exemplo, $1|rj|\Sigma Cj$ (que se pronuncia "um-errejota-soma-cejota") representa uma só máquina, momentos de iniciar e o objetivo de minimizar a soma dos tempos de completação. Como relata Eugene Lawler:

> Um resultado imediato foi a consumada facilidade com que pudemos interligar tipos de problemas. Pessoas que visitavam nossos escritórios ficavam às vezes espantadas de ouvir conversas do tipo: "Como um-errejota-soma-cejota é NP-difícil, isso implica que um-*preempção*-errejota-soma-cejota é NP-difícil também?". "Não, isso é fácil, lembra?" "Bem,

um-dejota-soma-cejota é fácil, então o que sabemos sobre um-preempção-errejota-dejota-soma-cejota?" "Nada."

(Em notação formal: "Como $1|r^j|\Sigma C^j$ é NP-difícil, isso implica que $1|pmtn, r^j|\Sigma C^j$ é NP-difícil também?". "Não, isso é fácil, lembra?" "Bem, $1|d^j|\Sigma C^j$ é fácil, e isso implica que $1|pmtn, d^j|\Sigma C^j$ é fácil, então o que sabemos sobre $1|pmtn, r^j, d^j|\Sigma C^j$?" "Nada." Lawler et al., "A Gift for Alexander!"; ver também Lawler, "Old Stories".)

30. Na realidade, isso equivale ao "problema da mochila", o mais famoso problema intratável da ciência da computação, sobre como encher um espaço. A conexão entre esse problema de programação e o problema da mochila aparece em Lawler, *Scheduling a Single Machine to Minimize the Number of Late Jobs.*

31. O que estamos chamando de "tempos [ou momentos] de iniciar" refere-se na literatura (cremos que um tanto ambiguamente) a "tempos de partida". Lenstra, Rinnooy Kan e Brucker, "Complexity of Machine Scheduling Problems", demonstraram que tanto a minimização da soma de conclusões quanto a minimização do máximo atraso com tempos de partida arbitrários é *NP*-difícil. O caso de minimizar o número de tarefas atrasadas com tempos de partida arbitrários é discutido em Lawler, "Scheduling a Single Machine to Minimize the Number of Late Jobs".

32. Lawler et al., "Sequencing and Scheduling". A versão mais recente dessa lista está disponível em <www.informatik.uni-osnabrueck.de/knust/class>.

33. O efeito da preempção na minimização do máximo atraso com tempos de partida é analisado em Baker et al., "Preemptive Scheduling of a Single Machine". O problema da minimização da soma de tempos de conclusão com tempos de partida e preempção é analisado em Schrage, "A Proof of the Optimality of the Shortest Remaining Processing Time Discipline", e Baker, *Introduction to Sequencing and Scheduling.*

34. O resultado de minimizar o atraso máximo esperado escolhendo a tarefa com a Data de Vencimento Mais Próxima é discutido em Pinedo, *Scheduling.*

35. A eficácia de escolher a tarefa com o menor tempo ponderado esperado de processamento para minimizar a soma dos tempos ponderados de completação num cenário dinâmico (contanto que o tempo estimado para completar uma tarefa não aumente a duração de trabalho naquela tarefa) foi demonstrada por Sevcik, "Scheduling for Minimum Total Loss Using Service Time Distributions", como parte de uma estratégia mais genérica para programação dinâmica.

36. Pinedo, "Stochastic Scheduling with Release Dates and Due Dates",

demonstrou que esse algoritmo é ótimo para esses problemas na (bem forte) suposição de que os tempos das tarefas se distribuem sem memória, o que significa que sua estimativa de quanto elas vão durar permanece constante, não importa por quanto tempo as vem realizando. Na programação estocástica, os algoritmos ótimos não são necessariamente o ideal para cada possível carga de trabalho, mas minimizam os valores *esperados* de suas métricas relevantes.

37. Jason Fried, "Let's just Call Plans What They Are: Guesses", 14 jul. 2009. Disponível em: <http://signalvnoise.com/posts/1805-lets-just-call-plans-what-they-are-guesses>.

38. Ullman, "Out of Time".

39. Monsell, "Task Switching".

40. Kirk Pruhs, entrevista pessoal, 4 set. 2014.

41. Filme *A rede social*, roteiro de Aaron Sorkin; Columbia Pictures, 2010.

42. Peter Denning, entrevista pessoal, 22 abr. 2014.

43. Denning, "Thrashing: Its Causes and Prevention".

44. Peter Zijlstra, entrevista pessoal, 17 abr. 2014.

45. O *thrashing* também pode acontecer em sistemas de base de dados, quando a competição entre diferentes processos para adquirir "trancas" para o acesso à base de dados pode minar a capacidade do sistema para fazer com que os processos que no momento tenham as trancas façam qualquer coisa. De modo similar, o *thrashing* pode aparecer em contextos de rede, onde uma cacofonia de sinais diferentes que competem pelo canal da rede pode impedir que qualquer coisa passe por ele. Vamos examinar esse último cenário mais de perto no capítulo 10.

46. O "Programador $O(n)$" usado pelo Linux a partir da versão 2.4 em 2001 ordenava todos os processos por prioridade, o que, quanto mais processos houvesse, mais tempo levava. Isso foi descartado em favor do "Programador $O(1)$" a partir do Linux 2.6 em 2003, que fazia Ordenação por Balde de todos os processos num número predeterminado de baldes, independentemente de quantos processos houvesse. No entanto, fazer essa Ordenação por Balde requeria uma complexa heurística na computação, e a partir do Linux 2.6.23, em 2007, o "Programador $O(1)$" foi substituído pelo ainda mais direto "Programador Totalmente Aberto".

47. Esse valor é definido no "Programador Totalmente Aberto" no cerne do Linux pela variável sysctl_sched_min_granularity.

48. Muito se tem escrito sobre caixas de tempo no contexto de equipes de desenvolvimento de gerenciamento de software. O termo "caixas de tempo" parece ter tido origem com Zahniser, "Timeboxing for Top Team Performance". A "técnica pomodoro", cujo nome provém de um timer de cozinha no formato

de um tomate (a palavra em italiano para tomate é *pomodoro*), foi concebida por Francesco Cirillo no final da década de 1980 e tem sido ensinada por ele desde 1998. Ver, por exemplo, Cirillo, *The Pomodoro Technique*.

49. Por exemplo, Peter Zijlstra, entrevista pessoal, 17 abr. 2014.

50. O Linux acrescentou um suporte para coalescência de interrupção em 2007. A Microsoft a incluiu no Windows a partir do Windows 7, em 2009, e a Apple veio em seguida no OS X Mavericks, em 2013.

51. Peter Norvig, entrevista pessoal, 17 set. 2014.

52. Shasha e Lazere, *Out of Their Minds*, p. 101.

53. Donald Knuth, "Knuth versus Email". Disponível em: <www-cs-faculty.stanford.edu/~uno/email.html>.

6. REGRA DE BAYES [pp. 205-36]

1. Bertrand Russell, *O conhecimento humano: sua finalidade e limites*, 1948, p. 527.

2. Gott, "Implications of the Copernican Principle for Our Future Prospects".

3. A apresentação deriva de Halevy, Norvig e Pereira, "The Unreasonable Effectiveness of Data".

4. *Investigação acerca do entendimento humano*, §IV, "Dúvidas Céticas Sobre as Operações do Entendimento". [Trad. de Anoar Aiex (São Paulo: Nova Cultural, 1996).]

5. Nossa breve biografia é extraída de Dale, *A History of Inverse Probability*, e Bellhouse, "The Reverend Thomas Bayes".

6. O lendário trabalho de Bayes, sem data, foi arquivado entre alguns papéis datados de 1746 e 1749. Ver, por exemplo, McGrayne, *The Theory That Would Not Die*.

7. *An Introduction to the Doctrine of Fluxions, and Defence of the Mathematicians against the Objections of the Author of the Analyst, so for as They are Assigned to Affect their General Methods of Reasoning*.

8. Introdução a Bayes, "An Essay Towards Solving a Problem in the Doctrine of Chances".

9. Ibid., apêndice.

10. Para ser exato, Bayes estava argumentando que, dadas as hipóteses h e alguns dados observados d, deveríamos avaliar essas hipóteses calculando a probabilidade de $p(d|h)$ para cada h. (A notação $p(d|h)$ significa a "probabilidade condicional" de d com um dado h, isto é, a probabilidade de se observar d se

h for verdadeiro.) Para converter isso de volta à probabilidade de cada *h* ser verdadeiro, dividimos pela soma dessas probabilidades.

11. Para mais detalhes sobre a vida e a obra de Laplace, ver Gillispie, *Pierre-Simon Laplace.*

12. A Lei de Laplace é derivada trabalhando-se com o cálculo sugerido por Bayes — a parte artificiosa é a soma de todas as hipóteses, que envolve uma aplicação engraçada de integração por partes. Pode-se ver uma derivação completa da Lei de Laplace em Griffiths, Kemp e Tenenbaum, "Bayesian Models of Cognition". Da perspectiva das modernas estatísticas bayesianas, a Lei de Laplace é o significado posterior da taxa binomial usando um precedente uniforme.

13. Talvez você lembre que em nossa discussão sobre o bandido de muitos braços e o dilema *explore/ exploit*, no capítulo 2, também mencionamos a estimativa da taxa de sucesso de um processo — um caça-níqueis — com base num conjunto de experiências. Os trabalhos de Bayes e Laplace dão sustento a muitos dos algoritmos que discutimos naquele capítulo, inclusive o índice de Gittins. Assim como a Lei de Laplace, os valores do índice de Gittins que apresentamos lá fazem presumir que qualquer probabilidade de sucesso é igualmente possível. Essa implicação faz com que a esperada taxa de ganho total num caça-níqueis com um histórico de 1-0 seja de dois terços.

14. *Investigação acerca do entendimento humano*, §IV, "Dúvidas Céticas Sobre as Operações do Entendimento". [Trad. de Anoar Aiex (São Paulo: Nova Cultural, 1996).]

15. Na verdade, uma influente obra de 1950 (Bailey, *Credibility Procedures*) referiu-se a "Laplace's Generalization of Bayes's Rule" [Generalização da Regra de Bayes por Laplace], mas isso não pegou. Descobertas identificadas com o nome de alguém que não foi seu descobridor constituem um fenômeno comum o bastante para que o estatístico e historiador Stephen Stigler asseverasse que isso seria considerado uma lei empírica — a Lei de Stigler para a Eponimia. Claro que Stigler não foi a primeira pessoa a descobrir isso; ele atribui o crédito ao sociólogo Robert K. Merton. Ver Stigler, "Stigler's Law of Eponymy".

16. Para os que têm pendor para a matemática, eis a versão integral da Regra de Bayes. Queremos calcular quantas probabilidades atribuir a uma hipótese *h* fornecidos os dados *d*. Temos crenças prévias quanto à probabilidade daquela hipótese ser verdadeira, expressa numa distribuição prévia $p(h)$. O que queremos computar é a distribuição "posterior" $p(h|d)$, que indica como devemos atualizar nossa distribuição prévia à luz da evidência fornecida por *d*. Isso é dado por

$$p(h|d) = \frac{p(d|h)p(h)}{\Sigma_{h'} p(d|h')p(h')}$$

onde h' se estende a todo o âmbito de hipóteses que estão sendo consideradas.

17. As origens incertas desse dito estão descritas em detalhes em *Quote Investigator*, "It's Difficult to Make Predictions, Especially About the Future". Disponível em: <http://quoteinvestigator.com/2013/10/20/no-predict/>.

18. A capa da *New Yorker* é "Time Warp", de Richard McGuire, 24 nov. 2014. Para uma análise fascinante e mais detalhada da provável longevidade de cidades e corporações, ver a obra de Geoffrey West e Luís Bettencourt — por exemplo, Bettencourt et al., "Growth, Innovation, Scaling, and the Pace of Life in Cities".

19. Por exemplo, ver Garrett e Coles, "Bayesian Inductive Inference and the Anthropic Principles", e Buch, "Future Prospects Discussed".

20. O estatístico Harold Jeffreys sugeriria mais tarde, em vez de $w + 1/n + 2$, de Laplace, usar $w + 0{,}5/n + 1$, que resulta de usar uma priori "não informativa" em vez de uma priori "uniforme" (Jeffreys, *Theory of Probability*; Jeffreys, "An Invariant Form for the Prior Probability in Estimation Problems"). Um método para definir resultados de prioris informativas em predições no formato $w + w'+1/n + n'+2$, onde w' e n' são números de ganhos e tentativas de processos similares em sua experiência passada (para detalhes, ver Griffiths, Kemp e Tenenbaum, "Baeysian Models of Cognition"). Usando essa regra, se você viu previamente cem extrações de loteria com apenas dez bilhetes vencedores ($w = 10$, $n = 100$), sua estimativa depois de ver uma única extração vencedora nessa nova loteria seria de um muito mais razoável 12/103 (não muito diferente de 10%). Variantes da Lei de Laplace são extensivamente usadas em linguística computacional, onde fornecem um meio de estimar as probabilidades de palavras que nunca foram vistas antes (Chen e Goodman, "An Empirical Study of Smoothing Techniques for Language Modeling").

21. Para uma quantidade como uma duração que varia de 0 a ∞ (isto é, de zero a infinito), a priori não informativa sobre tempos t é a densidade de probabilidade $p(t) \propto 1/t$. Mudar a escala — definindo uma nova quantidade s que é um múltiplo de t — não muda a forma de sua distribuição: se $s = ct$, então $p(s) \propto p(t = s/t) \propto 1/s$. Isso significa que é invariante em escala. Muito mais informação sobre *prioris* não informativas estão em Jeffreys, *Theory of Probability*, e Jeffreys, "An Invariant Form for the Prior Probability in Estimation Problems".

22. Isso foi demonstrado por Gott, "Future Prospects Discussed", respondendo a Buch, "Future Prospects Discussed".

23. Jeffreys, *Theory of Probability*, §4.8. Jeffreys credita ao matemático Max Newman ter chamado sua atenção para o problema.

24. Isso veio a ser conhecido como "O Problema do Tanque Alemão", e foi

documentado em várias fontes. Ver, por exemplo, Gavyn Davies, "How a Statistical Formula Won the War", *The Guardian*, 19 jul. 2006. Disponível em: <www.theguardian.com/world/2006/jul/20/secondworldwar.tvandradio>.

25. Por exemplo, o Relatório Anual da Associação de Cultivadores de Abacate da Nova Zelândia de 2002 diz que "em abril, os perfis de tamanho do fruto estavam normalmente distribuídos e permanceram assim pelo restante do período monitorado".

26. Esse número provém de Clauset, Shalizi e Newman, "Power-Law Distributions in Empirical Data", que por sua vez cita o censo de 2000 nos Estados Unidos.

27. O formato geral de uma distribuição exponencial de uma quantidade t é $p(t) \propto t^{-\gamma}$, onde o valor de γ descreve quão rapidamente decresce a probabilidade de t quando t fica maior. Como no caso de priori não informativa, o formato da distribuição não muda se tomamos $s = ct$, mudando a escala.

28. A observação de que a riqueza se distribui segundo uma função exponencial é creditada a Pareto, *Manual de economia política*. Outra boa discussão das distribuições exponenciais de populações e rendas está em Simon, "On a Class of Skew Distribution Functions".

29. A renda bruta individual média ajustada (AGI) por ano, que deriva dos formulários de imposto de renda, foi estimada em 55688 dólares no ano fiscal de 2009, o ano mais recente para o qual se dispõe de uma estimativa. Ver a dissertação de 2011 "Evaluating the Use of the New Current Population Survey's Annual Social and Economic Supplement Questions in the Census Bureau Tax Model", disponível em <www.census.gov/content/dam/Census/library/working-papers/2011/demo/2011_SPM_Tax_Model.pdf>, que por sua vez cita dados do US Census Bureau's 2010 Current Population Survey Annual Social and Economic Supplement.

30. O limite para os 40% de valor mais alto no AGI de 2012 foi de 47475 dólares, e o limite para os 30% de valor mais alto foi de 63222 dólares, do que se pode inferir que um AGI de 55688 dólares recai aproximadamente nos 33% de mais alto valor. Ver Adrian Dungan, "Individual Income Tax Shares, 2012", *IRS Statistics of Income Bulletin*, primavera 2015. Disponível em: <www.irs.gov/pub/irs-soi/soi-a-ints-id1506.pdf>.

31. Uma boa discussão de nível geral da ideia da distribuição exponencial emergindo de adesão preferencial pode ser encontrada em Barabási, *Linked*.

32. Lerner, *The Lichtenberg Figures*.

33. Todas as regras para previsão discutidas nesta seção derivam de Griffiths e Tenenbaum, "Optimal Predictions in Everyday Cognition".

34. Primeiro, Erlang modelou a taxa de incidência de chamadas telefôni-

cas numa rede que empregava a distribuição de Poisson, em "The Theory of Probabilities and Telephone Conversations", e por sua vez desenvolveu a epônima distribuição Erlang para modelar os intervalos entre chamadas que entravam em "Solution of Some Problems in the Theory of Probabilities of Significance in Automatic Telephone Exchanges". Para mais detalhes sobre a vida de Erlang, ver Heyde, "Agner Krarup Erlanger".

35. Para ser exato, as probabilidades contrárias a receber uma mão vencedora no *blackjack* no jogo epônimo são de exatamente 2652 para 128, ou cerca de 20,7 para 1. Para ver a derivação que explica por que isso leva a uma expectativa de jogar 20,7 rodadas antes de consegui-la, podemos definir nossa expectativa recorrentemente: ou batemos *blackjack* num resultado de 1, ou não (caso em que estamos de volta de onde começamos uma rodada depois). Se nossa expectativa é x, então $x = 1 + (2524/2652)x$, onde 2524/2652 é nossa probabilidade de *não* receber uma mão de *blackjack*. Resolvendo x, o valor é 20,7.

36. Tecnicamente, o tempo para o próximo *blackjack* segue uma distribuição geométrica (similar à distribuição exponencial para uma quantidade contínua), que está decrescendo continuamente, em vez da distribuição em forma de asa de Erlang, que descrevemos no texto principal. No entanto, ambas podem oferecer previsões desmemoriadas nas circunstâncias certas. Se deparamos com um fenômeno particular em algum ponto aleatório em sua duração, como Gott assumiu em relação ao Muro de Berlim, então a forma de asa de Erlang nos oferece previsões de Regra Aditiva. E se observarmos continuamente um fenômeno que tem uma distribuição geométrica, como quando se joga *blackjack*, daí resulta o mesmo tipo de previsões de Regra Aditiva.

37. "The Gambler" é mais conhecida na voz de Kenny Rogers em seu álbum com o mesmo nome, de 1978, mas foi escrita e interpretada originalmente por Don Schlitz. A gravação da canção por Rogers chegaria ao topo das listas de sucessos da Billboard, e seria a vencedora do Grammy de 1980 de Melhor Desempenho Vocal Masculino de Música Country.

38. Gould, "The Median Isn't the Message".

39. Griffiths e Tenenbaum, "Optimal Predictions in Everyday Cognition".

40. Estudos examinaram, por exemplo, como conseguimos identificar formas em movimento a partir dos padrões de luz que incidem na retina, como inferimos relações causais da interação entre objetos e como aprendemos o significado de palavras novas depois de vê-las umas poucas vezes. Ver, respectivamente, Weiss, Simoncelli e Adelson, "Motion Illusions as Optimal Percepts"; Griffiths et al., "Bayes and Blickets"; Xu e Tenenbaum, "World Learning as Bayesian Inference".

41. Mischel, Ebbesen e Raskoff Zeiss, "Cognitive and Attentional Mechanisms in Delay of Gratification".

42. McGuire e Kable, "Decision Makers Calibrate Behavioral Persistence on the Basis of Time-Interval Experience", e McGuire e Kable, "Rational Temporal Predictions Can Underlie Apparent Failures to Delay Gratification".

43. Mischel, Shoda e Rodriguez, "Delay of Gratification in Children".

44. Kidd, Palmeri e Aslin: "Rational Snacking".

45. Segundo números da Aviation Safety Network (correspondência pessoal), o número de mortes "a bordo de aviões de propriedade norte-americana capazes de transportar mais de doze passageiros, incluindo jatos corporativos e aviões de transporte militares", no período entre 2000 e 2014, foi de 1369, e somando o número de 2014 como uma estimativa de mortes em 2015, o total estimado é de 1393 até o final de 2015. O famoso auditório Isaac Stern, no Carnegie Hall, tem 2804 assentos. Disponível em: <www.carnegiehall.org/Information/Stern-Auditorium-Perelman-Stage/>.

46. Segundo a National Highway Traffic Safety Administration [Administração de Segurança do Tráfego nas Rodovias Nacionais nos Estados Unidos], 543407 pessoas morreram em acidentes de carro nos Estados Unidos entre os anos de 2000 e 2013. Disponível em: <www-fars-nhtsa.dot.gov>. Repetindo o número de 2013 para estimar o número de mortes em 2014 e 2015, a estimativa resultante é de 608845 mortes até o final de 2015. A população de Wyoming em 2014, na estimativa do censo dos Estados Unidos, era de 584153. Disponível em: <http://quickfacts.census.gov/qfd.states/56000.html>.

47. Glassner, "Narrative Techniques of Fear Mongering".

7. SOBREAJUSTE [pp. 237-66]

1. Essa anotação de Darwin é datada de 7 de abril de 1838; ver, por exemplo, Darwin, *The Correspondence of Charles Darwin*, v. 2, *1837-1843*.

2. Carta de Franklin para Joseph Priestley, Londres, 19 set. 1772.

3. "Anything You Can Do", composição de Irving Berlin no filme musical *Bonita e valente*, 1946.

4. Na linguagem dos pesquisadores de aprendizagem de máquina, o "treinamento" e o "teste".

5. Lucas et al., "Reexamining Adaptation and the Set Point Model of Happiness".

6. Para os aficionados da matemática, estamos tentando encontrar a melhor função polinomial que capture esse relacionamento. Tomando o tempo até

o casamento como sendo x e a satisfação sendo y, o modelo com um fator é $y = ax + b$. O modelo com dois fatores é $y = ax^2 + bx + c$, e o modelo com nove fatores acha os melhores coeficientes para todos os valores de x até x^9, estimando um polinômio de grau 9.

7. Realmente, é uma verdade matemática o fato de que você pode sempre obter um polinômio de grau $n - 1$ de quaisquer n pontos.

8. Lucas et al., "Reexamining Adaptation and the Set Point Model of Happiness".

9. Os estatísticos referem-se a vários fatores no modelo como "preditores". De um modelo simples demais, como o de uma linha reta que tenta emular uma curva, diz-se que ele exibe um *bias*, ou "viés". O tipo oposto de erro sistêmico, onde um modelo se torna muito complicado e portanto varia selvagemente com pequenas mudanças nos dados, é conhecido como "variância".

O surpreendente é que esses dois tipos de erro — viés e variância — podem ser *complementares*. A redução do viés (fazendo o modelo ser mais flexível e complicado) pode aumentar a variância. E o aumento do viés (simplificando o modelo e adequando-o aos dados com menos rigor) pode às vezes reduzir a variância.

Tal como o famoso princípio da incerteza das partículas físicas de Heisenberg — que diz que quanto mais se sabe sobre o *momentum* de uma partícula, menos se sabe sobre sua posição —, a assim chamada relação viés-variância expressa uma fronteira fundamental de até onde um modelo pode ser bom, ou daquilo que é possível saber e prever. Essa noção se encontra em vários lugares na literatura sobre aprendizagem de máquina. Ver, por exemplo, Geman, Bienenstock e Doursat, "Neural Networks and the Bias/ Variance Dilemma", e Grenander, "On Empirical Spectral Analysis of Stochastic Processes".

10. A serpente de bronze, conhecida como Nehushtan, é destruída em 2º Reis 18,4.

11. Gilbert, *Stumbling on Happiness.*

12. Se você não for medroso, pode assistir ao vídeo de um duelo travado em 1967 em <http://passerelle-production-u.bourbogne.fr;/seb/atip_insulte/Video/archive_duel_france.swf>.

13. Para um exemplo interessante de deliberado sobreajuste em esgrima, ver Harmenberg, *Epee 2.0.*

14. Brent Schlender, "The Lost Steve Jobs Tapes", *Fast Company*, maio 2012. Disponível em: <www.fastcompany.com/1826869/lost-steve-jobs-tapes>.

15. Sam Altman, "Welcome, and Ideas, Products, Teams and Execution

Part I", Stanford CS183B, outono 2014, "How to Start a Startup". Disponível em: <http://startupclass.samaltman.com/courses/lec01/>.

16. Ridgway, "Disfunctional Consequences of Performance Measurements".

17. Nesse relato, o próprio Ridgway está citando Blau, *The Dynamics of Bureaucracy.*

18. Avinash Kaushik, "You Are What You Measure, So Choose Your KPIS (Incentives) Wisely!". Disponível em: <http://www.kaushik.net/avinash/measure-choose-smarter-kpis-incentives/>.

19. Grossman e Christensen, *On Combat.* Disponível em: <www.killology.com/on_combat_ch2.htm>.

20. Ibid.

21. Essa citação frequentemente é atribuída a Albert Einstein, embora provavelmente tal atribuição seja apócrifa.

22. Ver, por exemplo, Tikhonov e Arsenin, *Solution of Ill-Posed Problems.*

23. Tibshirani, "Regression Shrinkage and Selection via the Lasso".

24. Para mais sobre o consumo de energia do cérebro humano, ver Raichle e Gusnard, "Appraising the Brain's Energy Budget", que por sua vez citam Clarke e Sokoloff, "Circulation and Energy Metabolism of the Brain".

25. Usando essa estratégia de inspiração neural (conhecida como "codificação esparsa"), pesquisadores desenvolveram neurônios artificiais que têm propriedades similares às encontradas no córtex visual. Ver Olshausen e Field, "Emergence of Simple-Cell Receptive Field Properties".

26. A obra que proporcionou a Markowitz o prêmio Nobel aparece em seu trabalho "Portfolio Selection" e em seu livro *Portfolio Selection: Efficient Diversification of Investments.*

27. Harry Markowitz, como citado em Jason Zweig, "How the Big Brains Invest at Tiaa-Creff", *Money*, v. 27, n. 1, p. 114, jan. 1998.

28. Gigerenzer e Brighton, "Homo Heuristicus".

29. Da Soyfoods Association of North America [Associação de Alimentos de Soja da América do Norte], "Sales and Trends" (<www.soyfood.org/soy-productions/sales-and-trends>), que por sua vez cita pesquisa "conduzida por Katahdin Ventures".

30. Vanessa Wong, "Drinkable Almonds", *Bloomberg Businessweek*, 21 ago. 2013.

31. Lisa Roolant, "Why Coconut Water Is Now a $1 Billion Industry", TransferWise. Disponível em: <https://transferwise.com/blog/2014-05/why-coconut-water-is-now-a-1-billion-industry/>.

32. David Segal, "For Coconut Waters, a Street Fight for Shelf Space", *The New York Times*, 26 jul. 2014.

33. "Sales of Kale Soar as Celebrity Chefs Highlight Health Benefits", *The Telegraph*, 25 mar. 2013.

34. Ayla Whitee, "Kale: One Easy Way to Add More Superfoods to Your Diet", *Boston Magazine*, 31 maio 2012.

35. Kinsbourne, "Somatic Twist". Mais discussão sobre o corpo e a estrutura de órgãos de vertebrados primitivos pode ser encontrada em Lowe et al., "Dorsoventral Patterning in Hemichordates". Uma descrição mais acessível é a de Kelly Zalocusky em "Ask a Neuroscientist: Why Does the Nervous System Decussate?", *Stanford Neuroblog*, 12 dez. 2013. Disponível em: <https://neuroscience.stanford.edu/news/ask-neuroscientist-why-does-nervous-system-decussate>.

36. Ver, por exemplo, "Jaws to Ears in Ancestors of Mammals", Understanding Evolution. Disponível em: <http://evolution.berkeley.edu/evolibrary/article/evograms_05>.

37. "The Scary World of Mr. Mintzberg", entrevista com Simon Caulkin, *The Guardian*, 25 jan. 2003. Disponível em: <www.theguardian.com/business/2003/jan26/theobserver/observerbusiness11>.

38. Darwin, *The Correspondence of Charles Darwin*, v. 2, *1837-1843*.

39. Ibid.

8. RELAXAMENTO [pp. 267-86]

1. Meghan Peterson (nascida Bellows), entrevista pessoal, 23 set. 2014.

2. Mais precisamente, haveria 11^{107} possibilidades se estivéssemos atribuindo um lugar em alguma mesa a cada pessoa independentemente. O número é um pouco menor se levarmos em conta a limitação de que a cada mesa só podem sentar dez pessoas. Mas ainda assim ele é enorme.

3. A estrutura formal que Meghan Bellows usou para resolver o esquema dos lugares em seu casamento é descrita em Bellows e Peterson, "Finding an Optimal Seating Chart".

4. Leitura suplementar sobre o circuito de Lincoln em Fraker, "The Real Lincoln Highway".

5. Menger, "Das botenproblem", contém uma palestra de Menger sobre esse tema em Viena, em 5 de fevereiro de 1930. Para uma história mais completa do problema do caixeiro-viajante, ver Schrijver, "On the History of Combina-

torial Optimization", bem como o muito acessível livro de Cook, *In Pursuit of the Traveling Salesman.*

6. Flood, "The Traveling-Salesman Problem".

7. Robinson, *On the Hamiltonian Game.*

8. Flood, "The Traveling-Salesman Problem".

9. Edmonds, "Optimum Branchings".

10. Cobham, "The Intrinsic Computational Difficulty of Functions", considera explicitamente a questão do que poderia ser considerado um algoritmo "eficaz". Da mesma forma, Edmonds, "Paths, Trees, and Flowers", explica por que uma solução de um problema difícil é significativa e, no caso dessa solução específica, estabelece um amplo parâmetro para o que faz com que um algoritmo seja bom.

11. De fato, existem algoritmos cujo tempo de execução é maior do que o tempo polinomial, porém menor do que o tempo exponencial. Esses tempos de execução "superpolinomiais" também os excluem do conjunto dos algoritmos eficientes.

12. O conjunto de problemas eficazmente solucionáveis na ciência da computação é chamado de *P*, abreviação de "tempo polinomial". Enquanto isso, o conjunto controversamente liminar de problemas é conhecido como *NP*, para "tempo polinomial não determinístico". Problemas em *NP* podem ter suas soluções eficazmente verificadas uma vez encontradas, mas não se sabe se todo problema que pode ser facilmente verificado também pode ser facilmente solucionado. Por exemplo, se alguém lhe mostra uma rota e diz que ela tem menos de mil milhas, é fácil verificar essa alegação — mas encontrar uma rota com menos de mil milhas, ou provar que isso é impossível, é algo totalmente diferente. A questão de se $P = NP$ (ou seja, se é possível saltar com eficácia para as soluções de problemas de *NP*) é o maior mistério não resolvido na ciência da computação.

O principal avanço para uma solução tem sido a demonstração de que há certos problemas que têm um status especial: se um deles pode ser resolvido eficazmente, então *qualquer* problema em *NP* pode ser resolvido eficazmente, e $P = NP$ (Cook, "The Complexity of Theorem-Proving Procedures). Estes são conhecidos como "problemas *NP*-difíceis". Na falta de uma resposta de se $P = NP$, problemas em *NP* não podem ser resolvidos eficazmente, e é por isso que nos referimos a eles como "intratáveis". (Em "A Terminological Proposal", Donald Knuth sugeriu que esse seria um rótulo apropriado para problemas *NP*-difíceis, além de oferecer um peru vivo para quem conseguisse demonstrar que $P = NP$.) Os problemas de programação intratáveis que Eugene Lawler encontrou (capítulo 5) caem nessa categoria. Um problema *NP*-difícil que está ele mesmo em *NP* é conhecido como "*NP*-completo". Ver Karp, "Reducibility Among Combinatorial Problems", para o resultado clásssico que mostra que a versão do caixeiro-viajante é *NP*-completa, e Fortnow, *The Golden Ticket: P, NP, and the Search for the Impossible*, para uma introdução acessível a *P* e *NP*.

13. Numa pesquisa feita em 2002 com cem dos principais cientistas teóricos da computação, 61 pensavam que $P \neq NP$ e apenas nove pensavam que $P = NP$ (Gasarch, "The *P*=? *NP* Poll"). Enquanto a prova de que $P = NP$ pode ser feita exibindo um algoritmo de tempo polinomial para um problema *NP*-completo, provar que $P \neq NP$ requer argumentações complexas sobre os limites dos algoritmos de tempo polinomial, e não houve muita concordância entre as pessoas pesquisadas quanto a exatamente que tipo de matemática seria necessário para resolver esse problema. Mas cerca de metade delas achava que a questão seria resolvida antes de 2060.

14. Isso inclui versões de cobertura de vértices e cobertura de conjuntos — dois problemas identificados como pertencentes a *NP* em Karp, "Reducibility Among Combinatory Problems", onde é famosa a apresentação de 21 problemas dentro desse campo. No final da década de 1970, cientistas da computação tinham identificado cerca de *trezentos* problemas *NP*-completos (Garey e Johnson, *Computers and Intractability*), e desde então a lista cresceu significativamente. Inclui alguns problemas que são muito familiares aos humanos. Em 2003, mostrou-se que o Sudoku é um *NP*-completo (Yato e Seta, "Complexity and Completeness"), assim como o é a maximização do número de fileiras liberadas no Tetris, mesmo com perfeito conhecimento das peças futuras (Demaine, Hohenberger e Liben-Nowell, "Tetris Is Hard, Even to Aproximate"). Em 2012, a determinação da existência ou não de um caminho que leva até o fim de um nível em jogos de plataforma, como Super Mario Brothers, foi oficialmente adicionada à lista (Aloupis, Demaine e Guo, "Classic Nintendo Games are (*NP*-) Hard").

15. Jan Karel Lenstra, entrevista pessoal, 2 set. 2014.

16. O dístico de Voltaire "*Dans ses écrits, un sage Italien/ Dit que le mieux est l'ennemi du bien*" ("Em seus escritos, um sábio italiano/ Diz que o ótimo é inimigo do bom") aparece no início de seu poema "La Bégueule". Voltaire tinha citado antes a expressão italiana "*Le meglio è l'inimico del bene*" em seu *Dicionário filosófico*, de 1764.

17. Shaw, *An Introduction to Relaxation Methods*; Henderson, *Discrete Relaxation Techniques*. Aviso ao leitor: a matemática é aqui intensa o bastante para fazer disso uma leitura que está longe de ser relaxante.

18. As cidades do circuito judicial de Lincoln são derivadas do mapa de

1847-1853 do 8º Circuito Judicial no *Journal of the Abraham Lincoln Association*. Disponível em: <http://quod.lib.u.mich.edu/j/jala/images/fraker_fig01a.jpg>.

19. Bem, vá lá, um pouco de tempo — linear no número de cidades, se você tiver sorte; linearítmico, se não tiver. Pettie e Ramachandran, "An Optimal Minimum Spanning Tree Algorithm".

20. A abordagem do problema do caixeiro-viajante via árvore de abrangência mínima é discutida em Christofides, *Worst-Case Analysis of a New Heuristic*.

21. Para mais sobre o estado da arte entre todos os problemas do caixeiro--viajante que percorre todas as cidades do mundo (o assim chamado "World TSP", ou seja, "Problema do Caixeiro-Viajante no Mundo"), pode-se encontrar um relato atualizado em <www.math.uwaterloo.ca/tsp/world/>. Para mais sobre o problema do caixeiro-viajante em geral, Cook, *In Pursuit of the Traveling Salesman*, é uma boa referência geral, e Lawler et al., *The Traveling Salesman Problem*, vai satisfazer quem quiser se aprofundar no assunto.

22. Esse problema clássico de otimização discreta é conhecido como problema de "cobertura de conjuntos".

23. Laura Albert McLay, entrevista pessoal, 16 set. 2014.

24. Na ciência da computação, isso é conhecido como problema de "cobertura de vértices". É uma espécie de primo do problema de cobertura de conjuntos, no qual em vez de se buscar o menor número de quartéis de bombeiros cuja cobertura *inclua* todo mundo, o objetivo é encontrar o menor número de pessoas que estão *conectadas* a cada uma das outras.

25. Há certos tipos de problema de otimização contínua que podem ser resolvidos em tempo polinomial: o exemplo mais destacado é de problemas de programação linear, nos quais tanto a métrica a ser otimizada quanto as restrições à solução podem ser expressas como uma função linear das variáveis envolvidas. Ver Khachiyan, "Polynomial Algorithms in Linear Programming", e Karmarkar, "A New Polynomial-Time Algorithm for Linear Programming". No entanto, a otimização contínua não é uma panaceia: existem também classes de problemas de otimização contínua que são intratáveis. Por exemplo, ver Pardalos e Schnitger, "Checking Local Optimality in Constrained Quadratic Programming is *NP*-hard".

26. Khot e Regev, "Vertex Cover Might Be Hard to Approximate to Within 2-ε".

27. Para mais quanto a essas aproximações, ver Vazirani, *Approximation Algorithms*.

28. Ainda é uma questão aberta nesse campo a de se o Relaxamento Contínuo oferece mesmo a melhor *aproximação* possível para o problema da míni-

ma cobertura de vértices (convites para a festa), ou se é possível achar uma aproximação melhor.

29. Filme *A princesa prometida*, roteiro de William Goldman; 20th Century Fox, 1987.

30. O Relaxamento Lagrangiano deve este nome a Arthur M. Geoffrion, da Universidade da Califórnia em Los Angeles, em "Lagrangian Relaxation for Integer Programming". Considera-se que a ideia em si mesma surgiu na obra de Michael Held (da IBM) e Richard Karp (de Berkeley) sobre o problema do caixeiro-viajante, em 1970 — ver Held e Karp, "The Traveling-Salesman Problem Minimum Spanning Trees", e Held e Karp, "The Traveling-Salesman Problem Minimum Spanning Trees: Part II". No entanto, existem também precursores antes disso — por exemplo, Lorie e Savage, "Three Problems in Rationing Capital"; Everett III, "Generalized Lagrange Multiplier Method"; e Gilmore e Gomory, "A Linear Programming Approach to the Cutting Stock Problem, Part II". Para uma visão geral e reflexões sobre o tema, ver Fisher, "The Lagrangian Relaxation Method for Solving Integer Programming Problems", bem como Geoffrion, "Lagrangian Relaxation for Integer Programming".

31. Michael Trick, entrevista pessoal, 26 nov. 2013.

32. Christopher Booker, "What Happens When the Great Fantasies, Like Wind Power or European Union, Collide with Reality?", *Telegraph*, 9 abr. 2011.

9. ALEATORIEDADE [pp. 287-320]

1. Citado em Shasha e Rabin, "An Interview with Michael Rabin".

2. Algoritmos randomizados são discutidos detalhadamente em Motwani e Raghavan, *Randomized Algorithms*, e em Mitzenmacher e Upfal, *Probability and Computing*. Introduções mais curtas mas mais antigas são fornecidas por Karp, "An Introduction to Randomized Algorithms", e Motwani e Raghavan, "Randomized Algorithms".

3. Buffon, "Essai d'arithmétique morale".

4. Laplace, *Teoria analítica das probabilidades*.

5. Lazzarini, "Un'applicazione del calcolo della probabilità".

6. Para mais discussão sobre os resultados de Lazzarini, ver Gridgeman, "Geometric Possibility and the Number π", e Badger, "Lazzarini's Lucky Approximation of π".

7. A história de Ulam aparece em Ulam, *Adventures of a Mathematician*.

8. Fitzgerald, "The Crack-Up". Depois selecionado com outros ensaios em *The Crack-Up*.

9. Ulam, *Adventures of a Mathematician*, pp. 196-7. O cálculo de probabilidades de acerto no jogo de paciência Klondike continua sendo uma área de pesquisa até hoje, impulsionada principalmente pela simulação de Monte Carlo. Para um exemplo de trabalho recente nesse campo, ver Bjarnason, Fern e Tadepalli, "Lower Bounding Klondike Solitaire with Monte-Carlo Planning".

10. Metropolis reivindica os direitos desse nome numa carta que aparece em Hurd, "Note on Early Monte Carlo Computations".

11. Shasha e Lazere, *Out of Their Minds.*

12. Aqui, o trabalho-chave de Rabin, com coautoria de Dana Scott, foi "Finite Automata and Their Decision Problems". Já abordamos uma das maneiras pelas quais esse conceito tornou-se central na ciência teórica da computação, em nossa discussão da classe de complexidade do problema do caixeiro-viajante, no capítulo 8; a noção de Rabin de computação "não determinística" é o *N* em *NP*.

13. A citação é de Hardy, "Prime Numbers". Ver também Hardy, *Collected Works.* Para ler mais sobre a influência dos números primos em criptografia, ver, por exemplo, Schneier, *Applied Cryptography.*

14. Um algoritmo amplamente usado que se baseia na multiplicação de números primos é o RSA, nome formado pelas iniciais de seus inventores, Ron Rivest, Adi Shamir e Leonard Adleman. Ver Rivest, Shamir e Adleman, "A Method of Obtaining Digital Signatures and Public-Key Cryptosystems". Outros sistemas criptográficos — por exemplo, Diffie-Hellman — também utilizam números primos; ver Diffie e Hellman, "New Directions in Criptography".

15. A possível inovação — ou ausência dela — na abordagem de Miller se reduziria a quão facilmente esses positivos falsos podem ser descartados. Quantos valores de x precisam ser verificados para se ter certeza quanto a um dado número n? Miller demonstrou que se a "hipótese de Riemann generalizada" fosse verdadeira, o número mínimo de testemunhos potenciais que teriam de ser verificados é $O((\log n)^2)$ — muito menos do que os $\sqrt{n}$ requeridos pelo Crivo de Erastótenes. Mas aí é que estava o empecilho: a hipótese de Riemann generalizada não fora — e ainda não foi — provada.

(A hipótese de Riemann, apresentada pela primeira vez pelo matemático alemão Bernhard Riemann em 1859, diz respeito às propriedades de uma função matemática complexa chamada função zeta de Riemann. Essa função está intimamente relacionada com a distribuição de números primos, e em particular com quão regularmente esses números aparecem na série numérica. Se a hipótese for verdadeira, então os números primos são bem-comportados o bastante para assegurar a eficácia do algoritmo de Miller. Mas ninguém sabe se é verdadeira. Na realidade, a hipótese de Riemann é um dos seis maiores problemas em aberto na matemática, para cujas soluções o Instituto de Matemática Clay outorgará o "Prêmio do Milênio" de 1 milhão de dólares. A questão de se $P = NP$, de que tratamos no capítulo 8, também é um problema do Prêmio do Milênio.)

16. Rabin conta essa história em Shasha e Lazere, *Out of Their Minds.*

17. O trabalho de Rabin sobre esse teste de primalidade, "Probabilistic Algorithm for Testing Primality", foi publicado alguns anos depois. Paralelamente, Robert Solovay e Volker Strassen desenvolveram um algoritmo probabilístico similar com base num conjunto diferente de equações às quais os primos têm de obedecer, embora seu algoritmo fosse menos eficiente; ver Solovay e Strassen, "A Fast Monte-Carlo Test for Primality".

18. A documentação para um SSL* aberto especifica uma função para "realizar um teste probabilístico de primalidade Miller-Rabin com [...] um número de interações usadas [...] para obter uma falsa taxa positiva de no máximo 2^{-80} para um *input* aleatório" (ver <www.openssl.org/docs/crypto/BN_generate_primer.html>). Da mesma forma, o US Federal Information Processing Standard (FIPS) especifica que seu padrão de assinatura digital (DSS, para Digital Signature Standard) aceita uma probabilidade de erro de 2^{-80} (para códigos de no mínimo 1024 bits); ver Gallagher e Kerry, *Digital Signature Standard.* Quarenta testes Miller-Rabin são suficientes para alcançar esse limite, e um trabalho da década de 1990 sugeriu que em muitos casos bastariam três testes Miller-Rabin. Ver Damgård, Landrock e Pomerance, "Average Case Error Estimates for the Strong Probable Prime Test"; Burthe Jr., "Further Investigations with the Strong Probable Prime Test"; e Menezes, Van Oorschot e Vanstone, *Handbook of Applied Cryptography*, bem como discussões mais recentes em <http://security.stackexchange.com/questions/4544/how-many-iterations-of-rabin-miller-should-be-used-to-generate-cryptographic-saf>.

19. O número de grãos de areia na Terra é estimado, em várias fontes, como estando entre 10^{18} e 10^{24}.

20. Aqui, para o conceito de "eficiente", estamos considerando a definição-padrão nesse campo, que é a do "tempo polinomial", como tratado no capítulo 8.

21. Agrawal, Kayal e Saxena, "PRIMES Is in *P*".

22. Um dos resultados-chave do papel desempenhado pela aleatoriedade no teste da identidade entre polinômios é o que é chamado de "lema Schwartz-Zippel". Ver Schwartz, "Fast Probabilistic Algorithms for Verification of Poly-

* Secure Socket Layer, sistema-padrão de segurança para transmissão de dados entre a web e um browser. (N. T.)

nomial Identities"; Zippel, "Probabilistic Algorithms for Sparse Polynomials"; e DeMillo e Lipton, "A Probabilistic Remark on Algebraic Program Testing".

23. Será que alguma vez se descobrirá um algoritmo determinístico eficiente para teste de identidade entre polinômios? Numa visão mais ampla, será que *deve existir* um algoritmo determinístico eficiente onde quer que encontremos um bom algoritmo randomizado? Ou haveria problemas que algoritmos randomizados são capazes de resolver com eficiência, mas algoritmos determinísticos simplesmente não seriam? É um problema interessante na ciência teórica da computação, e ainda não se conhece a resposta.

Uma das abordagens que foram usadas para explorar a relação entre algoritmos randomizados e determinísticos chama-se *desrandomização* — essencialmente, tomar algoritmos randomizados e retirar deles a randomização. Na prática, é difícil para um computador ter acesso a uma verdadeira aleatoriedade — assim, quando pessoas implementam um algoritmo randomizado, elas frequentemente utilizam um procedimento determinístico para gerar números que sigam certas propriedades estatísticas de aleatoriedades verdadeiras. A desrandomização faz com que isso seja explícito, examinando o que acontece quando a aleatoriedade em algoritmos randomizados é substituída pelo output de algum outro processo computacional complexo.

O estudo da desrandomização nos demonstra que é possível transformar algoritmos randomizados eficazes em algoritmos determinísticos eficazes — contanto que se ache uma função suficientemente complexa para que seu output pareça aleatório mas simples o bastante para ser computado com eficiência. Para detalhes (detalhados), ver Impagliazzo e Wigderson, "$P = BPP$ if E Requires Exponencial Circuits", e Impagliazzo e Wigderson, "Randomness vs. Time".

24. O véu da ignorância é introduzido em Rawls, *Uma teoria da justiça.*

25. O mais destacado entre os críticos de Rawls foi o economista John Harsanyi; ver Harsanyi, "Can the Maximin Principle Serve as the Basis for Morality? A Critique of John Rawls's Theory".

26. Le Guin, "The Ones Who Walk Away from Omelas".

27. Para mais informação sobre o que é às vezes chamado de "conclusão repugnante", ver Parfit, *Reasons and Persons*, bem como Arrhenius, "An Impossibility Theorem in Population Axiology".

28. Aaronson, "Why Philosophers Should Care About Computational Complexity".

29. Rebecca Lange, "Why So Few Stories?", blog GiveDirectly, 12 nov. 2014. Disponível em: <www.givedirectly.org/blog-post.html?id=228869435 2161893466>.

30. John Keats, carta para George e Thomas Keats, 21 dez. 1817.

31. John Stuart Mill, *Sobre a liberdade.*

32. Michael Mitzenmacher, entrevista pessoal, 22 nov. 2013.

33. "We Knew the Web Was Big...", 25 jul. 2008. Disponível em: <http://googleblog.blogspot.com/2008/07/we-knew-web-was-big.html>.

34. Kelvin Tan, "Average Length of a URL (Part 2)", 16 ago. 2010. Disponível em: <www.supermind.org/blog/740/average-length-or-a-url-part-2>.

35. Bloom, "Space/ Time Trade-offs in Hash Coding with Allowable Errors".

36. O Google Chrome até pelo menos 2012 usou um filtro de Bloom: ver <http://blog.alexyakunin.com/20120/03/nice-blom-filter-application.html> e <https://chromiumcodereviw.appspot.com/10896048/>.

37. Gavin Andresen, "Core Development Status Report #1", 1º nov. 2012. Disponível em: <https://bitcoinfoundation.org/2012/11/core-development-status-report-1/>.

38. Richard Kenney, "Hydrology; Lachrymation", em *The One-Strand River: Poems, 1994-2007* (Nova York: Knopf, 2008).

39. Ver Berg-Kirkpatrick e Klein, "Decipherment with a Million Random Restarts".

40. Às vezes também conhecido como Algoritmo de Metropolis-Hastings, essa técnica é descrita em Metropolis et al., "Equation of State Calculations by Fast Computing Machines", e Hastings, "Monte-Carlo Methods Using Markov Chains and Their Applications". O Algoritmo de Metropolis foi desenvolvido por Nicholas Metropolis e pelas duas equipes de marido e mulher de Marshall e Arianna Rosenbluth e Edward e Augusta Teller, na década de 1950. Metropolis foi o primeiro autor no trabalho a descrever o algoritmo, que assim hoje é conhecido como Algoritmo de Metropolis, o que é duplamente irônico. Metropolis pouco contribuiu para o desenvolvimento do algoritmo, sendo listado como seu autor por cortesia, como chefe do laboratório de computação (ver Rosenbluth, *Marshall Rosenbluth, Interviewed by Kai-Henrik Barth*). Além disso, o próprio Metropolis gostava de dar ele mesmo nomes ilustrativos às coisas: alegou ter dado os nomes dos elementos químicos tecnécio e ástato, assim como o do computador MANIAC e da própria técnica Monte Carlo (Hurd, "Note on Early Monte Carlo Computations").

41. Kirkpatrick, Gellat e Vecchi, "Optimization by Simulated Annealing".

42. Scott Kirkpatrick, entrevista pessoal, 2 set. 2014.

43. Se essa ideia — de começar querendo se movimentar entre opções, depois focando-se mais estritamente nas melhores — soa familiar, é porque realmente deveria: otimizar uma função complexa requer que se lide com a negociação *explore/ exploit.* E a aleatoriedade mostra-se uma fonte de estratégias muito

boas para resolver problemas como o de bandidos de muitos braços, assim como o tipo de problemas de otimização nos quais Kirkpatrick estava focado.

Caso se lembre, o bandido de muitos braços nos oferece várias opções diferentes — braços que podemos acionar — que produzem recompensas diferentes, desconhecidas. O desafio é achar o equilíbrio entre tentar novas opções (*explore*, explorar no sentido de prospectar) e adotar a melhor opção encontrada até agora (*exploit*, explorar no sentido de obter resultados). No início, ser mais otimista e explorador (no sentido de prospectar) é melhor, ficando mais discernente e explorador (no sentido de obter resultados) mais tarde. Adotar essa estratégia de um otimismo gradualmente decrescente quanto às alternativas promete trazer o melhor resultado que se pode esperar — acumulando arrependimentos em escala decrescente, com o total de arrependimentos crescendo como uma função logarítmica do tempo.

A aleatoriedade provê uma estratégia alternativa ao otimismo. Intuitivamente, se o problema é o do equilíbrio entre prospecção e exploração de resultados, por que não assumir isso explicitamente? Usar parte de seu tempo prospectando e parte de seu tempo explorando resultados. Essa é exatamente a estratégia que os especialistas em bandidos de muitos braços chamam de **Ganancioso Épsilon.**

O Ganancioso Épsilon tem duas partes — Épsilon e Ganancioso. A parte Épsilon é aquela pequena proporção do tempo (a letra é usada pelos matemáticos para denotar um número pequeno) que você escolhe *aleatoriamente* entre suas opções. A parte Gananciosa é o resto do tempo que leva a melhor opção que você encontrou até agora. Assim, ao entrar num restaurante, jogue cara ou coroa (ou jogue um dado, dependendo do valor de seu épsilon) para decidir se tenta algo novo. Se ela disse sim, feche os olhos e aponte no cardápio. Se não, bom apetite com seu prato predileto atual.

Infelizmente, pesquisadores do bandido de muitos braços não gostam particularmente do Ganancioso Épsilon. Ele parece ser perdulário — fazendo com que você gaste uma parte de seu tempo tentando coisas novas mesmo que muito rapidamente esteja claro qual é a melhor. Se você seguir o Ganancioso Épsilon, seu arrependimento crescerá *linearmente* com o número de vezes que você joga. A cada vez que você janta, há a possibilidade de que você vá escolher algo que não é a melhor opção, e assim sua média de arrependimentos aumenta na mesma quantidade a cada vez. Esse crescimento linear é muito pior que o arrependimento logarítmico que é assegurado por algoritmos determinísticos baseados num otimismo adequadamente calibrado.

Mas a simplicidade do Ganancioso Épsilon é atraente, e isso é uma boa notícia. Existe uma variante simples desse algoritmo — estamos apelidando de

Ganancioso Épsilon sobre *N* — que garante um arrependimento logarítmico e se desempenha bem na prática (ver Auer, Cesa-Bianchi e Fischer, "Finite-Time Analysis of the Multiarmed Bandit Problem"). O truque é diminuir gradualmente a probabilidade de tentar algo novo. Na primeira vez que você faz uma opção no restaurante, escolhe aleatoriamente com uma probabilidade de 1/1 (ou seja, sempre). Se essa opção for boa, então na segunda visita você escolhe aleatoriamente com probabilidade de 1/2 (como a de tirar cara ou coroa: se der cara, você faz a mesma opção; se der coroa, você tenta algo novo). Na terceira visita, você deve ficar com a melhor coisa numa probabilidade de 2/3, e tentar algo novo com probabilidade de 1/3. Na *N*ª visita ao restaurante, você escolhe aleatoriamente com probabilidade de 1/*N*, ou então ficando com a melhor opção que descobriu até então. Diminuindo gradualmente a probabilidade de tentar algo novo, você chega ao melhor ponto de equilíbrio entre prospectar e explorar resultados.

Existe também outro algoritmo (mais sofisticado) para jogar com o bandido de muitos braços que igualmente utiliza a aleatoriedade. Chama-se **Amostragem de Thompson**, em nome de William R. Thompson, o físico de Yale que primeiro apresentou o problema (lá atrás, em 1933) de como escolher entre dois procedimentos (Thompson, "On the Likelihood That One Unknown Probability Exceeds Another"). A solução de Thompson era simples: use a Regra de Bayes, calcule a probabilidade que um procedimento tem de ter para ser o melhor. Depois escolha o procedimento *com aquela probabilidade*. Para começar, você nada sabe, e tem a mesma probabilidade de escolher qualquer um dos procedimentos. À medida que se acumulam os dados, você começa a preferir um a outro, mas parte do tempo você ainda escolhe o procedimento menos preferível e tem a possibilidade de mudar de ideia. Quando adquirir mais certeza de que um procedimento é o melhor, quase sempre acabará adotando esse procedimento. A Amostragem de Thompson equilibra elegantemente prospecção com exploração de resultados, e com isso assegura que o arrependimento aumente apenas logaritmicamente (ver Agrawal e Goyal, "Analysis of Thompson Sampling").

A vantagem da Amostragem de Thompson sobre outros algoritmos para resolver problemas do bandido de muitos braços é sua flexibilidade. Mesmo que mudem as premissas do problema — receber informação sugerindo que uma opção é melhor que as outras, opções dependem umas das outras, opções mudam gradualmente —, ainda funciona a estratégia de Thompson de adotar opções cujas probabilidades refletem sua impressão de serem as melhores atualmente disponíveis. Assim, em vez de derivar um novo algoritmo em cada um desses casos, podemos simplesmente aplicar a Regra de Bayes e fazer uso dos resultados. Na vida real, esses cálculos bayesianos podem ser difíceis (o próprio Thompson precisou de várias páginas de intrincada matemática para resolver o problema com apenas duas opções). Mas tentar escolher a melhor opção e permitir uma certa medida de aleatoriedade em suas escolhas que seja temperada com seu grau de certeza é um algoritmo que provavelmente não vai desviá-lo do caminho certo.

44. O compêndio predominante sobre o tema, *Inteligência artificial: uma abordagem moderna*, declara que a têmpera simulada "é hoje um campo em si mesmo, com centenas de trabalhos publicados a cada ano" (p. 155).

45. De maneira intrigante, um trabalho de 2014 parece demonstrar que medusas utilizam têmpera simulada quando buscam alimento; ver Reynolds, "Signatures of Active and Passive Optimized Lévy Searching in Jellyfish".

46. Luria, *A Slot Machine, a Broken Test Tube*, p. 75. Também discutido em Garfield, "Recognizing the Role of Chance".

47. Em Horace Walpole, carta a Horace Mann (datada de 28 de janeiro de 1754).

48. James, "Great Men, Great Thoughts, and the Environment".

49. Campbell, "Blind Variation and Selective Retention".

50. Citado em ibid.

51. Brian Eno, entrevista a Jools Holland, no programa de televisão *Later... with Jools Holland*, maio 2001.

52. A palavra é *saudade*, e a definição citada provém de Bell, *In Portugal*.

53. Tim Adams, "Dicing with Life", *The Guardian*, 26 ago. 2000.

10. TRABALHANDO EM REDE [pp. 321-56]

1. Cerf e Kahn, "A Protocol for Packet Network Intercommunication".

2. Forster, *Howards End*.

3. Martin Cooper, "Inventor of Cell Phone: We Knew Someday Everybody Would Have One", entrevista com Tas Anjarwalla, CNN, 9 jul. 2010.

4. Leonard Kleinrock conta a história em uma entrevista em vídeo conduzida por Charles Severence, disponível em "Len Kleinrock: The First Two Packets on the Internet". Disponível em: <www.youtube.com/watch?v=uY7dUJT7OsU>.

5. Diz Leonard Kleinrock, da Universidade da Califórnia em Los Angeles (UCLA): "Não planejamos isso, mas não poderíamos ter vindo com uma mensagem melhor: curta e profética". As lajotas no piso do Boelter Hall da UCLA, se suas cores forem interpretadas binariamente como 0 e 1 e transliteradas em caracte-

res ASCII, formam a frase LO AND BEHOLD! ["veja e contemple!"]. O crédito para esse tributo vai para o arquiteto Erik Hagen. Ver, por exemplo, Alison Hewitt, "Discover the Coded Message Hidden in Campus Floor Tiles", *UCLA Newsroom*, 3 jul. 2013. Disponível em: <http://newsroom.ucla.edu/stories/a-coded-message-hidden-in-floor-247232>.

6. Ver, por exemplo, o *Online Etymology Dictionary*. Disponível em: <http://etymonline.com/index.php?term=protocol>.

7. Leonard Kleinrock, "Computing Conversations: Len Kleinrock on the Theory of Packets", entrevista com Charles Severance, 2013. Ver <www.youtube.com/watch?v=qsgtrwydjw> e <www.computer.org/csdl/mags/co/2013/08/mco2013080006.html>.

8. Jacobson, "A New Way to Look at Networking".

9. Kleinrock, "Computing Conversations".

10. O termo "comutação de pacotes" vem de Donald W. Davies, do Laboratório Nacional de Física do Reino Unido, outro contribuidor-chave para a pesquisa da comutação de pacotes na época.

11. Stuart Cheshire, entrevista pessoal, 26 fev. 2015.

12. Baran, "On Distributed Communications".

13. Para elaborar esse ponto, e para uma visão mais ampla da história da rede (inclusive seus problemas atuais), ver Jacobson, "A New Way to Look at Networking".

14. Ver Waitzman, *A Standard for the Transmission of IP Datagrams on Avian Carriers*, e Waitzman, *IP Over Avian Carriers with Quality of Service*. Para descrições do protocolo aviário, ver Carpenter e Hinden, *Adaptation of RFC 1149 for IPv6*. E para detalhes da implementação efetivamente realizada em Bergen, Noruega, em 28 de abril de 2001, ver <www.blug.linux.no/rfc1149>.

15. Cerf e Kahn, "A Protocol for Packet Network Intercommunication".

16. Lamport, Shostak e Pease, "The Byzantine Generals Problem".

17. O processo aqui descrito é conhecido como "retransmissão rápida".

18. Jon Brodkin, "A Netflix ocupa 9,5% do tráfego *upstream* na internet norte-americana: pacotes de ACK fazem da Netflix um monstro do *upload* nos horários de pico de audiência", *Ars Technica*, 20 nov. 2014. Brodkin cita dados de Sandvine, do *Global Internet Phenomena Report*. Disponível em: <www.sandvine.com/trends/global-internet-phenomena/>.

19. Tyler Treat, "You Cannot Have Exactly-Once Delivery", *Brave New Geek: Introspections of a software engineer*, 25 mar. 2015. Disponível em: <http://bravenewgeek.com/you-cannot-have-exactly-once-delivery/>.

20. Vint Cerf, entrevistado por Charles Severance, "Computing Conversations: Vint Cerf on the History of Packets", 2012.

21. Ibid.

22. Oliver Conway, "Congo Word 'Most Untranslatable'", *BBC News*, 22 jun. 2004.

23. Thomas H. Palmer, *Teacher's Manual* (1840), apresentado em *The Oxford Dictionary of Proverbs*, 2009.

24. Abramson, "The ALOHA System".

25. Ibid. Na verdade, esse número é 1/2*e*, exatamente metade de *n*/*e*, ou "37%", número que aparece na discussão sobre a parada ótima, no capítulo 1.

26. Jacobson, "Congestion Avoidance and Control".

27. O programa HOPE é avaliado em Hawken e Kleiman, *Managing Drug Involved Probationers*.

28. Para mais informação, ver, por exemplo, "A New Probation Program in Hawaii Beats the Statistics", *PBS NewsHour*, 2 fev. 2014.

29. Jacobson, "Congestion Avoidance and Control".

30. Jacobson, "Van Jacobson: The Slow-Start Algorithm", entrevista com Charles Severance, 2012. Disponível em: <www.youtube.com/watch?v=-QP4A6L7CEqA>.

31. Esse procedimento inicial — um pacote único experimental seguido de uma aceleração de dois por um — é conhecido em TCP como Slow Start, ou Partida Lenta. Esse nome é parcialmente errôneo. Slow Start é *slow* ("lento") no início, com um só primeiro pacote experimental, mas não no crescimento exponencial depois disso.

32. Ver, por exemplo, Gordon, "Control without Hierarchy".

33. As descobertas que estabelecem uma conexão entre a atividade forrageira das formigas e algoritmos de controle de fluxo, como Slow Start, aparecem em Prabhakar, Dektar e Gordon, "The Regulation of Ant Colony Foraging Activity without Spatial Information".

34. Peter e Hull, *O princípio de Peter*.

35. Esse aforismo amplamente reproduzido diz, em sua versão original em espanhol: "*Todos los empleados públicos deberían descender a su grado inmediato inferior, porque han sido ascendidos hasta volverse incompetentes*".

36. O Sistema Cravath está oficialmente documentado no próprio website da empresa (<www.cravath.com/cravathsystem/>). O componente "para cima ou para fora" do Sistema Cravath não é ali discutido explicitamente, mas é muito mencionado em outros lugares, como pela American Bar Association: "Na década de 1920, Cravath, Swaine & Moore tornou-se a primeira firma reconhecida por recrutar abertamente em escolas de direito, com o entendimento expresso de que muitos dos jovens advogados que ela contratava não se tornariam sócios. Esperava-se que esses associados que não se tornariam sócios,

como o resto de suas classes, acabariam deixando a firma. No entanto, os que eram considerados os melhores entre os associados, que faziam o trabalho necessário e se mantinham firmes pelo requisitado número de anos, podiam esperar tornar-se acionistas, ter aumentos compatíveis como compensação e contar com um emprego vitalício na firma". (Janet Ellen Raasch, "Making Partner — or Not: Is It In, Up or Over in the Twenty-First Century?", *Law Practice*, v. 33, n. 4, jun. 2007.)

37. Ver, por exemplo, Rostker et al., *Defense Officer Personnel Management Act of 1980.*

38. Ver, por exemplo, Michael Smith, "Army Corporals Forced Out 'to Save Pension Cash'", *Telegraph*, 29 jul. 2002.

39. Como dizem Bavelas, Coates e Johnson em "Listeners as Co-Narrators": "Ouvintes têm, no melhor dos casos, uma leve referência na maior parte das teorias. Em casos extremos, ouvintes são considerados não existentes ou irrelevantes porque a teoria ou nem os menciona, ou os trata como periféricos. Essa omissão pode ser atribuída, em parte, ao uso implícito de texto escrito como protótipo de todo uso da língua".

40. Yngve, "On Getting a Word in Edgewise".

41. Bavelas, Coates e Johnson, "Listeners as Co-Narrators".

42. Tolins e Fox Tree, "Addressee Backchannels Steer Narrative Development".

43. Jackson Tolins, correspondência pessoal, 15 jan. 2015.

44. Nichols e Jacobson, "Controlling Queue Delay".

45. É HTTP 1.1, como articulado no documento RFC 2616, jun. 1999. Disponível em: <http://tools.ietf.org/html/rfc2616>.

46. Jim Gettys, "Bufferbloat: Dark Buffers in the Internet", Google Tech Talk, 26 abr. 2011.

47. Essa citação apareceu em inúmeras publicações como sendo atribuída a Isaac Asimov, mas sua efetiva autoria e sua origem continuam elusivas. Parece ter aparecido pela primeira vez — completa e com atribuição a Asimov — como parte do programa "fortune" do UNIX, que apresenta citações e ditos no estilo de um biscoito da sorte (ver <http://quoteinvestigator.com/2015/03/02/eureka-funny/>). Asimov escreveu em ensaio sobre "The Eureka Phenomenon", mas essa frase não aparece lá.

48. Ver Nichols e Jacobson, "Controlling Queue Delay".

49. O censo dos Estados Unidos de 2015 estima que a população da Califórnia era de 39 144 818 habitantes. Disponível em: <www.census.gov/popest/data/state/totals/2015/index.html>.

50. Ray Tomlinson, entrevistado por Jesse Hicks, "Ray Tomlinson, the In-

ventor of Email: 'I See Email Being Used, by and Large, Exactly the Way I Envisioned'", *Verge*, 2 maio 2012. Disponível em: <www.theverge.com/2012/ 5/2/2991486/ ray-tomlinson-email-inventor-interview-i-see-email-being-used>.

51. Uma abordagem como essa foi adotada, por exemplo, pelo cientista da cognição Tom Stafford, da Universidade de Sheffield. Durante seu ano sabático de 2015, lia-se em seu e-mail de resposta automática: "Estou agora em ano sabático até 12 de junho. E-mails enviados a t.stafford@shef.ac.uk foram deletados".

52. O documento Request for Comment (RFC) para ECN é de Ramakrishnan, Floyd e Black, *The Addition of Explicit Congestion Notification (ECN) to IP*, o qual é uma revisão do de Ramakrishnan e Floyd, *A Proposal do Add Explicit Congestion Notification (ECN) to IP*. Embora a proposta original seja da década de 1990, ECN continua até hoje a não ser implementada em hardware padrão de rede (Stuart Cheshire, entrevista pessoal, 26 fev. 2015).

53. Jim Gettys, entrevista pessoal, 15 jul. 2014.

54. Isso provém da famosa "tirada" de Cheshire em 1996: "É a latência, estúpido" (ver <http://stuartcheshire.org/rants/Latency.html>). Vinte anos depois, esse sentimento só é cada vez mais verdadeiro.

11. TEORIA DOS JOGOS [pp. 357-97]

1. Steve Jobs, entrevista com Gary Wolf, *Wired*, fev. 1996.

2. Crianças em escolas no século XXI, apropriadamente, aprendem cada vez mais temas como "a pessoa contra a natureza", "a pessoa contra ela mesma", "pessoas contra pessoas" e "a pessoa contra a sociedade".

3. Filme *A princesa prometida*, roteiro de William Goldman; 20th Century Fox,1987.

4. Atribuído a Keynes em Gregory Bergman, *Isms*, Adams Media, 2006.

5. Alan Turing considera o problema da parada e propõe a máquina de Turing em "On Computable Numbers, with an Application to the Entscheidungsproblem" e "On Computable Numbers, with an Application to the Entscheidungsproblem. A Correction".

6. Dan Smith, entrevista pessoal, 11 set. 2014.

7. Isso aconteceu no "Full Tilt Poker Durrrr Million Dollar Challenge", realizado no Les Ambassadeurs Club em Londres, de 17 a 19 de novembro de 2009, e televisionado no canal Sky Sports.

8. Vanessa Rousso, "Leveling Wars". Disponível em: <www.youtube.com/ watch?v=Yt5ALnFrwR4>.

9. Dan Smith, entrevista pessoal, 11 set. 2014.

10. O conceito de um equilíbrio teórico no jogo — e, nesse caso, a própria teoria do jogo — vem de John von Neumann e Oskar Morgenstern, de Princeton, em *Theory of Games and Economic Behavior*.

11. Para uma visão multifacetada de torneios do jogo pedra-papel-tesoura (RPS, na sigla em inglês), inclusive um glossário de vários "gambitos" em três movimentos — como o Avalanche (RRR), o Burocrata (PPP) e Um Punhado de Dólares (RPP) —, recomendamos <http://worldrps.com>. Para jogos RPS de *computador*, verifique o Rock Paper Scissors Programming Competition: <www.rpscontest.com>.

12. Uma estratégia como essa que inclua aleatoriedade é chamada de estratégia "mista". A alternativa é uma estratégia "pura", que envolve escolher sempre a mesma opção; isso, claramente, não funcionaria por muito tempo no jogo pedra-papel-tesoura. Estratégias mistas aparecem como parte do equilíbrio em muitos jogos, especialmente em jogos de "soma zero", nos quais os interesses dos jogadores se contrapõem diretamente.

13. Nash, "Equilibrium Points in *N*-Person Games"; Nash, "Non-Cooperative Games".

14. Para ser mais exato, Nash provou nesse trabalho que todo jogo com um número finito de jogadores e um número finito de estratégias tem ao menos um equilíbrio de estratégia mista.

15. Myerson, "Nash Equilibrium and the History of Economic Theory".

16. Papadimitriou, "Foreword".

17. Tim Roughgarden, "Algorithmic Game Theory, Lecture 1 (Introduction)", outono 2013. Disponível em: <www.youtube.com/watch?v=TM_QFmQU_VA>.

18. Gilboa e Zemel, "Nash and Correlated Equilibria".

19. Especificamente, demonstrou-se que achar os equilíbrios de Nash pertence a uma classe de problemas chamada *PPAD*, que (como *NP*) é amplamente tida como intratável. A ligação entre os equilíbrios de Nash e *PPAD* foi estabelecida em Daskalakis, Goldberg e Papadimitriou, "The Complexity of Computing a Nash Equilibrium", e em Goldberg e Papadimitriou, "Reducibility Between Equilibrium Problems". Depois foi estendida a jogos com dois jogadores em Chen e Deng, "Settling the Complexity of Two-Player Nash Equilibrium", e então generalizada em Deskalakis, Goldberg e Papadimitriou, "The Complexity of Computing a Nash Equilibrium". *PPAD* refere-se a "Polynomial Parity Arguments on Directed graphs". Papadimitriou, que deu o nome a essa classe de problemas em "On Complexity as Bounded Rationality", insiste em que qual-

quer semelhança com seu próprio nome é coincidência. (Christos Papadimitriou, entrevista pessoal, 4 set. 2014.)

O *PPAD* contém outros problemas interessantes, como o problema do sanduíche de presunto: dados *n* conjuntos de 2*n* pontos em *n* dimensões, encontre um plano que divida cada conjunto de pontos exatamente ao meio. (Com $n = 3$, isso representa imaginar o percurso [um único percurso direto e sem desvios] que uma faca teria de fazer para cortar ao meio cada um desses três conjuntos de pontos; se esses três conjuntos de pontos correspondem a duas fatias de pão e uma de presunto, o resultado daria um sanduíche cortado em duas metades perfeitas.) O processo de achar os equilíbrios de Nash é efetivamente *PPAD*-completo, o que quer dizer que se houvesse um algoritmo eficaz para resolvê-lo, então todos os outros problemas dessa classe poderiam ser resolvidos eficazmente (inclusive o de fazer os sanduíches mais bem-feitos do mundo). Mas ser *PPAD*-completo não é tão ruim quanto ser *NP*-completo. *P*, a classe de problemas eficazmente resolvíveis, poderia ser igual a *PPAD* sem ser igual a *NP*. Quanto a isso, o júri ainda não se pronunciou: teoricamente, é possível que alguém conceba um algoritmo eficaz para achar os equilíbrios de Nash, mas a maioria dos especialistas não prendeu a respiração na expectativa disso.

20. Christos Papadimitriou, "The Complexity of Finding Nash Equilibria", em Nisan et al., *Algorithmic Game Theory.*

21. Aaronson, "Why Philosophers Should Care About Computational Complexity".

22. Christos Papadimitriou, "The Complexity of Finding Nash Equilibria", em Nisan et al., *Algorithmic Game Theory*, p. 30.

23. O dilema do prisioneiro foi concebido pela primeira vez por Merrill Flood (famoso pelos problemas da secretária e do caixeiro-viajante) e Melvin Drescher na Rand Corporation. Em janeiro de 1950, eles encenaram um jogo entre Armen Alchian, da UCLA, e John D. Williams, da Rand, que tinha recompensas parecidas com as do dilema do prisioneiro (Flood, "Some Experimental Games"). Albert Tucker, de Princeton, ficou intrigado com esse experimento, e, ao se preparar para comentá-lo naquele mês de maio numa palestra em Stanford, ele deu ao problema sua agora famosa formulação e seu nome. Uma história detalhada das origens da teoria do jogo e seu desenvolvimento no trabalho da Rand Corporation pode ser encontrada em Poundstone, *Prisioner's Dilemma.*

24. Roughgarden e Tardos, "How Bad Is Selfish Routing?". A tese de doutorado de Roughgarden na Universidade Cornell, em 2002, também trata do tópico do roteamento egoísta.

25. Cabell, *The Silver Stallion.*

26. Hardin, "The Tragedy of the Commons".

27. Avrim Blum, entrevista pessoal, 17 dez. 2014.

28. Scott K. Johnson, "Stable Climate Demands Most Fossil Fuels Stay in the Ground, but Whose?", *Ars Technica*, 8 jan. 2015.

29. "In Search of Lost Time", *The Economist*, 20 dez. 2014.

30. O estudo é de Glassdoor e está mencionado nessa mesma matéria da revista *The Economist*.

31. Mathias Meyer, "From Open (Unlimited) to Minimum Vacation Policy", 10 dez. 2014. Disponível em: <www.paperplanes.de/2014/12/10/from-open-to-minimum-vacation-policy.html>.

32. Nicole Massabrook, "Stores Open on Thanksgiving 2014: Walmart, Target, Best Buy and Other Store Hours on Turkey Day", *International Business Times*, 26 nov. 2014.

33. Ice-T, "Don't Hate the Playa", *The Seventh Deadly Sin*, 1999.

34. *O poderoso chefão*, roteiro de Mario Puzo e Francis Ford Coppola; Paramount Pictures, 1972.

35. A citação de Binmore aparece em inúmeras fontes, incluindo Binmore, *Natural Justice*, e Binmore, *Game Theory*. O "imperativo categórico" de Kant tem origem em sua obra *Fundamentação da metafísica dos costumes*, de 1785, e é discutido em sua *Crítica da razão pura*, de 1788.

36. Libin discute as motivações para os mil dólares em uma entrevista com Adam Bryant, "The Phones Are Out, but the Robot Is In", *The New Yotk Times*, 7 abr. 2012.

37. Férias compulsórias já são uma prática-padrão nas finanças, embora mais por motivo de fraude do que por razões morais. Para mais sobre férias compulsórias e fraude, ver, por exemplo, Philip Delves Broughton, "Take Those Two Weeks Off — or Else", *The Wall Street Journal*, 28 ago. 2012.

38. Rebecca Ray, Milla Sanes e John Schmitt, "No-Vacation Nation Revisited", *Center for Economic Policy and Research*, maio 2013. Disponível em: <www.cepr.net/index.php/publications/reports/no-vacation-nation-2013>.

39. Donald E. Knuth.

40. Como expressa Pascal em *Pensamentos*, §277: "*Le coeur a ses raisons, que la raison ne connaît point*".

41. Dawkins, *O maior espetáculo da Terra*.

42. Ingram et al., "Mice Infected with Low-Virulence Strains of *Toxoplasma Gondii*".

43. *The Gay Science*, §116, trad. Walter Kaufmann.

44. Frank, *Passions within Reason*.

45. Ibid.

46. Robert Frank, entrevista pessoal, 13 abr. 2015. Frank, "If Homo Econo-

micus Could Choose", contém essa ideia, embora, como ele rapidamente vem a saber, se baseie em obras tais como: Schelling, *The Strategy of Conflict*; Schelling, "Altruism, Meanness, and Other Potentially Strategic Behaviors"; Akerlof, "Loyalty Filters"; Hirshleifer, "On the Emotions as Guarantors of Threats and Promises"; Sen, "Goals, Commitment, and Identity"; e Gauthier, *Morals by Agreement*. Frank trata essas ideias em dimensão de livro em *Passions within Reason*.

47. Shaw, *Homem e super-homem*.

48. A receita do Google com anúncios em 2014, como detalhado em seu relatório para acionistas, foi de 59,6 bilhões de dólares, mais ou menos 90,3% de sua receita total de 66 bilhões de dólares. Disponível em: <https://investor.google.com/financial/tables.html>.

49. O leilão AWS-3, que se encerrou em 29 de janeiro de 2015, resultou em lances vencedores que totalizaram 44899 bilhões de dólares. Disponível em: <http://wireless.fcc.gov/auctions/default.htm?job=auction_factsheet&id=97>.

50. A estratégia de equilíbrio para um leilão com lance selado no primeiro preço com dois concorrentes é dar um lance de exatamente metade do que você acha ser o valor do item. Mais genericamente, nesse formato de leilão com n participantes, seu lance deve ser de exatamente $n - 1/n$ vezes o que você acha que vale o item. Note que essa estratégia é a do equilíbrio de Nash, mas não é a estratégia dominante; vale dizer, nada é melhor se todos os outros a estão adotando também, mas não é necessariamente ótima em todas as circunstâncias. Cuidado, comprador. E também, se você *não sabe* quantos farão lances no leilão, a estratégia ótima rapidamente fica complicada; ver, por exemplo, An, Hu e Shum, "Estimating First-Price Auctions with an Unknown Number of Bidders: A Misclassification Approach". Na verdade, mesmo o resultado aparentemente claro $n - 1/n$ requer sérias pressuposições, a saber, que os licitantes sejam "neutros" quanto aos riscos e que seus diferentes valores para o item se distribuam uniformemente numa dada abrangência. O resultado $n - 1/n$ provém de Vickrey, "Counterspeculation, Auctions, and Competitive Sealed Tenders", onde se adverte: "Se a suposição de homogeneidade entre os licitantes for abandonada, a matemática de um tratamento completo torna-se intratável".

51. Para mais sobre o Leilão de Flores de Aalsmeer, ver <www.floraholland.com/en/about-floraholland/visit-the-flower-auction/>.

52. Às vezes esses penhascos são bem literais. O *New York Times*, por exemplo, relatou a morte de vários esquiadores experientes num lugar remoto e isolado no estado de Washington. Os relatos dos sobreviventes mostram como um grupo de esquiadores extremamente habilidosos acabou fazendo uma coisa com relação à qual quase todos os membros do grupo, individualmente, tinham maus pressentimentos.

"Se dependesse de mim, nunca iria esquiar com doze pessoas num lugar remoto", disse um dos sobreviventes. "Era gente demais. Mas havia nisso uma espécie de dinâmica social — e eu não quis ser aquele a dizer: 'Ei, o grupo é grande demais e não deveríamos fazer isso'."

"Não tem como esse grupo inteiro tomar uma decisão que não seja sensata", disse um outro consigo mesmo. "É claro que vai ficar tudo bem, se todos estamos indo. Tem de ficar bem."

"Estava tudo explodindo em minha cabeça, querendo dizer a eles que parassem", disse um terceiro.

"Eu pensei: ah, não, este lugar é ruim", relatou um quarto membro do grupo. "É um lugar ruim de se estar com tanta gente. Mas eu não disse nada, não queria ser o imbecil."

Como resumiu o *New York Times*: "Todos no grupo supunham que sabiam o que os outros estavam pensando. Não sabiam". Ver Branch, "Snow Fall".

53. Bikhchandani, Hirshleifer e Welch, "A Theory of Fads". Ver também Bikhchandani, Hirshleifer e Welch, "Learning from the Behavior of Others".

54. David Hirshleifer, entrevista pessoal, 27 ago. 2014.

55. O preço desse item específico na Amazon foi notado e relatado pelo biólogo Michael Eisen, de Berkeley. Ver "Amazon's $23,698,655.93 book about flies", 23 abr. 2011, no blog de Eisen, *it is NOT junk*. Disponível em: <www.michaelelsen.org/blog/?p=358>.

56. Ver, por exemplo, as reações do economista Rajiv Sethi, da Universidade Columbia, na esteira imediata da súbita quebra. Sethi, "Algorithmic Trading and Price Volatility".

57. Isso também pode ser pensado em termos do projeto e da evolução de um mecanismo. Na média, é melhor para qualquer indivíduo em particular ser um seguidor de rebanho um tanto cauteloso, mas todos se beneficiam com a presença de alguns membros do grupo que sejam obstinados inconformistas. Nesse contexto, o excesso de confiança pode ser considerado uma forma de altruísmo. Para mais sobre a "proporção socialmente ótima" de tais membros de grupo, ver Bernardo e Welch, "On the Evolution of Overconfidence and Entrepreneurs".

58. A expressão "projeto algorítmico do mecanismo" entrou na literatura técnica pela primeira vez em Nisan e Ronen, "Algorithmic Mechanism Design".

59. Ver Vickrey, "Counterspeculation, Auctions, and Competitive Sealed Tenders".

60. Jogos "à prova de estratégia" também são conhecidos como "incentivo-compatíveis". Ver Noam Nisan, "Introduction to Mechanism Design (for Computer Scientists)", em Nisan et al. (orgs.), *Algorithmic Game Theory*.

61. Em termos de teoria dos jogos, isso faz do leilão de Vickrey "estratégia dominante incentivo-compatível" (na sigla em inglês, DSIC). E um resultado importante na teoria dos jogos algorítmica, conhecido como "Lema de Myerson", assevera que só existe um mecanismo de retorno DSIC possível. Isso significa que o leilão de Vickrey não é só *um* meio de evitar comportamento estratégico recorrente ou desonesto — é o único meio. Ver Myerson, "Optimal Auction Design".

62. O teorema de equivalência de receita tem origem em Vickrey, "Counterspeculation, Auctions, and Competitive Sealed Tenders", e foi generalizado em Myerson, "Optimal Auction Design", e em Riley e Samuelson, "Optimal Auctions".

63. Tim Roughgarden, "Algorithmic Game Theory, Lecture 3 (Myerson's Lemma)", 2 out. 2013. Disponível em: <www.youtube.com/watch?v=9qZwchMuslk>.

64. Noam Nisan, entrevista pessoal, 13 abr. 2015.

65. Paul Milgrom, entrevista pessoal, 21 abr. 2015.

66. Sartre, *Sem saída*.

CONCLUSÃO [pp. 398-408]

1. Flood, "What Future Is There for Intelligent Machines?".

2. Russell, "The Elements of Ethics".

3. Ver, por exemplo, Baltzly, "Stoicism".

4. Essa é também a diferença entre *P* e *NP*. Para mais deliciosas ruminações filosóficas dessa natureza, ver Aaronson, "Reasons to Believe", e Wigderson, "Knowledge, Creativity, and P versus NP".

5. Cenários como esse recebem às vezes o nome de "Paradoxo de Abilene"; ver Harvey, "The Abilene Paradox".

6. Esse aspecto foi também mencionado por Tim Ferriss, que escreve:

> Pare de pedir sugestões ou soluções e comece a propô-las. Comece com as coisas pequenas. Em vez de perguntar quando alguém gostaria de se encontrar na semana que vem, diga você quando é melhor para você, e proponha alternativas. Se alguém perguntar "Onde vamos comer?", "A que filme vamos assistir?", "O que vamos fazer esta noite?" ou algo parecido, não rebata dizendo "Bem, o quê/ quando/ onde é que você quer...?". Proponha uma solução. Pare com as idas e vindas e tome uma decisão.

Ver Ferriss, *Trabalhe quatro horas por semana*.

7. Idealmente, dever-se-ia querer saber os valores que cada pessoa no grupo atribui a *todas* as opções e adotar uma política razoável ao se tomar uma decisão com base em uma delas. Uma abordagem potencial é simplesmente selecionar a opção que maximiza o produto dos valores atribuídos por cada um — o que também permite que qualquer um vete uma opção atribuindo-lhe valor zero. Há argumentos da economia de que essa é uma boa estratégia, voltando completamente a John Nash. Ver Nash, "The Bargaining Problem".

8. Shallit, "What This Country Needs Is an 18¢ Piece".

9. Lueker, "Two *NP*-Complete Problems to Nonnegative Integer Programming", demonstrou que sob certas premissas, compor um troco com o menor número possível de moedas é *NP*-difícil. Esse resultado se mantém se as moedas são denominadas na base binária ou na familiar base dez, mas não se são denominadas na base unária (base um), que tem uma solução eficaz, como demonstrado em Wright, "The Change-Making Problem". Para mais sobre a complexidade computacional de compor troco, ver também Kozen e Zaks, "Optimal Bounds for the Change-Making Problem".

10. Cassady e Kobza, em "A Probabilistic Approach to Evaluate Strategies for Selecting a Parking Space", comparam os algoritmos de caça a um lugar para estacionar: "Pick a Row, Closest Space (PRCS)" e "Cycling (CYC)". O CYC, mais complicado, inclui uma regra de parada ótima, enquanto o PRCS começa no destino, afastando-se dele e simplesmente fica com a primeira vaga disponível. Na média, o CYC, mais agresssivo, encontrou vagas melhores, mas o PRCS, mais simples, venceu no quesito de menor tempo total despendido. Motoristas que seguiram o algoritmo CYC gastaram mais tempo para achar vagas melhores do que essas vagas lhe economizaram em tempo de caminhar a pé. Os autores notam que uma pesquisa dessa natureza pode ser útil no projeto de áreas de estacionamento. Modelos computacionais de estacionamento são também explorados em, por exemplo, Benenson, Martens e Birfir, "PARKAGENT: An Agent-Based Model of Parking in the City".

11. Para um exame mais profundo de quando girar e quando bloquear, ver, por exemplo, Boguslavsky et al., "Optimal Strategies for Spinning and Blocking". (Note que este é o mesmo Leonid Boguslavsky que encontramos no capítulo 1 numa jornada de esqui aquático.)

Referências bibliográficas

AARONSON, Scott. "Reasons to Believe". *Shtetl-Optimized* (blog). Disponível em: <www.scottaaronson.com/blog/?p=122>. Acesso em: 4 set. 2006.

________. "Why Philosopohers Should Care About Computational Complexity". *arXiv preprint arXiv:1108.1791*, 2011.

ABRAMSON, Norman. "The ALOHA System: Another Alternative for Computer Communications". In *Proceedings of the November 17-19, 1970, Fall Joint Computer Conference*, 1970, pp. 281-5.

ACKLEY, David H. "Beyond Efficiency". *Communications of the ACM*, v. 56, n. 10, 2013, pp. 38-40.

AGRAWAL, Manindra; KAYAL, Neeraj; SAXENA, Nitin. "PRIMES is in *P*". *Annals of Mathematics*, v. 160, 2004, pp. 781-93.

AGRAWAL, Rajeev. "Sample Mean Based Index Policies with $O(\log n)$ Regret for the Multi-Armed Bandit Problem". *Advances in Applied Probability*, v. 27, 1995, pp. 1054-78.

AGRAWAL, Shipra; GOYAL, Navin. "Analysis of Thompson Sampling for the Multi--Armed Bandit Problem". In *Proceedings of the 25th Annual Conference on Learning Theory*, 2012.

AKERLOF, George A. "Loyalty Filters". *American Economic Review*, 1983, pp. 54-63.

ALLEN, David. *Getting Things Done: The Art of Stress-Free Productivity*. Nova York: Penguin, 2002.

ALOUPIS, Greg; DEMAINE, Erik D.; GUO, Alan. "Classic Nintendo Games Are (*NP*-) Hard". *arXiv preprint arXiv:1203.1895*, 2012.

AN, Yonghong; HU, Yingyao; SHUM, Matthew. "Estimating First-Price Auctions with an Unknown Number of Bidders: A Misclassification Approach". *Journal of Econometrics*, v. 157, n. 2, 2010, pp. 328-41.

ANDERSON, John R. *The Adaptive Character of Thought*. Hillsdale, NJ: Erlbaum, 1990.

ANDERSON, John R.; MILSON, Robert. "Human Memory: An Adaptive Pespective". *Psychological Review*, v. 96, n. 4, 1989, pp. 703-19.

ANDERSON, John R.; SCHOOLER, Lael J. "Reflections of the Environment in Memory". *Psychological Science*, v. 2, n. 6, 1991, pp. 396-408.

ARIELY, Dan; JONES, Simon. *Predictably Irrational*. Nova York: HarperCollins, 2008.

ARRHENIUS, Gustaf. "An Impossibility Theorem in Population Axiology with Weak Ordering Assumptions". *Philosophical Studies*, v. 49, 1999, pp. 11-21.

AUER, Peter; CESA-BIANCHI, Nicolò; FISCHER, Paul. "Finite-Time Analysis of the Multiarmed Bandit Problem". *Machine Learning*, v. 47, 2002, pp. 235-56.

AUSTEN, Jane. *Emma*. Londres: John Murray, 1815.

AUSTRIAN, Geoffrey D. *Herman Hollerith: Forgotten Giant of Information Processing*. Nova York: Columbia University Press, 1982.

BACHMANN, Paul. *Die analytische Zahlentheorie*. Leipzig: Teubner, 1894.

BADGER, Lee. "Lazzarini's Lucky Approximation of ϖ". *Mathematics Magazine*, v. 67, 1994, pp. 83-91.

BAILEY, Arthur L. *Credibility Procedures: Laplace's Generalization of Bayes' Rule and the Combination of Collateral Knowledge with Observed Data*. Nova York: New York State Insurance Department, 1950.

BAKER, Kenneth R. *Introduction to Sequencing and Scheduling*. Nova York: Wiley, 1974.

BAKER, Kenneth R.; LAWLER, Eugene L.; LENSTRA, Jan Karel; RINNOOY KAN, Alexander H. G. "Preemptive Scheduling of a Single Machine to Minimize Maximum Cost Subject to Release Dates and Precedence Constraints". *Operations Research*, v. 31, n. 2, 1983, pp. 381-6.

BALTZLY, Dirk. "Stoicism". In *The Stanford Encyclopedia of Philosophy* (primavera 2014). Org. de Edward N. Zalta. Disponível em: <http://plato.stanford.edu/archives/spr2014/entries/stoicism/>.

BANKS, Jeffrey S.; SUNDARAM, Rangarajan K. "Switching Costs and the Gittins Index". *Econometrica*, v. 62, 1994, pp. 687-94.

BARABÁSI, Albert-László. *Linked: How Everything Is Connected to Everything Else and What It Means for Business, Science, and Everyday Life*. Nova York: Penguin, 2002.

BARAN, Paul. "On Distributed Communications". *Volumes I-XI, Rand Corporation Research Documents*, ago. 1964, pp. 637-48.

BARNARD, Chester I. *The Functions of the Executive*. Cambridge, MA: Harvard University Press, 1938.

BARTLETT, Robert H.; ROLOFF, Dietrich W.; CORNELL, Richard G; ANDREWS, Alice French; DILLON, Peter W; ZWISCHENBERGER, Joseph B. "Extracorporeal Circulation in Neonatal Respiratory Failure: A Prospective Randomized Study". *Pediatrics*, v. 76, n. 4, 1985, pp. 479-87.

BAUMGARDT, Carola. *Johannes Kepler: Life and Letters*. Nova York: Philosophical Library, 1951.

BAVELAS, Janet B.; COATES, Linda; JOHNSON, Trudy. "Listeners as Co-Narrators". *Journal of Personality and Social Psychology*, v. 79, n. 6, 2000, pp. 941-52.

BAYES, Thomas. "An Essay Towards Solving a Problem in the Doctrine of Chances". *Philosophical Transactions*, v. 53, 1763, pp. 370-418.

BEARDEN, Neil. "A New Secretary Problem with Rank-Based Selection and Cardinal Payoffs". *Journal of Mathematical Psychology*, v. 50, 2006, pp. 58-9.

BÉLÁDY, László A. "A Study of Replacement Algorithms for a Virtual-Storage Computer". *IBM Systems Journal*, v. 5, 1966, pp. 78-101.

BÉLÁDY, László A.; NELSON, Robert A.; SHEDLER, Gerald S. "An Anomaly in Space--Time Characteristics of Certain Programs Running in a Paging Machine". *Communications of the ACM*, v. 12, n. 6, 1969, pp. 349-53.

BELEW, Richard K. *Finding Out About: A Cognitive Perspesctive on Search Engine Technology and the WWW*. Cambridge, Reino Unido: Cambridge University Press, 2000.

BELL, Aubrey F. G. *In Portugal*. Nova York: John Lane, 1912.

BELLHOUSE, David R. "The Reverend Thomas Bayes, FRS: A Biography to Celebrate the Tercentenary of His Birth". *Statistical Science*, v. 19, 2004, pp. 3-43.

BELLMAN, Richard. *Dynamic Programming*. Princeton, NJ: Princeton University Press, 1957.

________. "A Problem in the Sequential Design of Experiments". *Sankhyā: The Indian Journal of Statistics*, v. 16, 1956, pp. 221-9.

BELLOWS, Meghan L.; LUC PETERSON, J. D. "Finding an Optimal Seating Chart". *Annals of Improbable Research*, 2012.

BENENSON, Itzhak; MARTENS, Karel; BIRFIR, Slava. "PARKAGENT: An Agent-Based Model of Parking in the City". *Computers, Environment and Urban Systems*, v. 32, n. 6, 2008, pp. 431-9.

BEREZOVSKY, Boris; GNEDIN, Alexander V. *Problems of Best Choice* (em russo). Moscou: Akademia Nauk, 1984.

BERG-KIRKPATRICK, Taylor; KLEIN, Dan. "Decipherment with a Million Random Restarts". In *Proceedings of the Conference on Empirical Methods in Natural Language Processing*, 2013, pp. 874-8.

BERNARDO, Antonio E.; WELCH, Ivo. "On the Evolution of Overconfidence and Entrepreneurs". *Journal of Economics and Management Strategy*, v. 10, n. 3, 2001, pp. 301-30.

BERRY, Donald A. "A Bernoulli Two-Armed Bandit". *Annals of Mathematical Statistics*, v. 43, 1972, pp. 871-97.

________. "Comment: Ethics and ECMO". *Statistical Science*, v. 4, 1989, pp. 306-10.

BERRY, Donald A.; FRISTED, Bert. *Bandit Problems: Sequential Allocation of Experiments*. Nova York: Chapman and Hall, 1985.

BETTENCOURT, Luís M. A.; LOBO, José; HELBING, Dirk; KÜHNERT, Christian; WEST, Geoffrey B. "Growth, Innovation, Scaling and the Pace of Life in Cities". *Proceedings of the National Academy of Sciences*, v. 104, n. 17, 2007, pp. 7301-6.

BIKHCHANDANI, Sushil; HIRSHLEIFER, David; WELCH, Ivo. "A Theory of Fads, Fashion, Custom, and Cultural Change as Informational Cascades". *Journal of Political Economy*, v. 100, n. 5, 1992, pp. 992-1026.

________. "Learning from the Behavior of Others: Conformity, Fads, and Informational Cascades". *Journal of Economic Perspectives*, v. 12, n. 3, 1998, pp. 151-70.

BINMORE, Ken. *Game Theory: A Very Short Introduction*. Nova York: Oxford University Press, 2007.

________. *Natural Justice*. Nova York: Oxford University Press, 2005.

BJARNASON, Ronald; FERN, Alan; TADEPALLI, Prasad. "Lower Bounding Klonkike Solitaire with Monte-Carlo Planning". In *Proceedings of the 19th International Conference on Automated Planning and Scheduling, Icaps 2009*.

BLAU, Peter Michael. *The Dynamics of Bureaucracy: A Study of Interpersonal Relations in Two Government Agencies*. Chicago: University of Chicago Press, 1955.

BLOOM, Burton H. "Space/Time Trade-offs in Hash Coding with Allowable Errors". *Communications of the ACM*, v. 13, n. 7, 1970, pp. 422-6.

BOGUSLAVSKY, Leonid; HARZALLAH, Karim; KREINEN, A.; SEVCIK, K.; VAINSHTEIN, Alexander. "Optimal Strategies for Spinning and Blocking". *Journal of Parallel and Distributed Computing*, v. 21, n. 2, 1994, pp. 246-54.

BOORSTIN, Daniel J. *The Discoverers: A History of Man's Search to Know His World and Himself*. Nova York: Random House, 1983.

BRADT, Russell N.; JOHNSON, S. M.; KARLIN, Samuel. "On Sequential Designs for Maximizing the Sum of *N* Observarions". *Annals of Mathematical Statistics*, v. 27, 1956, pp. 1060-74.

BRANCH, John. "Snow Fall: The Avalanche at Tunnel Creek". *The New York Times*, 20 dez. 2012.

BROWN, Alexander L.; LAHEY, Joanna N. *Small Victories: Creating Intrinsic Motivation in Savings and Debt Reduction*. Relatório técnico. Cambridge, MA: National Bureau of Economic Research, 2014.

BRUSH, Eleanor R.; KRAKAUER, David C.; FLACK, Jessica C. "A Family of Algorithms for Computing Consensus About Node State from Network Data". *Plos Computational Biology*, v. 9, n. 7, 2013.

BRUSS, F. Thomas. "A Unified Approach to a Class of Best Choice Problems with an Unknown Number of Options". *Annals of Probability*, v. 12, 1984, pp. 882-9.

BUCH, P. "Future Prospects Discussed". *Nature*, v. 368, 1994, pp. 107-8.

BUFFON, Georges-Louis Leclerd, Conde de. "Essai d'arithmétique morale". *Supplément à l'Histoire naturelle, générale et particuliére*, v. 4, 1777, pp. 46-148.

BURKS, Arthur W.; GOLDSTINE, Herman H.; NEUMANN, John von. *Preliminary Discussion of the Logical Design of an Electronic Computing Instrument*. Princeton, NJ: Institute for Advanced Studies, 1946.

BURRELL, Quentin. "A Simple Stochastic Model for Library Loans". *Journal of Documentation*, v. 36, n. 2, 1980, pp. 115-32.

BURTHE JR., Ronald. "Further Investigations with the Strong Probable Prime Test". *Mathematics of Computation of the American Mathematical Society*, v. 65, n. 213, 1996, pp. 373-81.

CABELL, James Branch. *The Silver Stallion*. Nova York: Robert M. McBride, 1926.

CAMPBELL, Donald T. "Blind Variation and Selective Retention in Creative Thought as in Other Knowledge Processes". *Psychological Review*, v. 67, 1960, pp. 380-400.

CARPENTER, Brian; HINDEN, Robert. *Adaptation of RFC 1149 for IPv6*. Relatório técnico. RFC 6214, abr. 2011.

CARROLL, Lewis. *Sylvie and Bruno Concluded*. Londres: Macmillan, 1893.

CARSTENSEN, Laura L. "Social and Emotional Patterns in Adulthood: Support for Socio-emotional Selectivity Theory". *Psychology and Aging*, v. 7, 1992, pp. 331-8.

CASSADY, C. Richard; KOBZA, John E. "A Probabilistic Approach to Evaluate Strategies for Selecting a Parking Space". *Transportation Science*, v. 32, n. 1, 1998, pp. 30-42.

CAWDREY, Robert. *A Table Alphabeticall, conteyning and teaching the true writing, and vnderstanding of hard vsuall English wordes, borrowed from the Hebrew, Greeke, Latine, of French, etc. With the interpretation thereof by the plaine English words, gathered for the benefit & help of ladies, gentlewomen, or any other vnskilfull persons. Whereby they may the more easilie and better vnderstand many hard English wordes, which they shall heare or read in Scriptures, Sermons, or elswhere, and also be made able to vse the same aptly themselues.* Londres: Edmund Weaver, 1604.

CAYLEY, Arthur. "Mathematical Questions with Their Solutions". *Educational Times*, v. 23, 1875, pp. 18-9.

________. *The Collected Mathematical Papers of Arthur Cayley*, v. 10, pp. 587-8. Cambridge, Reino Unido: Cambridge University Press, 1896.

CERF, Vinton G.; KAHN, Robert E. "A Protocol for Packet Network Intercommunication". *IEEE Transactions on Communications*, v. 22, n. 5, 1974, pp. 637-48.

CHABERT, Jean-Luc; BARBIN, Evelyne; WEEKS, Christopher John. *A History of Algorithms: From the Pebble to the Microchip*. Berlim: Springer, 1999.

CHARLES, Susan T.; CARSTENSEN, Laura L. "Social and Emotional Aging". *Annual Review of Psychology*, v. 61, 2010, pp. 383-409.

CHEN, Stanley F.; GOODMAN, Joshua. "An Empirical Study of Smoothing Techniques for Language Modeling". In *Proceedings of the 34th Annual Meeting of the Association for Computational Linguistics*, 1996, pp. 310-8.

CHEN, Xi; DENG, Xiaotie. "Settling the Complexity or Two-Player Nash Equilibrium". In *Foundation of Computer Science*, 2006, pp. 261-72.

CHOW, Y. S.; ROBBINS, Herbert. "A Martingale System Theorem and Applications". In *Proceedings of the Fourth Berkeley Symposium on Mathematical Statistics and Probability*. Berkeley: University of California Press, 1961.

________. "On Optimal Stopping Rules". *Probability Theory and Related Fields*, v. 2, 1963, pp. 33-49.

CHOW, Y. S.; MORIGUTI, Sigaiti; ROBBINS, Herbert; SAMUELS, S. M. "Optimal Selection Based on Relative Rank (the 'Secretary Problem')". *Israel Journal of Mathematics*, v. 2, 1964, pp. 81-90.

CHRISTIAN, Brian. "The A/B Test: Inside the Technology That's Changing the Rules of Business". *Wired Magazine*, v. 20, n. 5, 2012.

CHRISTOFIDES, Nicos. *Worst-Case Analysis of a New Heuristic for the Traveling Salesman Problem*. Relatório técnico 388. Pittsburgh: Graduate School of Industrial Administration, Carnegie Mellon University, 1976.

CHURCHILL, Winston. *Winston S. Churchill: His Complete Speeches, 1897-1963*. Org. de Robert Rhodes James. Londres: Chelsea House, 1974.

CIRILLO, Francesco. *The Pomodoro Technique*. Raleigh, NC: Lulu, 2009.

CLARKE, Donald D.; SOKOLOFF, Louis. “Circulation and Energy Metabolism of the Brain”. In *Basic Neurochemistry: Molecular, Cellular and Medical Aspects.* 6ª ed. Org. de George J. Siegel, Bernard W. Agranoff, R. Wayne Albers, Stephen K. Fisher e Michael D. Uhler. Filadélfia: Lippincott-Raven, 1999, pp. 637-69.

CLAUSET, Aaron; SHALIZI, Cosma Rohilla; NEWMAN, Mark E. J. “Power-Law Distributions in Empirical Data”. *Siam Review*, v. 51, n. 4, 2009, pp. 661-703.

COBHAM, Alan. “The Intrinsic Computational Difficulty of Functions”. In *Proceedings of the 1964 Congress on Logic, Methodology and Philosophy of Science.* Amsterdam: North Holland, 1964.

CONAN DOYLE, Arthur. “A Study in Scarlet: The Reminiscences or John H. Watson”. In *Beeton's Christmas Annual*, v. 29. Londres: Ward, Lock, 1887.

CONNOR, James A. *Kepler's Witch: An Astronomer's Discovery of Cosmic Order Amid Religious War, Political Intrigue, and the Heresy Trial of His Mother.* Nova York: HarperCollins, 2004.

CONTI, Carl J.; GIBSON, Donald H.; PITKOWSKY, Stanley H. “Structural Aspects of the System/360 Model 85, I: General Organization”. *IBM Systems Journal*, v. 7, 1968, pp. 2-14.

COOK, Stephen A. “The Complexity of Theorem-Proving Procedures”. In *Proceedings of the Third Annual ACM Symposium on Theory of Computing*, 1971, pp. 151-8.

COOK, William. *In Pursuit of the Traveling Salesman: Mathematics at the Limits of Computation.* Princeton, NJ: Princeton University Press, 2012.

COVEY, Stephen R. *How to Succeed with People.* Salt Lake City: Shadow Mountain, 1971.

CRAIG, J. V. *Agressive Behavior of Chickens: Some Effects of Social and Physical Environments.* Apresentado na 27ª Mesa-Redonda Nacional de Criadores, Kansas City, MO, 11 maio 1978.

DALE, Andrew I. *A History of Inverse Probability: From Thomas Bayes to Karl Pearson.* Nova York: Springer, 1999.

DALY, Lloyd W. *Contribrutions to a History of Alphabetization in Antiquity and the Middle Ages.* Bruxelas: Latomus, 1967.

DAMGÅRD, Ivan; LANDROCK, Peter; POMERANCE, Carl. “Average Case Error Estimates for the Strong Probable Prime Test”. *Mathematics of Computation*, v. 61, n. 203, 1993, pp. 177-94.

DANIELS, Bryan; KRAKAUER, David C.; FLACK, Jessica C. “Sparse Code of Conflict in a Primate Society”. *Proceedings or the National Academy of Sciences*, v. 109, n. 35, 2012, pp. 14259-64.

DARWIN, Charles. *The Correspondence of Charles Darwin*, v. 2, *1837-1843*. Org. de Frederick Burkhardt e Sydney Smith. Cambridge, Reino Unido: Cambridge University Press, 1987.

DASKALAKIS, Constantinos; GOLDBERG, Paul W.; PAPADIMITRIOU, Christos H. "The Complexity of Computing a Nash Equilibrium". *ACM Symposium on Theory of Computing*, 2006, pp. 71-8.

________. "The Complexity of Computing a Nash Equilibrium". *Siam Journal on Computing*, v. 39, n. 1, 2009, pp. 195-259.

DAVIS, Lydia. *Almost No Memory: Stories*. Nova York: Farrar, Straus & Giroux, 1997.

DAWKINS, Richard. *The Evidence for Evolution, the Greatest Show on Earth*. Nova York: Free Press, 2009.

DEDEO, Simon; KRAKAUER, David C.; FLACK, Jessica C. "Evidence of Strategic Periodicities in Collective Conflict Dynamics". *Journal of the Royal Society Interface*, 2011.

DEGROOT, Morris H. *Optimal Statistical Decisions*. Nova York: McGraw-Hill, 1970.

DEMAINE, Erik D.; HOHENBERGER, Susan; LIBEN-NOWELL, David. "Tetris Is Hard, Even to Approximate". In *Computing and Combinatorics*, pp. 351-63. Nova York: Springer, 2003.

DEMILLO, Richard A.; LIPTON, Richard J. "A Probabilistic Remark on Algebraic Program Testing". *Information Processing Letters*, v. 7, n. 4, 1978, pp. 193-5.

DENNING, Peter J. "Thrashing: Its Causes and Prevention". In *Proceedings of the December 9-11, 1968, Fall Joint Computer Conference, Part I*, 1968, pp. 915-22.

DIFFIE, Whitfield; HELLMAN, Martin E. "New Directions in Cryptography". *IEEE Transactions on Information Theory*, v. 22, n. 6, 1976, pp. 644-54.

DILLARD, Annie. *Pilgrim at Tinker Creek*. Nova York: Harper's Magazine Press, 1974.

________. *The Writing Life*. Nova York: Harper & Row, 1989.

DODGSON, Charles Lutwidge. "Lawn Tennis Tournaments: The True Method of Assigning Prizes with a Proof of the Fallacy of the Present Method". *St. James's Gazette*, 1º ago. 1883. pp. 5-6.

DURANT, Will. *The Story of Philosophy: The Lives and Opinions of the Greater Philosophers*. Nova York: Simon & Schuster, 1924.

EDMONDS, Jack. "Optimum Branchings". *Journal of Research of the National Bureau of Standards*, v. 71B, n. 4, 1967, pp. 233-40.

________. "Paths, Trees, and Flowers". *Canadian Journal of Mathematics*, v. 17, n. 3, 1965, pp. 449-67.

ERLANG, Agner Krarup. "Solution of Some Problems in the Theory of Probabilities of Significance in Automatic Telephone Exchanges". *Elektrotkeknikeren*, v. 13, 1917, pp. 5-13.

_______. "The Theory of Probabilities and Telephone Conversations". *Nyt Tidsskrift for Matematik B*, v. 20, n. 33-39, 1909, p. 16.

EVERETT III, Hugh. "Generalized Lagrange Multiplier Method for Solving Problems of Optimum Allocation of Resources". *Operations Research*, v. 11, n. 3, 1963, pp. 399-417.

FELDMAN, Dorian. "Contribution to the 'Two-Armed Bandit' Problem". *Annals of Mathematical Statistics*, v. 33, 1962, pp. 847-56.

FERGUSON, Thomas S. *Optimal Stopping and Applications*. Disponível em: <www.math.ucla.edu/-tom/Stopping/2008>.

_______. "Stopping a Sum During a Success Run". *Annals of Statistics*, v. 4, 1976, pp. 252-89.

_______. "Who Solved the Secretary Problem?". *Statistical Science*, v. 4, 1989, pp. 282-9.

FERGUSON, Thomas S.; HARDWICK, Janis P.; TAMAKI, Mitsushi. "Maximizing the Duration of Owning a Relatively Best Object". In *Strategies for Sequential Search and Selection in Real Time*, pp. 37-57. Providence: American Mathematical Society, 1992.

FERRISS, Timothy. *The 4-Hour Workweek*. Nova York: Crown, 2007.

FIORE, Neil A. *The Now Habit: A Strategic Program for Overcoming Procrastination and Enjoying Guilt-Free Play*. Nova York: Penguin, 2007.

FISHER, Marshall L. "The Lagrangian Relaxation Method for Solving Integer Programming Problems". *Management Science*, v. 27, n. 1, 1981, pp. 1-18.

FITZGERALD, F. Scott. "The Crack-Up". *Esquire*, v. 5, n. 2-4, 1936.

_______. *The Crack-Up with Other Uncollected Pieces*. Nova York: New Directions, 1956.

FLOOD, Merrill M. "Soft News". *Datamation*, v. 30, n. 20, 1984, pp. 15-6.

_______. "Some Experimental Games". In *Research Memorandum RM-789*. Santa Monica, CA: RAND, 1952.

_______. "The Traveling-Salesman Problem". *Operations Research*, v. 4, n. 1, 1956, pp. 61-75.

_______. "What Future Is There for Intelligent Machines?". *Audio Visual Communication Review*, v. 11, n. 6, 1963, pp. 260-70.

FORSTER, Edward M. *Howards End*. Londres: Edward Arnold, 1910.

FORTNOW, Lance. *The Golden Ticket: P, NP, and the Search for the Impossible*. Princeton, NJ: Princeton University Press, 2013.

FRAKER, Guy C. "The Real Lincoln Highway: The Forgotten Lincoln Circuit Markers". *Journal of the Abraham Lincoln Association*, v. 25, 2004, pp. 76-97.

FRANK, Robert H. "If Homo Economicus Could Choose His Own Utility Function, Would He Want One with a Conscience?". *American Economic Review*, 1987, pp. 593-604.

________. *Passions within Reason: The Strategic Role of the Emotions*. Nova York: Norton, 1988.

FREDRICKSON, Barbara L.; CARSTENSEN, Laura L. "Choosing Social Partners: How Old Age and Anticipated Endings Make People More Selective". *Psychology and Aging*, v. 5, 1990, pp. 335-47.

FREEMAN, P. R. "The Secretary Problem and Its Extensions: A Review". *International Statistical Review*, v. 51, 1983, pp. 189-206.

FUNG, Helene H.; CARSTENSEN, Laura L.; LUTZ, Amy M. "Influence of Time on Social Preferences: Implications for Life-Span Development". *Psychology and Aging*, v. 14, 1999, pp. 595-604.

GAL, David; MCSHANE, Blakeley B. "Can Small Victories Help Win the War? Evidence from Consumer Debt Management". *Journal of Marketing Research*, v. 49, 2012, pp. 487-501.

GALLAGHER, P.; KERRY, C. *Digital Signature Standard*. FIPS PUB 186-4, 2013.

GAREY, Michael R.; JOHNSON, David S. *Computers and Intractability: A Guide to NP-Completeness*. Nova York: W. H. Freeman, 1979.

GARFIELD, Eugene. "Recognizing the Role of Chance". *Scientist*, v. 2, n. 8, 1988, p. 10.

GARRETT, A. J. M.; COLES, P. "Bayesian Inductive Inference and the Anthropic Cosmological Principle". *Comments on Astrophysics*, v. 17, 1993, pp. 23-47.

GASARCH, William I. "The *P* = ? *NP* Poll". *SIGACT News*, v. 33, n. 2, 2002, pp. 34-47.

GAUTHIER, David P. *Morals by Agreement*. Nova York: Oxford University Press, 1985.

GEMAN, Stuart; BIENENSTOCK, Elie; DOURSAT, René. "Neural Networks and the Bias/Variance Dilemma". *Neural Computation*, v. 4, n. 1, 1992, pp. 1-58.

GEOFFRION, Arthur M. "Lagrangian Relaxation for Integer Programming". *Mathematical Programming Study*, v. 2, 1974, pp. 82-114.

________. "Lagrangian Relaxation for Integer Programming". In *50 Years of Integer Programming 1958-2008: From Early Years to State of the Art*. Org. de Michael Juenger, Thomas M. Liebling, Denis Naddef, George L. Nemhauser, William R. Pulleyblank, Gerhard Reinelt, Giovanni Rinaldi e Laurece A. Wolsey. Berlim: Springer, 2010, pp. 243-81.

GIGERENZER, Gerd; BRIGHTON, Henry. "Homo Heuristicus: Why Biased Minds Make Better Inferences". *Topics in Cognitive Science*, v. 1, n. 1, 2009, pp. 107-43.

GILBERT, Daniel. *Stumbling on Happiness.* Nova York: Knopf, 2006.
GILBERT, John P.; MOSTELLER, Frederick. "Recognizing the Maximum of a Sequence". *Journal of the American Statistical Association*, v. 61, 1996, pp. 35-75.
GILBOA, Itzhak; ZAMEL, Eitan. "Nash and Correlated Equilibria: Some Complexity Considerations". *Games and Economic Behavior,* v. 1, n. 1, 1989, pp. 80-93.
GILLISPIE, Charles Coulston. *Pierre-Simon Laplace, 1749-1827: A Life in Exact Science.* Princeton, NJ: Princeton University Press, 2000.
GILMORE, Paul C.; GOMORY, Ralph E. "A Linear Programming Approach to the Cutting Stock Problem, Part II". *Operations Research*, v. 11, n. 6, 1963, pp. 863-88.
GILOVICH, Thomas. *How We Know What Isn't So.* Nova York: Simon & Schuster, 2008.
GINSBERG, Allen. *Howl and Other Poems.* San Francisco: City Lights Books, 1956.
GITTINS, John C. "Bandit Processes and Dyamic Allocation Indices". *Journal of the Royal Statistical Society, Series B (Methodological)*, v. 41, 1979, pp. 148-77.
GITTINS, John C.; GLAZEBROOK, Kevin; WEBER, Richard. *Multi-Armed Bandit Allocation Indices.* 2ª ed. Chichester, Reino Unido: Wiley, 2011.
GITTINS, John C.; JONES, D. "A Dynamic Allocation Index for the Sequential Design of Experiments". In *Progress in Statistics.* Amsterdam: North Holland, 1974, pp. 241-66.
GLASSNER, Barry. "Narrative Techniques of Fear Mongering". *Social Research*, v. 71, 2004, pp. 819-26.
GOLDBERG, Paul W.; PAPADIMITRIOU, Christos H. "Reducibility Between Equilibrium Problems". *ACM Symposium on Theory of Computing*, 2006, pp. 62-70.
GOOD, Irving John. *Good Thinking: The Foundations of Probability and Its Applications.* Minneapolis, MN: University of Minnesota Press, 1983.
GOPNIK, Alison; MELTZOFF, Andrew N.; KUHL, Patricia K. *The Scientist in the Crib.* Nova York: Morrow, 1999.
GORDON, Deborah M. "Control Without Hierarchy". *Nature*, v. 446, n. 7132, 2007, p. 143.
GOTT, J. R. "Future Prospects Discussed". *Nature*, v. 368, 1994, p. 108.
_______. "Implications of the Copernican Principle for Our Future Prospects". *Nature*, v. 363, 1993, pp. 315-9.
GOULD, Stephen Jay. "The Median Isn't the Message". *Discover*, v. 6, n. 6, 1985, pp. 40-2.
GRAHAM, Ronald L.; LAWLER, Eugene L.; LENSTRA, Jan Karel; RINNOOY KAN, Alexander H. G. "Optimization an Approximation in Deterministic Sequencing and

Scheduling: A Survey". *Annals of Discrete Mathematics*, v. 5, 1979, pp. 287--326.

GRENANDER, Ulf. "On Empirical Spectral Analysis of Stochastic Processes". *Arkiv för Matematik*, v. 1, n. 6, 1952, pp. 503-31.

GRIDGEMAN, T. "Geometric Probability and the Number ϖ". *Scripta Mathematika*, v. 25, n. 1, 1960, pp. 183-95.

GRIFFITHS, Thomas L.; KEMP, Charles; TENENBAUM, Joshua B. "Bayesian Models of Cognition". In *The Cambridge Handbook of Computational Cognitive Modeling*. Org. de Ron Sun. Cambridge, Reino Unido: Cambridge University Press, 2008.

GRIFFITHS, Thomas L.; LIEDER, Falk; GOODMAN, Noah D. "Rational Use of Cognitive Resources Levels of Analysis Between the Computational and the Algorithmic". *Topics in Cognitive Science*, v. 7, 2015, pp. 217-29.

GRIFFITHS, Thomas L.; SOBEL, David M.; TENENBAUM, Joshua B.; GOPNIK, Alison. "Bayes and Blickets: Effects of Knowledge on Casual Induction in Children and Adults". *Cognitive Science*, v. 35, 2001, pp. 1407-55.

GRIFFITHS, Thomas L.; STEYVERS, Mark; FIRL, Alana. "Google and the Mind: Predicting Fluency with PageRank". *Psychological Science*, v. 18, 2007, pp. 1069-76.

GRIFFITHS, Thomas L.; TENENBAUM, Joshua B. "Optimal Predictions in Everyday Cognition". *Psychological Science*, v. 17, 2006, pp. 7667-73.

GROSSMAN, Dave; CHRISTENSEN, L. W. *On Combat*. Belleville, IL: PPCT Research Publications, 2004.

HAGGSTROM, Gus W. "Optimal Sequential Procedures When More Than One Stop Is Required". *Annals of Mathematical Statistics*, v. 38, 1967, pp. 1618--26.

HALEVY, Alon; NORVIG, Peter; PEREIRA, Fernando. "The Unreasonable Effectiveness of Data". *IEEE Intelligent Systems*, v. 24, n. 2, 2009, pp. 8-12.

HARDIN, Garrett. "The Tragedy of the Commons". *Science*, v. 162, n. 3859, 1968, pp. 1243-48.

HARDY, G. H. *Collected Works*, v. 2. Oxford, Reino Unido: Oxford Univesity Press, 1967.

________. "Prime Numbers". *British Association Report*, v. 10, 1915, pp. 350-4.

HARMENBERG, J. *Epee 2.0: The Birth of the New Fencing Paradigm*. Nova York: SKA Swordplay Books, 2007.

HARSANYI, John C. "Can the Maximin Principle Serve as a Basis for Morality? A Critique of John Rawls's Theory". *The American Political Science Review*, v. 69, n. 2, 1975, pp. 594-606.

HARVEY, Jerry B. "The Abilene Paradox: The Management of Agreement". *Organizational Dynamics*, v. 3, n. 1, 1974, pp. 63-80.

HASTINGS, W. K. "Monte Carlo Methods Using Markov Chains and Their Applications". *Biometrika*, v. 57, 1970, pp. 97-109.

HAWKEN, Angela; KLEIMAN, Mark. *Managing Drug Involved Probationers with Swift and Certain Sanctions: Evaluating Hawaii's HOPE*. Relatório submetido ao Instituto Nacional de Justiça dos Estados Unidos, 2009. Disponível em: <www.ncjrs.gov/pdffiles1/nij/grants/229023.pdf>.

HELD, Michael; KARP, Richard M. "The Traveling-Salesman Problem and Minimum Spanning Trees". *Operations Research*, v. 18, n. 6, 1970, pp. 1138-62.

________. "The Traveling-Salesman Problem and Minimum Spanning Trees: Part II". *Mathematical Programming*, v. 1, n. 1, 1971, pp. 6-25.

HENDERSON, T. *Discrete Relaxation Techniques*. Oxford, Reino Unido: Oxford University Press, 1989.

HENNESSY, John L.; PATTERSON, David A. *Computer Architecture: A Quantitative Approach*. Nova York: Elsevier, 2012.

HERRMANN, Jeffrey W. "The Perspectives of Taylor, Gantt, and Johnson: How to Improve Production Scheduling". *International Journal of Operations and Quality Management*, v. 16, 2010, pp. 243-54.

HEYDE, C. C. "Agner Krarup Erlang". In *Statisticians of the Centuries*. Org. de C. C. Heyde, E. Seneta, P. Crepel, S. E. Fienberg e J. Gani, pp. 328-30. Nova York. Springer, 2001.

HILL, Theodore. "Knowing When to Stop". *American Scientist*, v. 97, 2009, pp. 126-31.

HILLIS, W. Daniel. *The Pattern on the Stone: The Simple Ideas That Make Computers Work*. Nova York: Basic Books, 1998.

HIRSHLEIFER, Jack. "On the Emotions as Guarantors of Threats and Promises". In *The Latest on the Best: Essays in Evolution and Optimality*. Org. de John Dupre, pp. 307-26. Cambridge, MA: MIT Press, 1987.

HOFFMAN, David. *The Oligarchs: Wealth and Power in the New Russia*. Nova York: Public Affairs, 2003.

HORVITZ, Eric; ZILBERSTEIN, Shlomo. "Computational Tradeoffs Under Bounded Resources". *Artificial Intelligence*, v. 126, 2001, pp. 1-4.

HOSKEN, James C. "Evaluation of Sorting Methods". In *Papers and Discussions Presented at the November 7-9, 1955, Eastern Joint AIEE-IRE Computer Conference: Computers in Business and Industrial Systems*, pp. 39-55.

HURD, Cuthbert C. "A Note on Early Monte Carlo Computations and Scientific Meetings". *IEEE Annals of the History of Computing*, v. 7, n. 2, 1985, pp. 141-55.

IMPAGLIAZZO, Russell; WIGDERSON, Avi. "$P = BPP$ if E Requires Exponential Circuits: Derandomizing the XOR Lemma". In *Proceedings of the Twenty-Ninth Annual ACM Symposium on Theory of Computing*, 1997, pp. 220-9.

________. Randomness vs. Time: De-Randomization Under a Uniform Assumption". In *Proceedings of the 39th Annual Symposium on Foundations or Computer Science*, 1998, pp. 734-43.

INGRAM, Wendy Marie; GOODRICH, Leeanne M.; ROBEY, Ellen A.; EISEN, Michael B. "Mice Infected with Low-Virulence Strains of Toxoplasma Gondii Lose Their Innate Aversion to Cat Urine, Even After Extensive Parasite Clearance". *PLOS ONE*, n. 9, 2013, e75246.

JACKSON, James R. *Scheduling a Production Line to Minimize Maximum Tardiness.* Relatório técnico 43. Projeto de Pesquisa em Ciência de Gestão, Universidade da Califórnia em Los Angeles, 1955.

JACOBSON, Van. "Congestion Avoidance and Control". In *ACM SIGCOMM Computer Communication Review*, v. 18, n. 4, 1988, pp. 314-29.

________. "A New Way to Look at Networking". Palestra no Google, Mountain View, Califórnia, ago. 2006. Disponível em: <www.youtube.com/watch?-v=oCZMoY3q2uM>.

JAMES, William. "Great Men, Great Thoughts, and the Environment". *Atlantic Monthly*, v. 46, 1880, pp. 441-59.

________. *Psychology: Briefer Course.* Nova York: Holt, 1892.

JAY, Francine. *The Joy of Less: A Minimalist Living Guide: How to Declutter, Organize, and Simplify Your Life.* Medford, NJ: Anja Press, 2010.

JEFFREYS, Harold. "An Invariant Form for the Prior Probability in Estimation Problems". *Proceedings of the Royal Society of London. Series A. Mathematical and Physical Sciences*, v. 186, 1946, pp. 453-61.

________. *Theory of Probability.* 3ª ed. Oxford, Reino Unido: Oxford University Press, 1961.

JOHNSON, Selmer Martin. "Optimal Two- and Three- Stage Production Schedules with Setup Times Included". *Naval Research Logistics Quarterly*, v. 1, n. 1, 1954, pp. 61-8.

JOHNSON, Theodore; SHASHA, Dennis. "2Q: A Low Overhead High Performance Buffer Management Replacement Algorithm". *VLDB '94 Proceedings of the 20th International Conference on Very Large Data Bases*, 1994, pp. 439-50.

JONES, Thomas B.; ACKLEY, David H. "Comparison Criticality in Sorting Algorithms". In *2014 44th Annual IEEE/IFIP International Conference on Dependable Systems and Networks (DSN)*, jun. 2014, pp. 726-31.

JONES, William. *Keeping Found Things Found: The Study and Practice of Personal Information Management.* Burlington, MA: Morgan Kaufmann, 2007.

KAELBLING, Leslie Pack. *Learning in Embedded Systems*. Cambridge, MA: MIT Press, 1993.

KAELBLING, Leslie Pack; LITTMAN, Michael L.; MOORE, Andrew W. "Reinforcement Learning: A Survey". *Journal of Artificial Intelligence Research*, v. 4, 1996, pp. 237-85.

KANIGEL, Robert. *The One Best Way: Frederick Winslow Taylor and the Enigma of Efficiency*. Nova York: Viking Penguin, 1997.

KANT, Immanuel. *Grundlegung zur Metaphysik der Sitten*. Riga: Johann Friedrich Hartknoch, 1785.

________. *Kritik der praktischen Vernunft*. Riga: Johann Friedrich Hartknoch, 1788.

KARMARKAR, Narendra. "A New Polynomial-Time Algorithm for Linear Programming". In *Proceedings of the Sixteenth Annual ACM Symposium on Theory of Computing*, 1984, pp. 302-11.

KARP, Richard M. "An Introduction to Randomized Algorithms". *Discrete Applied Mathematics*, v. 34, n. 1, 1991, pp. 165-201.

________. "Reducibility Among Combinatorial Problems". In *Complexity of Computer Computations*, pp. 85-103. Nova York: Plenum, 1972.

KATAJAINEN, Jyrki; TRÄFF, Jesper Larsson. "A Meticulous Analysis of Mergesort Programs". In *Algorithms and Complexity: Third Italian Conference CIAC '97*. Berlim: Springer, 1997.

KATEHAKIS, Michael N.; ROBBINS, Herbert. "Sequential Choice from Several Populations". *Proceedings of the National Academy of Sciences*, v. 92, 1995, pp. 8584-5.

KELLY, F. P. "Multi-Armed Bandits with Discount Factor Near One: The Bernoulli Case". *Annals of Statistics*, v. 9, 1981, pp. 987-1001.

KELLY, John L. "A New Interpretation of Information Rate". *IRE Transactions on Information Theory*, v. 2, n. 3, 1956, pp. 185-9.

KHACHIYAN, Leonid G. "Polynomial Algorithms in Linear Programming". *USSR Computational Mathematics and Mathematical Physics*, v. 20, n. 1, 1980, pp. 53-72.

KHOT, Subhash; REGEV, Oded. "Vertex Cover Might Be Hard to Approximate to Within 2- ". *Journal of Computer and System Sciences*, v. 74, n. 3, 2008, pp. 335-49.

KIDD, Celeste; PALMERI, Holly; ASLIN, Richard N. "Rational Snacking: Young Children's Decision-Making on the Marshmallow Task is Moderated by Beliefs About Environmental Reliability". *Cognition*, v. 126, n. 1, 2013, pp. 109-14.

KILBURN, Tom; EDWARDS, David B. G.; LANIGAN, M. J.; SUMNER, Frank H. "One-Level Storage System". *IRE Transactions on Electronic Computers*, 1962, pp. 223--35.

KINSBOURNE, Marcel. "Somatic Twist: A Model for the Evolution of Decussation". *Neuropsychology*, v. 27, n. 5, 2013, p. 511.

KIRBY, Kris N. "Bidding on the Future: Evidence Against Normative Discounting of Delayed Rewards". *Journal of Experimental Psychology: General*, v. 126, n. 1, 1957, pp. 54-70.

KIRKPATRICK, Scott; GELATT, C. D.; Vecchi, M. P. "Optimization by Stimulated Annealing". *Science*, v. 220, n. 4598, 1983, pp. 671-80.

KNUTH, Donald E. "Ancient Babylonian Algorithms". *Communications of the ACM*, v. 15, n. 7, 1972, pp. 671-7.

________. *The Art of Computer Programming*, v. 1: *Fundamental Algorithms*. 3ª ed. Boston: Addison Wesley, 1997.

________. *The Art of Computer Programming*, v. 3: *Sorting and Searching*. 3ª ed. Boston: Addison Wesley, 1997.

________. "A Terminological Proposal". *ACM SIGACT News*, v. 6, n. 1, 1974, pp. 12-8.

________. "The TeX Tuneup of 2014". *TUGboat*, v. 35, n. 1, 2014.

________. *Things a Computer Scientist Rarely Talks About*. Stanford, CA: Center for the Study of Language and Information, 2001.

________. "Von Neumann's First Computer Program". *ACM Computing Surveys* (*CSUR*), v. 2, n. 4, dez. 1970, pp. 247-60.

KOESTLER, Arthur. *The Watershed: A Biography of Johannes Kepler*. Garden City, NY: Doubleday, 1960.

KOZEN, Dexter; ZAKS, Shmuel. "Optimal Bounds for the Change-Making Problem". In *Automata, Languages and Programming*, v. 700, pp. 150-61. Org. de Andrzej Lingas, Rolf Karlsson e Svante Carlsson. Berlim: Springer, 1993.

LAI, Tze Leung; ROBBINS, Herbert. "Asymptotically Efficient Adaptive Allocation Rules". *Advances in Applied Mathematics*, v. 6, 1985, pp. 4-22.

LAMPORT, Leslie; SHOSTAK, Robert; PEASE, Marshall. "The Byzantine Generals Problem". *ACM Transactions on Programming Languages and Systems* (*Toplas*), v. 4, n. 3, 1982, pp. 382-401.

LAPLACE, Pierre-Simon. *A Philosophical Essay on Probabilities*. 1812. Reimpressão. Nova York: Dover, 1951.

________. "Memoir on the Probability of the Causes of Events". *Statistical Science*, v. 1, 1774/ 1986, pp. 364-78.

________. *Théorie analytique des probabilités*. Paris: Mme Ve Courcier, 1812.

LAWLER, Eugene L. "Old Stories". In *History of Mathematical Programming: A Collection of Personal Reminiscences.* Amsterdam: CWI/ North Holland, 1991, pp. 97-106.

_______. "Optimal Sequencing of a Single Machine Subject to Precedence Constraints". *Management Science*, v. 19, n. 5, 1973, pp. 544-6.

_______. *Scheduling a Single Machine to Minimize the Number of Late Jobs.* Relatório técnico. Berkeley: University of California, 1983.

_______. "Scheduling a Single Machine to Minimize the Number of Late Jobs", n. UCB/CSD-83-139, 1983. Disponível em: <www.eecs.berkeley.edu/Pubs/TechRpts/1983/6344.html>.

_______. "Sequencing Jobs to Minimize Total Weighted Completion Time Subject to Precedence Constraints". *Annals of Discrete Mathematics*, v. 2, 1978, pp. 75-90.

LAWLER, Eugene L.; LENSTRA, Jan Karel; RINNOOY KAN, Alexander H. G. "A Gift for Alexander! At Play in the Fields of Scheduling Theory". *Optima*, v. 7, 1982, pp. 1-3.

LAWLER, Eugene L.; LENSTRA, Jan Karel; RINNOOY KAN, Alexander H. G.; SHMOYS, David B. "Sequencing and Scheduling: Algorithms and Complexity". In *Handbooks in Operations Research and Management Science*, v. 4: *Logistics of Production and Inventory.* Org. de S. S. Graves, A. H. G. Rinnooy Kan e P. Zipkin, pp. 445-522. Amsterdam: North Holland, 1993.

_______. *The Traveling Salesman Problem: A Guided Tour of Combinatorial Optimization.* Nova York: Wiley, 1985.

LAZZARINI, Mario. "Un'applicazione del calcolo della probabilità alla ricerca sperimentale di un valore approssimato di π". *Periodico di Matematica*, v. 4, 1901, pp. 140-3.

LEE, Donghee; NOH, S. H.; MIN, S. L.; CHOI, J.; KIM, J. H.; CHO, Yookun; KIM, Chong Sang. "LRFU: A Spectrum of Policies That Subsumes the Least Recently Used and Least Frequently Used Policies". *IEEE Transactions on Computers*, v. 50, 2001, pp. 1352-61.

LE GUIN, Ursula K. "The Ones Who Walk Away from Omelas". In *New Dimensions*, v. 3. Org. de Robert Silverberg. Nova York: Signet, 1973.

LENSTRA, Jan Karel. "The Mystical Power of Twoness: In Memoriam Eugene L. Lawler". *Journal of Scheduling*, v. 1, n. 1, 1998, pp. 3-14.

LENSTRA, Jan Karel; RINNOOY KAN, Alexander H. G.; BRUCKER, Peter. "Complexity of Machine Scheduling Problems." *Annals of Discrete Mathematics*, v. 1, 1977, pp. 343-62.

LERNER, Ben. *The Lichtenberg Figures.* Port Townsend, WA: Copper Canyon Press, 2004.

LINDLEY, Denis V. "Dynamic Programming and Decision Theory". *Applied Statistics*, v. 10, 1961, pp. 39-51.

LIPPMAN, Steven A.; MCCALL, John J. "The Economics of Job Search: A Survey". *Economic Inquiry*, v. 14, 1976, pp. 155-89.

LORIE, James H.; SAVAGE, Leonard J. "Three Problems in Rationing Capital". *Journal of Business*, v. 28, n. 4, 1955, pp. 229-39.

LOWE, Christopher J.; TERASAKI, Mark; WU, Michael; FREEMAN JR., Robert M.; RUNFT, Linda; KWAN, Kristen; HAIGO, Saori; ARONOWICZ, Jochanan; LANDER, Eric; GRUBER, Chris, et al. "Dorsoventral Patterning in Hemichordates: Insights into Early Chordate Evolution". *PLOS Biology*, v. 4, n. 9, 2006, e291.

LUCAS, Richard E.; CLARK, Andrew E.; GEORGELLIS, Yannis; DIENER, Ed. "Reexamining Adaptation and the Set Point Model of Happiness: Reactions to Changes in Marital Status". *Journal of Personality and Social Psychology*, v. 84, n. 3, 2003, pp. 527-39.

LUEKER, George S. "Two NP-Complete Problems in Nonnegative Integer Programming". *Technical Report TR-178*, Computer Sicence Laboratory, Princeton University, 1975.

LURIA, Salvador E. *A Slot Machine, a Broken Test Tube: An Autobiography*. Nova York: Harper & Row, 1984.

MACQUEEN, J.; MILLER, R. G. "Optimal Persistence Policies". *Operations Research*, v. 8, 1960, pp. 362-80.

MALTHUS, Thomas Robert. *An Essay on the Principle of Population*. Londres: J. Johnson, 1798.

MARCUS, Gary. *Kluge: The Haphazard Evolution of the Human Mind*. Nova York: Houghton Mifflin Harcourt, 2009.

MARKOWITZ, Harry. "Portfolio Selection". *Journal of Finance*, v. 7, n. 1, 1952, pp. 77-91.

________. *Portfolio Selection: Efficient Diversification of Investments*. Nova York: Wiley, 1959.

MARTIN, Thomas Commerford. "Counting Nation by Electricity". *Electrical Engineer*, v. 12, n. 184, 1891, pp. 521-30.

MCCALL, John. "Econonomics of Information and Job Search". *Quarterly Journal of Economics*, v. 84, 1970, pp. 113-26.

MCGRAYNE, Sharon Bertsch. *The Theory That Would Not Die: How Bayes' Rule Cracked the Enigma Code, Hunted Down Russian Submarines, & Emerged Triumphant from Two Centuries of Controversy*. New Haven, CT: Yale University Press, 2011.

MCGUIRE, Joseph T.; KABLE, Joseph W. "Decision Makers Calibrate Behavioral Persistence on the Basis of Time-Interval Experience". *Cognition*, v. 124, n. 2, 2012, pp. 216-26.

_______. "Rational Temporal Predictions Can Underlie Apparent Failures to Delay Gratification". *Psychological Review*, v. 120, n. 2, 2013, p. 395.

MEGIDDO, Nimrod; MODHA, Dharmendra S. "Outperforming LRU with an Adaptive Replacement Cache Algorithm". *Computer*, v. 37, n. 4, 2004, pp. 58-65.

MELLEN, Andrew. *Unstuff Your Life! Kick the Clutter Habit and Completely Organize Your Life for Good*. Nova York: Avery, 2010.

MENEZES, Alfred J.; VAN OORSCHOT, Paul C.; VANSTONE, Scott A. *Handbook of Applied Cryptography*. Boca Raton, FL: CRC Press, 1996.

MENGER, Karl. "Das botenproblem". *Ergebnisse eines mathematischen Kolloquiums*, v. 2, 1932, pp. 11-2.

METROPOLIS, Nicholas; ROSENBLUTH, Arianna W.; ROSENBLUTH, Marshall N.; TELLER, Augusta H.; TELLER, Edward. "Equation of State Calculations by Fast Computing Machines". *Journal of Chemical Physics*, v. 21, n. 6, 1953, pp. 1087--92.

MEYER, Robert J.; SHI, Yong. "Sequential Choice Under Ambiguity: Intuitive Solutions to the Armed-Bandit Problem". *Management Science*, v. 41, 1995, pp. 817-34.

MILLARD-BALL, Adam; WEINBERGER, Rachel R.; HAMPSHIRE, Robert C. "It's the Curb 80% Full or 20% Empty? Assessing the Impacts of San Francisco's Parking Pricing Experiment". *Transportation Research Part A: Policy and Practice*, v. 63, 2014, pp. 76-92.

MISCHEL, Walter; EBBESEN, Ebbe B.; RASKOFF ZEISS, Antonette. "Cognitive and Attentional Mechanisms in Delay of Gratification". *Journal of Personality and Social Psychology*, v. 21, n. 2, 1972, p. 204.

MISCHEL, Walter; SHODA, Yuichi; RODRIGUEZ, Monica I. "Delay of Gratification in Children". *Science*, v. 244, n. 4907, 1989, pp. 933-8.

MITZENMACHER, Michael; UPFAL, Eli. *Probability and Computing: Randomized Algorithms and Probabilistic Analysis*. Cambridge, Reino Unido: Cambridge University Press, 2005.

MONSELL, Stephen. "Task Switching". *Trends in Cognitive Sciences*, v. 7, n. 3, 2003, pp. 134-40.

MOORE, Gordon E. "Cramming More Components onto Integrated Circuits". *Electronics Magazine*, v. 38, 1965, pp. 114-7.

_______. "Progress in Digital Integrated Electronics". In *International Electronic Devices Meeting 1975 Technical Digest*, 1975, pp. 11-3.

MOORE, J. Michael. "An *N* Job, One Machine Sequencing Algorithm for Minimizing the Number of Late Jobs". *Management Science*, v. 15, n. 1, 1968, pp. 102-9.

MORGENSTERN, Julie. *Organizing from the Inside Out: The Foolproof System for Organizing Your Home, Your Office and Your Life*. Nova York: Macmillan, 2004.

MOSER, L. "On a Problem of Cayley". *Scripta Mathematica*, v. 22, 1956, pp. 289-92.

MOTWANI, Rajeev; RAGHAVAN, Prabhakar. *Randomized Algorithms*. Cambridge, Reino Unido: Cambridge University Press, 1995.

________. "Randomized Algorithms". *ACM Computing Surveys (CSUR)*, v. 28, n. 1, 1996, pp. 33-7.

MUCCI, A. G. "On a Class of Secretary Problem". *Annals of Probability*, v. 1, 1973, pp. 417-27.

MURRAY, David. *Chapters in the History of Bookkeeping, Accountacy and Commercial Arithmetic*. Glasgow, Reino Unido: Jackson, Wylie, 1930.

MYERSON, Roger B. "Nash Equilibrium and the History of Economic Theory". *Journal of Economic Literature*, 1999, pp. 1067-82.

________. "Optimal Auction Design". *Mathematics of Operations Research*, v. 6, n. 1, 1981, pp. 58-73.

NASH, John F. "Equilibrium Points in *N*-Person Games". *Proceedings of the National Academy of Sciences*, v. 36, n. 1, 1950, pp. 48-9.

________. "Non-Cooperative Games". *Annals of Mathematics*, v. 54, n. 2, 1951, pp. 286-95.

________. "The Bargaining Problem". *Econometrica*, v. 18, n. 2, 1950, pp. 155-62.

NAVARRO, Daniel J.; NEWELL, Ben R. "Information Versus Reward in a Changing World". In *Proceedings of the 36th Annual Conference of the Cognitive Science Society*, 2014, pp. 1054-9.

NEUMANN, John von; MORGENSTERN, Oskar. *Theory of Games and Economic Behavior*. Princeton, NJ: Princeton University Press, 1944.

NEYMAN, Jerzy. "Outline of a Theory of Statistical Estimation Based on the Classical Theory of Probability". *Philosophical Transactions of the Royal Society of London. Series A. Mathematical and Physical Sciences*, v. 236, n. 767, 1937, pp. 333-80.

NICHOLS, Kathleen; JACOBSON, Van. "Controlling Queue Delay: A Modern AQM Is Just One Piece of the Solution to Bufferbloat". *ACM Queue Networks*, v. 10, n. 5, 2012, pp. 20-34.

NISAN, Noam; RONEN, Amir. "Algorithmic Mechanism Design". In *Proceedings of the Thirty-First Annual ACM Symposium on Theory of Computing*, 1999, pp. 129-40.

OLSHAUSEN, Bruno A.; FIELD, David J. "Emergence of Simple-Cell Receptive Field Properties by Learning a Sparse Code for Natural Images". *Nature*, v. 381, 1996, pp. 607-9.

O'NEIL, Elizabeth J.; O'NEIL, Patrick E.; WEIKUM, Gerhard. "The LRU-*K* Page Replacement Algorithm for Database Disk Buffering". *ACM SIGMOD Record*, v. 22, n. 2, 1993, pp. 297-306.

PAPADIMITRIOU, Christos. "Foreword". In *Algorithmic Game Theory*. Org. de Noam Nisan, Tim Roughgarden, Éva Tardos e Vijay V. Vazirani. Cambridge, Reino Unido: Cambridge University Press, 2007.

PAPADIMITRIOU, Christos H.; TSITSIKLIS, John N. "The Complexity of Optimal Queuing Network Control". *Mathematics of Operations Research*, v. 24, 1999, pp. 293-305.

PAPADIMITRIOU, Chirstos H.; YANNAKAKIS, Mihalis. "On Complexity as Bounded Rationality". In *Proceedings of the Twenty-Sixth Annual ACM Symposium on Theory of Computing*, 1994, pp. 726-33.

PARDALOS, Panos M.; SCHNITGER, Georg. "Checking Local Optimality in Constrained Quadratic Programming is *NP*-hard". *Operations Research Letters*, v. 7, 1988, pp. 33-5.

PARETO, Vilfredo. *Cours d'économie politique*. Lausanne: F. Rouge, 1896.

PARFIT, Derek. *Reasons and Persons*. Oxford, Reino Unido: Oxford University Press, 1984.

PARTNOY, Frank. *Wait: The Art and Science of Delay*. Nova York: Public Affairs, 2012.

PASCAL, Blaise. *Pensées sur la religion et sur quelques autres sujets*. Paris: Guillaume Desprez, 1670.

PETER, Laurence J.; HULL, Raymond. *The Peter Principle: Why Things Always Go Wrong*. Nova York: Morrow, 1969.

PETRUCCELLI, Joseph D. "Best-Choice Problems Involving Uncertainty of Selection and Recall of Observations". *Journal of Applied Probability*, v. 18, 1981, pp. 415-25.

PETTIE, Seth; RAMACHANDRAN, Vijaya. "An Optimal Minimum Spanning Tree Algorithm". *Journal of the ACM*, v. 49, n. 1, 2002, pp. 16-34.

PINEDO, Michael. *Scheduling: Theory, Algorithms and Systems*. Nova York: Springer, 2012.

________. "Stochastic Scheduling with Release Dates and Due Dates". *Operations Research*, v. 31, n. 3, 1983, pp. 559-72.

PIRSIG, Robert M. *Zen and the Art of Motorcycle Maintenance*. Nova York: Morrow, 1974.

POUNDSTONE, William. *Fortune's Formula: The Untold Story of the Scientific Betting System That Beat the Casinos and Wall Street.* Nova York: Macmillan, 2005.

________. *Prisoner's Dilemma: John von Neumann, Game Theory, and the Puzzle of the Bomb.* Nova York: Doubleday, 1992.

PRABHAKAR, Balaji; DEKTAR, Katherine N.; GORDON, Deborah M. "The Regulation of Ant Colony Foraging Activity Without Spatial Information". *PLOS Computational Biology*, v. 8, n. 8, 2012, e1002670.

PRESMAN, Ernst L'vovich; SONIN, Isaac Mikhailovich. "The Best Choice Problem for a Random Number of Objects". *Teoriya Veroyatnostei i ee Primeneniya*, v. 17, 1972, pp. 695-706.

PRODUCTION AND OPERATIONS MANAGEMENT SOCIETY. "James R. Jackson". *Production and Operations Management*, v. 17, n. 6, 2008, pp. 1-2.

RABIN, Michael O. "Probabilistic Algorithm for Testing Primality". *Journal of Number Theory*, v. 12, n. 1, 1980, pp. 28-138.

RABIN, Michael O.; SCOTT, Dana. "Finite Automata and Their Decision Problems". *IBM Journal of Research and Development*, v. 3, 1959, pp. 114-25.

RAICHLE, Marcus E.; GUSNARD, Debra A. "Appraising the Brain's Energy Budget". *Proceedings of the National Academy of Sciences*, v. 99, n. 16, 2002, pp. 10237-9.

RAMAKRISHNAN, Kadangode; FLOYD, Sally. *A Proposal to Add Explicit Congestion Notification (EPN) to IP.* Relatório técnico. RFC 2481, jan. 1999.

RAMAKRISHNAN, Kadangode; FLOYD, Sally; BLACK, David. *The Addition of Explicit Congestion Notification (ECN) to IP.* Relatório técnico. RFC 3168, set. 2001.

RAMSCAR, Michael; HENDRIX, Peter; SHAOUL, Cyrus; MILIN, Petar; BAAYEN, Harald. "The Myth of Cognitive Decline: Non-Linear Dynamics of Lifelong Learning". *Topics in Cognitive Science*, v. 6, n. 1, 2014, pp. 5-42.

RASMUSSEN, Willis T.; PLISKA, Stanley R. "Choosing the Maximum from a Sequence with a Discount Function". *Applied Mathematics and Optimization*, v. 2, 1975, pp. 279-89.

RAWLS, John. *A Theory of Justice.* Cambridge, MA: Harvard University Press, 1971.

REVUSKY, Samuel H.; BEDARF, Erwin W. "Association of Illness with Prior Ingestion of Novel Foods". *Science*, v. 155, n. 3759, 1967, pp. 219-20.

REYNOLDS, Andy M. "Signatures of Active and Passive Optimized Lévy Searching in Jellyfish". *Journal of the Royal Society Interface*, v. 11, n. 99, 2014, 20140665.

RIDGWAY, Valentine F. "Dysfunctional Consequences of Performance Measurements". *Administrative Science Quarterly*, v. 1, n. 2, 1956, pp. 240-7.

RILEY, John G.; SAMUELSON, William F. "Optimal Auctions". *American Economic Review*, v. 71, n. 3, 1981, pp. 381-92.

RITTAUD, Benoît; HEEFFER, Albrecht. "The Pigeonhole Principle, Two Centuries Before Dirichlet". *Mathematical Intelligencer*, v. 36, n. 2, 2014, pp. 27-9.

RIVEST, Ronald L.; SHAMIR, Adi; ADLEMAN, Leonard. "A Method for Obtaining Digital Signatures and Public-Key Cryptosystems". *Communications of the ACM*, v. 21, n. 2, 1978, pp. 120-6.

ROBBINS, Herbert. "Some Aspects of the Sequential Design of Experiments". *Bulletin of the American Mathematical Society*, v. 58, 1952, pp. 527-35.

ROBINSON, Julia. *On the Hamiltonian Game (a Traveling Salesman Problem)*. Relatório técnico RAND/RM-303. Santa Monica, CA: RAND, 1949.

ROGERSON, Richard; SHIMER, Robert; WRIGHT, Randall. *Search-Theoretic Models of the Labor Market: A Survey*. Relatório técnico. Cambridge, MA: National Bureau of Economic Research, 2004.

ROSE, John S. "A Problem of Optimal Choice and Assignment". *Operations Research*, v. 30, 1982, pp. 172-81.

ROSENBAUM, David A.; GONG, Lanyun; POTTS, Cory Adam. "Pre-Crastination: Hastening Subgoal Completion at the Expense of Extra Physical Effor". *Psychological Science*, v. 25, n. 7, 2014, pp. 1487-96.

ROSENBLUTH, Marshall. *Marshall Rosenbluth, interviewed by Kai-Henrik Barth*. 11 ago. 2003, College Park, MD.

ROSTKER, Bernard D.; THIE, Harry J.; LACY, James L.; KAWATA, Jennifer H.; PURNELL, Susanna W. *The Defense Officer Personnel Management Act of 1980: A Retrospective Assessment*. Santa Monica, CA: RAND, 1993.

ROUGHGARDEN, Tim; TARDOS, Éva. "How Bad Is Selfish Routing?". *Journal of the ACM*, v. 49, n. 2, 2002, pp. 236-59.

RUSSELL, Bertrand. "The Elements of Ethics". In *Philosophical Essays*. Londres: Longmans, Green, 1910, pp. 13-59.

RUSSELL, Stuart; NORVIG, Peter. *Artificial Intelligence: A Modern Approach*. 3ª ed. Upper Saddle River, NJ: Pearson, 2009.

RUSSELL, Stuart; WEFALD, Eric. *Do the Right Thing*. Cambridge, MA: MIT Press, 1991.

SAGAN, Carl. *Broca's Brain: Reflections on the Romance of Science*. Nova York: Random House, 1979.

SAKAGUCHI, Minoru. "Bilateral Sequential Games Related to the No-Information Secretary Problem". *Mathematica Japonica*, v. 29, 1984, pp. 961-74.

SAKAGUCHI, Minoru. "Dynamic Programming of Some Sequential Sampling Design". *Journal of Mathematical Analysis and Applications*, v. 2, 1961, pp. 446-66.

________; TAMAKI, Mitsushi. "On the Optimal Parking Problem in Which Spaces Appear Randomly". *Bulletin of Informatics and Cybernetics*, v. 20, 1982, pp. 1-10.

SARTRE, Jean-Paul. *No Exit: A Play in One Act*. Nova York: Samuel French, 1958.

SCHELLING, Thomas C. "Altruism, Meanness, and Other Potentially Strategic Behaviors". *American Economic Review*, v. 68, n. 2, 1978, pp. 229-30.

________. *The Strategy of Conflict*. Cambridge, MA: Harvard University Press, 1960.

SCHNEIER, Bruce. *Applied Cryptography*. NovaYork: Wiley, 1994.

SCHRAGE, Linus. "A Proof of the Optimality or the Shortest Remaining Processing Time Discipline". *Operations Research*, v. 16, n. 3, 1968, pp. 687-90.

SCHRIJVER, Alexander. "On the History of Combinatorial Optimization (Till 1960)". In *Handbooks in Operations Research and Mangement Science: Discrete Optimization*. Org. de Karen Aardal, George L. Nemhauser e Robert Weismantel. Amsterdam: Elsesvier, 2005, pp. 1-68.

SCHWARTZ, Jacob T. "Fast Probabilistic Algorithms for Verification of Polynomial Identities". *Journal of the ACM*, v. 27, n. 4, 1980, pp. 701-17.

SEALE, Darryl A.; RAPOPORT, Amnon. "Sequential Decision Making with Relative Ranks: An Experimental Investigation of the 'Secretary Problem'". *Organizational Behavior and Human Decision Processes*, v. 69, 1997, pp. 221-36.

SEN, Amartya. "Goals, Commitment, and Identity". *Journal of Law, Economics, and Organization*, v. 1, 1985, pp. 341-55.

SETHI, Rajiv. "Algorithmic Trading and Price Volatility". *Rajiv Sethi* (blog). Disponível em: <http://rajivsethi.blogspot.com/2010/05/algorithmic--trading-and-price.html>. Acesso em: 7 maio 2010.

SEVCIK, Kenneth C. "Scheduling for Minimum Total Loss Using Service Time Distributions". *Journal of the ACM*, v. 21, n. 1, 1974, pp. 66-75.

SHALLIT, Jeffrey. "What This Country Needs Is an 18¢ Piece". *Mathematical Intelligencer*, v. 25, n. 2, 2003, pp. 20-3.

SHASHA, Dennis; LAZERE, Cathy. *Out of Their Minds: The Lives and Discoveries of 15 Great Computer Scientists*. Nova York: Springer, 1998.

SHASHA, Dennis; RABIN, Michael. "An Interview with Michael Rabin". *Communications of the ACM*, v. 53, n. 2, 2010, pp. 37-42.

SHAW, Frederick S. *An Introduction to Relaxation Methods*. Nova York: Dover, 1953.

SHAW, George Bernard. *Man and Superman: A Comedy and a Philosophy*. Cambridge, MA: Harvard University Press, 1903.

SHOUP, Donald. *The High Cost of Free Parking*. Chicago: APA Planners Press, 2005.

SIMON, Herbert A. "A Behavioral Model of Rational Choice". *Quarterly Journal of Economics*, v. 69, n. 1, 1955, pp. 99-118.

_______. *Models of Man*. Nova York: Wiley, 1957.

_______. "On a Class of Skew Distribution Functions". *Biometrika*, 1955, pp. 425-40.

SIROKER, Dan. "How Obama Raised $60 Million by Running a Simple Experiment". *The Optimizely Blog: A/B Testing You'll Actually Use* (blog). Disponível em: <https://blog-optimizely.com/2010/11/29/how-obama-raised$-60Million-by-running-a-simple-experiment/>. Acesso em: 29 nov. 2010.

SIROKER, Dan; KOOMEN, Pete. *A/B Testing: The Most Powerful Way to Turn Clicks into Customers*. Nova York: Wiley, 2013.

SLEATOR, Daniel D.; TARJAN, Robert E. "Amortized Efficiency of List Update and Paging Rules". *Communications of the ACM*, v. 28, 1985, pp. 202-8.

SMITH, Adam. *The Theory of Moral Sentiments*. Impresso para A. Millar, em Strand; e A. Kincaid e J. Bell, em Edimburgo, 1759.

SMITH, M. H. "A Secretary Problem with Uncertain Employment". *Journal of Applied Probability*, v. 12, n. 3, 1975, pp. 620-4.

SMITH, Wayne E. "Various Optimizers for Single-Stage Production". *Naval Research Logistics Quarterly*, v. 3, n. 1-2, 1956, pp. 59-66.

SOLOVAY, Robert; STRASSEN, Volker. "A Fast Monte-Carlo Test for Primality". *SIAM Journal on Computing*, v. 6, 1977, pp. 84-5.

STARR, Norman. "How to Win a War if You Must: Optimal Stopping Based on Success Runs". *Annals of Mathematical Statistics*, v. 43, n. 6, 1972, pp. 1884--93.

STEPHENS, David W.; KREBS, John R. *Foraging Theory*. Princeton, NJ: Princeton University Press, 1986.

STEWART, Martha. *Martha Stewart's Homekeeping Handbook: The Essential Guide to Caring for Everything in Your Home*. Nova York: Clarkson Potter, 2006.

STEYVERS, Mark; LEE, Michael D.; WAGENMAKERS, Eric-Jan. "A Bayesian Analysis of Human Decision-Making on Bandit Problems". *Journal of Mathematical Psychology*, v. 53, 2009, pp. 168-79.

STIGLER, George J. "The Economics of Information". *Journal of Political Economy*, v. 69, 1961, pp. 213-25.

_______. "Information in the Labor Market". *Journal of Political Economy*, v. 70, 1962, pp. 94-105.

STIGLER, Stephen M. "Stigler's Law of Eponymy". *Transactions of the New York Academy of Sciences*, v. 39, 1980, pp. 147-57.

TAMAKI, Mitsushi. "Adaptive Approach to Some Stopping Problems". *Journal of Applied Probability*, v. 22, 1985, pp. 644-52.

_______. "An Optimal Parking Problem". *Journal of Applied Probability*, v. 19, 1982, pp. 803-14.

_______. "Optimal Stopping oit the Parking Problem with U-Turn". *Journal of Applied Probability*, v. 25, 1988, pp. 363-74.

THOMAS, Helen. *Front Row at the White House: My Life and Times.* Nova York: Simon & Schuster, 2000.

THOMPSON, William R. "On the Likelihood That One Unknown Probability Exceeds Another in View of the Evidence of Two Samples". *Biometrika*, v. 25, 1933, pp. 285-94.

THOREAU, Henry David. "Walking". *Atlantic Monthly*, v. 9, 1862, pp. 657-74.

TIBSHIRANI, Robert. "Regression Shrinkage and Selection via the Lasso". *Journal of the Royal Statistical Society, Series B (Methodological)*, v. 58, n. 1, 1996, pp. 267-88.

TIKHONOV, A. N.; ARSENIN, V. Y. *Solution of Ill-Posed Problems.* Washington, DC: Winston, 1977.

TODD, Peter M. "Coevolved Cognitive Mechanisms in Mate Search". *Evolution and the Social Mind: Evolutionary Psychology and Social Cognition*, Nova York, v. 9, 2007, pp. 145-59.

TODD, Peter M.; MILLER, G. F. "From Pride and Prejudice to Persuasion: Satisficing in Mate Search". In *Simple Heuristics That Make Us Smart.* Org. de G. Gigerenzer e P. M. Todd. Nova York: Oxford University Press, 1999, pp. 287--308.

TOLINS, Jackson; FOX TREE, Jean E. "Addressee Backchannels Steer Narrative Development". *Journal of Pragmatics*, v. 70, 2014, pp. 152-64.

TRACY, Brian. *Eat That Frog! 21 Great Ways to Stop Procrastinating and Get More Done in Less Time.* Oakland, CA: Berrett-Koehler, 2007.

TURING, Alan M. "On Computable Numbers, with an Application to the Entscheidungsproblem". Lido em 12 nov. 1936. *Proceedings of the London Mathematical Society*, s2-42, n. 1, 1937, pp. 230-65.

_______. "On Computable Numbers, with an Application to the Entscheidungsproblem: A Correction". *Proceedings of the London Mathematical Society*, s2-43, n. 1, 1938, pp. 544-6.

TVERSKY, Amos; EDWARDS, Ward. "Information Versus Reward in Binary Choices". *Journal of Experimental Psychhology*, v. 71, 1966, pp. 680-3.

ULAM, Stanislaw M. *Adventures of a Mathematician.* Nova York: Scribner, 1976.

ULLMAN, Ellen. "Out of Time: Reflections on the Programming Life". *Educom Review*, v. 31, 1996, pp. 53-9.

UK COLLABORATIVE ECMO GROUP. "The Collaborative UK ECMO Trial: Follow-up to 1 Year of Age". *Pediatrics*, v. 101, n. 4, 1998, e1.

VAZIRANI, Vijay V. *Approximation Altorithms*. Nova York: Springer, 2001.

VICKREY, William. "Counterspeculation, Auctions, and Competitive Sealed Tenders". *Journal of Finance*, v. 16, n. 1, 1961, pp. 8-37.

WAITZMAN, David. *A Standard for the Transmission of IP Datagrams on Avian Carriers*. Relatório técnico. RFC 1149, abr. 1990.

_______. *IP Over Avian Carriers with Quality of Service*. Relatório técnico. RFC 2549, abr. 1999.

WARE, James H. "Investigating Therapies of Potentially Great Benefit: ECMO". *Statistical Science*, v. 4, 1989, pp. 298-306.

WARE, James H.; EPSTEIN, Michael F. "Comments on 'Extracorporeal Circulation in Neonatal Respiratory Failure: A Prospective Randomized Study' by R. H. Bartlett et al.". *Pediatrics*, v. 76, n. 5, 1985, pp. 849-51.

WARHOL, Andy. *The Philosophy of Andy Warhol (from A to B and Back Again)*. Nova York: Harcourt Brace Jovanovich, 1975.

WEISS, Yair; SIMONCELLI, Eero P.; ADELSON, Edward H. "Motion Illusions as Optimal Percepts". *Nature Neuroscience*, v. 5, 2002, pp. 598-604.

WHITTAKER, Steve; SIDNER, Candace. "Email Overload: Exploring Personal Information Management of Email". In *Proceedings of the SIGCHI Conference on Human Factors in Computing Systems*, 1996, pp. 276-83.

WHITTAKER, Steve; MATTHEWS, Tara; CERRUTI, Julian; BADENES, Hernan; TANG, John. "Am I Wasting My Time Organizing Email? A Study of Email Refinding". In *Proceedings of the SIGCHI Conference on Human Factors in Computing Systems*, 2001, pp. 3449-58.

WHITTLE, Peter. *Optimization over Time: Dynamic Programming and Stochastic Control*. Nova York: Wiley, 1982.

_______. "Restless Bandits: Activity Allocation in a Changing World". *Journal of Applied Probability*, v. 25, 1988, pp. 287-98.

WIGDERSON, Avi. "Knowledge, Creativity, and *P* versus *NP*". 2009. Disponível em: <www.math.ias.edu/~avi/PUBLICATIONS/MYPAPERS/AW09/AW09.pdf>.

WILKES, Maurice V. "Slave Memories and Dynamic Storage Allocation". *IEEE Transactions on Electronic Computers*, v. 14, 1965, pp. 270-1.

WRIGHT, J. W. "The Change-Making Problem". *Journal of the Association of Computing Machinery*, v. 22, 1975, pp. 125-8.

WULF, William Allan; MCKEE, Sally A. "Hitting the Memory Wall: Implications of the Obvious". *ACM SIGARCH Computer Architecture News*, v. 23, n. 1, 1995, pp. 20-4.

XU, Fei; TENENBAUM, Joshua B. "Word Learning as Bayesian Inference". *Psychological Review*, v. 114, 2007, pp. 245-72.

YANG, Mark C. K. "Recognizing the Maximum of a Random Sequence Based on Relative Rank with Backward Solicitation". *Journal of Applied Probability*, v. 11, 1974, pp. 504-12.

YATO, Takayuki; SETA, Takahiro. "Complexity and Completeness of Finding Another Solution and Its Application to Puzzles". *IEICE Transactions on Fundamentals of Electronics, Communications and Computer Sciences*, v. 86, n. 5, 2003, pp. 1052-60.

YNGVE, Victor H. "On Getting a Word in Edgewise". In *Chicago Linguistics Society, 6th Meeting*, 1970, pp. 567-78.

ZAHNISER, Rick. "Timeboxing for Top Team Performance". *Software Development*, v. 3, n. 3, 1995, pp. 34-8.

ZAPOL, Warren M.; SNIDER, Michael T.; HILL, J. Donald; FALLAT, Robert J.; BARTLETT, Robert H.; EDMUNDS, L. Henry; MORRIS, Alan H.; PEIRCE, E. Converse; THOMAS, Arthur N.; PROCTOR, Herbert J., et al. "Extracorporeal Membrane Oxygenation in Severe Acute Respiratory Failure: A Randomized Prospective Study". *Journal of the American Medical Association*, v. 242, n. 20, 1979, pp. 2193-6.

ZELEN, Marvin. "Play the Winner Rule and the Controlled Clinical Trial". *Journal of the American Statistical Association*, v. 64, n. 325, 1969, pp. 131-46.

ZIPPEL, Richard. "Probabilistic Algorithms for Sparse Polynomials". In *EUROSAM '79 Proceedings of the International Symposium on Symbolic and Algebraic Computation*. Londres: Springer, 1979, pp. 216-26.

Índice remissivo

Números de páginas em *itálico* referem-se a figuras e tabelas.

1ª EDIÇÃO [2017] 2 reimpressões

ESTA OBRA FOI COMPOSTA PELA SPRESS EM MINION E IMPRESSA EM OFSETE
PELA GRÁFICA SANTA MARTA SOBRE PAPEL PÓLEN NATURAL DA SUZANO S.A.
PARA A EDITORA SCHWARCZ EM MARÇO DE 2023

A marca FSC® é a garantia de que a madeira utilizada na fabricação do papel deste livro provém de florestas que foram gerenciadas de maneira ambientalmente correta, socialmente justa e economicamente viável, além de outras fontes de origem controlada.